Foundations of Computer Science

最新計算機概論

第11版

關 於 本 書

這是一本經過長時間實地訪察國內多所大學、技術學院與科技大學，針對校園資訊科學教育所設計的書籍，內容涵蓋資訊科學的核心知識與實務應用，佐以簡單明瞭的示意圖與表格、深入淺出的筆觸及精美的編排方式，符合教師的教學需求並提升學生的學習興趣，除了當作上課的教材，亦適合自學的讀者。

讀者群

本書的讀者群以資電學院相關科系及理工學院的學生為主，在全面實施資訊教育的今日，大部分學生早已熟稔電腦的基本操作、文書處理、上網瀏覽等，有些學生還會程式設計，因此，在邁入大學教育的此刻，學生所需要的是對資訊科學有通盤且完整的概念，奠定良好的基礎，好在未來學習更多專業科目及新技術。

本書內容

資訊科技的不斷創新，人工智慧的大放異彩，ChatGPT 的橫空出世，以及雲端運算、大數據、區塊鏈、元宇宙、5G 與物聯網的應用呈現爆炸性的成長，這股趨勢不僅改變了人們的生活習慣，也改變了人們的學習型態與工作模式。

針對這些變革，本書除了包含扎實的學理基礎，更將最新資訊融入相關章節，例如人工智慧、機器學習、深度學習、神經網路、生成式 AI、生成對抗網路、擴散模型、Transformer 模型、ChatGPT、Copilot、Midjourney、AI PC、邊緣運算、機器人、量子電腦、區塊鏈、加密貨幣、虛擬實境 (VR)、擴增實境 (AR)、混合實境 (MR)、延展實境 (XR)、元宇宙、物聯網 (IoT)、智慧物聯網 (AIoT)、工業物聯網 (IIoT)、智慧城市、智慧交通、智慧家庭、5G、資訊安全、軟體工程素養與軟體所有權、智慧財產權、著作權法、專利法、營業秘密法等。

本書共分十四章，內容如下：

- 從第 1 章「導論」開始，說明電腦的發展過程、電腦系統的組成、電腦的類型、資訊科技所衍生的社會與道德議題、資訊倫理；接著是第 2 章「人工智慧與其它新發展」，介紹人工智慧、機器學習、深度學習、神經網路、生成式 AI (包含重要技術、知名的工具、限制與挑戰)、機器人、仿生機器人、量子電腦、區塊鏈、加密貨幣、VR、AR、MR、XR、元宇宙等新發展。

  繼續是第 3 章「數字系統與資料表示法」和第 4 章「數位邏輯設計」，帶領讀者瞭解資料在電腦內部是如何表示；再來是第 5 章「計算機組織」，說明 CPU 的設計架構與技術、電腦與周邊通訊、輸入 / 輸出的定址方式、輸入 / 輸出介面、輸入裝置、輸出裝置及儲存裝置。

✅ 在認識電腦硬體後，接著是第 6 章「電腦軟體與作業系統」，帶領讀者瞭解電腦軟體的類型、智慧財產權與軟體授權、開放原始碼軟體與 App、作業系統的功能與相關技術、知名的作業系統，例如 UNIX、MS-DOS、macOS、Windows、Linux、iOS、iPadOS、watchOS、Android、wearOS 等。

✅ 在知道單機的電腦如何運作後，接著是第 7 章「電腦網路與無線通訊」，介紹最新的網路通訊技術，尤其是無線個人網路 (藍牙、ZigBee、UWB)、近距離無線通訊技術 (RFID、NFC)、無線區域網路 (IEEE 802.11/a/b/g/n/ac/ad/ ax/ay/be…、Wi-Fi 7、Wi-Fi Direct)、4G 及 5G 標準。

再來是第 8 章「網際網路、雲端運算與物聯網」，介紹網際網路的起源與應用、TCP/IP 參考模型、IP 位址、DNS、雲端運算的服務模式 (IaaS、PaaS、SaaS) 與部署模式 (公有雲、私有雲、混合雲)、物聯網的架構與應用、智慧物聯網 (AIoT)、工業物聯網 (IIoT)、智慧城市、智慧家庭、智慧交通等。

✅ 在瞭解電腦與網路的實際應用後，接著是逐步帶領讀者探討與電腦相關的抽象概念，包括第 9 章「程式語言」、第 10 章「演算法」、第 11 章「資料結構」、第 12 章「資料庫、資料倉儲與大數據」，這些學理基礎不僅能提升讀者的專業素養，亦有助於讀者學習更多新技術。

再來是第 13 章「資訊安全」，探討網路帶來的安全威脅、常見的安全攻擊手法與資訊安全措施，教育讀者慎防惡意程式，認識加密的原理與應用、數位簽章、數位憑證；最後是第 14 章「軟體工程」，介紹軟體開發過程、軟體工程素養與軟體所有權，還會討論 AI 創作是否受著作權法保護。

本書特色

為了方便學生研讀，本書的章節設計了：

✅ **豐富圖表**：透過拍攝精緻的產品照片與豐富圖表，提升學生的理解程度。

✅ **資訊部落**：透過資訊部落，針對專業的技術或議題做進一步的討論。

✅ **隨堂練習**：透過隨堂練習，讓學生即刻驗證在課堂上學習的知識。

✅ **本章回顧**：每章結尾提供簡短摘要，幫助學生快速回顧內容。

✅ **學習評量**：每章結尾提供學習評量，檢測學習成效或做為課後作業。

為了因應學生未來報考資訊相關科系的研究所或準備國家考試，本書蒐集了豐富的計算機概論科目考題，並融入相關章節與學習評量，建議讀者勤加練習，以掌握最新命題趨勢。

教學建議

由於本書涵蓋廣泛的主題，同時章節內容的安排均相當獨立，因此，教師可以針對學生的需求、上課的時數等情況，斟酌增減講授內容，或指定由學生自行研讀進階章節，培養自我學習的能力。

教學支援

本書提供用書教師豐富的教學資源，包含教學投影片、隨堂練習與學習評量解答，教師並可同步於「碁峰資訊」網站的校園服務網中登錄下載相關資料，以供教學參考。

與我們聯繫

- 「碁峰資訊」網站：https://www.gotop.com.tw/。

- 國內學校業務處電話：
  台北 (02)2788-2408、台中 (04)2452-7051、高雄 (07)384-7699。

- 相關資源至 http://books.gotop.com.tw/download/AEB004500 下載，僅供合法持有本書的讀者使用，未經授權請勿抄襲、轉載或散布。

感謝

本書的完成要感謝許多人的貢獻與合作：

- 碁峰資訊股份有限公司董事長廖文良先生與圖書事業處的全力支持。

- 圖書事業處 Sonala、Novia 與業務團隊訪察國內多所大學、技術學院及科技大學，充分反映教師的教學需求。

- 華碩電腦、宏達電等公司提供產品照片。

- 資深軟體工程師 Jerry 協助本書軟體測試與示意圖繪製；美術編輯 Zoey 協助本書內文排版；美術編輯 Poli 協助本書封面設計；文字編輯 Nancy 協助本書內文校對。

最後要特別感謝的是採用本書以及多年來支持本書前幾版的教師與讀者，您們的肯定與鼓勵是我們努力不懈的最大動力！

陳惠貞　謹誌

參考書目

Computer Science An Overview (Brookshear), PEARSON Education

Fundamentals Of Computer Science (Behrouz A. Forouzan), THOMSON

Computer Networks (Tanenbaum), PEARSON Education

Data And Computer Communications (William Stallings), PEARSON Education

Data Communications And Networking (Behrouz A. Forouzan), McGraw-Hill

Computer Networks And Internet (Halsall), PEARSON Education

Computer Networks (Tanenbaum), PH PTR

Network Security Essentials (William Stallings), PEARSON Education

Management Information Systems (Laudon), Prentice Hall

Fundamentals Of Data Structure (Horowitz), Computer Science Press

Introduction To Logic Design (Sajjan G. Shiva), Scott Forestman and Company

Software Engineering (Ian Sommerville), PEARSON Education

Database Systems (Ramez Elmasri), PEARSON Education

System Software (Beck), Addison Wesley

Programming Languages (Sethi), Addison Wesley

Operating Systems (William Stallings), PEARSON Education

Computer Organization And Design (Patterson & Hennessy), Morgan Kaufmann

Computer Security Principles and Practice (William Stallings), PEARSON Education

版權聲明

目　錄

Chapter 3　數字系統與資料表示法

Chapter 4　數位邏輯設計

Chapter **5**	計算機組織

Chapter 8　網際網路、雲端運算與物聯網

Chapter 9　程式語言

Chapter **10**　演算法

Chapter **11**　資料結構

Chapter **14** 　軟體工程

Foundations of
Computer Science

01

CHAPTER

導　論

1-1　電腦的發展過程

在電腦的發展過程中，有幾個比較重要的里程碑如下：

- 西元前 3000 年起源於中國的算盤被認為是最早的機械式計數裝置。

- 知名的畫家達文西 (1452 ~ 1519) 畫出想像的機械式加法裝置，但直到 1642 年，法國數學家 Blaise Pascal (1623 ~ 1662) 才建造出可以計數的齒輪轉盤機器 Pascaline。

- 法國織布工人 Joseph Jacquard (1752 ~ 1834) 於 1801 年發明提花織布機 (Jacquard loom)，這部機器的卡片上面刻意打洞，以引導針線布料的移動，編織出漂亮的花紋。

- 英國數學家 Charles Babbage (1792 ~ 1871) 於 1830 年開始建造差分機 (difference engine)，這部蒸汽機器可以分析等式，而且是透過打孔卡片控制一連串的動作。然差分機的建造因經費不足於 1842 年宣告終止，Charles Babbage 於 1833 年想出更先進的分析機 (analytical engine)，這部蒸汽機器有「輸入」、「儲存」、「處理器」、「控制單元」、「輸出」等五個單元，可以進行加減乘除，每秒鐘可做 60 個加法運算，最後由 Charles Babbage 的兒子將它建造出來。

  英國詩人拜倫的女兒 Ada Lovelance (1815 ~ 1852) 和 Charles Babbage 共同研究如何使用分析機進行運算，Ada 程式語言就是為了紀念這位歷史上第一個程式設計師所命名。

- 美國科學家 Herman Hollerith (1860 ~ 1929) 於 1890 年使用以電能為動力的打孔卡片製表機器，在兩年半內完成全美人口普查。相較於 1880 年，這得以人力耗費 8 年才能完成。

  Herman Hollerith 於 1896 年成立 Tabulating Machine Company，之後陸續併購幾家公司，於 1911 年成立 Computing Tabulating Recording Company。到了 1924 年，總裁 Thomas J. Watson Sr. 將公司改名為 IBM (International Business Machines Corporation)，這曾是全球最大的電腦公司。

- 美國愛荷華州立大學教授 John V. Atanasoff 與研究生 Clifford E. Berry 於 1942 年，使用真空管、記憶體、邏輯電路及二進位建造了一部電子式數位電腦 ABC (Atanasoff-Berry Computer)。

✅ 美國哈佛大學教授 Howard Aiken 在 IBM 公司的贊助下，於 1944 年建造了一部電子機械式電腦 Mark I，這部機器高約 8 英呎、長約 55 英呎，由鋼絲線與玻璃所組成，可以分析等式。

✅ 美國軍方於 1946 年邀請賓州大學教授 John W. Mauchly 和 J. Presper Eckert Jr.，建造一部可以計算彈道的機器 ENIAC (Electronic Numerical Integrator And Calculator)，這是一部電子式電腦，使用真空管及十進位，速度比電子機械式電腦快上 1000 倍，佔地約 1500 平方英呎，重達 30 噸。

✅ 美國人口普查局於 1951 年使用 UNIVAC (Universal Automatic Computer) 完成全美人口普查，UNIVAC 也是由賓州大學教授 John W. Mauchly 和 J. Presper Eckert Jr. 所建造，這是電腦第一次應用在商業用途，而非軍事、科學或工程用途。

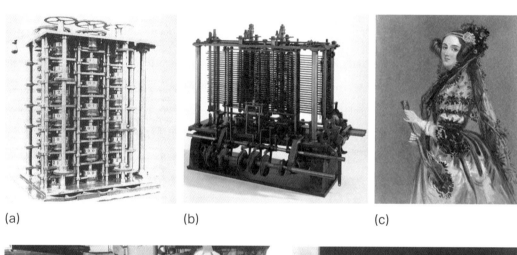

(a)   (b)   (c)

(d)   (e)

▲ 圖 1.1 (a) 差分機 (圖片來源：www.computerhistory.org) (b) 分析機 (圖片來源：www.sciencemuseum.org.uk) (c) 歷史上第一個程式設計師 Ada (圖片來源：維基百科) (d) ENIAC (圖片來源：www.fi.edu) (e) UNIVAC (圖片來源：www. computermuseum.li)

從 ENIAC 誕生迄今，電腦的硬體元件歷經了真空管、電晶體、積體電路、超大型積體電路等階段，每個階段都為電腦帶來了突破性的發展。

第一代電腦 (1946 ~ 1955)

ENIAC 是由近兩萬個真空管 (vacuum tube) 所組成，每秒鐘可做 1900 個加法運算和 300 個乘法運算，體積龐大、成本高、可靠度差、耗電量高。這個時期的電腦僅內含固定用途的程式，若要變更用途，就必須修改線路，John Von Neumann (馮紐曼) 於 1945 年提出儲存程式概念 (stored-program concept)，也就是電腦在執行程式之前要先將程式儲存於記憶體，若要變更用途，只要修改程式，再儲存於記憶體即可，以省去修改線路的麻煩，現代的電腦大多屬於此種架構。

第二代電腦 (1956 ~ 1963)

AT&T 貝爾實驗室的 John Bardeen、Walter Bratain 和 William Shockley 於 1947 年發明電晶體 (transistor)，接著麻省理工學院 (MIT) 於 1955 年首度使用電晶體建造 TX-0 電腦並於 1956 年上線，之後電晶體遂取代真空管，而前述的三位科學家也因為這項重要的發明獲頒諾貝爾物理學獎。電晶體可以完成和真空管相同的工作，但體積小、速度快、成本低、可靠度高、耗電量低且無須暖機。

第三代電腦 (1964 ~ 1970)

德州儀器公司於 1958 年發明積體電路 (IC，Integrated Circuit)，這種技術可以將數百個電晶體放在一片矽晶片，體積更小、速度更快、成本更低、可靠度更高、耗電量更低，率先使用 IC 的電腦首推 IBM 公司於 1964 年建造的 System/360 系列。電腦硬體的技術一日千里，最能說明此現象的就是 Intel 公司的創辦人 Gordon Moore 於 1965 年所預測的晶片上可容納的電晶體數量約每年增加一倍，之後於 1975 年修正為每兩年增加一倍，此稱為摩爾定律 (Moore's law)。

第四代電腦 (1971 ~ 現在)

世界上第一顆微處理器 (microprocessor) 於 1971 年問世，所使用的技術叫做超大型積體電路 (VLSI，Very Large Scale Integrated)。雖然微處理器是一片小小的矽晶片，裡面卻包含數百萬個電路，電腦最關鍵的功能都是由它來執行，從此電腦就變得體積更小、速度更快、成本更低、可靠度更高、儲存容量更大，同時微處理器的應用並不侷限於電腦，諸如家電或其它商業機器也都因為加入微處理器而變得功能強大。

在歷經數個階段的演進後,電腦除了元件、體積、速度的改良,功能也由單純的計算,演變成多元化的應用,例如文書處理、簡報製作、資料庫管理、多媒體設計、影像處理、音樂創作、虛擬實境、網路通訊等。未來宣稱「第五代電腦」將有何種突破呢?據說是一種具有思考、推理、判斷、學習等特質的電腦,應用的領域涵蓋人工智慧、機器人、模式辨認、自然語言處理等。

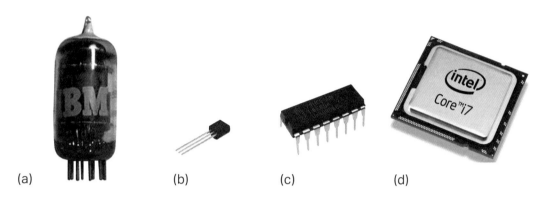

(a)　　　　　　　　　(b)　　　　　　(c)　　　　　　(d)

▲ 圖 1.2 (a) 真空管 (圖片來源:computermuseum.li) (b) 電晶體 (圖片來源:protostack.com) (c) 積體電路 (圖片來源:solarbotics.com) (d) 微處理器 (圖片來源:Intel)

▼ 表 1.1 電腦的發展過程

	第一代	第二代	第三代	第四代
元件	真空管	電晶體	積體電路 (IC)	超大型積體電路 (VLSI)
程式語言	由 0 與 1 所組成的機器語言	組合語言或早期的高階語言,例如 FORTRAN、ALGOL 60、COBOL、APL、LISP	高階語言,例如 Pascal、ALGOL 68、BASIC、SNOBOL、PL/1	高階語言,例如 C、C++、C#、Java、JavaScript、Python、Go
速度	2000IPS (Instructions Per Second),機器時間以毫秒 ms (10^{-3} 秒) 為單位	1MIPS (Million Instructions Per Second),機器時間以微秒 μs (10^{-6} 秒) 為單位	10MIPS,機器時間以奈秒 ns (10^{-9} 秒) 為單位	100MIPS ～ 1BIPS (Billion Instructions Per Second),機器時間以奈秒 ns (10^{-9} 秒) 或皮秒 ps (10^{-12} 秒) 為單位
記憶體	主記憶體為磁蕊 (magnetic core),輔助記憶體為打孔卡片	主記憶體為 4 ～ 32KB 的磁鼓 (magnetic drum) 或磁蕊,輔助記憶體為磁帶	主記憶體為 32KB ～ 3MB 的半導體記憶體	主記憶體為 3MB 以上的半導體記憶體

1-2　電腦系統的組成

電腦 (computer) 是由許多電子電路所組成，可以接受數位輸入，依照儲存於內部的一連串指令進行運算，然後產生數位輸出。一個完整的電腦系統包含硬體 (hardware) 與軟體 (software) 兩個部分，前者指的是組成電腦的電子電路及各項設備，而後者指的是告訴電腦去做什麼的指令或程式。

1-2-1　硬體

電腦硬體的基本組成包括下列四個單元：

- 輸入單元 (input unit)：輸入單元可以接收外面的資料，包括文字、圖形、聲音與視訊，然後將這些資料轉換成電腦能夠讀取的格式，傳送給處理單元做運算，例如鍵盤、滑鼠、觸控板、數位相機、數位攝影機、掃描器、搖桿、體感操控介面等。

- 處理單元 (processing unit)：處理單元指的是中央處理器 (CPU，Central Processing Unit)，電腦的算術與邏輯運算都是由它來執行。

- 記憶單元 (memory unit)：記憶單元用來儲存處理單元進行運算時所需要的資料或程式，以及儲存處理單元運算完畢的結果。記憶單元又分為記憶體 (memory) 和儲存裝置 (storage device) 兩種類型，前者又稱為主要儲存媒體 (primary storage)，用來暫時儲存資料，例如暫存器、快取記憶體、主記憶體等；而後者又稱為次要儲存媒體 (secondary storage) 或輔助儲存媒體 (auxiliary storage)，用來長時間儲存資料，例如硬碟、光碟、隨身碟、記憶卡、固態硬碟等。

- 輸出單元 (output unit)：輸出單元可以將處理單元運算完畢的資料轉換成使用者能夠理解的文字、圖形、聲音與視訊，然後顯示出來，例如螢幕、印表機、喇叭、投影機等。

▲ 圖 1.3 電腦硬體的基本組成

螢幕

螢幕可以顯示執行結果，
屬於輸出單元

主機

處理單元及主記憶體、硬碟、
光碟等記憶單元均位於主機內

滑鼠

滑鼠可以取得使用者輸入
的動作，屬於輸入單元

鍵盤

鍵盤可以取得使用者輸入
的資料，屬於輸入單元

▲ 圖 1.4 個人電腦 (圖片來源：ASUS)

1-2-2 軟體

電腦軟體可以分成下列兩種類型：

- 系統軟體 (system software)：系統軟體是支援電腦運作的程式，最典型的例子就是作業系統 (operating system)，這是介於電腦硬體與應用軟體之間的程式，除了提供執行應用軟體的環境，還負責分配系統資源，例如安裝於 PC 的 Microsoft Windows 或安裝於智慧型手機的 iOS、Android 等。

  除了作業系統之外，公用程式 (utility) 和程式開發工具 (program development tool) 也通常被歸類為系統軟體，前者是用來管理電腦資源的程式，例如磁碟管理程式，而後者是協助程式設計人員開發應用軟體的工具，例如 Microsoft Visual Studio、Anaconda。

- 應用軟體 (application software)：應用軟體是針對特定事務或工作所撰寫的程式，目的是協助使用者解決問題，例如 Microsoft Office 屬於辦公室自動化軟體、Adobe Photoshop 屬於影像處理軟體、Google Chrome 屬於瀏覽器軟體等。

1-3 電腦的類型

雖然電腦的運作原理類似,但我們經常可以在不同場景中看到不同類型的電腦,例如金融業、保險業、航空業等機構所使用的大型電腦,辦公室、校園或家庭常見的個人電腦、行動裝置、穿戴式裝置,以及消費性電子產品內含的嵌入式系統。

1-3-1 超級電腦

超級電腦 (supercomputer) 是功能最強、執行速度最快的電腦,每秒鐘能夠執行數兆個運算,造價昂貴,通常只有國家級的單位或大型機構才可能使用超級電腦來進行大量儲存與高速運算,例如武器研發、天氣預測、生物實驗、新藥開發、航太科技、能源探勘、地質分析、天文研究等。

1997 年擊敗西洋棋世界冠軍卡斯帕洛夫的深藍 (Blue Deep) 就是一部每秒鐘能夠計算兩億棋步的超級電腦,IBM 公司將深藍應用到醫療、金融、交通等領域,並投注一億美元研發執行速度比深藍快 1,000 倍的藍色基因 (Blue Gene)。

之後 IBM 公司的 25 位科學家花了四年時間研發出聽得懂人類語言的超級電腦,並以創辦人之名命名為華生 (Watson)。華生於 2011 年參加美國益智搶答節目,打敗真人贏得冠軍寶座。它的成功不僅代表電腦運算能力的大躍進,更顯現出電腦在資料探勘、商業分析及自然語言處理等技術的突破。

此外,Google 旗下的 DeepMind 公司所開發的人工智慧系統 AlphaGo,於 2016 年 3 月以 4:1 的戰績擊敗圍棋世界冠軍,之後更於 2017 年 1 月以「Master」的名義在弈城、野狐等網路圍棋對戰平台挑戰台中日韓的頂尖高手,並獲得 60 戰全勝。與當年擊敗西洋棋世界冠軍的深藍相比,AlphaGo 的思考方式更接近人類,智慧水準亦是有過之而無不及,因為圍棋的規則雖然很簡單,就是對戰雙方以黑、白子圍地吃子,根據圍地大小來決勝負,但圍棋的複雜度卻比西洋棋還高。

1-3-2 大型電腦

大型電腦 (mainframe) 指的是從 IBM System/360 開始的一系列電腦,其功能及執行速度僅次於超級電腦,每秒鐘能夠執行數百萬個運算,而且能夠同時服務多位使用者,提供集中的資料儲存與處理功能,適合金融業、保險業、航空業、製造業、政府單位等機構,用來執行大規模的工作,例如人口普查、企業資源規劃、追蹤銀行金融交易、記錄保險資料、安排航班等。

1-3-3 個人電腦

個人電腦 (PC，Personal Computer) 指的是在功能、執行速度、大小及價格等方面，適合個人使用的電腦。我們可以根據大小、功能及行動性等特點，將個人電腦分成桌上型電腦、工作站、筆記型電腦、行動裝置、穿戴式裝置等類型。

此外，我們也可以根據系統架構，將個人電腦分成「IBM 相容 PC」與「麥金塔」兩種類型。IBM 公司於 1981 年推出使用 Intel 8088 微處理器和 MS-DOS 作業系統的 IBM PC，並提供硬體設計圖及軟體清單給其它廠商製造 IBM 相容 PC，如此一來，針對 IBM PC 所撰寫的軟體也可以在這些廠商製造的電腦上執行。

時至今日，IBM 相容 PC 的微處理器已經從 16 位元的 8088，32 位元的 386、486、Intel Pentium、Intel Pentium II、AMD K6、Intel Celeron、Intel Pentium !!!、AMD Athlon、AMD Duron、Intel Pentium 4、AMD Athlon XP、AMD Sempron⋯，發展到 64 位元的 Intel Itanium、Intel Xeon、Intel Core i3/i5/i7/i9、AMD Phenom、AMD Athlon II、AMD Opteron、AMD FX、AMD A4/A6/A8/A10、Ryzen⋯。

至於麥金塔 (Mac，Macintosh) 則是 Apple 公司推出的個人電腦，以人性化的圖形使用者介面著稱。早期使用 Motorola 或 IBM 微處理器，例如 68000 系列、PowerPC、G5，從 2006 年開始使用 Intel 微處理器，到了 2020 年則改用 Apple 公司的自研晶片。

目前麥金塔包含幾個不同的產品線，例如桌上型電腦分成高階的 Mac Studio 和 Mac Pro、一般的 iMac 和入門的 Mac mini，而筆記型電腦分成高階的 MacBook Pro 和輕型的 MacBook Air。

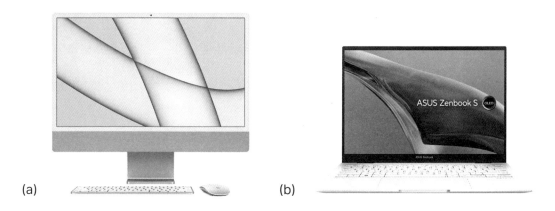

(a)　(b)

▲ 圖 1.5 (a) 麥金塔 (b) 筆記型電腦 (圖片來源：Apple iMac、ASUS Zenbook)

桌上型電腦

桌上型電腦 (desktop computer) 是為了在桌上使用而設計的電腦,由主機和螢幕、鍵盤、滑鼠等周邊所組成。相較於筆記型電腦或平板電腦,桌上型電腦的體積較大,功能也較強。

近年流行的電競電腦是針對運算需求較高的電腦遊戲及玩家所設計,會配備高階的硬體,例如內部有高階的 CPU、顯示卡、音效卡、水冷式系統等,而外部有遊戲手把和特殊的電競機箱、電競鍵盤、電競滑鼠、電競耳機等。

另外還有 AI PC 是一種具備生成式 AI 功能的電腦,利用人工智慧技術來提升 PC 的工作效率,快速生成文本、圖像、音訊、視訊、程式碼等內容。AI PC 無須連線到雲端伺服器,而是直接在設備本身完成 AI 運算,這樣可以降低成本、減少延遲、保護隱私與資安。

工作站

工作站 (workstation) 是一種運算能力強大的高階桌上型電腦,適合用來從事財務分析、電腦動畫、工程設計、軟體開發等複雜的工作,過去亦經常在網路環境中被用來做為伺服器,提供資源或服務給網路上的其它電腦。

筆記型電腦

筆記型電腦 (notebook computer) 又稱為可攜式電腦 (portable computer) 或膝上型電腦 (laptop),這是一種輕巧的個人電腦,輕到可以放在膝上使用,然後摺起來收進公事包內拎著走。為了方便攜帶,機體本身必須輕巧、耐震、穩定性高、耗電量低、支援無線通訊,如此一來,外出工作的人員、司機或外出上課的學生不僅能夠攜帶大量資料,還可以利用無線通訊功能與同事、客戶或朋友聯繫。當然,方便攜帶是有代價的,筆記型電腦往往比相同等級的桌上型電腦來得貴。

行動裝置

行動裝置 (mobile device) 又稱為手持式裝置 (handheld device),指的是以觸控、手寫或語音等方式來做輸入的裝置,機體小到可以放進口袋或手提袋,支援無線通訊、電話、簡訊、網頁瀏覽、電子郵件、影音多媒體、相機、攝影機、GPS等功能,例如智慧型手機 (smartphone)、平板電腦 (tablet PC)。

穿戴式裝置

穿戴式裝置 (wearable device) 指的是將行動裝置的功能移植到可穿戴的裝置，常見的有智慧眼鏡、智慧手錶、智慧手環、智慧服飾、智慧運動鞋等，例如智慧眼鏡集合了手機、相機、攝影機、GPS 等功能於一身，可以在使用者眼前顯示訊息，眨眨眼就能拍照、攝影、閱讀郵件或簡訊。

又例如智慧手錶可以顯示來電與社群訊息提醒，也可以搭配智慧型手機和專屬的 App，提供全天候健康管理 (脈波指數、血氧參考值、心率、舒壓指數⋯)，服藥提醒與血壓資訊，睡眠監控 (快速動眼期、淺眠、舒眠⋯)，以及單車、跑步、游泳等運動模式。

1-3-4 嵌入式系統

前面所介紹的個人電腦屬於通用用途電腦，然生活中有許多只做某些工作的特殊用途電腦，例如遊戲機、冷氣機、冰箱、智慧家電、車用電子產品、醫療監視儀器、交通號誌等，這些電子產品都是由嵌入在內部的微處理器來加以控制，也就是嵌入式系統 (embedded system)。

嵌入式系統用來控制電子產品的軟體是蝕刻在硬體中，我們將這種蝕刻在硬體中的軟體稱為韌體 (firmware)。韌體通常儲存在快閃記憶體或唯讀記憶體 (ROM，Read Only Memory)，可以透過外部硬體來更新。

(a)

(b)

▲ 圖 1.6 (a) 搭載 Chrome OS 作業系統的 Chromebook 希望將桌面使用模式轉移到網際網路，透過雲端服務來完成在電腦上進行的工作 (b) 智慧手錶可以搭配手機進行健康管理 (圖片來源：ASUS Chromebook、ASUS VivoWatch)

1-4 資訊科技所衍生的社會與道德議題

資訊科技改善了人們的生活,卻也引發了社會與道德議題,例如:

- 健康風險:長時間使用電腦可能造成緊張與壓力,引起視力衰退、肌腱炎、偏頭痛、脊髓神經傷害等「電腦終端機症候群」,而這通常是缺乏活動、坐姿錯誤、使用高度不當的桌椅或光線不足所致。近年更出現「低頭族症候群」,指的是長時間滑手機或平板電腦,造成頸肩腰背痠痛與僵硬、頭痛、乾眼症、視力模糊等症狀,而「手機成癮症」亦導致人們專注於學習的能力下降。

- 環保爭議:電腦在製造過程中可能產生有毒物質或廢水,而過時或損壞之電腦的可回收資源偏低,對環保來說都是嚴峻的挑戰。

- 取代人力:對於重複且固定的工作,電腦往往能夠做得比人力好。雖然有不少人因為資訊科技獲得新興的工作,例如設計、製造與維護資訊設備,卻有更多人因為資訊科技失去原有的工作,被迫從事更低薪、低技能的工作,造成貧富懸殊和相對剝奪感。隨著人工智慧的應用逐漸落實到職場、生活、教育、製造、金融、醫療、零售、交通等領域,取代人力的問題將更加惡化。

- 非人性化:企業大量電腦化與自動化造成失業,連帶衍生出詐騙、偷竊、暴力、離婚等社會問題;電腦結合生物科技,造成機器與生物之間的分際日趨模糊;具有人工智慧的機器愈來愈聰明,說不定有天會超出人類所能控制的範圍;無所不在的雲端運算、行動運算、遠距辦公打破了工作、家庭與休閒的界線,造成愈來愈多人無法擺脫工作。

- 數位落差:電腦與網路提供了存取各項資訊的管道,引爆了空前的知識交流熱潮,但這僅限於懂得使用電腦與網路的人,對於偏遠落後地區的人,反倒加深數位落差,造成資源分配不均,社會貧富懸殊,甚至資訊科技讓先進國家更容易透過遠距的方式剝削其它國家。

- 電腦犯罪:在電腦與網路進入人們的生活後,許多問題也逐漸浮現出來,例如層出不窮的電腦病毒與駭客入侵事件、侵犯智慧財產權、侵犯隱私權、散布腥羶暴力的網路媒體、隨意下載並散布音樂、影片或軟體、濫發垃圾郵件、發表不實言論誹謗中傷侮辱、製造並散布假新聞、帶風向製造對立、肉搜公布個人資料、交易違禁品或管制品、散布色情資訊、援交、詐騙、盜刷信用卡、網路釣魚、網路霸凌、網路公審、網路賭博、盜賣個人資料等。

  隨著生成式 AI 技術快速發展,更有人利用「深偽」(deep fake) 技術將人物影像換臉,製造假影片欺騙社會大眾,或利用生成式 AI 工具撰寫惡意程式和說服力十足的網路釣魚郵件,令網路詐騙更加氾濫。

1-5 資訊倫理

資訊科技的發達為人們的生活帶來前所未有的便利，卻也引發了健康風險、環保爭議、取代人力、非人性化、現實與虛擬混淆、數位落差、侵犯隱私權、侵犯智慧財產權、電腦犯罪等問題。

對於這些問題，除了透過科技保護技術和現行的法律來加以防範及懲處之外，還需要一套社會自主的規範機制，也就是「資訊倫理」。倫理 (ethics) 指的是定義個人或群體行為的道德標準，而資訊倫理 (computer ethics) 就是和資訊相關的道德標準。

資訊倫理涉及下列四個議題，簡稱為 PAPA，源自 Richard O. Mason 所提出的論文「Four Ethical Issues of the Information Age」：

- 隱私權 (Privacy)：指的是人們可以決定自己的哪些資訊能夠公開，以及在哪些情況、哪些保護措施下公開，而不會被強迫透露給他人，受到無謂的窺視或干擾。

- 正確性 (Accuracy)：指的是誰該負責資訊的真實性與正確性，若資訊有錯誤，又是誰該負責，以及如何讓受害者獲得賠償。原則上，資訊的使用者應學會在眾多資訊中辨識正確的資訊，而資訊的提供者應提供正確且註明出處來源的資訊，至於資訊的管理者則應妥善管理資訊，避免資訊被窺視、竊取或竄改。

- 財產權 (Property)：指的是誰擁有資訊或資訊傳播的管道，以及資訊交換的公平合理價格為何。資訊的使用者應瞭解哪些行為會侵犯他人的財產權，一旦侵犯他人的財產權，又該負哪些責任。

- 存取權 (Accessibility)：指的是一個人或一個組織在哪些情況、哪些保護措施下有權利或許可取得哪些資訊，例如人們可以透過付費的方式，合法下載軟體、音樂或影片。

在有些時候，合乎倫理和合乎法律並不完全相符，比方說，在過去，劫富濟貧的行為可能會被視為義俠，然這卻是不合法的；而在現在，安樂死在某些國家是合法的，但卻牴觸了一般的道德標準。

此外，現行的法律往往跟不上資訊科技的發展腳步，導致法律修訂永遠落在社會變遷的後面，變成資訊科技引領著社會快速前進，而社會變遷又引領著法律緩步修訂，中間就會出現法律的模糊地帶，此時，資訊倫理就顯得相當重要，唯有人們提升自我的道德標準，內化為自我的規範機制，才能在「對」與「錯」、「好」與「壞」之間做出正確的抉擇。

下面是摘要自「教育部校園網路使用規範」：

✅ 尊重智慧財產權，避免下列可能涉及侵害智慧財產權之行為：

(1) 使用未經授權之電腦程式。

(2) 違法下載、拷貝受著作權法保護之著作。

(3) 未經著作權人之同意，將受保護之著作上傳於公開之網站。

(4) BBS 或其它線上討論區之文章，經作者明示禁止轉載，而仍然任意轉載。

(5) 架設網站供公眾違法下載受保護之著作。

(6) 其它可能涉及侵害智慧財產權之行為。

✅ 禁止濫用網路系統，使用者不得為下列行為：

(1) 散布電腦病毒或其它干擾或破壞系統機能之程式。

(2) 擅自截取網路傳輸訊息。

(3) 以破解、盜用或冒用他人帳號及密碼等方式，未經授權使用網路資源，或無故洩漏他人之帳號及密碼。

(4) 無故將帳號借予他人使用。

(5) 隱藏帳號或使用虛假帳號，但經明確授權得匿名使用者不在此限。

(6) 窺視他人之電子郵件或檔案。

(7) 以任何方式濫用網路資源，包括以電子郵件傳送廣告信、連鎖信或無用之信息，或以灌爆信箱、掠奪資源等方式，影響系統之正常運作。

(8) 以電子郵件、線上談話、BBS 或類似功能之方法散布詐欺、誹謗、侮辱、猥褻、騷擾、非法軟體交易或其它違法之訊息。

(9) 利用學校之網路資源從事非教學研究等相關之活動或違法行為。

✅ 尊重網路隱私權，不得任意窺視使用者之個人資料或有其它侵犯隱私權之行為。但有下列情形之一者，不在此限：

(1) 為維護或檢查系統安全。

(2) 依合理根據，懷疑有違反校規之情事時，為取得證據或調查不當行為。

(3) 為配合司法機關之調查。

(4) 其它依法令之行為。

本章回顧

- 電腦的硬體元件歷經了真空管、電晶體、積體電路 (IC)、超大型積體電路 (VLSI) 等階段，每個階段都為電腦帶來了突破性的發展。

	第一代	第二代	第三代	第四代
組成元件	真空管	電晶體	積體電路	超大型積體電路
體積	大 ➞			小
重量	重 ➞			輕
速度	慢 ➞			快
耗電量	高 ➞			低
價格	高 ➞			低

- 電腦 (computer) 是由許多電子電路所組成，可以接受數位輸入，依照儲存於內部的一連串指令進行運算，然後產生數位輸出。一個完整的電腦系統包含硬體 (hardware) 與軟體 (software) 兩個部分。

- 電腦硬體的基本組成包括下列四個單元：

  ▶ 輸入單元 (input unit)：負責接收外面的資料，然後傳送給處理單元做運算。

  ▶ 處理單元 (processing unit)：負責執行算術與邏輯運算。

  ▶ 記憶單元 (memory unit)：負責儲存資料。

  ▶ 輸出單元 (output unit)：負責將處理單元運算完畢的資料呈現出來。

- 電腦軟體可以分成下列兩種類型：

  ▶ 系統軟體 (system software)：支援電腦運作的程式，包括作業系統、公用程式和程式開發工具。

  ▶ 應用軟體 (application software)：針對特定事務或工作所撰寫的程式，目的是協助使用者解決問題。

- 電腦的類型有超級電腦、大型電腦、個人電腦、嵌入式系統等，其中超級電腦 (supercomputer) 是功能最強、執行速度最快的電腦，用來進行大量儲存與高速運算；大型電腦 (mainframe) 的功能及執行速度僅次於超級電腦，能夠同時服務多位使用者，提供集中的資料儲存與處理功能；個人電腦 (PC，Personal Computer) 指的是在功能、執行速度、大小及價格等方面，適合個人使用的電腦，例如桌上型電腦、工作站、筆記型電腦、行動裝置、穿戴式裝置等。

一、選擇題

( ) 1. 下列哪種應用不是經由電腦的幫助所完成？

　　A. GPS 導航　　　B. 3D 動畫　　　C. 廚師做菜　　　D. 生成式 AI

( ) 2. 下列何者不屬於電腦的輸出單元？

　　A. 螢幕　　　　　B. 印表機　　　　C. 喇叭　　　　　D. 固態硬碟

( ) 3. 下列何者不屬於電腦的輸入單元？

　　A. 鍵盤　　　　　B. 掃描器　　　　C. 投影機　　　　D. 搖桿

( ) 4. 下列何者通常使用觸控螢幕進行輸入？

　　A. 超級電腦　　　B. 平板電腦　　　C. 大型電腦　　　D. 工作站

( ) 5. 下列哪種活動往往需要連線到大型電腦？

　　A. 列印文件　　　　　　　　　　B. 觀看電影
　　C. 製作投影片　　　　　　　　　D. 從櫃員機提款

( ) 6. 下列何者違反網路應用倫理守則？

　　A. 不隨意破解他人的密碼　　　　B. 善用電子郵件發送廣告
　　C. 對自己的言論負責　　　　　　D. 不以訛傳訊

( ) 7. 在電腦硬體的基本組成中，哪個單元可以用來存放資料或程式？

　　A. 記憶單元　　　B. 輸入單元　　　C. 輸出單元　　　D. 處理單元

( ) 8. 下列何者不是超級電腦的用途？

　　A. 氣象預測　　　B. 彈道模擬　　　C. 武器研發　　　D. 汽車儀表板

( ) 9. 下列哪個作業系統不能安裝於智慧型手機？

　　A. Unix　　　　　B. Android　　　C. iOS　　　　　D. Windows

( ) 10. 歷史上第一位程式設計師是誰？

　　A. Steve Jobs　　　　　　　　　B. Bill Gates
　　C. Ada Lovelance　　　　　　　D. Thomas J. Watson

( ) 11. 下列何者為世界上第一部商業用途電腦？

　　A. Apple I　　　　B. UNIVAC　　　C. 分析機　　　　D. Pentium

( ) 12. ns（奈秒）為 10 的幾次方秒？

　　A. -3　　　　　　B. -6　　　　　　C. -9　　　　　　D. -12

(   ) 13. 第二代電腦與第三代電腦的分野是發明了什麼技術？

         A. VLSI   B. 電晶體   C. 積體電路   D. 真空管

(   ) 14. 根據由早到晚的順序寫出後述元件的演進過程：(1) VLSI (2) 電晶體 (3) 真空管 (4) IC

         A. 1234   B. 3412   C. 3241   D. 3214

(   ) 15. 下列對於電腦未來發展的敘述何者錯誤？

         A. 體積愈來愈小   B. 速度愈來愈快   C. 重量愈來愈輕   D. 耗電愈來愈大

(   ) 16. 下列何者不是資訊科技可能引發的問題？

         A. 環保爭議   B. 升學壓力   C. 影響健康   D. 數位落差

(   ) 17. 下列何者可以讓使用者置身於電腦所創造出來的模擬環境中，感受到視覺、聽覺及觸覺？

         A. 模糊邏輯   B. 虛擬實境   C. 雲端運算   D. 人工智慧

(   ) 18. 機器人屬於下列何者的應用？

         A. 模糊邏輯   B. 虛擬實境   C. 雲端運算   D. 人工智慧

(   ) 19. 四核心微處理器使用下列哪種元件？

         A. VLSI   B. 電晶體   C. 積體電路   D. 真空管

(   ) 20. 下列何者指的是蝕刻在硬體中的軟體？

         A. 區塊鏈   B. 韌體   C. 記憶體   D. 電晶體

二、簡答題

1. 簡單說明第一代到第四代電腦之間的分野為何？

2. 簡單說明電腦硬體可以分成哪四個單元？請各舉出一個實例。

3. 簡單說明電腦軟體可以分成哪兩種類型？請各舉出一個實例。

4. 簡單說明何謂超級電腦、大型電腦、個人電腦、行動裝置、穿戴式裝置。

5. 簡單說明資訊科技可能帶來的負面影響。

6. 仔細閱讀「教育部校園網路使用規範」，想想看，透過 P2P 軟體下載 MP3 音樂是否違反資訊倫理？

Foundations of
Computer Science

02

人工智慧與
其它新發展

2-1 人工智慧

人工智慧 (AI，Artificial Intelligence) 是資訊科學的一個領域，目的是創造出具有智慧的機器，解決與人類智慧相關的問題，例如推理能力、學習能力、創造力、自然語言、模式辨認、機器感知等，簡言之，就是讓機器能夠像人類一樣地思考、學習和解決問題。

2-1-1 人工智慧的發展過程

人工智慧的概念源自英國科學家 Alan Turing (艾倫・圖靈) 於 1950 年所提出的圖靈測試 (Turing Test)，用來評估機器是否具有智慧，其測試方法是由一個人類測試者分別透過鍵盤與一個機器和另一個人類進行對話，若測試者分辨不出哪個是機器，哪個是人類，那麼該機器就會被認定為具有智慧。

之後美國科學家 John McCarthy (約翰・麥卡錫) 於 1956 年在達特茅斯學院舉行的會議上提出「人工智慧」一詞，開啟了第一次 AI 浪潮，以美國和英國為首的多個國家投入大量經費進行研究，然而受到過度期待的 AI 在十幾年後 (1970年代) 並沒有出現高性能的 AI，於是技術發展停滯、投資減少，進入了 AI 寒冬。

第二次 AI 浪潮約莫是在 1980 年代，當時由於 CPU 和硬碟的進步，帶來高速運算與大量資料儲存，使得 AI 的研究焦點轉向開發專家系統 (expert system)，這是一種能夠模擬人類專家知識的系統，包括醫療、金融、製造等產業都出現以專家系統取代人類專家的呼聲。不過，到了 1990 年代，AI 寒冬再度降臨，因為AI 獲取資料的方式相當受限，必須依賴人類專家將知識告訴 AI 才行。

直到 2010 年代，隨著電腦的運算能力大幅提升，加上網際網路、物聯網、社群媒體、電子商務的普及帶來了大數據，讓 AI 有足夠的學習資料，以及演算法的進步，尤其是深度學習，掀起了第三次 AI 浪潮，相關的應用呈現爆炸性的成長，例如機器人、語音辨識、影像辨識、電腦視覺、自動駕駛、自然語言處理、語言翻譯、大數據分析、語音助理、智慧客服、推薦系統、工業自動化、醫療診斷、過濾垃圾郵件、相簿影片自動分類、生成式 AI、AI PC、AI 筆電、AI 手機等。

人工智慧的實現需要多種技術，其中機器學習 (machine learning) 是人工智慧的一個分支，包括線性迴歸、支援向量機、決策樹、隨機森林、K 近鄰、神經網路等不同的方法，而深度學習 (deep learning) 是機器學習的一種方法，利用神經網路技術來實現機器學習，三者的關係如圖 2.1。

▼ 表 2.1 人工智慧重要的事件發展

時間	事件發展
1943 年	神經科學家 McCulloch 和 Pitts 提出「神經元模型」。
1950 年	英國科學家 Alan Turing 提出圖靈測試。
1951 年	美國科學家 Marvin Minsky 建造出世界上第一個神經網路模擬器。
1956 年	美國科學家 John McCarthy 提出「人工智慧」一詞。
1966 年	麻省理工學院研發出能夠與人類對話的診療師 ELIZA。
1969 年	網際網路的前身 ARPANET 誕生。
1972 年	美國科學家 Kenneth Colby 研發出一個類似 ELIZA 的模擬對話程式 PARRY，用來模擬患有精神分裂症的病人。
1974 年	美國科學家 Edward Shortliffeu 研發出 Mycin 專家系統，用來支援醫學診斷。
1974 年 1986 年	美國科學家 Paul Werbos 於 1974 年提出「反向傳播法」(backpropagation)，這是一種用來訓練神經網路的重要技術，但直到 1986 年才受到廣泛關注並應用在神經網路的學習上。
1989 年	資料探勘技術被用來針對大量資料進行分析與統計。
1990 年	World Wide Web 誕生。
1997 年	IBM Blue Deep（深藍）擊敗西洋棋世界冠軍。
2006 年	深度學習興起。
2011 年	IBM Watson（華生）在美國益智搶答節目贏得冠軍。
2011 年	智慧型手機 iPhone 開始內建 Siri 語音助理。
2012 年	使用深度學習的 AI 在 ILSVRC 視覺辨識競賽中獲得壓倒性勝利。
2012 年	Google 開始在公開道路測試自駕車。
2012 年	Google 的人工智慧成功辨識出「貓」。
2016 年	Google AlphaGo 擊敗圍棋世界冠軍。
2022 年 ～現在	OpenAI 推出 AI 聊天機器人 ChatGPT，各種生成式 AI 工具大放異彩，例如 Microsoft Copilot、Google Gemini、Claude、Midjourney、DALL-E、Stable Diffusion、Leonardo AI、VideoPoet、Sora、Canva AI 等。

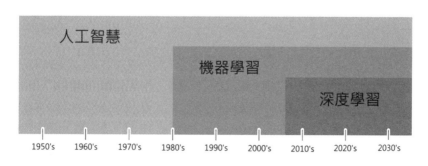

▲ 圖 2.1 人工智慧、機器學習與深度學習的關係

▲ 圖 2.2 隨著深度學習的發展，人臉辨識的準確度也愈來愈高了 (圖片來源：shutterstock)

2-1-2 人工智慧的類型

我們可以根據不同的能力將人工智慧分成如下類型：

✅ **強 AI (Strong AI)**：又稱為通用人工智慧 (AGI，Artificial General Intelligence)，指的是具有與人類智慧相當或超越人類智慧的 AI，能夠在各種領域和任務中表現出與人類相同或更高的水準。強 AI 的目標是讓機器具有通用性、自主性、創造力、推理能力和學習能力，能夠理解並生成自然語言，而不只是根據模型進行表面的文字處理。

目前強 AI 仍處於研究階段，尚未得到實現，即便是像 ChatGPT 已經接近人類的對話水準，具有大數據和高效自然語言處理能力，但可能還無法稱為強 AI，因為它缺乏真正的創造力和推理能力。

✅ **弱 AI (Weak AI)**：又稱為狹義人工智慧 (ANI，Artificial Narrow Intelligence)，指的是執行特定任務或解決特定問題的 AI，無法模擬或超越人類智慧。目前的人工智慧應用大多屬於弱 AI，例如影像辨識、語音助理、智慧理專、智慧客服、機器翻譯、自駕車等，它們只能執行預先設計好的功能，無法理解或創造其它的知識或行為。

2-2 機器學習

機器學習 (machine learning) 是人工智慧的一個分支，指的是讓 AI 自動學習的技術。由於 AI 無法像人類一樣可以透過觀察、觸摸或自我體驗等方式來學習，因此，科學家先設計好讓機器能夠自動學習的演算法，接著提供大量資料讓機器進行分析，從中找出規則或模型，然後利用這些規則或模型對未知的資料進行預測，下面是一些應用。

- 自動駕駛系統利用機器學習分析駕駛人的行車資料，然後預測該如何駕駛，再將預測結果與行車資料做比對，調整參數讓預測結果愈來愈接近駕駛人的行車策略，最後達到自動駕駛的目的。

- Netflix 利用機器學習分析影片的類型、導演、演員、主題等內容，然後提供個人化的影片推薦名單。

- Amazon 利用機器學習分析消費者的搜尋過程、購買記錄、評分、評論等資料，然後推薦消費者可能會感興趣的商品。

- 醫療院所利用機器學習分析 X 光、CT（電腦斷層）、MRI（磁振造影）等醫學影像，協助醫生診斷疾病。

- 金融機構利用機器學習進行信用評等、客戶分類、理財服務及詐欺偵測。

- 郵件軟體利用機器學習過濾垃圾郵件。

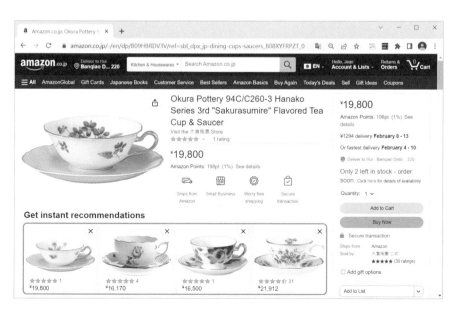

▲ 圖 2.3 Amazon 利用機器學習推薦消費者可能會感興趣的商品

機器學習可以分成已知答案的「監督式學習」、沒有答案的「非監督式學習」，以及沒有答案但有目標的「強化學習」等類型，以下各小節有進一步的說明。

2-2-1 監督式學習

監督式學習 (supervised learning) 是利用已知答案的大量資料來訓練機器，讓機器學習如何解決問題。舉例來說，圖 2.4(a) 屬於標記資料 (labeled data)，它們都帶有一個標籤 (label)，用來指出該照片是「貓」或「狗」，而圖 2.4(b) 屬於未標記資料 (unlabeled data)，也就是不帶有標籤的照片，不知道其為貓或狗，監督式學習就是提供像圖 2.4(a) 的標記資料讓機器進行分析，從中找出規則或模型，然後利用這些規則或模型來預測像圖 2.4(b) 的未標記資料是貓或狗。

▲ 圖 2.4 (a) 標記資料 (b) 未標記資料 (圖片來源：DALL-E 生成)

監督式學習可以從訓練資料中建立一個函數或模型，並依此函數或模型來預測新資料，函數或模型的輸出可以是一個連續的值，稱為迴歸 (regression)，或是一個離散的值，稱為分類 (classification)，例如預測股票走勢、預測房價走勢、預測不同時段的交通狀況是迴歸問題，而預測照片中的動物是貓或狗、預測腫瘤是良性或惡性、預測電子郵件是否為垃圾郵件、預測明日天氣是晴天、陰天或雨天是分類問題。

以機器學習普遍使用的「鳶尾花資料集」為例，裡面包含 150 筆資料，每筆資料有四個特徵 (feature)，分別是「花萼長度」(sepal length)、「花萼寬度」(sepal width)、「花瓣長度」(petal length) 和「花瓣寬度」(petal width)，同時每筆資料也會帶有一個標籤 (label) 或目標 (target)，用來指出這朵花是屬於「山鳶尾」、「變色鳶尾」或「維吉尼亞鳶尾」等分類。在以監督式學習針對鳶尾花資料集完成訓練找出模型後，只要輸入鳶尾花的特徵，就能預測它是屬於哪個分類。

2-2-2 非監督式學習

非監督式學習 (unsupervised learning) 是利用沒有答案的大量資料來訓練機器，讓機器學習如何解決問題。對人類來說，這聽起來或許很奇怪，要如何解決一個沒有答案的問題呢？但是對機器來說，這並不奇怪，因為它可以從大量資料中找出關聯性、相似性或差異性。

舉例來說，假設給機器一個資料集，裡面有很多貓或狗的照片，但不標記哪個是貓或哪個是狗，在經過非監督式學習後，就可以根據相似性對這些照片做分群，即使機器仍不知道什麼是貓或狗，卻能夠將貓與狗的照片分開。

2-2-3 強化學習

強化學習 (reinforcement learning) 是代理程式在環境中行動，透過所獲得的獎勵或懲罰來學習如何達到目標，如圖 2.5，其中環境 (environment) 是代理程式採取行動的場景，例如走迷宮中的迷宮；代理程式 (agent) 是在環境中採取行動的主體，例如走迷宮中的機器人；狀態 (state) 是環境的當前狀態，例如機器人所在的位置；行動 (action) 是代理程式針對某個狀態所採取的操作或決策，例如機器人在當前位置所選擇的移動方向；獎勵 (reward) 是環境對於代理程式所採取之行動的評價，例如找到出口就給予正的獎勵，撞到牆壁就給予負的獎勵。

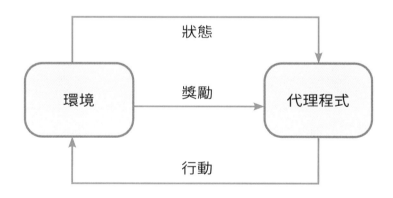

▲ 圖 2.5 強化學習示意圖

強化學習適合應用在圍棋、將棋、西洋棋、走迷宮、找出最短路徑等規則固定、有目標的問題，以走迷宮為例，第一次先讓機器人隨機找出一個答案，並將這次的解答時間做為第二次的基準；第二次也是讓機器人隨機找出一個答案，若解答時間比第一次短就加分，比第一次長就扣分；第三次會根據第二次的經驗，為了要加分而找出更快抵達終點的答案，⋯，依此類推。

2-3 深度學習

深度學習 (deep learning) 是機器學習的一種方法，利用神經網路技術來實現機器學習。神經網路 (NN，Neural Network) 又稱為類神經網路或人工神經網路 (ANN，Artificial Neural Network)，這是一種模擬生物神經網路 (特別是人類大腦) 運作方式的數學模型或軟體程式，由多個相互連接的神經元 (neuron) 所組成，並按層次分層排列，神經元可以接收輸入，然後利用權重與閥值 (臨界值) 來計算輸出，再將輸出做為其它神經元的輸入。

基本的神經網路如圖 2.6，包含三個層次，其中輸入層的每個神經元會連接到隱藏層的所有神經元，而隱藏層的每個神經元會連接到輸出層的所有神經元：

- 輸入層 (input layer)：負責接收輸入資料，每個神經元代表輸入資料的一個特徵，然後將特徵傳遞到隱藏層，例如在圖像辨識中，每個神經元可能代表圖像的一個像素值或一個特定區域的特徵。

- 隱藏層 (hidden layer)：位於輸入層與輸出層之間，從外部看不到，負責根據從輸入層所傳遞過來的特徵進行處理與學習，然後將結果傳遞到輸出層。

- 輸出層 (output layer)：負責產生最終的預測結果，例如分類標籤、數值迴歸等。輸出層的神經元數目通常取決於問題的性質，若是二分類問題 (例如是 /否、對 / 錯、會 / 不會…)，就需要一個神經元；若是多分類問題 (例如 0、1、2 ~ 9 的數字)，就需要多個神經元。

在圖 2.6 中，隱藏層和輸出層屬於全連接層 (fully connected layer)，又稱為密集層 (dense layer)，其每個神經元都與前一層的所有神經元相互連接，接收來自這些神經元的輸入，進行加權總和，再經過激勵函數 (ativation function) 的轉換，最終形成全連接層的輸出。

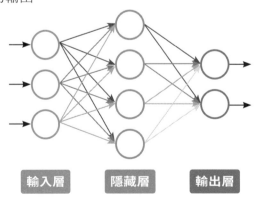

| 輸入層 | 隱藏層 | 輸出層 |

▲ 圖 2.6 基本的神經網路

神經網路需要做訓練，以提高預測的準確度，但研究人員不必將權重植入神經網路，而是在訓練過程中，透過反向傳播法 (backpropagation)，計算預測結果與目標的誤差，不斷調整權重，讓每次的預測結果可以更接近目標。

若要解決複雜的問題，可以將神經網路中的隱藏層增加到一個以上，我們將這種擁有多個隱藏層的神經網路稱為深度神經網路 (DNN，Deep Neural Network)，如圖 2.7，而利用此架構進行機器學習的方法就稱為深度學習 (deep learning)。

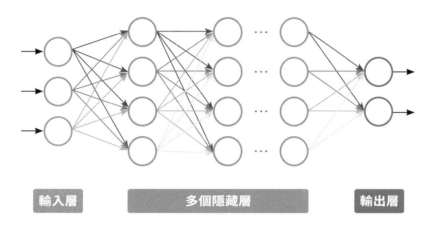

輸入層　　　　**多個隱藏層**　　　　**輸出層**

▲ 圖 2.7　深度神經網路

神經網路的類型

根據不同的結構與用途，神經網路有不同的類型，常見的如下：

- 前饋神經網路 (FNN，Feedforward Neural Network)：又稱為多層感知器 (MLP，MultiLayer Perceptron)，FNN 是採取由輸入層、隱藏層和輸出層所組成的層次結構，每個層次的神經元只接收上一層的輸入，並傳遞到下一層的輸出，也就是前向傳播，沒有反饋或循環，應用在分類問題、迴歸問題、模式辨認、自然語言處理等領域。

- 卷積神經網路 (CNN，Convolutional Neural Network)：CNN 是由多個層次的神經元所組成，其架構如圖 2.8，其中卷積層 (convolutional layer) 會從圖像資料中提取局部特徵，以產生特徵圖；池化層 (pooling layer) 會針對特徵圖進行降採樣，以減少資料的維度和參數，但保留重要特徵；全連接層 (fully connected layer) 會根據卷積層和池化層所提取的特徵，進行最終的分類或迴歸預測。

相較於一般的神經網路，CNN 對於圖像資料的處理有著更出色的表現，能夠學習辨識圖像中的物體、人臉、動物、植物、標誌等，應用在圖像分類、影像辨識、影像分割、人臉辨識、物體偵測、自動駕駛等領域。

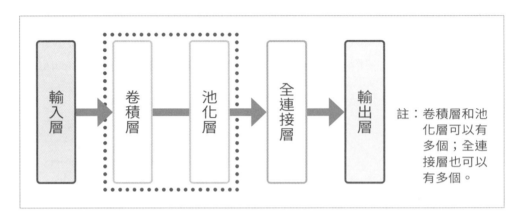

▲ 圖 2.8 卷積神經網路

● 循環神經網路 (RNN，Recurrent Neural Network)：RNN 是一種能夠處理序列資料的神經網路，所謂序列資料 (sequential data) 指的是有順序的資料，例如時間序列、文本、音樂、影片等，其特點是每個資料點不僅與其本身的值有關，還與其前後的資料點有關，因此，序列資料的分析需要考慮資料的時間相關性與上下文。

RNN 是由多個層次的神經元所組成，其架構如圖 2.9，每個層次的神經元不僅接收上一層的輸入，還接收自己或其它層次的輸出，形成反饋或循環。RNN 可以記憶過去的狀態，適合用來處理具有順序性及時序性的問題，例如自然語言處理、機器翻譯、文本生成、語音辨識、基因序列等。

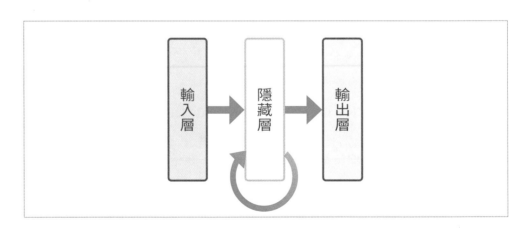

▲ 圖 2.9 循環神經網路

2-4 生成式 AI

相較於傳統的 AI 著重於分析資料，然後找出規則或模型進行預測，生成式 AI (Generative AI) 則是著重於利用人工智慧技術來生成內容，例如文本、圖像、音訊、視訊、程式碼等，我們將使用生成式 AI 技術所生成的內容稱為 AIGC (Artificial Intelligence Generated Content)。

生成式 AI 的重要技術

生成式 AI 是透過學習大量資料，然後生成與原始資料類似的新資料，主要仰賴於深度學習技術，常見的如下：

- 生成對抗網路 (GAN，Generative Adversarial Network)：GAN 是一種由兩個神經網路所組成的模型，一個稱為生成器 (generator)，負責從訓練資料中模仿真實樣本生成新資料；另一個稱為判別器 (discriminator)，負責判斷新資料是真的或假的，兩者彼此競爭，不斷調整參數進行訓練，最終的目標是讓生成器能夠生成足以欺騙判別器的新資料。

  GAN 可以用來創造全新的內容，例如生成圖像、音樂、影片、3D 模型等，也可以用來增強或轉換現有的內容，例如編輯圖像、修復圖像、轉換風格等，另外還有 deepfake (深偽) 亦是使用 GAN 技術。

  deepfake (深偽) 一詞是 deep learning (深度學習) 與 fake (偽造) 的組合，該技術可以將現有的圖像或影片疊加到目標圖像或影片，最常見的應用是「換臉」，也就是將一個人的臉部特徵、表情和動作合成到另一個人的影片中，創造出看似真實的假影片。

  深偽技術本身是中立的，並沒有善惡好壞之分，重點在於人們如何使用該技術，例如演藝公司利用深偽技術打造虛擬的偶像團體，或者影音產業利用深偽技術替電影裡面的角色加上變臉、變老、變年輕、變性等效果，這些都是正面的應用，但也避免不了負面的應用，例如偽造名人的不雅影片、偽造政治人物的偏激言論，不僅侵害他人的隱私與名譽，也造成社會大眾難以辨識網路資訊的可靠性與真實性，需要各界的關注和監督。

- 擴散模型 (diffusion model)：這種神經網路模型的概念來自熱力學的擴散作用，透過連續添加噪訊的過程將現有的圖像逐步擴散，接著反轉該過程，一次次地過濾掉噪訊，進而生成新圖像。擴散模型技術可以應用在圖像生成、圖像去噪、圖像修復、圖像解析度提升等任務，OpenAI 所開發的文本生成圖像模型 DALL-E 就有使用到此技術。

● **Transformer 模型**：這是一種深度學習模型，其設計不同於傳統的卷積神經網路或循環神經網路，而是採取自注意力機制 (self-attention mechanism) 及平行處理方式，使它在處理序列資料時具有更高的效率和準確度。

Transformer 模型最初是由 Google 大腦的一個團隊於 2017 年所提出，主要用於機器翻譯，後來被廣泛應用在其它自然語言處理的任務，例如文本生成、文本摘要、問答系統等，並衍生出 GPT 等預訓練模型。

GPT (Generative Pre-trained Transformer，生成式預訓練轉換器) 是 OpenAI 所推出的大型語言模型 (LLM，Large Language Model)，透過大量的文本資料進行預訓練和微調，進而理解並生成自然語言，**ChatGPT** 就是使用 GPT 模型，並陸續發展出 **GPT-3.5**、**GPT-4**、**GPT-4 Turbo** 系列。其它知名的大型語言模型還有 Meta LLaMA、Google BERT、LaMDA、Gemini 等。

生成式 AI 可以是單模態 (unimodal) 模型或多模態 (multimodal) 模型，前者只能處理一種類型的資料，例如 GTP-3.5 只能處理文字，而後者可以處理多種類型的資料，例如 GPT-4、Gemini 可以處理文字和圖像。

生成式 AI 工具

事實上，ChatGPT 只是生成式 AI 浪潮的代表之一，其它在寫作、繪圖、音樂、影片、遊戲、程式等領域也出現許多學習門檻低的生成式 AI 工具，表 2.2 是一些例子。可以想見的，這些工具將會翻轉目前的生活、學習及工作模式。

▼ 表 2.2 常見的生成式 AI 工具

類型	說明	常見的工具名稱
文本生成	AI 聊天機器人可以透過自然語言自動產生對話並提供資訊，而 AI 內容生成工具可以根據文字自動產生文本，例如行銷文案、電子郵件、部落格文章、社群貼文等。	ChatGPT、Google Gemini、Microsoft Copilot、Claude、Jasper AI、Janitor AI、Charatcter.ai、Perplexity AI、YouChat、Meta AI、xAI Grok…
圖像生成	AI 圖像生成工具可以根據文字自動產生圖像。	Midjourney、Stable Diffusion、DALL-E、Leonardo AI、Jasper Art、Tensor.Art、Playground AI、PisAI、NightCafe、Adobe Firefly、Canva AI、ImageFX…
音樂生成	AI 音樂生成工具可以根據曲風、樂器、節奏等條件自動產生音樂。	MuseNet、Boomy、Soundful、Soundraw、AIVA、MusicLM…
影片生成	AI 影片生成工具可以根據文字或圖像自動產生影片。	Runway、Pika、VideoPoet、Capcut、Sora、FlexClip、Synthesia、InVideo…

生成式 AI 的限制與挑戰

生成式 AI 的好處是顯而易見的，例如提高生產力、增強創造力、加速研究創新、改善客戶體驗、優化業務流程等，但其限制與挑戰亦不容忽視，例如：

- ✅ **生成內容可能有錯**：生成式 AI 需要大量高品質的訓練資料，才能學習不同領域的知識，然這些資料可能不容易取得，或存在著缺失、不平衡或不一致的情況，導致生成式 AI 學習到偏見、歧視或錯誤，影響生成內容的準確度，因此，我們必須審慎面對 AI 生成內容，適度加以驗證。

- ✅ **消耗大量能源**：生成式 AI 的訓練與運算過程非常耗能，而這將會產生大量碳排，加劇全球暖化。

- ✅ **隱私與安全風險**：生成式 AI 可能暴露使用者的隱私或機敏資料，也可能被惡意用來生成虛假或誤導的內容，例如假新聞、深偽影片等。

- ✅ **智慧財產權爭議**：生成式 AI 的訓練資料可能涉及抄襲或侵犯智慧財產權，目前還沒有一個完善的監管機制來規範生成式 AI 的使用與影響。

2-4-1 ChatGPT

ChatGPT 使用先進的自然語言處理技術，能夠以自然語言的形式和人類對話，提供資訊，回答問題，即時翻譯，分析資料，生成文本 (例如文章、報告、摘要、廣告、電子郵件、貼文、故事、劇本、詩歌…)，甚至還能寫程式和除錯。

▲ 圖 2.10 ChatGPT 不僅能生成文本，也能生成程式碼

此外，OpenAI 公司還推出付費訂閱的 ChatGPT Plus，它比免費的 ChatGPT 多了一些功能和優勢，例如：

- 更強大的 GPT 模型：ChatGPT 使用 GPT-3.5 模型，而 ChatGPT Plus 可以使用更強大的 GPT-4、GPT-4 Turbo 模型，生成更豐富、更精準的文本。

- 優先使用新功能：ChatGPT Plus 的用戶可以優先使用新功能，例如生成圖像、瀏覽網頁、Plugins 等，其中「生成圖像」是搭配 DALL-E 模型，透過文字敘述來生成圖像；「瀏覽網頁」可以讓 ChatGPT 上網查資料，提供更即時的資訊；「Plugins」是第三方基於 ChatGPT 所開發的外掛程式，可以擴充 ChatGPT 的功能，例如 WebPilot 可以擷取網站摘要、CapCut 可以製作短影片、Speechki 可以將文本轉換成高品質的語音等。

- 創建 GPTs：ChatGPT Plus 的用戶可以根據需求和偏好客製化 GTPs，這是特殊用途的 AI 聊天機器人，例如烹飪專家、健身教練、數據分析師、英文家教、模擬名人對話等。

2-4-2 Copilot

Copilot 是 Microsoft 公司所推出的 AI 助理，其命名取自飛行術語，指的是「副駕駛」。Copilot 的底層技術和 ChatGPT 一樣是 GPT-3.5、GPT-4、GPT-4 Turbo 模型，功能和 ChatGPT 類似，同樣能夠以自然語言的形式和人類對話、提供資訊、回答問題、即時翻譯、分析資料、生成文本、生成程式碼等。

Copilot 可以讓用戶免費使用 GPT-4 Turbo 模型，可以瀏覽網頁，同時可以讓用戶輸入文字敘述，然後透過內建的 Image Creator 生成圖像，而 Image Creator 背後的模型就是 DALL-E 3。

至於哪裡可以使用 Copilot 呢？常見的方式如下，Microsoft 公司也有推出付費訂閱的 Copilot Pro，用戶可以優先使用最新的模型、更多的生圖次數、在 Microsoft 365 應用程式中使用 Copilot，例如撰寫文件、製作簡報、摘要郵件等。

- Windows 11 作業系統內建 Copilot。

- Microsoft Edge 瀏覽器內建 Copilot。

- Copilot 網站版，網址為 https://copilot.microsoft.com/。

- 到 Google play 商店或 Apple App Store 下載 Copilot App。

2-4-3　Midjourney

在過去，從事電腦繪圖必須具備一定程度的技能與美感，但自從 AI 繪圖工具出現後 (例如 Midjourney、Stable Diffusion、DALL-E、Leonardo AI…)，只要輸入文字敘述 (例如主題、角色、場景、媒材、風格、視角、光線、構圖等)，就會自動產生符合要求的圖像，若要進一步修改或轉換風格，同樣也只要輸入文字敘述即可，讓不具備繪圖能力的人也能輕鬆製作出精美的圖像。

以 Midjourney 為例，這是由同名研究實驗室所開發的 AI 文本生成圖像模型，使用者可以透過和 Discord 平台的機器人進行對話輸入文字敘述，再由 Midjourney 在雲端生成圖像，不僅速度快，而且作品的質感精緻細膩、令人驚豔。圖 2.11 是我們輸入一些簡短的提示詞所生成的，無論是在海邊的貓、動漫女孩特寫、拉格斐風格時裝秀或洛可可風格客廳，Midjourney 都詮釋得非常到位。

seaside cat (在海邊的貓)

a girl, close-up view --niji 6 (女孩 , 特寫)

fashion show, Karl Lagerfeld (時裝秀 , 拉格斐)

living room, rococo (客廳 , 洛可可)

▲ 圖 2.11 Midjourney 會根據輸入的文字自動產生圖像
(圖片來源：Midjourney 生成)

2-5 | 機器人

機器人 (robot) 是一種能夠自動執行特定任務的裝置，通常是由電子設備、感測器、控制器、軟體所組成，但有些電腦程式亦被稱為機器人，例如 ChatGPT、Google Gemini、Microsoft Copilot、Claude 等，就被歸類為 **AI 聊天機器人** (AI Chatbot)。

機器人可以用來做一些重複性高或具有危險性的工作，也可以用來做一些人類不想做或無法做到的工作。科學家已經研發出許多不同用途的機器人，並成功利用機器人深入海底探勘石油、偵測污染、追蹤魚群、拍攝沉船、探索未知的生物、進入太空採集樣本、進行防震動的外科手術，處理炸彈、瓦斯槽、核廢料、輻射外洩、森林火災等危險情況。

機器人也已經進入日常的應用，例如掃地機器人、居家照護機器人、客服機器人、理財機器人、送藥機器人、送餐機器人、生產線機器人、機器手臂、智慧音箱、語音助理，或在餐廳、賣場、門市、銀行等場所提供服務的接待機器人。

由於機器人必須要能夠感知、推理並在環境中自主運作，因此，機器人的研究不僅涉及人工智慧，還涵蓋機械和電子電機等領域。此外，還有**仿生機器人** (bionic robot) 指的是模仿自然界生物的外型、結構、行為等來建造機器人，例如仿生機器魚可以用來監測水質或探測海洋生物、海洋環境，仿生機器鳥可以做為空中飛行器，仿生人形機器人可以打造成為新聞主播或偶像明星。

▲ 圖 2.12 在不久的未來機器人可望進入職場與人類共事 (圖片來源：shutterstock)

2-6 量子電腦

量子電腦 (quantum computer) 是基於量子力學原理所發展的電腦，傳統電腦的資料基本單位叫做位元 (bit)，一個位元只能是 0 或 1 的狀態；而量子電腦的資料基本單位叫做量子位元 (qubit)，一個量子位元可以同時是 0 和 1 的狀態，稱為量子疊加 (quantum superposition)。此外，量子電腦亦可利用量子糾纏來進行更複雜的運算，而量子糾纏 (quantum entanglement) 指的是量子位元之間的特殊關聯。

前述特性使得量子電腦在某些問題上具有顯著的速度優勢，例如質因數分解、最佳化問題、搜尋、模擬等，同時量子電腦亦具有改變許多領域的潛力，例如加密、人工智慧、藥物研發等。不過，目前量子電腦仍面臨不少技術挑戰，例如：

✅ 量子位元的疊加狀態非常脆弱，容易受到環境干擾而崩潰，因此，量子電腦必須在極低溫下運作。

✅ 想要建造大規模的量子電腦，必須增加量子位元的數目，以 IBM 所建造的量子電腦為例，量子位元的數目從 2019 年的 20 個 (IBM Q System One) 成長至 65 個 (Hummingbird)、127 個 (Eagle)、433 個 (Osprey)，到 2023 年增加為 1121 個 (Condor)，而這樣的數目將有機會對加密貨幣進行暴力破解。

✅ 想要發揮量子電腦的效能，必須考慮其物理原理和位元限制，設計適合量子電腦的演算法，以解決特定問題。

▲ 圖 2.13 全球首款商業化量子電腦 IBM Q System One (圖片來源：shutterstock)

2-7　區塊鏈與加密貨幣

區塊鏈的概念

區塊鏈 (blockchain) 是一種用來記錄資料的技術，這些資料會被寫入一個個區塊 (block)，每個區塊會經由雜湊 (hash) 運算加到一條不斷延伸的鏈 (chain)，若鏈上出現超過一種版本的區塊，那麼比較長的那條鏈就是受到認可的事實 (圖 2.14)。

區塊鏈源自一個化名為中本聰 (Satoshi Nakamoto) 的人於 2008 年所發表的比特幣白皮書《Bitcoin: A Peer-to-Peer Electronic Cash System》(比特幣：一個點對點電子現金系統)，主要的概念是利用密碼學和共識機制發展出一個點對點 (peer-to-peer)、去中心化 (decentralization) 的電子現金系統，讓有意願的雙方能夠直接交易，無須透過可信的第三方機構。

區塊鏈採取分散式帳本技術 (DLT，Distributed Ledger Technology)，傳統的銀行屬於中心化的第三方機構，負責維護所有人的交易記錄，當小明將錢存進銀行時，銀行會給小明一本存摺，裡面只有小明的交易記錄，該存摺就是「帳本」；反觀在區塊鏈中，銀行的角色是不存在的 (即所謂的去中心化)，而是每個人共同持有一本同步更新的帳本，無論任何人進行任何交易，帳本都會即時更新。

▲ 圖 2.14　區塊鏈的每個區塊會包含前一個區塊的雜湊值而鏈結在一起
(圖片來源：shutterstock)

區塊鏈的運作

從區塊鏈技術提出迄今，已經發展出很多條區塊鏈，各有各的特點與功能，知名的有比特幣 (Bitcoin) 區塊鏈、以太坊 (Ethereum) 區塊鏈等。以比特幣區塊鏈為例，鏈上有成千上萬個參與者，稱為節點 (node) 或礦工 (miner)，他們都有完整的帳本，裡面記錄著比特幣從誕生到目前為止的所有交易。

假設節點 A 要支付 1 個比特幣給節點 B，於是發起一筆新交易，該交易會被廣播到鏈上的其它節點，這些節點會去驗證該交易的真實性，一旦驗證成功，就將該交易打包成新的區塊加到區塊鏈並廣播通知其它節點，交易完成，而且第一個驗證成功的節點會獲得一定量的比特幣做為報酬。

我們將礦工透過自己電腦的運算能力來幫忙驗證區塊、加到區塊鏈以獲取比特幣的過程叫做挖礦 (mining)，而礦工用來挖礦的設備叫做礦機，結合大量運算能力的挖礦平台則叫做礦池。

區塊鏈的特點

區塊鏈具有下列特點：

- 去中心化：區塊鏈不需要第三方機構做為管理者或中間人，而是改由區塊鏈上的節點共同驗證與保存交易記錄，所以不會因為第三方伺服器遭受攻擊而導致資料遺失，也不會因為第三方中介服務而需要繳交手續費。

- 匿名性：區塊鏈上的節點是以英文字母和數字做為代碼，沒有身分識別、電話、電子郵件等個人資訊，因而具有匿名性，可以保護使用者的隱私，但也正因此特點，讓各國政府對區塊鏈產生洗錢的疑慮，而必須設法加以監管。

- 不可竄改性：在區塊鏈上，所有寫入的資料都會被打包成區塊鎖住不能變更，而且每個區塊會包含前一個區塊的雜湊值而鏈結在一起，若有人想竄改某個區塊，就必須連帶竄改環環相扣的其它區塊，而這得掌握 50% 以上的運算能力，難度很高，再加上每個節點都有完整的帳本，只要加以比對立刻就能發現。

- 可追蹤性：區塊鏈上的所有資料變更都會被記錄下來，而且時間序無法更動，一旦發生問題都有辦法追溯。

- 加密安全性：在區塊鏈上，所有寫入的資料都會經過加密，讓區塊就像一個上了鎖的透明箱，看得到卻改不了，允許資料保持公開透明，又能維持資料安全。

區塊鏈的類型

根據不同的應用需求，區塊鏈又分成下列幾種類型：

✓ 公有鏈 (public chain)：這是任何人都能參與的區塊鏈，可以自由存取、發送、接收與驗證交易，由所有節點共同管理，不受中心化的機構控制。

優點：去中心化程度最高、所有交易皆公開透明。

缺點：採取共識決議，節點數量多導致交易速度相對較慢。

例如：比特幣區塊鏈、以太坊區塊鏈 (以太幣為其原生加密貨幣)。

✓ 私有鏈 (private chain)：對單一企業或單一機構來說，內部通常會有一些機密資料，而公有鏈公開透明的特點反倒會造成機密外洩，於是衍生出私有鏈，這是由中心化的機構所管理的區塊鏈，必須得到機構的授權才能參與，而且機構可以限制參與者的存取權限。

優點：保有內部機密、交易速度快。

缺點：去中心化程度最低、遭駭風險高、如有發行加密貨幣，價格可能被人為操縱。

例如：Quorum (摩根大通所建立的私有鏈，後來被 ConsenSys 收購)。

✓ 聯盟鏈 (consortium chain)：這是由多個企業或多個機構共同管理的區塊鏈，必須得到聯盟的授權才能參與，而且聯盟可以限制參與者的存取權限。聯盟鏈可以促進企業之間的資訊流通，例如銀行業的聯盟鏈可以制定一套通用的記帳標準，讓不同的銀行之間可以透過聯盟鏈進行更安全、更高效率、更低成本的資訊流通。

優點：保有私有鏈的機密性、去中心化程度比私有鏈高、交易速度比公有鏈快。

缺點：架設成本高。

例如：R3 Corda (區塊鏈開發商 R3 針對金融業所建立的分散式帳本平台)。

▼ 表 2.3 不同類型的區塊鏈比較

	公有鏈	私有鏈	聯盟鏈
所有者	無	單一機構	多個機構 (聯盟)
參與者	任何人	鏈的所有者	聯盟的成員
去中心化程度	最高	最低	次之
交易速度	慢	快	快
獎勵機制	有	無	可有可無
應用領域	加密貨幣、NFT、去中心化金融等	私人企業的業務	金融服務、供應鏈管理、醫療保健等

區塊鏈的應用

區塊鏈的應用廣泛，例如加密貨幣、智慧合約、NFT、元宇宙、身分認證、資產證明、產品溯源、金融服務、電玩遊戲、社交網路、去中心化金融、去中心化醫療等，下面是一些應用實例。

- ✅ 加密貨幣 (cryptocurrency)：這是利用密碼學的加密技術所創造出來的虛擬貨幣，例如比特幣、以太幣、幣安幣、瑞波幣、萊特幣、泰達幣、狗狗幣等，而所謂虛擬貨幣 (virtual currency) 指的是非真實的貨幣，由開發者發行與控管，在特定的虛擬社群中被接受和使用的數位貨幣，例如玩家靠著玩遊戲過關等方式獲得遊戲幣，進而使用遊戲幣購買武器或裝備。

- ✅ 智慧合約 (smart contract)：這是一種在區塊鏈上制定合約的電腦程式或交易協定，當條件達成時，就會在沒有第三方的情況下自動執行合約的內容，適合用來記錄資產、股權或智慧財產權的交易，例如歌手可以在區塊鏈打造的音樂平台上發行歌曲，然後透過智慧合約進行授權與分潤，聽眾就能直接付錢給歌手，不用再透過類似 Spotify 的線上音樂中介平台。

- ✅ NFT (Non-Fungible Token，非同質化代幣)：這是一種儲存在區塊鏈上的資料單位，每個代幣代表一個獨一無二的數位資產，例如藝術品、圖像、影音、程式碼、球員卡、賽事片段、電玩遊戲、元宇宙的土地或其它形式的創意作品。

  每個人都可以在 NFT 交易平台將自己的作品鑄造成 NFT，然後上架販售，而 NFT 的購買者所買到的是作品的所有權，並不是作品本身，例如世界上第一則推特推文的 NFT 是以 290 萬美元賣出。不過，在經過 2021 年下半年到 2022 年上半年的炒作熱潮後，NFT 的價值大幅跌落，熱度已然不再。常見的加密貨幣交易平台有 Binance、Coinbase、KuCoin、Bitfinex 等，而常見的 NFT 交易平台有 OpenSea、Nifty Gateway、Binance NFT 等。

- ✅ 去中心化金融 (DeFi，Decentralized Finance)：這是一種建立在區塊鏈上的金融應用，利用智慧合約提供儲蓄、借貸、抵押、投資、支付、保險等金融服務，雙方直接交易，無須透過銀行、券商或交易所等金融機構，例如人們可以在 DeFi 平台交易加密貨幣、借錢給他人或向他人借錢，也可以在類似儲蓄的帳戶中賺取利息。

- ✅ 去中心化醫療：這是一種建立在區塊鏈上的醫療應用，例如將個人的病歷保存在區塊鏈，由個人掌握自己的醫療記錄與病史，做為之後看病或治療的參考，而不是像目前是由醫院或一些機構負責管理病歷。

2-8 VR、AR、MR 與 XR

2-8-1 虛擬實境 (VR)

虛擬實境 (VR，Virtual Reality) 是利用電腦產生一個虛擬的三度空間，使用者只要穿戴 VR 裝置就能進入該空間，感受到視覺、聽覺及觸覺，彷彿身歷其境一般 (圖 2.15(a))。當使用者移動時，電腦會立刻進行運算，進而產生影像、聲音或觸覺回給使用者，增加臨場感。

市面上的 VR 裝置大部分是頭戴式顯示器 (HMD，Head-Mounted Display)，例如 Meta Quest、HTC VIVE 等，可能還會搭配一對手持控制器，用來協助偵測使用者的動作 (圖 2.15(b))。

頭戴式顯示器裡面通常包含螢幕、感測器和計算元件，其中螢幕用來顯示仿真的影像並投射在使用者的視網膜，感測器用來偵測使用者的旋轉角度，而計算元件用來蒐集感測器的資料，並據此計算螢幕的顯示畫面。

VR 最初是應用在娛樂體驗，例如電玩遊戲、演唱會、運動賽事等 (圖 2.15 (c))，目前則推廣到教育訓練、太空模擬、飛行模擬、課堂教學、網路直播、產品設計、自動駕駛、消防安全、主題展館、商業行銷、工程、醫療照護等領域，下面是一些應用實例。

(a)

✅ 以 VR 讓玩家化身為遊戲的角色,在場景中自由行動,體驗沉浸式的聲光效果,增加遊戲的趣味性。

✅ 以 VR 引導民眾從多角度或近距離參觀建築物、美術館、博物館、體育館或主題展館的內部陳列與線上表演。

✅ 以 VR 模擬火災、地震、海嘯或土石流等災難現場,訓練人們緊急應變的能力,以及如何迅速且安全地撤離。

✅ 以 VR 模擬工程環境、飛機座艙或太空艙,讓機具的操作者、飛行員或太空人先模擬操作,並瞭解可能遭遇的困難及處理方式,以降低成本減少意外。

✅ 以 VR 讓學生在虛擬手術台上反覆練習,做為預習或強化學習效果。

✅ 以 VR 模擬各種高度的環境,克服患者的懼高症。

(b)

(c)

▲ 圖 2.15 (a) VR 的使用者會完全沉浸在虛擬的空間,不會看到現實的環境 (圖片來源:shutterstock) (b) VR 頭戴式顯示器和手持控制器 (圖片來源:Meta Quest 3) (c)《Among Us VR》熱門的多人遊戲 VR 版 (圖片來源:https://www.meta.com/)

2-8-2 擴增實境 (AR)

擴增實境 (AR，Augmented Reality) 是利用電腦將虛擬的物件投射到現實的環境，讓虛擬的物件與現實的環境進行結合與互動，例如寶可夢 Go 遊戲的地圖就是現實的環境，玩家可以透過手機的鏡頭看到神奇寶貝出現在周遭，然後點擊螢幕上的神奇寶貝來加以捕捉，感覺就像在現實的環境中捕捉到神奇寶貝一樣。

有別於 VR 必須穿戴相關的裝置並配合相當程度的硬體規格，才能呈現沉浸式體驗，AR 只要透過有螢幕的設備 (例如手機) 或頭戴式裝置 (例如頭盔、眼鏡)，就能將虛擬的物件投射到現實的環境。

原則上，VR 的使用者會完全沉浸在虛擬的空間，而 AR 的使用者會看到虛擬的物件與現實的環境並存，下面是一些應用實例。

- 消費者利用傢俱業者提供的 AR App 將虛擬的傢俱擺設在家中，體驗布置的效果。

- 醫生透過 AR 頭戴式裝置將手術病人的生理數據顯示在眼前，即時掌握病人的情況。

- 消防隊員透過 AR 頭戴式裝置將失火建築物的格局顯示在眼前協助搜救。

- 遊客利用博物館提供的 AR App 將虛擬的指示路線顯示在導覽的平板電腦，方便進行參觀。

▲ 圖 2.16　建築師透過 AR 頭戴式裝置討論 3D 城市模型 (圖片來源：shutterstock)

2-8-3 混合實境 (MR)

混合實境 (MR，Mixed Reality) 是混合了虛擬實境和擴增實境，通常是以現實的環境為基礎，在上面搭建一個虛擬的空間，讓現實的物件能夠與虛擬的物件共同存在並互動，打破現實與虛擬的界線，例如使用者親手移動虛擬的物件，或將另一個人的影像帶到虛擬的空間與使用者互動。

MR 與 AR 類似，但互動性更高，舉例來說，假設前方出現一隻神奇寶貝，AR 的玩家必須點擊螢幕上的神奇寶貝來加以捕捉，而 MR 的玩家只要擺動手臂即可加以捕捉。

MR 的應用範圍大致上和 VR、AR 重疊，包括休閒娛樂、教育訓練、模擬訓練、商業行銷、工程、醫療照護等。以 Microsoft Mesh 為例，這是微軟公司所推出的 MR 平台，員工只要透過 MR 頭戴式裝置 (例如 Microsoft Hololens)，就能以專屬的數位化身走進虛擬辦公室和同事開會，而且該平台的開發者可以打造自己的 3D 模型，例如傢俱、飛機、汽車、展示間等，並讓它們出現在共享的虛擬空間中。

2-8-4 延展實境 (XR)

延展實境 (XR，Extended Reality) 是虛擬與現實融合技術的總稱，前面所介紹的 VR、AR、MR 都可以視為 XR 的一部分。

▲ 圖 2.17 Microsoft Mesh 平台的使用者以數位化身和同事在虛擬辦公室中開會

2-9　元宇宙

元宇宙的概念

元宇宙 (metaverse) 一詞最早出現在美國小說家 Neal Stephenson 於 1992 年出版的作品《Snow Crash》，在這本小說中，元宇宙是一個虛擬的共享空間，打破了虛擬世界、真實世界與網際網路的界線，而在 Facebook 公司更名為 Meta 並宣布大舉投入研發之後，更掀起一股元宇宙熱潮。

元宇宙主要的概念是一個 3D、擬真的虛擬世界，人們可以透過虛擬化身在裡面從事工作、娛樂、社交、教育、金融、購物、醫療等活動，也可以擁有自己的數位資產，而想要實現元宇宙的沉浸式體驗，VR、AR、MR、XR 等技術就扮演著關鍵的角色。

元宇宙的應用

目前已經有許多公司投入元宇宙產業，例如 Meta、Microsoft、HTC、NVIDIA、Google、Apple、Intel、Qualcomm、Autodesk、Roblox 等，下面是一些應用實例。

- ✓ **Horizon Worlds** 是 Meta 公司推出的元宇宙服務，使用者可以在這個多人線上虛擬平台玩遊戲、健身、社交或舉辦演唱會、音樂會、舞會、大型展覽等活動，也可以建立自己專屬的私人空間。另外還有 **Horizon Workrooms** 可以讓使用者透過 VR 裝置或一般的視訊通話進入虛擬辦公室，身歷其境地與團隊成員面對面交談、分享簡報並完成工作。

- ✓ **Roblox** 是一個加入元宇宙概念的線上遊戲創作平台，玩家可以透過虛擬化身在 Roblox 與其它玩家互動、聊天、玩遊戲或自創新遊戲與服裝，也可以使用 **Robux** 虛擬貨幣進行交易，擁有自給自足的經濟體系。

  Roblox 吸引了 Nike、Gucci、Ralph Lauren、YSL 等時尚品牌進駐，以 Nike 在 Roblox 推出的 **NIKELAND** 為例，裡面有 Nike 主題的建築、跑道和競技場，玩家可以參加彈跳、跑酷、躲避球等迷你遊戲，也可以進入數位陳列室選購運動鞋、服裝及配飾打扮虛擬化身，或透過感測裝置讓虛擬化身做出光速奔跑、遠跳等特殊技能。

- ✓ **Decentraland** 是基於以太坊區塊鏈的虛擬實境平台，核心資產是虛擬土地，玩家可以透過虛擬化身在 Decentraland 漫遊、尋找寶箱、玩遊戲，也可以使用 MANA 虛擬貨幣買賣虛擬土地、建造房子、打造商城或主題社區。

本 章 回 顧

- 人工智慧 (AI) 是資訊科學的一個領域，目的是創造出具有智慧的機器。我們可以根據不同的能力將人工智慧分成**強 AI** (Strong AI) 和**弱 AI** (Weak AI)。

- **機器學習** (machine learning) 是人工智慧的一個分支，指的是讓 AI 自動學習的技術，可以分成已知答案的**監督式學習**、沒有答案的**非監督式學習**，以及沒有答案但有目標的**強化學習**等類型。

- **深度學習** (deep learning) 是機器學習的一種方法，利用神經網路技術來實現機器學習，而**神經網路** (neural network) 是一種模擬生物神經網路運作方式的數學模型或軟體程式。

- 基本的神經網路包含輸入層、隱藏層、輸出層三個層次，而擁有多個隱藏層的神經網路稱為**深度神經網路** (deep neural network)。

- 根據不同的結構與用途，神經網路有不同的類型，例如**前饋神經網路** (FNN)、**卷積神經網路** (CNN)、**循環神經網路** (RNN) 等。

- **生成式 AI** 是透過學習大量資料，然後生成與原始資料類似的新資料，主要仰賴於深度學習技術，例如**生成對抗網路** (GAN)、**擴散模型** (diffusion model)、**Transformer** 模型等。

- **機器人** (robot) 是一種能夠自動執行特定任務的裝置，通常是由電子設備、感測器、控制器、軟體所組成，但有些電腦程式亦被稱為機器人。

- **量子電腦** (quantum computer) 是基於量子力學原理所發展的電腦，資料基本單位叫做**量子位元** (qubit)，一個量子位元可以同時是 0 和 1 的狀態。

- **區塊鏈** (blockchain) 是一種用來記錄資料的技術，具有去中心化、匿名性、不可竄改性、可追蹤性、加密安全性等特點，分成**公有鏈**、**私有鏈**、**聯盟鏈**等類型，常見的應用有加密貨幣、智慧合約、NFT、元宇宙等。

- **虛擬實境** (VR) 是利用電腦產生一個虛擬的三度空間，使用者只要穿戴 VR 裝置就能進入該空間，感受到視覺、聽覺及觸覺；**擴增實境** (AR) 是利用電腦將虛擬的物件投射到現實的環境，讓虛擬的物件與現實的環境進行結合與互動；**混合實境** (MR) 是混合了虛擬實境和擴增實境，通常是以現實的環境為基礎，在上面搭建一個虛擬的空間，讓現實的物件能夠與虛擬的物件共同存在並互動；**延展實境** (XR) 是虛擬與現實融合技術的總稱，VR、AR、MR 都可以視為 XR 的一部分。

一、選擇題

( ) 1. 下列關於人工智慧的敘述何者錯誤？
   A. 知名的圖靈測試是由約翰 · 麥卡錫所提出
   B. 深度學習是推動第三次 AI 浪潮的重要技術
   C. 智慧客服、智慧理專、機器翻譯均屬於弱 AI
   D. IBM Blue Deep（深藍）擊敗西洋棋世界冠軍

( ) 2. 在機器學習中，下列何者是利用已知答案的大量資料來訓練機器，讓機器學習如何解決問題？
   A. 非監督式學習　　　　　　　B. 監督式學習
   C. 半監督式學習　　　　　　　D. 強化學習

( ) 3. 在機器學習中，下列何者是代理程式在環境中行動，透過所獲得的獎勵或懲罰來學習如何達到目標？
   A. 非督式學習　　　　　　　　B. 監督式學習
   C. 半監督式學習　　　　　　　D. 強化學習

( ) 4. 在神經網路的架構中，下列哪個層次負責從特徵中進行處理與學習？
   A. 輸入層　　　　　　　　　　B. 隱藏層
   C. 輸出層　　　　　　　　　　D. 卷積層

( ) 5. 在卷積神經網路中，下列哪個層次負責從圖像資料中提取局部特徵，以產生特徵圖？
   A. 輸入層　　　　　　　　　　B. 卷積層
   C. 池化層　　　　　　　　　　D. 全連接層

( ) 6. 下列哪個工具可以根據輸入的文字自動產生圖像？
   A. Stable Diffusion　　　　　　B. Midjourney
   C. DALL-E　　　　　　　　　　D. 以上皆可

( ) 7. 量子電腦的資料基本單位叫做什麼？
   A. bit　　　　　　　　　　　　B. qubit
   C. TB　　　　　　　　　　　　D. EB

( ) 8. 下列何者不是區塊鏈的特點？
   A. 中心化　　　　　　　　　　B. 不可竄改性
   C. 匿名性　　　　　　　　　　D. 可追蹤性

(　) 9. 下列何者有使用到區塊鏈的技術？

        A. 自駕車　　　　　　　　　　B. IBM 華生

        C. 比特幣　　　　　　　　　　D. 寶可夢 Go 遊戲

(　) 10. 擊敗圍棋世界冠軍的 AlphaGo 有使用到下列哪種技術？

        A. 區塊鏈　　　　　　　　　　B. 深度學習

        C. 物聯網　　　　　　　　　　D. 虛擬實境

(　) 11. 下列何者不屬於深度學習的應用？

        A. 分析醫療影像　　　　　　　B. 深偽 (deepfake)

        C. 自然語言處理　　　　　　　D. 加密貨幣

(　) 12. 下列何者可以讓使用者置身於電腦所創造出來的模擬環境中，感受到視覺、聽覺及觸覺？

        A. VR　　　　　　　　　　　　B. IoT

        C. AR　　　　　　　　　　　　D. AI

二、簡答題

1. 簡單說明何謂人工智慧？根據不同的能力，又分成哪些類型？

2. 簡單說明何謂機器學習？根據不同的學習方式，又分成哪些類型？

3. 簡單說明何謂深度學習？

4. 簡單說明何謂神經網路？一個基本的神經網路有哪三個層次？其功能為何？

5. 簡單說明何謂生成式 AI？舉出三種生成式 AI 工具。

6. 簡單說明何謂虛擬實境 (VR) 並舉出一種應用。

7. 簡單說明何謂擴增實境 (AR) 並舉出一種應用。

8. 簡單說明何謂混合實境 (MR) 並舉出一種應用。

9. 簡單說明何謂加密貨幣並舉出三種實例。

10. 簡單說明何謂元宇宙並舉出一個實例。

Foundations of
Computer Science

C H A P T E R

03

數字系統與資料表示法

3-1 電腦的資料基本單位

在介紹電腦的資料基本單位之前,我們先來說明資料與訊號有何不同。**資料** (data) 指的是要傳送的東西,例如文字、圖形、聲音或視訊,而**訊號** (signal) 指的是可以傳送的東西,例如電流、聲波或電磁波,故訊號可以用來載送資料。

資料與訊號都有類比與數位之分,**類比資料** (analog data) 具有連續的形式,例如水銀溫度計的水銀高度變化是連續的,兩個刻度之間的值有無限多個,而**數位資料** (digital data) 具有不連續的形式,例如電腦內部的資料是由 0 與 1 所組成,0 與 1 中間沒有其它值存在。

同理,**類比訊號** (analog signal) 是連續的訊號,例如我們可以毫不間斷地在紙上描繪聲波、電磁波等類比訊號的波形,例如圖 3.1(a);反之,**數位訊號** (digital signal) 是不連續的訊號,可以使用預先定義的符號來表示,例如圖 3.1(b),其中高電位表示 1,低電位表示 0。

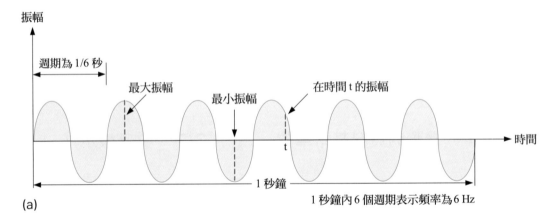

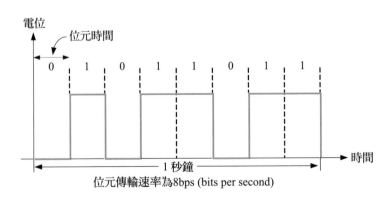

▲ 圖 3.1 (a) 類比訊號 (b) 數位訊號

電腦的資料基本單位叫做位元 (bit，binary digit)，一個位元有 0 與 1 兩個值，可以用來表示 On 或 Off、Yes 或 No、開或關、對或錯、亮或暗等只有兩個狀態的資料，我們將這種只有兩個值的系統稱為二進位系統 (binary system)。

由於一個位元只能表示兩個狀態，無法表示字母、數字或特殊符號，此時可以將多個位元組合成較大的單位，例如將八個位元組合成一個位元組 (byte)，一個位元組裡面有八個 0 與 1，共有 256 (2^8) 個不同順序的組合，可以用來表示英文字母、阿拉伯數字或 +、-、% 等特殊符號，我們將需要使用一個位元組來表示的資料稱為字元 (character)。

除了位元組之外，常見的單位還有千位元組 (KB，kilobyte)、百萬位元組 (MB，megabyte)、十億位元組 (GB，gigabyte)、兆位元組 (TB，terabyte)、千兆位元組 (PB，petabyte)、百京位元組 (EB，exabyte) 等，分別是由 2^{10}、2^{20}、2^{30}、2^{40}、2^{50}、2^{60} 個位元組所組成。由於電腦儲存的是二進位數字，所以 1KB 並不剛好等於 10^3Bytes，1MB 也不剛好等於 10^6Bytes，這些近似值只是用來幫助記憶 (表 3.1)。

▼ 表 3.1 常見的單位

單位	準確值	近似值
千位元組 (KB)	2^{10}Bytes = 1,024Bytes	10^3Bytes
百萬位元組 (MB)	2^{20}Bytes = 1,048,576Bytes	10^6Bytes
十億位元組 (GB)	2^{30}Bytes = 1,073,741,824Bytes	10^9Bytes
兆位元組 (TB)	2^{40}Bytes = 1,099,511,627,776Bytes	10^{12}Bytes
千兆位元組 (PB)	2^{50}Bytes = 1,125,899,906,842,624Bytes	10^{15}Bytes
百京位元組 (EB)	2^{60}Bytes = 1,152,921,504,606,846,976Bytes	10^{18}Bytes

我們可以使用 KB、MB、GB 等單位來描述記憶體或硬碟、光碟、隨身碟、記憶卡等儲存裝置的容量，例如一部 500GB 的硬碟或一片 650MB 的 CD-ROM，也可以使用這些單位來描述檔案的大小，例如一個 3KB 的檔案。

至於數據機、網路卡等通訊裝置的資料傳輸速率 (data transfer rate) 則是以 bps (bits per second) 為單位，意指每秒鐘傳輸幾個位元。由於通訊裝置可以在瞬間傳輸大量資料，因此，我們通常使用 Kbps (kilobits per second)、Mbps (megabits per second)、Gbps (gigabits per second) 等單位來描述，意指每秒鐘傳輸 1,024 (2^{10})、1,048,576 (2^{20})、1,073,741,824 (2^{30}) 個位元。

3-2 數字系統轉換

我們使用的數字系統 (number system) 通常是十進位系統 (decimal system)，也就是以 0、1、2 ~ 9 等十個數字做為計數的基底 (base、radix)，逢 10 即進位，而在時間的計算上是使用六十進位系統 (1 小時 = 60 分鐘、1 分鐘 = 60 秒鐘)，也就是以 0、1、2 ~ 59 等六十個數字做為計數的基底，逢 60 即進位。

至於電腦則是使用二進位系統，不過，一長串的 0 與 1 並不容易閱讀，於是發展出數種表示法 (notation)，其中以八進位系統和十六進位系統最普遍。

為了便於區分，我們習慣在十進位系統以外的數字右下方標示基底，例如 110_2、77_8、$5A_{16}$ 分別表示二、八、十六進位數字。

- 二進位系統 (binary system)：以 0、1 等兩個數字做為計數的基底，逢 2 即進位，例如二進位數字 1111_2 就是十進位數字 15 (表 3.2)。

- 八進位系統 (octal system)：以 0、1、2 ~ 7 等八個數字做為計數的基底，逢 8 即進位，例如二進位數字 1111_2 就是八進位數字 17_8。

- 十六進位系統 (hexadecimal system)：以 0、1、2 ~ 9、A、B、C、D、E、F 等十六個數字做為計數的基底，逢 16 即進位，例如二進位數字 1111_2 就是十六進位數字 F_{16}。

雖然不同的數字系統各有適用的場合，但這些數字系統都有著如下的共同點：

- 數字系統所使用的數字個數與該數字系統的基底相同，例如二進位系統是以 0、1 等兩個數字做為計數的基底，逢 2 即進位。

- 每個數字代表不同的權重 (weight)，例如二進位系統的權重如下，小數點左邊數過來第 1、2 ~ n 個數字的權重分別為 2^0、2^1、…、2^{n-1}，而小數點右邊數過來第 1、2 ~ m 個數字的權重分別為 2^{-1}、2^{-2}、…、2^{-m}。

$$\xleftarrow{\quad 整數部分 \quad} \cdot \xrightarrow{\quad 小數部分 \quad}$$

$$2^{n-1}2^{n-2}\cdots 2^2 2^1 2^0 . 2^{-1}2^{-2}\cdots 2^{-(m-1)}2^{-m}$$

✅ 一串數字所代表的數值是每個數字乘以權重的總和,例如 1011.11_2 所代表的數值等於:

$$1\times2^3 + 0\times2^2 + 1\times2^1 + 1\times2^0 + 1\times2^{-1} + 1\times2^{-2}$$

$$= 8 + 0 + 2 + 1 + 0.5 + 0.25$$

$$= 11.75$$

又例如 123.64_8 所代表的數值等於:

$$1\times8^2 + 2\times8^1 + 3\times8^0 + 6\times8^{-1} + 4\times8^{-2}$$

$$= 64 + 16 + 3 + 0.75 + 0.0625$$

$$= 83.8125$$

▼ 表 3.2 將十進位數字 0～15 表示成二、八、十六進位數字

十進位	二進位	八進位	十六進位
0	0000	0	0
1	0001	1	1
2	0010	2	2
3	0011	3	3
4	0100	4	4
5	0101	5	5
6	0110	6	6
7	0111	7	7
8	1000	10	8
9	1001	11	9
10	1010	12	A
11	1011	13	B
12	1100	14	C
13	1101	15	D
14	1110	16	E
15	1111	17	F

3-2-1 將二、八、十六進位數字轉換成十進位數字

在說明如何將二、八、十六進位數字轉換成十進位數字之前,我們先來研究十進位數字的表示法。以 5621.78 為例,它可以分解成如下多項式,只要您瞭解這個多項式的意義,很快就能將二、八、十六進位數字轉換成十進位數字。

$$
\begin{aligned}
5621.78 &= 5000 + 600 + 20 + 1 + 0.7 + 0.08 \\
&= (5 \times 1000) + (6 \times 100) + (2 \times 10) + (1 \times 1) + (7 \times 0.1) + (8 \times 0.01) \\
&= (5 \times 10^3) + (6 \times 10^2) + (2 \times 10^1) + (1 \times 10^0) + (7 \times 10^{-1}) + (8 \times 10^{-2})
\end{aligned}
$$

範例 將二進位數字 10110.0011_2 轉換成十進位數字。

$$
\begin{aligned}
10110.0011_2 &= (1 \times 2^4) + (0 \times 2^3) + (1 \times 2^2) + (1 \times 2^1) + (0 \times 2^0) + (0 \times 2^{-1}) + \\
&\quad (0 \times 2^{-2}) + (1 \times 2^{-3}) + (1 \times 2^{-4}) \\
&= (1 \times 16) + (0 \times 8) + (1 \times 4) + (1 \times 2) + (0 \times 1) + (0 \times 0.5) + \\
&\quad (0 \times 0.25) + (1 \times 0.125) + (1 \times 0.0625) \\
&= 16 + 4 + 2 + 0.125 + 0.0625 \\
&= 22.1875
\end{aligned}
$$

範例 將八進位數字 51763.2_8 轉換成十進位數字。

$$
\begin{aligned}
51763.2_8 &= (5 \times 8^4) + (1 \times 8^3) + (7 \times 8^2) + (6 \times 8^1) + (3 \times 8^0) + (2 \times 8^{-1}) \\
&= (5 \times 4096) + (1 \times 512) + (7 \times 64) + (6 \times 8) + (3 \times 1) + (2 \times 0.125) \\
&= 20480 + 512 + 448 + 48 + 3 + 0.25 \\
&= 21491.25
\end{aligned}
$$

範例 將十六進位數字 $F2A9.C_{16}$ 轉換成十進位數字。

$$
\begin{aligned}
F2A9.C_{16} &= (F \times 16^3) + (2 \times 16^2) + (A \times 16^1) + (9 \times 16^0) + (C \times 16^{-1}) \\
&= (15 \times 4096) + (2 \times 256) + (10 \times 16) + (9 \times 1) + (12 \times 0.0625) \\
&= 61440 + 512 + 160 + 9 + 0.75 \\
&= 62121.75
\end{aligned}
$$

3-2-2 將十進位數字轉換成二、八、十六進位數字

範例 將十進位數字 59.75 轉換成二進位數字。

1. **將十進位數字分成整數部分及小數部分**：59.75 = 59 + 0.75。

2. **找出整數部分的二進位表示法**：利用餘數定理將整數部分持續除以 2，直到商數小於除數，第一次得到的餘數為小數點左邊第一個位數，第二次得到的餘數為小數點左邊第二個位數，依此類推。

$$2 \enclose{longdiv}{59} \quad 1（59 除以 2 的餘數）$$
$$2 \enclose{longdiv}{29} \quad 1（29 除以 2 的餘數）$$
$$2 \enclose{longdiv}{14} \quad 0（14 除以 2 的餘數）$$
$$2 \enclose{longdiv}{7} \quad 1（7 除以 2 的餘數）$$
$$2 \enclose{longdiv}{3} \quad 1（3 除以 2 的餘數）$$
$$1 \quad 1（最高有效數字）$$

商數小於除數時便停止，然後依反方向寫下餘數，得到 $59 = 111011_2$。

3. **找出小數部分的二進位表示法**：將小數部分持續乘以 2，直到小數部分等於 0 或出現循環，第一次得到之積數的整數部分為小數點右邊第一個位數，第二次得到之積數的整數部分為小數點右邊第二個位數，依此類推。

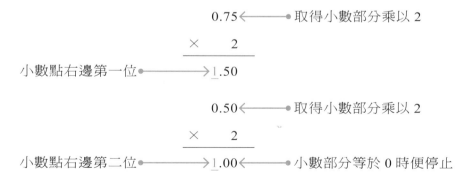

0.75 ←————— 取得小數部分乘以 2

× 2

小數點右邊第一位 ●————→ 1.50

0.50 ←————— 取得小數部分乘以 2

× 2

小數點右邊第二位 ●————→ 1.00 ←————— 小數部分等於 0 時便停止

依序寫下乘以 2 之積數的整數部分，得到 $0.75 = 0.11_2$。

4. **將整數部分及小數部分的二進位表示法合併**：得到 $59.75 = 111011.11_2$。

範例 將十進位數字 5176.3125 轉換成八進位數字。

1. **將十進位數字分成整數部分及小數部分**：5176.3125 = 5176 + 0.3125。

2. **找出整數部分的八進位表示法**：利用餘數定理將整數部分持續除以 8，直到商數小於除數，第一次得到的餘數為小數點左邊第一個位數，第二次得到的餘數為小數點左邊第二個位數，依此類推。

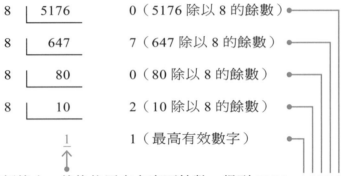

$$
\begin{array}{ll}
8 \ \underline{\big|\ 5176} & 0\ (5176 除以 8 的餘數) \\
8 \ \underline{\big|\ 647} & 7\ (647 除以 8 的餘數) \\
8 \ \underline{\big|\ 80} & 0\ (80 除以 8 的餘數) \\
8 \ \underline{\big|\ 10} & 2\ (10 除以 8 的餘數) \\
\quad \underline{1} & 1\ (最高有效數字)
\end{array}
$$

商數小於除數時便停止，然後依反方向寫下餘數，得到 $5176 = 12070_8$。

3. **找出小數部分的八進位表示法**：將小數部分持續乘以 8，直到小數部分等於 0 或出現循環，第一次得到之積數的整數部分為小數點右邊第一個位數，第二次得到之積數的整數部分為小數點右邊第二個位數，依此類推。

$$
\begin{array}{r}
0.3125 \longleftarrow 取得小數部分乘以 8 \\
\times \quad\quad 8 \\
\hline
\underline{2}.5000
\end{array}
$$

小數點右邊第一位 ⟶ $\underline{2}.5000$

$$
\begin{array}{r}
0.5000 \longleftarrow 取得小數部分乘以 8 \\
\times \quad\quad 8 \\
\hline
\underline{4}.0000
\end{array}
$$

小數點右邊第二位 ⟶ $\underline{4}.0000$

依序寫下乘以 8 之積數的整數部分，得到 $0.3125 = 0.24_8$。

4. **將整數部分及小數部分的八進位表示法合併**：得到 $5176.3125 = 12070.24_8$。

範例 將十進位數字 4877.6 轉換成十六進位數字。

1. **將十進位數字分成整數部分及小數部分**：$4877.6 = 4877 + 0.6$。

2. **找出整數部分的十六進位表示法**：利用餘數定理將整數部分持續除以 16，直到商數小於除數，第一次得到的餘數為小數點左邊第一個位數，第二次得到的餘數為小數點左邊第二個位數，依此類推。

$$
\begin{array}{r|l}
16 & 4877 \\
16 & 304 \\
16 & 19 \\
& 1
\end{array}
\qquad
\begin{array}{l}
13 \text{（4877 除以 16 的餘數）} \\
0 \text{（304 除以 16 的餘數）} \\
3 \text{（19 除以 16 的餘數）} \\
1 \text{（最高有效數字）}
\end{array}
$$

商數小於除數時便停止，然後依反方向寫下餘數，得到 $4877 = 130D_{16}$。

3. **找出小數部分的十六進位表示法**：將小數部分持續乘以 16，直到小數部分等於 0 或出現循環，第一次得到之積數的整數部分為小數點右邊第一個位數，第二次得到之積數的整數部分為小數點右邊第二個位數，依此類推。

$$
\begin{array}{r}
0.6 \longleftarrow 取得小數部分乘以 16 \\
\times \quad 16 \\
\hline
小數點右邊第一位 \longleftarrow \underline{9}.6 \\
\hline
0.6 \longleftarrow 出現循環時便停止（從小數點右邊第一位開始）
\end{array}
$$

依序寫下乘以 16 之積數的整數部分，得到 $0.6 = 0.\overline{9}_{16}$。

4. **將整數部分及小數部分的十六進位表示法合併**：得到 $4877.6 = 130D.\overline{9}_{16}$。

3-2-3 將八或十六進位數字轉換成二進位數字

在將八或十六進位數字轉換成二進位數字時，只要將每個八進位數字轉換成三個二進位數字，每個十六進位數字轉換成四個二進位數字即可。

範例 將八進位數字 5762.13_8 轉換成二進位數字。

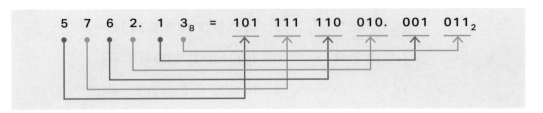

範例 將十六進位數字 $E8C4.B_{16}$ 轉換成二進位數字。

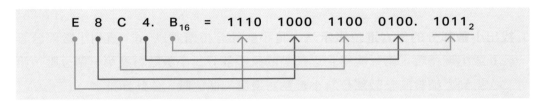

📝 隨堂練習

(1) $11010011.1101_2 = (\qquad)_{10}$

(2) $100111.00011_2 = (\qquad)_{10}$

(3) $1234.56_8 = (\qquad)_{10}$

(4) $50002.1_8 = (\qquad)_{10}$

(5) $ABC.DE_{16} = (\qquad)_{10}$

(6) $1000.3_{16} = (\qquad)_{10}$

(7) $11321.321_4 = (\qquad)_{10}$

(8) $5445.2_6 = (\qquad)_{10}$

(9) $132.1875_{10} = (\qquad)_2$

(10) $89.59375_{10} = (\qquad)_2$

(11) $28713.3_{10} = (\qquad)_8$

(12) $83.8625_{10} = (\qquad)_8$

(13) $255.09375_{10} = (\qquad)_{16}$

(14) $8613.2_{10} = (\qquad)_{16}$

(15) $65.43_8 = (\qquad)_2$

(16) $12345.6_8 = (\qquad)_2$

(17) $ABC.DE_{16} = (\qquad)_2$

(18) $9876.ACE_{16} = (\qquad)_2$

3-2-4 將二進位數字轉換成八或十六進位數字

將二進位數字轉換成八或十六進位數字的方法剛好與前一節相反，您必須以小數點為界，分別向左右每三個數字一組，轉換成八進位數字，或分別向左右每四個數字一組，轉換成十六進位數字，最後一組若不足三或四的倍數，就補上 0。

範例 將二進位數字 11010111.1011_2 轉換成八進位數字。

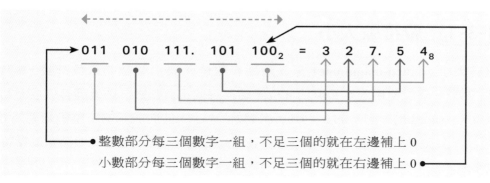

● 整數部分每三個數字一組，不足三個的就在左邊補上 0
小數部分每三個數字一組，不足三個的就在右邊補上 0 ●

範例 將二進位數字 10110101111010.1111001_2 轉換成十六進位數字。

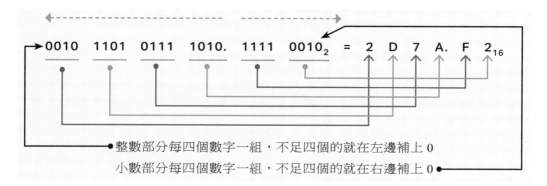

● 整數部分每四個數字一組，不足四個的就在左邊補上 0
小數部分每四個數字一組，不足四個的就在右邊補上 0 ●

📝 隨堂練習

(1) $11000111011.1011_2 = ($ $)_8$ (2) $1001110111000.00111_2 = ($ $)_8$

(3) $ABC.DE_{16} = ($ $)_8$ (4) $9876.ACE_{16} = ($ $)_8$

(5) $11000111011.1011_2 = ($ $)_{16}$ (6) $1001110111000.00111_2 = ($ $)_{16}$

(7) $65.43_8 = ($ $)_{16}$ (8) $12345.6_8 = ($ $)_{16}$

3-3 整數表示法

前面介紹的二進位系統只能表示正整數，無法表示負整數。為此，科學家遂發展出數種有號整數表示法，例如帶符號大小 (signed-magnitude)、1's 補數 (1's complement)、2's 補數 (2's complement) 等。這些表示法都是以二進位系統為基礎去做變化，好更適用於電腦。

3-3-1 帶符號大小

帶符號大小 (signed-magnitude) 是以最高有效位元表示整數的正負符號，0 為正，1 為負。假設使用固定長度的 n 位元儲存每個正負整數，則最高有效位元為符號位元 (sign bit)，剩下的 n - 1 位元為數值大小，能夠表示的正整數範圍為 0 ~ 2^{n-1}- 1，負整數範圍為 -(2^{n-1}- 1) ~ 0。表 3.3 是使用 4 位元儲存正負整數的帶符號大小表示法，請注意，+0 與 -0 的表示法是不同的。

註：一個屬於二進位系統的正數 N 可以寫成 $N_2 = (d_{p-1}d_{p-2}\cdots d_1 d_0 \cdot d_{-1}d_{-2}\cdots d_{-q})_2$，其中最左邊的數字 d_{p-1} 稱為最高有效位元 (MSB，Most Significant Bit)，而最右邊的數字 d_{-q} 稱為最低有效位元 (LSB，Least Significant Bit)。

▼ 表 3.3 帶符號大小表示法 (假設使用 4 位元儲存整數)

十進位	帶符號大小	十進位	帶符號大小
+8	無	-8	無
+7	0111	-7	1111
+6	0110	-6	1110
+5	0101	-5	1101
+4	0100	-4	1100
+3	0011	-3	1011
+2	0010	-2	1010
+1	0001	-1	1001
+0	0000	-0	1000

3-3-2 1's 補數

1's 補數 (1's complement) 是以最高有效位元表示整數的正負符號，0 為正，1 為負，其正整數表示法和帶符號大小一樣，而負整數表示法則是將對應的正整數表示法中 0 與 1 互換，所謂補數 (complement) 指的就是將 0 變成 1，將 1 變成 0，所得到的位元圖樣 (bit pattern)，例如 0111 的補數為 1000，而 1010 的補數為 0101。

假設使用固定長度的 n 位元儲存每個正負整數，則最高有效位元為符號位元，剩下的 n - 1 位元為數值大小，能夠表示的正整數範圍為 $0 \sim 2^{n-1} - 1$，負整數範圍為 $-(2^{n-1} - 1) \sim 0$。表 3.4 是使用 4 位元儲存正負整數的 1's 補數表示法，請注意，+0 與 -0 的表示法是不同的。

▼ 表 3.4 1's 補數表示法 (假設使用 4 位元儲存整數)

十進位	1's 補數	十進位	1's 補數
+8	無	-8	無
+7	0111	-7	1000
+6	0110	-6	1001
+5	0101	-5	1010
+4	0100	-4	1011
+3	0011	-3	1100
+2	0010	-2	1101
+1	0001	-1	1110
+0	0000	-0	1111

3-3-3 2's 補數

2's 補數 (2's complement) 是以最高有效位元表示整數的正負符號，0 為正，1 為負，其正整數表示法和 1's 補數一樣，而負整數表示法則是 1's 補數加 1。假設使用固定長度的 n 位元儲存每個正負整數，則最高有效位元為符號位元，剩下的 n - 1 位元為數值大小，能夠表示的正整數範圍為範圍為 $0 \sim 2^{n-1} - 1$，負整數範圍為 $-2^{n-1} \sim 0$。表 3.5 是使用 4 位元儲存正負整數的 2's 補數表示法，請注意，+0 與 -0 的表示法是相同的。

▼ 表 3.5 2's 補數表示法 (假設使用 4 位元儲存整數)

十進位	2's 補數	十進位	2's 補數
+8	無	-8	1000
+7	0111	-7	1001
+6	0110	-6	1010
+5	0101	-5	1011
+4	0100	-4	1100
+3	0011	-3	1101
+2	0010	-2	1110
+1	0001	-1	1111
+0	0000	-0	0000

現代電腦之所以普遍使用 2's 補數，原因除了 0 只有一種表示法之外，最重要的是只要一個加法電路和一個轉換正負電路，就可以完成整數的加法與減法。舉例來說，我們知道 X - Y 的減法問題其實就相當於 X + (-Y) 的加法問題，那麼當電腦要計算 6 (0110) - 2 (0010) 時，只要先將 2 (0010) 轉換成 -2 (1110)，然後進行 0110 (6) 和 1110 (-2) 的加法，就會得到 0100 (4)。

範例 寫出 96 與 -96 的帶符號大小、1's 補數、2's 補數表示法 (假設使用 8 位元儲存整數)。

1. 使用第 3-2-2 節介紹的方法將 96 轉換成二進位，得到 1100000，故 96 的帶符號大小表示法為 01100000 (前面加上符號位元 0)，而 -96 的帶符號大小表示法則為 11100000 (前面加上符號位元 1)。

2. 已知 96 的帶符號大小表示法為 01100000，故 96 的 1's 補數表示法亦為 01100000，而 -96 的 1's 補數表示法則是將 01100000 的 0 變成 1，1 變成 0，得到 10011111。

3. 已知 96 的 1's 補數表示法為 01100000，故 96 的 2's 補數表示法亦為 01100000，而 -96 的 2's 補數表示法則是將 -96 的 1's 補數表示法加 1，得到 10100000。

3-3-4 補數的推廣

補數 (complement) 有縮減基底補數 (diminished radix complement) 和基底補數 (radix complement) 兩種，前者又稱為 (K - 1)'s 補數，而後者又稱為 K's 補數。假設 N_K 是一個基底為 K 的數字，整數部分有 p 位，小數部分有 q 位，$N_K = (d_{p-1}d_{p-2}\cdots d_1d_0.d_{-1}d_{-2}\cdots d_{-q})_K$，那麼我們可以使用下列方法求出 N_K 的 (K - 1)'s 補數和 K's 補數：

☑ (K - 1)'s 補數：對於 N_K 的每位數字均以 (K - 1) 減去該數字，便能求出 N_K 的 (K - 1)'s 補數為 $((K - 1 - d_{p-1})\cdots(K - 1 - d_1)(K - 1 - d_0).(K - 1 - d_{-1})\cdots(K - 1 - d_{-q}))_K$，例如 12.34_8 的 7's 補數為 65.43_8。

☑ K's 補數：先求出 N_K 的 (K - 1)'s 補數，再加上 K^{-q}，即 $((K - 1 - d_{p-1})\cdots(K - 1 - d_1)(K - 1 - d_0).(K - 1 - d_{-1})\cdots(K - 1 - d_{-q}))_K + K^{-q}$，例如 12.34_8 的 8's 補數為 65.44_8。

告訴您一個小秘訣，只要將 (K - 1)'s 補數的最後一位數字加 1，所得到的結果就是 K's 補數，例如 12.34_8 的 7's 補數為 65.43_8，那麼只要將最後一位數字 3 加 1，所得到的結果 65.44_8 就是 12.34_8 的 8's 補數。

📝 隨堂練習

(1) 寫出 76 與 -76 的帶符號大小、1's 補數、2's 補數表示法（假設使用 8 位元儲存整數）。

(2) 寫出 1101001.0111_2 的 1's 補數和 2's 補數。

(3) 寫出 9874.168_{10} 的 9's 補數和 10's 補數。

(4) 寫出 74256.56_8 的 7's 補數和 8's 補數。

(5) 寫出 34213.351_6 的 5's 補數和 6's 補數。

(6) 寫出 $98AB.35_{16}$ 的 15's 補數和 16's 補數。

數值算術運算

3-4-1 加法

二進位加法運算的觀念和十進位相同,您可以自己練習看看。

範例 $111010_2 + 11011_2$(假設使用 8 位元儲存二進位數字)。

1. 將不足 8 個位元的部分補上 0,然後寫成如下運算式。

$$
\begin{array}{r}
00111010 \\
+\quad 00011011 \\
\hline
\end{array}
$$

2. 首先,從右邊數起第 1 行的 0 與 1 開始加起,得到和為 1,寫在該行下方;再做右邊數起第 2 行的 1 與 1 相加,得到和為 10(逢 2 進位),將和的個位數字 0 寫在該行下方,將和的進位數字 1 放在下一行上方。

$$
\begin{array}{r}
1 \\
00111010 \\
+\quad 00011011 \\
\hline
01
\end{array}
$$

3. 接著,做右邊數起第 3 行的 1、0、0 相加,得到和為 1,寫在該行下方;再做右邊數起第 4 行的 1 與 1 相加,得到和為 10(逢 2 進位),將和的個位數字 0 寫在該行下方,將和的進位數字 1 放在下一行上方。

$$
\begin{array}{r}
1 \\
00111010 \\
+\quad 00011011 \\
\hline
0101
\end{array}
$$

4. 繼續,做右邊數起第 5 行的 1、1、1 相加,得到和為 11(逢 2 進位),將和的個位數字 1 寫在該行下方,將和的進位數字 1 放在下一行上方。

$$
\begin{array}{r}
1 \\
00111010 \\
+\quad 00011011 \\
\hline
10101
\end{array}
$$

5. 再者，做右邊數起第 6 行的 1、1、0 相加，得到和為 10（逢 2 進位），將和的個位數字 0 寫在該行下方，將和的進位數字 1 放在下一行上方。

$$
\begin{array}{r}
1 \\
00111010 \\
+\quad 00011011 \\
\hline
010101
\end{array}
$$

6. 最後，做右邊數起第 7 行的 1、0、0 相加，得到和為 1，寫在該行下方；再做最左邊的 0 與 0 相加，得到和為 0，寫在該行下方，得到 $111010_2 + 11011_2 = 1010101_2$。同樣的觀念還可以推廣至八進位及十六進位。

$$
\begin{array}{r}
00111010 \\
+\quad 00011011 \\
\hline
01010101
\end{array}
$$

🗨 資訊部落　　溢位問題

由於儲存資料的位元長度是有限的，若兩數相加或相減後的結果超過位元長度所能表示的範圍，就會產生溢位（overflow）。舉例來說，假設使用 8 位元的 2's 補數，那麼 01111111_2（+127）加 1 的結果將會產生溢位，因為 +127 加 1 正確的結果是 +128，可是 01111111_2 加 1 的結果卻是 10000000_2（-128），而造成溢位的原因就是 +128 已經超過表示法的最大範圍；同樣的，若兩數相減後的結果小於表示法的最小範圍，例如 -129，那麼也會產生溢位。

至於我們該如何判斷是否產生溢位呢？有幾個簡單的原則：

● 符號位元出現異常，例如兩個正數相加的結果卻得到負數（符號位元為 1）、兩個負數相加的結果卻得到正數（符號位元為 0）、一個正數減去一個負數的結果卻得到負數（符號位元為 1）、一個負數減去一個正數的結果卻得到正數（符號位元為 0），這些情況都是產生溢位。

● 運算的結果超過表示法的範圍，例如 8 位元的 2's 補數所能表示的範圍為 +127 ～ -128，一旦運算的結果大於 +127 或小於 -128，都是產生溢位。

隨堂練習

完成下列加法運算:

(1)　$36487.16_{10} + 98766.552_{10}$

(2)　$110111_2 + 10011_2$（假設使用 8 位元的 2's 補數表示法）

(3)　$1110000_2 + 11111_2$（假設使用 8 位元的 2's 補數表示法）

(4)　$765.4_8 + 543.2_8$

(5)　$66666.66_8 + 4321.35_8$

(6)　$987.65_{16} + 987.65_{16}$

(7)　$168.ABC_{16} + FD7.117_{16}$

提示:您可以將十進位加法運算的觀念應用至二、八、十六進位。

3-4-2　減法

數值資料的減法運算可以利用補數的觀念來完成,簡言之,A - B 等於 A +（B 的 K's 補數）,其中 A、B 為 K 進位數字。

範例 $111010_2 - 11100101_2$（假設使用 8 位元儲存二進位數字）。

1. 這個運算式可以改寫成 111010_2 +（11100101_2 的 2's 補數）,於是將第一個數字不足 8 個位元的部分補上 0,得到 00111010_2,然後寫出第二個數字 11100101_2 的 2's 補數為 00011011_2,此時,運算式變成如下。

$$
\begin{array}{r}
00111010 \\
+\quad 00011011 \\
\hline
\end{array}
$$

2. 接下來,只要算出上式的和即可,由於上式與第 3-4-1 節的範例相同,故不再重複說明,最後得出結果為 01010101_2。請注意,若計算完畢的結果位數超過表示法的位元長度,那麼超過的部分須捨去。

事實上，我們也可以使用像過去在計算十進位數字相減的方法來進行二、八、十六進位的減法運算。

範例 $1010_2 - 11_2$（假設使用 8 位元儲存二進位數字）。

1. 將不足 8 個位元的部分補上 0，然後寫成如下運算式。

$$
\begin{array}{r}
00001010 \\
-\ 00000011 \\
\hline
\end{array}
$$

2. 首先，從右邊數起第 1 行的 0 減 1 開始，因為不夠減，所以要向右邊數起第 2 行借 10_2，於是 $10_2 - 1_2$，得到 1，寫在該行下方，同時在下一行上方寫 -1，表示剛才借走了 10_2。

$$
\begin{array}{r}
-1 \\
00001010 \\
-\ 00000011 \\
\hline
1
\end{array}
$$

3. 接著，做右邊數起第 2 行的 1 - 1 - 1，因為不夠減，所以要向右邊數起第 3 行借 10_2，於是 $10_2 + 1_2 - 1_2 - 1_2$，得到 1，寫在該行下方，同時在下一行上方寫 -1，表示剛才借走了 10_2。

$$
\begin{array}{r}
-1 \\
00001010 \\
-\ 00000011 \\
\hline
11
\end{array}
$$

4. 繼續，做右邊數起第 3 行的 0 - 1 - 0，因為不夠減，所以要向右邊數起第 4 行借 10_2，於是 $10_2 + 0_2 - 1_2 - 0_2$，得到 1，寫在該行下方，同時在下一行上方寫 -1，表示剛才借走了 10_2。

$$
\begin{array}{r}
-1 \\
00001010 \\
-\ 00000011 \\
\hline
111
\end{array}
$$

5. 最後，做右邊數起第 4 行的 1 - 1，得到 0，寫在該行下方，計算完畢。

$$
\begin{array}{r}
00001010 \\
-\quad 00000011 \\
\hline
00000111
\end{array}
$$

前述方法相當麻煩，是不是？！我們換用第一種方法算算看，讓您做比較：

1. $1010_2 - 11_2 = 00001010_2 + （00000011_2$ 的 2's 補數）$= 00001010_2 + 11111101_2$。

2. 寫成如下運算式。

$$
\begin{array}{r}
00001010 \\
+\quad 11111101 \\
\hline
100000111
\end{array}
$$

超過位元長度須捨去 $\longrightarrow$ $\underline{1}00000111$

3. 超過位元長度的部分須捨去，於是得到 00000111_2，答案一樣，可是做法卻簡單多了。

📝 隨堂練習

完成下列減法運算：

(1) $100101_2 - 11111_2$（假設使用 8 位元的 2's 補數表示法）

(2) $10000000_2 - 111_2$（假設使用 8 位元的 2's 補數表示法）

(3) $521.72_8 - 372.56_8$

(4) $C875.A9_{16} - E28.2B_{16}$

(5) $59821.72_{10} - 3572.561_{10}$

提示：您可以將十進位減法運算的觀念應用至二、八、十六進位。

3-4-3 乘法

二進位乘法運算的觀念和十進位相同，您可以自己練習看看。

範例 $1101_2 \times 1011_2$。

$$
\begin{array}{r}
1101 \\
\times \quad 1011 \\
\hline
1101 \\
1101 \\
0000 \\
1101 \\
\hline
10001111
\end{array}
$$

3-4-4 除法

二進位除法運算的觀念和十進位相同，您可以自己練習看看。

範例 $11101001_2 \div 1001_2$。

$$
\begin{array}{r}
11001 \quad \longleftarrow \text{商數} \\
1001 \overline{)11101001} \\
1001 \\
\hline
1011 \\
1001 \\
\hline
10001 \\
1001 \\
\hline
1000 \quad \longleftarrow \text{餘數}
\end{array}
$$

📝 **隨堂練習**

完成下列運算：

(1) $10101_2 \times 1011_2$　　　　(2) $123_8 \times 45_8$

(3) $AB_{16} \times 6_{16}$　　　　(4) $11101001_2 \div 1011_2$

提示：第（2）、（3）題可以先轉換成二或十進位再相乘。

3-5 數碼系統

除了前面介紹的整數表示法,還有一些數碼系統可以用來表示十進位數字,例如 BCD 碼、2421 碼、84-2-1 碼、超三碼、二五碼、五取二碼、葛雷碼等。

3-5-1 BCD 碼

BCD 碼(Binary Coded Decimal)是各自使用四個位元來表示 0、1、2 ~ 9 等十進位數字,而且這四個位元的權重由左至右分別為 8、4、2、1,故又稱為 8421 碼。表 3.6 是 0、1、2 ~ 9 等十進位數字的 BCD 碼,舉例來說,當我們要使用 BCD 碼表示十進位數字 456 時,必須寫成 0100 0101 0110,總共需要 12 個位元。

▼ 表 3.6 數字 0 ~ 9 的 BCD 碼

十進位數字	BCD 碼	十進位數字	BCD 碼
0	0000(0 + 0 + 0 + 0)	5	0101(0 + 4 + 0 + 1)
1	0001(0 + 0 + 0 + 1)	6	0110(0 + 4 + 2 + 0)
2	0010(0 + 0 + 2 + 0)	7	0111(0 + 4 + 2 + 1)
3	0011(0 + 0 + 2 + 1)	8	1000(8 + 0 + 0 + 0)
4	0100(0 + 4 + 0 + 0)	9	1001(8 + 0 + 0 + 1)

3-5-2 2421 碼

2421 碼也是各自使用四個位元來表示 0、1、2 ~ 9 等十進位數字,但這四個位元的權重由左至右分別為 2、4、2、1,由於第二、四個位元均為 2,故 2421 碼的編碼方式並不是唯一的,例如 2 可以表示成 1000 或 0010。表 3.7 是 0、1、2 ~ 9 等十進位數字的其中一種 2421 碼,舉例來說,當我們要使用 2421 碼表示十進位數字 456 時,必須寫成 0100 1011 1100,總共需要 12 個位元。

▼ 表 3.7 數字 0 ~ 9 的 2421 碼

十進位數字	2421 碼	十進位數字	2421 碼
0	0000(0 + 0 + 0 + 0)	5	1011(2 + 0 + 2 + 1)
1	0001(0 + 0 + 0 + 1)	6	1100(2 + 4 + 0 + 0)
2	0010(0 + 0 + 2 + 0)	7	1101(2 + 4 + 0 + 1)
3	0011(0 + 0 + 2 + 1)	8	1110(2 + 4 + 2 + 0)
4	0100(0 + 4 + 0 + 0)	9	1111(2 + 4 + 2 + 1)

3-5-3 84-2-1 碼

84-2-1 碼也是各自使用四個位元來表示 0、1、2 ~ 9 等十進位數字,但這四個位元的權重由左至右分別為 8、4、-2、-1。表 3.8 是 0、1、2 ~ 9 等十進位數字的 84-2-1 碼,舉例來說,當我們要使用 84-2-1 碼表示十進位數字 456 時,必須寫成 0100 1011 1010,總共需要 12 個位元。

▼ 表 3.8 **數字 0 ~ 9 的 84-2-1 碼**

十進位數字	84-2-1 碼	十進位數字	84-2-1 碼
0	0000(0 + 0 - 0 - 0)	5	1011(8 + 0 - 2 - 1)
1	0111(0 + 4 - 2 - 1)	6	1010(8 + 0 - 2 - 0)
2	0110(0 + 4 - 2 - 0)	7	1001(8 + 0 - 0 - 1)
3	0101(0 + 4 - 0 - 1)	8	1000(8 + 0 - 0 - 0)
4	0100(0 + 4 - 0 - 0)	9	1111(8 + 4 - 2 - 1)

3-5-4 超三碼

超三碼(Excess-3)也是各自使用四個位元來表示 0、1、2 ~ 9 等十進位數字,但這四個位元為 0、1、2 ~ 9 的二進位表示法加上 3,例如 5 的二進位表示法 0101,加上 3 以後得到 1000,故 5 的超三碼為 1000。表 3.9 是 0、1、2 ~ 9 等十進位數字的超三碼,舉例來說,當我們要使用超三碼表示十進位數字 456 時,必須寫成 0111 1000 1001,總共需要 12 個位元。

▼ 表 3.9 **數字 0 ~ 9 的超三碼**

十進位數字	超三碼	十進位數字	超三碼
0	0011	5	1000
1	0100	6	1001
2	0101	7	1010
3	0110	8	1011
4	0111	9	1100

3-5-5 二五碼

二五碼（Biquinary Code）是各自使用七個位元來表示 0、1、2 ～ 9 等十進位
數字，但這七個位元的權重由左至右分別為 5、0、4、3、2、1、0，故又稱為
5043210 碼，要注意的是前兩個位元及後五個位元中一定要有一個位元為 1，
其餘位元為 0。表 3.10 是 0、1、2 ～ 9 等十進位數字的二五碼，舉例來說，當我
們要使用二五碼表示十進位數字 456 時，必須寫成 0110000 1000001 1000010，
總共需要 21 個位元。

▼ 表 3.10 數字 0 ～ 9 的二五碼

十進位數字	二五碼	十進位數字	二五碼
0	0100001	5	1000001
1	0100010	6	1000010
2	0100100	7	1000100
3	0101000	8	1001000
4	0110000	9	1010000

3-5-6 五取二碼

五取二碼（2-out-of-5）是各自使用五個位元來表示 0、1、2 ～ 9 等十進位數
字，但這五個位元中一定要有兩個位元為 1 和三個位元為 0，所以 10 種組合剛
好用來表示 10 個數字。表 3.11 是 0、1、2 ～ 9 等十進位數字的五取二碼，舉
例來說，當我們要使用五取二碼表示十進位數字 456 時，必須寫成 01010 01100
10001，總共需要 15 個位元。

▼ 表 3.11 數字 0 ～ 9 的五取二碼

十進位數字	五取二碼	十進位數字	五取二碼
0	00011	5	01100
1	00101	6	10001
2	00110	7	10010
3	01001	8	10100
4	01010	9	11000

資訊部落　加權碼與自補

由於 BCD 碼、2421 碼、84-2-1 碼的四個位元及二五碼的七個位元各有不同的權重，故又稱為加權碼（weighted code）。此外，2421 碼、84-2-1 碼、超三碼具有自補（self-complementing）特性，也就是十進位數字的 9's 補數等於其二進位數字的 1's 補數，舉例來說，456 的 2421 碼為 0100 1011 1100，而 456 的 9's 補數為 543，0100 1011 1100 的 1's 補數為 1011 0100 0011，對照表 3.7 可知，1011 0100 0011 為 543，所以 2421 碼確實具有自補的特性，而這對 84-2-1 碼及超三碼亦成立。

3-5-7　葛雷碼

凡滿足後述規則的數碼系統都叫做葛雷碼（Gray Code）－任何連續兩個數字的二進位表示法只有一個位元不相同，其餘位元均相同。舉例來說，假設數碼系統 $G_1 = \{0 = 00, 1 = 01, 2 = 11, 3 = 10\}$，那麼 G_1 就是一個二位元的葛雷碼；同理，我們可以衍生出另一個數碼系統 $G_2 = \{0 = 10, 1 = 11, 2 = 01, 3 = 00\}$，這也是一個二位元的葛雷碼，顯然葛雷碼並不是唯一的。為了增加葛雷碼的實用性，遂發展出以遞迴的方式來產生唯一的反射葛雷碼（Reflected Gray Code），其公式如下：

$$G_{n+1} = \{0G_n, 1G_n^{ref}\} \text{，} G_1 = \{0, 1\} \text{，} n >= 1$$

據此公式，我們可以依序推算出 G_1、G_2、G_3、G_4 等反射葛雷碼：

$$
G_1 = \begin{cases} 0 \\ 1 \end{cases}
\quad
G_2 = \begin{cases} 0 & \boxed{0} = 0 \\ 0 & \boxed{1} = 1 \\ 1 & \boxed{1} = 2 \\ 1 & \boxed{0} = 3 \\ & G_1^{ref} \end{cases}
\quad
G_3 = \begin{cases} 0 & \boxed{00} = 0 \\ 0 & \boxed{01} = 1 \\ 0 & \boxed{11} = 2 \\ 0 & \boxed{10} = 3 \\ 1 & \boxed{10} = 4 \\ 1 & \boxed{11} = 5 \\ 1 & \boxed{01} = 6 \\ 1 & \boxed{00} = 7 \\ & G_2^{ref} \end{cases}
\quad
G_4 = \begin{cases} 0 & \boxed{000} = 0 \\ 0 & \boxed{001} = 1 \\ 0 & \boxed{011} = 2 \\ 0 & \boxed{010} = 3 \\ 0 & \boxed{110} = 4 \\ 0 & \boxed{111} = 5 \\ 0 & \boxed{101} = 6 \\ 0 & \boxed{100} = 7 \\ 1 & \boxed{100} = 8 \\ 1 & \boxed{101} = 9 \\ 1 & \boxed{111} = 10 \\ 1 & \boxed{110} = 11 \\ 1 & \boxed{010} = 12 \\ 1 & \boxed{011} = 13 \\ 1 & \boxed{001} = 14 \\ 1 & \boxed{000} = 15 \\ & G_3^{ref} \end{cases}
$$

若要將二進位數字 $B_n B_{n-1} \cdots B_1$ 轉換成反射葛雷碼 $G_n G_{n-1} \cdots G_1$，可以套用如右公式，其中 $\oplus$ 為互斥運算子（XOR），當 x 不等於 y 時，$x \oplus y$ 的值為 1，當 x 等於 y 時，$x \oplus y$ 的值為 0。

$$G_K = \begin{cases} B_K, & K = n \\ \\ B_{K+1} \oplus B_K, & 1 \leq K \leq n-1 \end{cases}$$

若要將反射葛雷碼 $G_n G_{n-1} \cdots G_1$ 轉換成二進位數字 $B_n B_{n-1} \cdots B_1$，可以套用如右公式，其中 $\oplus$ 為互斥運算子（XOR）。

$$B_K = \begin{cases} G_K, & K = n \\ \\ B_{K+1} \oplus G_K, & 1 \leq K \leq n-1 \end{cases}$$

📝 隨堂練習

(1) 將 10111_2 轉換成反射葛雷碼　　(2) 將 1100110_2 轉換成反射葛雷碼

(3) 將 1100_{RG} 轉換成二進位數字　　(4) 將 10110_{RG} 轉換成二進位數字

提示：

● 運用如下公式將二進位數字 $B_n B_{n-1} \cdots B_1$ 轉換成反射葛雷碼 $G_n G_{n-1} \cdots G_1$：

$$G_n = B_n$$
$$G_{n-1} = B_n \oplus B_{n-1}$$
$$\cdots$$
$$G_1 = B_2 \oplus B_1$$

● 運用如下公式將反射葛雷碼 $G_n G_{n-1} \cdots G_1$ 轉換成二進位數字 $B_n B_{n-1} \cdots B_1$：

$$B_n = G_n$$
$$B_{n-1} = B_n \oplus G_{n-1} = G_n \oplus G_{n-1}$$
$$\cdots$$
$$B_1 = G_n \oplus G_{n-1} \oplus G_{n-2} \oplus \cdots \oplus G_1$$

(1) 二進位數字：1　0　1　1　1

⊕　⊕　⊕　⊕

反射葛雷碼：1　1　1　0　0

(3) 反射葛雷碼：1　1　0　0

⊕　⊕　⊕

二進位數字：1　0　0　0

3-6 浮點數表示法

若要儲存包含小數或數值超過所有位元能夠表示之最大範圍的整數，可以使用浮點數表示法（floating-point notation），之所以稱為「浮點數」，就是因為小數點的位置取決於其精確度及數值，而不是固定在某個位元。IEEE 754 定義了 Single、Double、Extended、Quadruple 等四種浮點數格式，圖 3.2 為 Single 格式，以 2 為基底，長度為 32 位元，所表示的浮點數為 $(-1)^S \times 2^{E-127} \times 1.F$。

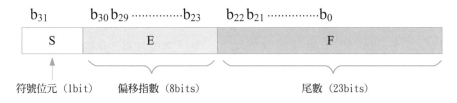

▲ 圖 3.2 IEEE 754 Single 格式（單倍精確浮點數）

- 符號位元（sign bit）：最高有效位元 b_{31} 為符號位元 S，0 為正，1 為負。

- 偏移指數（biased exponent）：接下來的 8 位元 $b_{30}b_{29}\cdots b_{23}$ 為偏移指數 E，可以表示 0 ～ 255（$2^8 - 1$）的整數，由於該格式以 127 做為指數偏移值（exponent bias），所以真正的指數 = 偏移指數 - 127，也就是 -127 ～ 128 的整數。

- 尾數（fraction、mantissa）：剩下的 23 位元 $b_{22}b_{21}\cdots b_0$ 為尾數 F，這是經過正規化（normalization）後的小數部分，也就是表示成二進位的 $1.b_{22}b_{21}\cdots b_0 \times 2^n$ 形式，準確度達小數點後面 23 位（2^{-23}）。例如 22.5 轉換成二進位為 10110.1_2，經過正規化後得到 1.01101×2^4，故尾數 F 為小數部分 01101，不足 23 位的部分就補上 0。

假設要以 IEEE 754 Single 格式表示 22.5，其步驟如下：

1. 將 22.5 正規化，得到 1.01101×2^4。

2. 求取符號位元 S 的值，由於 22.5 是正的，故 S 的值為 0。

3. 求取偏移指數 E 的值，由於真正的指數 = 偏移指數 - 127，而真正的指數為 4，故 E 的值為 131，也就是 10000011。

4. 求取尾數 F 的值，由於 22.5 經過正規化後得到 1.01101×2^4，故 F 的值為小數部分 01101，不足 23 位的部分就補上 0，得到 01101000000000000000000。

5. 將 S、E 及 F 合併在一起，得到 01000001101101000000000000000000。

至於 IEEE 754 Double 格式則如圖 3.3，同樣以 2 為基底，但長度增加為 64 位元，所表示的浮點數為 $(-1)^S \times 2^{E-1023} \times 1.F$。

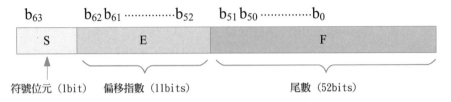

▲ 圖 3.3 IEEE 754 Double 格式（雙倍精確浮點數）

✓ 符號位元（sign bit）：最高有效位元 b_{63} 為符號位元 S，0 為正，1 為負。

✓ 偏移指數（biased exponent）：接下來的 11 位元 $b_{62}b_{61} \cdots b_{52}$ 為偏移指數 E，可以表示 0 ～ 2047（2^{11} - 1）的整數，由於該格式以 1023 做為指數偏移值，所以真正的指數 = 偏移指數 - 1023，也就是 -1023 ～ 1024 的整數。

✓ 尾數（mantissa）：剩下的 52 位元 $b_{51}b_{50} \cdots b_0$ 為尾數 F，這是經過正規化後的小數部分，也就是表示成二進位的 $1.b_{51}b_{50} \cdots b_0 \times 2^n$ 形式，準確度達小數點後面 52 位（2^{-52}）。

▼ 表 3.12 IEEE 754 Single 格式的極值情況

偏移指數 E	尾數 F	數值（符號位元 S 決定正負）
0000 0000 (0)	000 0000 0000 0000 0000 0000	± 0.0
0111 1111 (127)	000 0000 0000 0000 0000 0000	± 1.0
1111 1111 (255)	000 0000 0000 0000 0000 0000	$\pm \infty$
1111 1111 (255)	nonzero	NaN (Not a Number，未定義)
0000 0001 (1)	000 0000 0000 0000 0000 0000	$\pm 2^{-126}$（最小正規數）
1111 1110 (254)	111 1111 1111 1111 1111 1111	$\pm(2 - 2^{-23}) \times 2^{127}$（最大正規數）

📝 **隨堂練習**

以 IEEE 754 Single 格式表示下列數字：

(1) -0.00001101_2 (2) $8FC.6_{16}$

3-7 文字表示法

為了適用於二進位系統，電腦內部的資料都會被編碼成一連串的位元圖樣 (bit pattern)，例如 01010101、11111111 等。這些位元圖樣所代表的可能是文字 (text)、圖形 (image)、聲音 (audio) 或視訊 (video)，確實的意義得視其應用而定。

在本節中，我們會介紹下列幾種文字編碼方式，至於圖形、聲音與視訊的編碼方式，則會在接下來的小節中做說明：

- ✅ ASCII (American Standard Code for Information Interchange，唸做 "AS-kee"，美國資訊交換標準碼)：早期在 1940、1950 年代，不同的電腦系統各自發展出不同的編碼方式，造成通訊上的問題，為此，美國國家標準局 (ANSI，American National Standards Institute，唸做 "AN-see") 於 1967 年提出 ASCII，這種編碼方式是使用 7 個位元表示 128 (2^7) 個字元，以大小寫英文字母、阿拉伯數字、鍵盤上的特殊符號 (% \$ # @ * & !…) 及諸如喇叭嗶聲、游標換行、列印指令等控制字元為主。為了方便起見，ASCII 字元是儲存在一個位元組裡面，也就是在原來的 7 位元之外，再加上一個最高有效位元 0。

表 3.13 列出部分的 ASCII 字元集，根據此表可知，下面的位元圖樣會被解碼為 HAPPY。

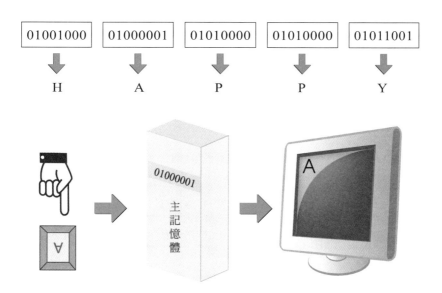

| 01001000 | 01000001 | 01010000 | 01010000 | 01011001 |
| H | A | P | P | Y |

▲ 圖 3.4 當使用者在鍵盤上按 A 鍵時，會自動轉換成 ASCII 碼 01000001，並儲存在主記憶體的一個位元組中，然後在螢幕上顯示英文字母 A

▼ 表 3.13 ASCII 字元集 (此處僅列出 26 個大寫英文字母和 0 ~ 9 數字的 ASCII 碼，剩下的 92 個 ASCII 碼則分別表示 26 個小寫英文字母和特殊符號)

字元	ASCII 碼 (十進位)	ASCII 碼 (二進位)	字元	ASCII 碼 (十進位)	ASCII 碼 (二進位)
A	65	01000001	S	83	01010011
B	66	01000010	T	84	01010100
C	67	01000011	U	85	01010101
D	68	01000100	V	86	01010110
E	69	01000101	W	87	01010111
F	70	01000110	X	88	01011000
G	71	01000111	Y	89	01011001
H	72	01001000	Z	90	01011010
I	73	01001001	0	48	00110000
J	74	01001010	1	49	00110001
K	75	01001011	2	50	00110010
L	76	01001100	3	51	00110011
M	77	01001101	4	52	00110100
N	78	01001110	5	53	00110101
O	79	01001111	6	54	00110110
P	80	01010000	7	55	00110111
Q	81	01010001	8	56	00111000
R	82	01010010	9	57	00111001

請注意，雖然 ASCII 字元集裡面也包含了 0、1、…、9 的阿拉伯數字，不過，電腦並不是使用 ASCII 來表示數值，而是使用二進位表示法或其它變形，我們在前幾節有做過介紹，主要的原因就是使用 ASCII 表示數值的效率不佳。

舉例來說，假設以 ASCII 表示整數 15，其位元圖樣為 00110001 00110101，總共需要兩個位元組，但若改用二進位表示法，其位元圖樣為 00001111，只要一個位元組即可；再者，在 ASCII 中，兩個位元組所能表示的最大整數為 99，而二進位表示法卻能表示 0 ~ 65535 (2^{16} - 1) 的整數。

- EASCII (Extended ASCII，延伸美國資訊交換標準碼)：由於 ASCII 字元是儲存在一個位元組裡面，所以有些廠商將它擴充為 EASCII，也就是使用 8 位元表示 256 (2^8) 個字元，前面 128 個字元 (最高有效位元維持為 0) 和 ASCII 相同，剩下的 128 個字元 (最高有效位元設定為 1) 則用來表示希臘字母、表格符號、計算符號和特殊的拉丁符號等。

  事實上，EASCII 有數種擴充字元集，例如 Code Page 437、ISO/IEC 8859-1，其中最常見的是 ISO/IEC 8859-1，又稱為「Latin-1」或「西歐語系」，支援多數的西歐語系，例如英文、法文、西班牙文、葡萄牙文、德文等。

- EBCDIC (Extended Binary Coded Decimal Interchange Code)：EBCDIC 是 IBM 公司於 1963 年所推出的編碼方式，使用 8 位元表示字元，原先只有 58 個字元，後來在不同版本中加入了其它字元，以符合當地使用者的需求。

- 中文編碼方式：由於 ASCII 和 EASCII 並不足以用來表示中文，因此，國人遂針對繁體中文設計多種編碼方式，其中最普遍的是資策會所設計的 Big5 (大五碼)，這種編碼方式是使用 16 位元表示繁體中文，至於簡體中文的編碼方式則有 GB2312、GBK、GB18030 等。

- Unicode (萬國碼)：雖然 ASCII 曾經是最廣泛使用的編碼方式，但它侷限於英文字母、阿拉伯數字和英式標點符號，並不足以用來表示多數的亞洲語系和東歐語系，而且在不同國家之間使用時也經常出現不相容的情況，為此，一些知名的軟硬體廠商於 1991 年首次發布 Unicode。

  這種編碼方式是使用 16 位元表示 2^{16} (65536) 個字元，前 128 個字元和 ACSII 相同，涵蓋電腦所使用的字元及多數語系，例如西歐語系、中歐語系、希臘文、中文、日文、阿拉伯文、土耳其文、越南文、韓文、泰文、藏文等，而不必針對不同的語系設計不同的編碼方式。Unicode 目前已經成為國際標準，同時負責其標準化的 Unicode Consortium (萬國碼聯盟) 仍持續增修 Unicode，以納入更多字元。

  附帶一提，UTF-8 (8-bit Unicode Transformation Format) 是一種針對 Unicode 的可變長度字元編碼方式，用來表示 Unicode 字元，例如使用 1 位元組儲存 ASCII 字元、使用 2 位元組儲存重音、使用 3 位元組儲存常用的漢字等。由於 UTF-8 編碼的第一個位元組與 ASCII 相容，所以原先用來處理 ASCII 字元的軟體無須或只須做些微修改，就能繼續使用，因而成為電子郵件、網頁或其它文字應用優先使用的編碼方式。

3-8　圖形表示法

圖形 (image) 主要有「點陣圖」與「向量圖」兩種類型，以下有進一步的說明。

3-8-1　點陣圖

點陣圖 (bitmap) 是由一個個小方格所組成，以矩形格線形式排列，每個小方格稱為一個像素 (pixel)，每個像素儲存了圖形中每個點的色彩資訊，只要將點陣圖放大，就能看出它是由一個個像素所組成 (圖 3.5)。

以尺寸 (size) 為 300×200 像素的圖形為例，表示長有 300 個像素，寬有 200 個像素，總共有 6 萬個像素；而解析度 (resolution) 是單位長度內的像素數目，通常以 DPI (Dots Per Inch) 或 PPI (Pixels Per Inch) 為單位，也就是每英吋有幾個點或像素。

理論上，圖形的解析度愈高，品質就愈細緻，檔案也愈大。不過，圖形實際呈現的效果還是要看媒體設備，例如電腦螢幕支援的解析度通常是 72DPI，而印表機或印刷機支援的解析度通常是 300DPI 或以上，即使圖形的解析度超過 300DPI，也無法提升它在電腦螢幕上顯示的品質，徒增檔案大小與處理時間而已。

除了解析度，另一個影響品質的因素是圖形的色彩深度 (color depth)，這指的是使用幾個位元儲存一個像素的色彩資訊，例如 1、4、8、16、24、32 位元，位元數目愈多，能夠表示的色彩就愈多，圖形的色彩表現也愈逼真 (表 3.14)。

▲ 圖 3.5　點陣圖是由一個個像素所組成

▼ 表 3.14 常見的色彩深度

色彩深度	使用幾個位元儲存一個像素的色彩資訊	能夠表示幾種色彩
黑白	1	黑或白兩色
灰階	8	256 (2^8) 種黑白色的灰階變化
16 色	4	預先指定的 16 (2^4) 色
256 色	8	預先指定的 256 (2^8) 色
高彩 (high color)	16	每個像素是由不同強度的 RGB 三原色光所組成，能夠表示 65,536 (2^{16}) 色
全彩 (true color)	24	每個像素是由不同強度的 RGB 三原色光所組成，能夠表示 16,777,216 (2^{24}) 色

註：圖形的透明度是由 Alpha 值來決定，舉例來說，假設使用 32 位元儲存每個像素的色彩資訊，其中各以 8 位元來表示紅色、綠色、藍色，剩下的 8 位元表示透明度，則該圖形可以有 256 (2^8) 種層級的透明度。

事實上，解析度和色彩深度不僅決定了圖形的品質，也決定了圖形的檔案大小，解析度愈高、色彩深度愈高，圖形的檔案就愈大。以一張 800×600 的全彩圖形為例，其檔案大小為（800×600×24)÷8 ＝ 1440000 位元組，約 1.4MB。

此外，點陣圖的每個像素都有特定的位置與色彩值，常見的編碼方式如下：

- RGB (Red, Green, Blue)：這是以「紅」、「綠」、「藍」三原色光依不同強度混合加色來表示色彩，例如 (R, G, B) 為 (255, 0, 0) 表示紅色、(0, 0, 255) 表示藍色、(255, 255, 255) 表示白色、(0, 0, 0) 表示黑色、(255, 255, 0) 表示黃色、(255, 128, 0) 表示橘色、(128, 0, 128) 表示紫色。

- CMYK (Cyan, Magenta, Yellow, Black)：這是彩色印刷所使用的一種套色模式，以「青」、「洋紅」、「黃」、「黑」四種油墨依不同濃度混合疊加來表示色彩，諸如 Photoshop、Illustrator、Painter 等影像繪圖軟體或 InDesign、QuarkXPress 等排版軟體均會提供 CMYK 四色分色的功能，以配合打樣、製版、印刷等用途。

點陣圖的優點是原理簡單，能夠精密展現圖形的色彩層次變化及濃度，適合用來表示連續色調的自然景物，例如花草樹木、光影、街景、人物等影像；缺點則是浪費儲存空間，必須搭配 JPEG、GIF、PNG 等壓縮技術來減少檔案大小，當點陣圖以高倍率放大時，由於是將每個點做縱橫向的複製，沒有經過修飾，點與點之間的縫隙隨著圖形的放大而變大，因而容易失真。

3-8-2　向量圖

向量圖 (vector graphic) 是由數學方式所描述的幾何形狀 (例如線條、曲線、圓形、多邊形…) 所組成，能夠隨意縮放、旋轉及傾斜，不會失真。向量圖適合儲存線條清晰、形狀平滑、要做縮放的圖形，例如標誌、圖示、插圖、圖表、工業設計、商業設計、數位藝術創作等，而點陣圖適合儲存色彩層次豐富、要做美化的照片或圖形，例如陰影、紋理、濾鏡等。

(a)

(b)

▲ 圖 3.6　(a) 點陣圖適合儲存照片　(b) 向量圖適合儲存標誌　(圖片來源：W3C Logo)

▼ 表 3.15　常見的圖檔格式

點陣圖檔格式	說明
BMP	支援全彩，通常不壓縮，優點是不會失真，缺點則是檔案較大。
JPEG	支援全彩，通常採取失真壓縮，檔案較小，適合儲存色彩層次豐富的照片或圖形。
GIF	支援 256 色、透明度和動畫，採取無失真壓縮，適合儲存構圖簡單、色彩少、需要透明度或動畫的圖形。
PNG	支援全彩和透明度，可以透過 APNG 擴充規格支援動畫，採取無失真壓縮，適合儲存畫質不會變差或需要透明度的圖形。
WebP	支援全彩和透明度，可以透過 Animated WebP 支援動畫，採取無失真壓縮，具有 JPEG 與 PNG 的優點，檔案小，畫質不會變差。
向量圖檔格式	說明
SVG	基於 XML 語言的開放標準，檔案小，縮放不會失真。
DXF、DWG	AutoCAD 所使用的圖檔格式。
AI	Adobe Illustrator 所使用的圖檔格式。
EPS	使用 PostScript 語言描述圖形，經常應用於印刷和出版。

3-9 聲音表示法

由於聲音 (audio) 屬於連續的類比訊號，而電腦只能接受 0 與 1 的數位訊號，因此，聲音必須經過如圖 3.7 的轉換過程，才能儲存於電腦。這種轉換技術是由貝爾實驗室所提出，稱為脈波編碼調變 (PCM，Pulse Code Modulation)。

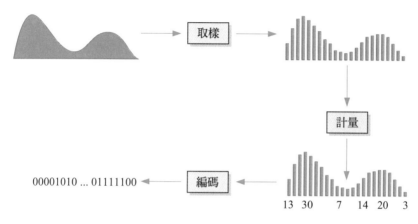

▲ 圖 3.7 將聲音的類比訊號轉換成數位訊號

1. 取樣 (sampling)：這是在單位時間內測量聲音訊號的值，而取樣頻率是在單位時間內對聲音訊號取樣的次數，取樣頻率愈高，就愈接近真實的聲音，就像問卷調查一樣，抽樣人數愈多，就愈接近真實的情況。取樣頻率通常是 11KHz (11000 次 / 每秒)、22KHz (22000 次 / 每秒) 或 44.1KHz (44100 次 / 每秒)，分別代表一般聲音、錄音機效果及音樂 CD 效果。

2. 計量 (quantization)：每個取樣都必須指派一個值，舉例來說，假設取樣的結果為 25.2，但合法的值為 0 到 100 的整數，那麼取樣的值就指派為 25。

3. 編碼 (encoding)：每個取樣有了合法的計量後，就可以將它轉換成位元圖樣，舉例來說，假設以 8 位元儲存每個取樣，那麼值為 25 的取樣就可以轉換成 00011001。由於取樣頻率相當高 (11、22、44.1KHz)，再加上儲存每個取樣需要 8、16 或 32 位元，稱為取樣解析度，所以往往會搭配 MP3、AAC 等壓縮技術，來減少聲音的檔案大小。

此外，還有一個工業標準的電子通訊協定稱為 MIDI (Musical Instrument Digital Interface，樂器數位介面)，該技術並不是直接錄製音樂，而是記錄演奏者所使用的樂器 (鋼琴、小提琴、爵士鼓、吉他…)、所演奏的音高、響度、延續時間等參數，然後利用儲存於電腦的各種樂器聲音資訊，再配合前述的演奏參數來合成音樂，所以不會占用太多儲存空間。

常見的音訊檔格式

- ✅ **WAV**：這是 Microsoft 公司所發展的音訊編碼格式，透過 PCM 技術將聲音轉換成數位訊號，沒有壓縮，副檔名為 .wav，廣泛應用於 Windows 平台，優點是接近原音，缺點則是檔案較大。

- ✅ **AIFF**：這是 Apple 公司所發展的音訊編碼格式，透過 PCM 技術將聲音轉換成數位訊號，沒有壓縮，副檔名為 .aiff、.aif，廣泛應用於 macOS 平台，優點是接近原音，缺點則是檔案較大。

- ✅ **MP3 (MPEG-1 Audio Layer 3)**：這是相當普遍的音訊編碼格式，採取失真壓縮，副檔名為 .mp3。MP3 的壓縮比高達 12:1，也就是壓縮後的資料大小是原始資料大小的 1/12，其原理是先分析聲音的頻率範圍，然後過濾掉人類耳朵無法聽到的頻率，再進行壓縮，優點是檔案較小，缺點則是聲音經過失真壓縮後將無法復原。

- ✅ **WMA (Windows Media Audio)**：這是 Microsoft 公司所發展的音訊編碼格式，採取失真壓縮，副檔名為 .wma，擁有比 MP3 更高的壓縮比與更佳的音質，同時具備線上串流能力，並內建數位版權保護機制。

- ✅ **AAC (Advanced Audio Coding)**：這是杜比實驗室、貝爾實驗室、SONY 等公司所發展的音訊編碼格式，採取失真壓縮，壓縮比高達 18:1，略勝 MP3 一籌，音質亦比 MP3 佳，副檔名為 .aac、.mp4、.m4a，又稱為 MP4。

- ✅ **Vorbis**：這是一個開放的音訊編碼格式，採取失真壓縮，由 Xiph.Org 基金會所發展，沒有專利限制，音質比 MP3 佳。

- ✅ **Opus**：這是一個開放的音訊編碼格式，採取失真壓縮，由 Xiph.Org 基金會所發展，沒有專利限制，目的是希望使用單一格式包含聲音和語音，取代 Vorbis 和 Speex，並適用於網際網路上的即時聲音傳輸。

- ✅ **FLAC (Free Lossless Audio Codec)**：這是一個開放的音訊編碼格式，採取無失真壓縮，由 Xiph.Org 基金會所發展，沒有專利限制。由於音訊在經過壓縮後不會有任何損失，使得 FLAC 獲得許多軟硬體音訊產品的支援，例如 YouTube、KKBOX。

- ✅ **ALAC (Apple Lossless Audio Codec)**：這是 Apple 公司所發展的音訊編碼格式，採取無失真壓縮，能夠將 WAV、AIFF 等沒有壓縮的音訊壓縮至原先容量的 40%～60%，而且不會有任何損失。

3-10 視訊表示法

視訊 (video) 指的是同步播放連續畫面與聲音，其原理是利用人類眼睛有視覺暫留的現象，在短時間內播放連續畫面以營造動態效果，主要的類比電視廣播標準如下：

- NTSC (National Television Standards Committee)：NTSC 是美國國家電視系統委員會於 1952 年所提出，掃描線有 525 條，更新頻率為每秒鐘 30 個畫面，寬高比為 4:3，應用於美國、加拿大、日本、台灣、南韓等地。

- PAL (Phase Alternating Line)：PAL 是德國於 1963 年所提出，掃描線有 625 條，更新頻率為每秒鐘 25 個畫面，寬高比為 4:3，應用於英國、德國、西歐、南美洲、中國、香港、澳門等地。

- SECAM (SEquential Color And Memory)：SECAM 是法國於 1966 年所提出，掃描線有 625 條，更新頻率為每秒鐘 25 個畫面，寬高比為 4:3，但使用的技術與 PAL 不同，應用於法國、東歐、俄羅斯、非洲一些法語系國家、埃及等地。

視訊品質取決於每秒鐘幾個畫面、每個畫面的解析度及聲音品質，視訊品質愈佳，就需要愈多儲存空間，例如在 NTSC 中，每秒鐘有 30 個 640×480 全彩畫面，那麼每秒鐘就需要（640×480×24÷8）×30 ≒ 900KB×30 ≒ 27MB。

目前類比電視已經淡出市場，例如美國從 2009 年開始推行數位電視，而台灣也於 2012 年 6 月底終止使用 NTSC，邁入數位電視的時代。「數位電視」就是畫面的播出、傳送與接收均使用數位訊號，常見的視訊標準如下：

- SDTV (Standard-Definition Television，標準畫質電視)：包含數種格式，例如 576i 的解析度為 720×576 像素，寬高比為 4:3 或 16:9，480i 的解析度為 640×480 像素，寬高比為 4:3。

- HDTV (High Definition Television，高畫質電視)：包含數種格式，例如 1080p 的解析度為 1920×1080 像素，寬高比為 16:9，720p 的解析度為 1280×720，寬高比為 16:9。

- UHDTV (Ultra High Definition Television，超高畫質電視)：包含 4K UHDTV (2160p) 和 8K UHDTV (4320p) 兩種格式，前者的解析度為 3840×2160 像素，寬高比為 16:9，後者的解析度為 7680×4320，寬高比為 16:9。所謂 4K 電視、8K 電視指的就是 2160p 和 4320p 格式的 UHDTV，目前除了液晶面板的硬體技術已經能夠達到 4K 和 8K，包括影音錄製來源也有了 4K 和 8K 相機、攝影機及後製的軟體。

常見的視訊檔格式

- **AVI** (Audio Video Interleave)：這是 Microsoft 公司針對 Windows 的影音功能所發展的視訊檔格式，副檔名為 .avi，可以使用 Windows Media Player 來播放。AVI 格式將視訊資料與音訊資料交錯排列在一起，藉此達到視訊與音訊同步播放的效果，能夠提供高品質的影片，檔案通常較大，適合在電腦上播放，也適合在電視上觀看。

- **MPEG** (Moving Picture Experts Group)：這指的是 MPEG 工作小組所制定的一系列標準，和視訊相關的如下：

  - **MPEG-1**：這是 MPEG 工作小組所制定的第一個影音壓縮標準，原先的目的是在 CD 光碟記錄影像，之後應用於 VCD，附檔名為 .dat。

  - **MPEG-2**：這是廣播品質的影音壓縮標準，應用於 DVD、數位電視等，副檔名為 .mpg、.mpe、.mpeg。

  - **MPEG-4**：這是擴充自 MPEG-1 和 MPEG-2 的影音壓縮標準，支援視訊音訊物件編碼、3D 內容、低位元率編碼、數位版權管理等功能，應用於線上串流、視訊電話、電視廣播等。市面上有不少基於 MPEG-4 標準的視訊檔格式，例如 QuickTime、WMV 9、DivX、Xvid 等，副檔名為 .mp4、.m4v。

- **QuickTime**：這是 Apple 公司所發展的視訊檔格式，可以用來容納視訊、音訊、文字 (例如字幕)、動畫等資料，副檔名為 .mov 或 .qt，可以使用 QuickTime Player 來播放，iTunes 就是採取 QuickTime 做為播放技術。

- **WMV** (Windows Media Video)：這是 Microsoft 公司所發展的視訊檔格式，副檔名為 .wmv，可以使用 Windows Media Player 來播放，擁有良好的壓縮比與視訊品質，同時具備線上串流能力，並內建數位版權保護機制。

- **Ogg**：這是一個開放的視訊檔格式，由 Xiph.Org 基金會所發展，沒有專利限制，可以容納多種編解碼器，包含視訊、音訊、文字 (例如字幕) 等資料，副檔名為 .ogg (Vorbis 音訊)、.ogv (Theora 視訊)、.oga (只包含音效)、.ogx (只包含程式)。

- **WebM**：這是由 Google 所贊助的專案，目的是發展一個開放的視訊檔格式，採取 On2 Technologies 研發的 VP8、VP9 視訊編解碼器和 Xiph.Org 基金會研發的 Vorbis、Opus 音訊編解碼器，副檔名為 .webm。

3-11 資料壓縮

資料壓縮 (data compression) 的目的在於減少資料的儲存空間，常見的壓縮技術又分為下列兩種類型：

- 無失真壓縮 (lossless compression)：這種技術所壓縮過的資料在經過解壓縮後，會和原始資料一樣，不會遺失任何資料。對於文字之類的資料，就必須採用無失真壓縮。常見的無失真壓縮技術有重複次數編碼、霍夫曼編碼等。

- 失真壓縮 (lossy compression)：這種技術所壓縮過的資料在經過解壓縮後，可能會和原始資料有非常細微的差異，也就是遺失某些資料。由於人類的眼睛、耳朵無法察覺非常細微的差異，所以對於圖形、聲音、視訊等資料，可以使用效率高且空間小的失真壓縮，例如 JPEG 可以用來壓縮圖形，MP3 可以用來壓縮聲音，MPEG 可以用來壓縮視訊。

3-11-1 重複次數編碼

重複次數編碼 (RLE，Run Length Encoding) 是最簡單的壓縮技術，其原理是記錄符號出現的次數，例如 AAAAAAAAAABBBBBBBBCCCCCCDDDD 會被編碼為 A10B08C06D04，因為符號 A、B、C、D 出現的次數分別為 10、8、6、4。

這種編碼技術在資料純粹由兩個符號 (例如 0 與 1) 所組成的情況下尤其有效率，以圖 3.8 為例，首先，在碰到第一個 0 之前連續有 14 個 1，將 1 的數目編碼得到 1110；接著，在碰到下一個 0 之前連續有 3 個 1，將 1 的數目編碼得到 0011；繼續，在碰到下一個 0 之前連續有 0 個 1，將 1 的數目編碼得到 0000；最後是連續有 7 個 1，將 1 的數目編碼得到 0111，於是壓縮後的資料為 1110001100000111。

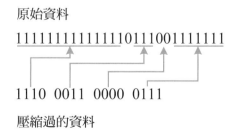

原始資料

111111111111110111001111111

1110　0011　0000　0111

壓縮過的資料

▲ 圖 3.8　重複次數編碼

3-11-2 霍夫曼編碼

霍夫曼編碼 (Huffman coding) 是一種變動長度的編碼技術，符號的編碼長度與出現頻率成反比，屬於頻率相關編碼 (frequency dependent encoding)，換言之，出現頻率愈高的符號，編碼長度就愈短，出現頻率愈低的符號，編碼長度就愈長，如此便能將編碼的平均長度縮到最短。霍夫曼編碼的編碼步驟如下：

1. 找出所有符號的出現頻率。

2. 將頻率最低的兩者相加得出另一個頻率。

3. 重複步驟 2.，持續將頻率最低的兩者相加，直到剩下一個頻率為止。

4. 根據合併的關係配置 0 與 1 (節點的左邊配置 0，節點的右邊配置 1)，進而形成一棵編碼樹，我們將此編碼樹稱為霍夫曼樹 (Huffman tree)。

範例 假設資料是由 20 個 A、15 個 B、30 個 C、18 個 D、5 個 E、12 個 F 所組成，試據此建構霍夫曼樹，然後寫出各個符號的編碼，以及資料的最小編碼長度為多少位元？

首先，求出所有符號的出現頻率，由於資料的長度為 20 + 15 + 30 + 18 + 5 + 12 = 100 個字母，因此，所有符號的出現頻率如下：

A	B	C	D	E	F
20 / 100 (0.2)	15 / 100 (0.15)	30 / 100 (0.3)	18 / 100 (0.18)	5 / 100 (0.05)	12 / 100 (0.12)

接著，根據出現頻率開始建構霍夫曼樹，其步驟如下：

1. 將頻率最低的兩者 0.05、0.12 相加得出頻率 0.17。

A	B	C	D	E	F					
0.2	0.15	0.3	0.18	**	**	0.17				

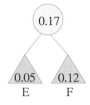

2. 將頻率最低的兩者 0.15、0.17 相加得出頻率 0.32。

A	B	C	D	E	F					
0.2	**	0.3	0.18	--	--	**	0.32			

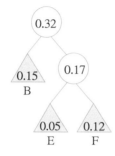

3. 將頻率最低的兩者 0.18、0.2 相加得出頻率 0.38。

A	B	C	D	E	F				
**	--	0.3	**	--	--	--	0.32	0.38	

4. 將頻率最低的兩者 0.3、0.32 相加得出頻率 0.62。

A	B	C	D	E	F				
--	--	**	--	--	--	--	**	0.38	0.62

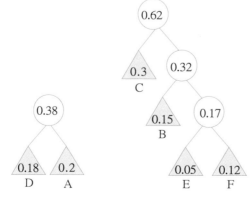

5. 將頻率最低的兩者 0.38、0.62 相加得出頻率 1，由於這是最後一個頻率，因此，我們可以在節點的左邊配置 0，節點的右邊配置 1，進而形成一棵編碼樹，如下圖，A～F 等符號的編碼為 01、110、10、00、1110、1111，編碼長度為 2、3、2、2、4、4 位元。

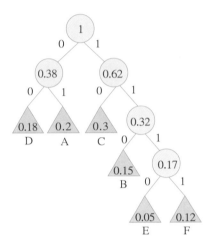

6. 最後，根據所有符號的出現個數及編碼長度求出資料的最小編碼長度為
20×2 + 15×3 + 30×2 + 18×2 + 5×4 + 12×4 = 249 位元。

範例 根據前一個範例所設計的霍夫曼碼，將 1111110011110 進行解碼。

我們可以利用霍夫曼樹進行解碼，其步驟如下：

1. 首先，由樹根出發，0 往左子樹，1 往右子樹，碰到樹葉，就表示解碼一個字母，例如 1111110011110 的 1111 被解碼為 F。

2. 接著，剩下的 110011110 又從樹根出發，110 被解碼為 B。

3. 繼續，剩下的 011110 又從樹根出發，01 被解碼為 A。

4. 最後，剩下的 1110 又從樹根出發，1110 被解碼為 E，得到結果為 FBAE。

📝 隨堂練習

(1) 假設 A、B、C、D、E 等五個符號的出現頻率為 0.18、0.20、0.35、0.15、0.12，試據此建構霍夫曼樹，然後寫出各個符號的編碼。

(2) 根據前一題所設計的霍夫曼碼，將 1111101000101100101 進行解碼。

3-12 誤差與錯誤檢查

當資料在儲存裝置或通訊裝置之間進行傳送時，無可避免地可能會因為某些人為或非人為疏失 (氣候變化、電路損壞、雜訊、輻射、灰塵、油污等)，導致裝置收到的位元圖樣與原始資料的位元圖樣有所出入。

雖然現今的製造技術已經很成熟，諸如磁碟、隨身碟、數據機、網路卡、路由器、交換器等硬體都相當可靠，發生錯誤的機率極低，可是一旦發生錯誤，就會造成使用者極大的不便。

為此，遂發展出數種編碼技術，例如同位元檢查 (parity bit check)、循環冗餘碼 (CRC)、錯誤更正碼 (ECC) 等，這些技術不僅可以用來偵測錯誤，有些甚至可以用來更正錯誤。

除了傳送過程所造成的錯誤之外，電腦本身也存在著誤差的問題，常見的誤差有下列幾種：

- 固有誤差 (inherent error)：諸如無窮小數 (1/3、1/6⋯)、圓週率 π (3.14159⋯) 等數值，都是因為先天上的限制所導致的誤差。

- 捨棄誤差 (round-off error、truncation error)：由於電腦用來儲存浮點數的位元長度有一定的限制，例如 IEEE 754 所定義的浮點數格式有 Single (單倍精確)、Double (雙倍精確)、Extended (延伸精確)、Quadruple (四倍精確) 等四種，位元長度分別為 32、64、80 和 128 位元，在數值經過正規化後，超過尾數位元長度的位數將會被捨棄，這就是捨棄誤差。

3-12-1 同位元檢查

同位元檢查 (parity bit check) 的原理是發訊端在開始傳送之前，先在原始資料的位元圖樣加上一個同位元 (parity bit)(通常加在高階端)，令整個位元圖樣包含奇數個 1，接著將整個位元圖樣傳送出去，待收訊端接收完畢之後，就檢查收到的位元圖樣是否包含奇數個 1，若不是的話，表示發生錯誤。

前述做法稱為奇同位檢查 (odd parity check)，另外還有偶同位檢查 (even parity check)，也就是在原始資料的位元圖樣加上一個同位元，令整個位元圖樣包含偶數個 1，屆時若收到的位元圖樣不是包含偶數個 1 的話，表示發生錯誤。

以原始資料為英文字母 E 和 G 為例,假設採取奇同位檢查,由於 E 的 ASCII 碼為 69 (1000101),G 的 ASCII 碼為 71 (1000111),因此,在將 E 傳送出去之前,必須先在高階端加上同位元 0,所得到的位元圖樣 01000101 就包含奇數個 1,而在將 G 傳送出去之前,必須先在高階端加上同位元 1,所得到的位元圖樣 11000111 就包含奇數個 1 (圖 3.9)。

同位元　　E 的 ASCII 碼　　　　　　同位元　　G 的 ASCII 碼

01000101　　　　　　　　　　　11000111

整個位元圖樣有奇數個 1　　　　　整個位元圖樣有奇數個 1

▲ 圖 3.9　奇同位檢查

同位元檢查已經廣泛應用到電腦的主記憶體,其優點是原理簡單;缺點則是無法更正錯誤,也無法偵測到所有錯誤,若收到的位元圖樣剛好包含偶數個 (2 個、4 個…) 位元錯誤,就偵測不到錯誤,因為在這種情況下,1 的個數仍會維持奇數個或偶數個。

針對同位元檢查無法偵測出偶數個錯誤的缺點,於是有人提出核對位元組 (checkbyte) 的概念來縮減此問題,核對位元組是由一群同位元所組成,每個同位元分別對應到位元圖樣中的某些位元,下一節所要介紹的循環冗餘碼 (CRC) 就是從核對位元組的概念發展出來的。

📝 隨堂練習

假設要傳送的 4 位元訊息如下,請分別寫出其奇同位元和偶同位元。

4 位元訊息	奇同位元	偶同位元
0000	?	?
1111	?	?
0010	?	?
1011	?	?
0101	?	?
1000	?	?

3-12-2 循環冗餘碼 (CRC)

循環冗餘碼 (CRC，Cyclic Redundancy Check code) 是發訊端與收訊端事先協調一個生成多項式 (generation polynomial)，然後發訊端在將資料位元傳送出去之前，先除以生成多項式，再將得到的餘數 (即 CRC 碼) 放在資料位元的後面一起傳送出去，待收訊端接收完畢後，將之除以生成多項式，若能夠整除，表示正確，移除餘數的部分便能得到原始的資料位元，若無法整除，表示錯誤。

範例 假設資料位元為 110010101110，生成多項式為 $X^3 + 1$ (1001)，試求取 CRC 碼及加上 CRC 碼後的完整訊息。

1. 由於生成多項式 $X^3 + 1$ (1001) 的冪次為 3，故先在資料位元 110010101110 的後面加上三個 0，得到被除數為 110010101110000。

2. 使用 modulo 2 的除法運算求取 110010101110000 除以生成多項式 $X^3 + 1$ (1001) 的餘數，也就是以 XOR 取代運算過程中的減法。

$$
\begin{array}{r}
110100001111 \\
1001\overline{)110010101110000} \\
1001 \\
\hline
1011 \\
1001 \\
\hline
1001 \\
1001 \\
\hline
1110 \\
1001 \\
\hline
1110 \\
1001 \\
\hline
1110 \\
1001 \\
\hline
1110 \\
1001 \\
\hline
111 \quad \longleftarrow \text{餘數}
\end{array}
$$

3. CRC 碼為步驟 2. 所求出的餘數 111，而完整訊息則是在原始的資料位元後面加上 CRC 碼，得到 110010101110111，只要收訊端有正確收到訊息，該訊息將能被生成多項式整除 (同樣是使用 modulo 2 的除法運算)。

理論上，CRC 碼的長度愈長，偵錯能力就愈佳，常見的有 CRC-8、CRC-16、CRC-12、CRC-32 等，不同的長度有不同的生成多項式，例如 CRC-16 的生成多項式有 $X^{16} + X^{12} + X^5 + 1$、$X^{16} + X^{15} + X^2 + 1$、$X^{16} + X^{15} + X^{10} + X^3$ 等。

3-12-3 錯誤更正碼 (ECC)

由於同位元檢查和 CRC 碼均無法提供充足的資訊更正錯誤，於是有人提出錯誤更正碼 (ECC，Error Correcting Codes)，它不僅能偵測錯誤，還能更正錯誤。

以下表的錯誤更正碼為例，每個位元圖樣之間的漢明距離 (hamming distance) 均大於等於 3，所謂「漢明距離」指的是兩個位元圖樣之間不同位元值的數目，例如字元 A 與 B 的漢明距離為 4，因為兩者的位元圖樣之間有 4 個位元值不同，依此類推，字元 A 與 C 的漢明距離為 3，我們可以透過 XOR 計算兩個位元圖樣的漢明距離。

字元	位元圖樣	字元	位元圖樣
A	000000	E	100110
B	001111	F	101001
C	010011	G	110101
D	011100	H	111010

在前面的例子中，由於漢明距離大於等於 3，因此，當資料在傳送的過程中發生 1 或 2 個位元錯誤時，系統均能偵測出來，而當只有發生 1 個錯誤時，系統還能加以更正。舉例來說，假設收到的位元圖樣為 111011，可是錯誤更正碼中卻沒有該位元圖樣，此時，我們可以計算該位元圖樣與每個字元的漢明距離，結果如下，得到該位元圖樣與字元 H 的漢明距離最短，於是將之更正為 111010。

字元	與收到之位元圖樣的 漢明距離	字元	與收到之位元圖樣的 漢明距離
A	5	E	4
B	3	F	2
C	2	G	3
D	4	H	1

綜合這些討論，我們得到一個結論，當漢明距離大於等於 D 時，只要發生錯誤的位元不超過 D - 1 個，系統均能偵測出來，而只要發生錯誤的位元不超過 (D - 1) / 2 個，系統還能加以更正。此外，若系統能偵測 x 個錯誤，則漢明距離必須大於等於 x + 1，若系統能更正 x 個錯誤，則漢明距離必須大於等於 2x + 1。

- 電腦的資料基本單位叫做**位元** (bit)，而 1 個**位元組** (byte) 是由 8 個位元所組成，至於電腦的資料傳輸速率則是以 **bps** (bits per second) 為單位，意指每秒鐘傳輸幾個位元。

- **二進位系統**是以 0、1 等兩個數字做為計數的基底；**八進位系統**是以 0、1、2 ~ 7 等八個數字做為計數的基底；**十六進位系統**是以 0、1、2 ~ 9、A、B、C、D、E、F 等十六個數字做為計數的基底。

- 整數表示法有帶符號大小 (signed-magnitude)、1's 補數、2's 補數等；數碼系統有 BCD 碼 (8421 碼)、2421 碼、84-2-1 碼、超三碼 (Excess-3)、二五碼 (Biquinary Code)、五取二碼 (2-out-of-5)、葛雷碼 (Gray Code) 等。

- 若要儲存包含小數或數值超過所有位元能夠表示之最大範圍的整數，可以使用**浮點數表示法**，例如 IEEE 754 Single、Double、Extended、Quadruple 等。

- 文字編碼方式有 ASCII、EASCII、EBCDIC、Unicode、繁體中文編碼 (Big5)、簡體中文編碼 (GB2312、GBK、GB18030) 等。

- **圖形** (image) 主要有「點陣圖」與「向量圖」兩種類型，其中點陣圖 (bitmap) 是由一個個小方格所組成，以矩形格線形式排列，每個小方格稱為一個**像素** (pixel)，而**向量圖** (vector graphic) 是由**數學方式**所描述的幾何形狀所組成，能夠隨意縮放、旋轉及傾斜。

- **聲音** (audio) 屬於連續的類比訊號，必須經過取樣、計量、編碼的過程，才能轉換成數位訊號。

- **視訊** (video) 指的是同步播放連續畫面與聲音，類比電視廣播標準有 NTSC、PAL、SECAM 等，而數位電視的視訊標準有 SDTV、HDTV、UHDTV 等。

- **無失真壓縮** (lossless compression) 所壓縮過的資料在經過解壓縮後，會和原始資料一樣，故適合用來壓縮文字、程式碼等資料，而效率高且空間小的**失真壓縮** (lossy compression) 則適合用來壓縮圖形、聲音、視訊等資料。

- **重複次數編碼** (run length encoding) 是最簡單的資料壓縮技術，其原理是記錄符號出現的次數；**霍夫曼編碼** (Huffman coding) 是一種變動長度的編碼技術，符號的編碼長度與出現頻率成反比，屬於頻率相關編碼。

- **錯誤檢查方式**有同位元檢查、循環冗餘碼 (CRC)、錯誤更正碼 (ECC) 等，其中 ECC 不僅能偵測錯誤，還能更正錯誤。

學習評量

一、選擇題

(   ) 1. 電腦的資料基本單位為何？

         A. 位元   B. 位元組

         C. 字元   D. 字組

(   ) 2. 1GB 等於多少位元組？

         A. 2^{10} B. 2^{20}

         C. 2^{30} D. 2^{40}

(   ) 3. $53_8 = 47_x$，x 為何？

         A. 16   B. 12

         C. 10   D. 9

(   ) 4. 10110111 是下列哪個整數的 2's 補數？

         A. 73   B. 81

         C. -73   D. -81

(   ) 5. 48 的 2's 補數為何？（假設使用 8 位元儲存整數）

         A. 10110000   B. 00110000

         C. 00011000   D. 10001011

(   ) 6. -55 的 1's 補數為何？（假設使用 8 位元儲存整數）

         A. 10110111   B. 11001010

         C. 11001001   D. 11001000

(   ) 7. $11011_2 \times 10.1_2$ 等於多少？

         A. 1000011.1_2 B. 1100011.1_2

         C. 10000111_2 D. 11000111_2

(   ) 8. $1101101_2 \div 1101_2$ 的餘數為何？

         A. 10_2 B. 101_2

         C. 111_2 D. 110_2

(   ) 9. 10010011 是下列哪個整數的 2's 補數？

         A. 147   B. 109

         C. -147   D. -109

(   ) 10. 假設以 16 位元的 2's 補數表示整數，那麼能夠表示的最小整數為何？

         A. -65536   B. -65535

         C. -32768   D. -32767

( ) 11. 15×14 等於多少？

    A. 11010110   B. 11010010

    C. 10110111   D. 11110010

( ) 12. 101101_2 轉換成反射葛雷碼的結果為何？

    A. 111010_{RG} B. 111011_{RG}

    C. 110011_{RG} D. 110010_{RG}

( ) 13. 11010_{RG} 轉換成二進位數字的結果為何？

    A. 11111_2 B. 10111_2

    C. 10001_2 D. 10011_2

( ) 14. 以 600PPI 的裝置輸出 3266×2450 的數位照片會得到多大的結果？

    A. 5.12×7.24   B. 5.44×4.08

    C. 6.34×4.52   D. 8.32×6.36

( ) 15. 下列有關時間或儲存容量的換算何者錯誤？

    A. 1PB = 1024TB   B. $1EB = 2^{60}B$

    C. 1 毫秒 = 10^{-6} 秒   D. 1 奈秒 = 10^{-9} 秒

( ) 16. 根據 IEEE 754 Single 格式，當 S = 1、E = 255、F = 0 時，表示哪個值？

    A. 正無限大   B. 負無限大

    C. -0   D. NaN

( ) 17. 承上題，下列何者表示無法正規化？

    A. E = 255、F = 0   B. E = 0、F = 0

    C. E = 255、F ≠ 0   D. E = 0、F ≠ 0

( ) 18. 假設網路下載速度是 15Mbps，那麼下載 200GB 的檔案需要多少時間？

    A. 約 2.9 小時   B. 約 3.7 小時

    C. 約 29 小時   D. 約 37 小時

( ) 19. 下列哪些 2's 補數表示法的加法會因為溢位而導致錯誤？（複選）

    A.   0111   B.   0110
        + 0001   + 0101

    C.   1010   D.   0111
        + 1010   + 1010

( ) 20. 已知 00000001 是 2's 補數表示法，試問其負數的 2's 補數表示法為何？

    A. 10000000   B. 11111110

    C. 11111111   D. 01111111

( ) 21. 一張 1024×1024 的 256 色圖形約需要多少空間？

        A. 516KB   B. 32KB

        C. 1MB   D. 256MB

( ) 22. 一張 800×600 的高彩圖形約需要多少空間？

        A. 1MB   B. 500KB

        C. 10MB   D. 3MB

( ) 23. 錯誤更正碼的漢明距離必須大於等於多少，系統才能更正 x 個錯誤？

        A. $(x-1)/2$ B. $x/2$

        C. $2x+1$ D. $2x-1$

( ) 24. 已知大寫字母 M 的 ASCII 碼為 01001101，則大寫字母 K 的 ASCII 碼為何？

        A. 01001110   B. 01101111

        C. 01101100   D. 01001011

( ) 25. 下列哪種技術可以用來壓縮音訊？

        A. PNG   B. JPEG

        C. MP3   D. TIFF

( ) 26. 下列哪種格式屬於無失真壓縮？

        A. MPEG   B. MP3

        C. JPEG   D. ZIP

( ) 27. 假設圖形的每個像素最多有 256 色，試問，至少需要多少位元才能儲存一個像素的色彩？

        A. 32   B. 16

        C. 8   D. 4

( ) 28. 下列哪個編碼技術具有偵測並更正錯誤的能力？

        A. 同位元檢查   B. 錯誤更正碼

        C. CRC   D. 霍夫曼碼

( ) 29. 下列哪個音訊檔格式屬於合成音樂，而不是真實的聲音檔案？

        A. WAV   B. MIDI

        C. MP3   D. AAC

( ) 30. 所謂「8K 電視」是採取下列哪個視訊標準？

        A. PAL   B. HDTV

        C. NTSC   D. UHDTV

二、練習題

1. 寫出下列數字的 (K - 1)'s 補數及 K's 補數：

   (1) 1001011.1011_2　　　　　　　(2) 566.452_7

   (3) 2356_8

2. 2.5KB 等於 _____ 位元。

3. 10000_{16} 的上一個十六進位數字為 _____ ；77777_8 的下一個八進位數字為 _____ 。

4. 將下列數字轉換成二進位數字：

   (1) 132.15　　　　　　　　　　　(2) 7543.65_8

   (3) $F29B.17D_{16}$　　　　　　　　(4) 31/32

   (5) 5/8

5. 將下列數字轉換成十進位數字：

   (1) 1101.111_2　　　　　　　　　(2) 156.22_8

   (3) $59C.A_{16}$

6. 將下列數字轉換成八進位數字：

   (1) 11100111111.001111_2　　　　(2) 132.15

   (3) $F29B.17D_{16}$　　　　　　　　(4) 49/64

7. 將下列數字轉換成 16 進位數字：

   (1) 11100111111.001111_2　　　　(2) 132.15

   (3) 7543.65_8　　　　　　　　　(4) 142/256

8. 以帶符號大小、1's 補數、2's 補數表示下列數字 (假設使用 8 位元儲存整數)：

   (1) +0　　　　　　　　　　　　(2) -0

   (3) 37　　　　　　　　　　　　(4) -69

9. 寫出 IEEE 754 Single 格式所能表示的最大數字與最小數字。

10. 求出下列運算式的值 (假設使用 8 位元的 2's 補數表示法)：

    (1) $1101101_2 + 110010_2$　　　　(2) $1101101_2 - 110010_2$

11. 求出 62 的 BCD 碼、84-2-1 碼、超三碼、二五碼、五取二碼。

12. 若要將一張 4×6 彩色照片掃描成 3,840,000 像素的圖檔，那麼掃描器的解析度應該設定為多少？

13. 將下列兩個數字正規化：

   (1) -11001.111$_2$ (2) 0.0000001011$_2$

14. 以 IEEE 754 Single 格式表示 -756.32$_8$。

15. KB、MB、GB、TB、PB 分別約為 10 的 _____ 、_____ 、_____ 、_____ 、_____ 次方。

16. 十進位數字 123 轉換成超三碼的結果為 _____ ；超三碼 011010011100 轉換成十進位數字的結果為 _____ 。

17. 完成下列二進位加法：

   (1)   11101   (2)   11111
       +   11   +   1
       ─────────   ─────────

   (3)   11.101   (4)   1100.101
       +   .001   +   1.110
       ─────────   ─────────

18. 將下列的 2's 補數表示法轉換成十進位 (假設使用 4 位元儲存整數)：

   (1) 0000   (2) 1000   (3) 1101   (4) 0110

19. 根據 2's 補數表示法，一個正數加上一個負數是否會發生溢位？

20. 簡單說明 2's 補數表示法的優點。

21. 使用 4 位元的 2's 補數表示法進行下列運算，並指出哪些會發生溢位？

   (1)   0101   (2)   1010   (3)   1111   (4)   0001
       + 0111   + 1010   + 0011   + 0010
       ────────   ────────   ────────   ────────

22. 4 位元 2's 補數的表示範圍為 _____ ；6 位元 2's 補數的表示範圍為 _____ ；8 位元 2's 補數的表示範圍為 _____ 。

23. 以 IEEE 754 Double 格式表示 -89A.BCDF$_{16}$。

24. 根據 IEEE 754 Single 格式將 01000011000001001000000000000000 轉換成十進位數字。

25. 以 IEEE 754 Single 格式表示下列數字：

   (1) 98.625   (2) -1.25

26. 01001001 01001101 00110010 以 ASCII 解碼的結果為 _____ 。

27. 根據第 3-12-3 節定義的錯誤更正碼將 0100111010011110100000001 解碼，會得到 _____ ，請注意，這串資料位元有一個位元是錯誤的。

28. 假設訊息為 1101011011，生成多項式為 $X^4 + X + 1$ (10011)，那麼 CRC 碼為 _____，而加上 CRC 碼後的完整訊息為 _____。

29. LUCKY 以 ASCII 編碼的結果為 _____。

30. 假設訊息為 ADFBBACGEECADFGACEDCCEEGFFBACDABBCAA，試據此畫出霍夫曼樹並寫下各個字母的編碼。

31. 假設以 ASCII 碼表示數字，那麼 3 個位元組所能表示的最大數字為何？若改成二進位，那麼 3 個位元組所能表示的最大數字為何？

32. 假設使用偶同位檢查，下列哪些位元圖樣表示發生錯誤？

    (1) 00111000　　　(2) 10101010　　　(3) 00110011　　　(4) 11000001

33. 承上題，改為奇同位檢查，答案為何？

34. 假設錯誤更正碼如下：

字元	位元圖樣	字元	位元圖樣
A	000000	E	100110
B	001111	F	101001
C	010011	G	110101
D	011100	H	111010

　　請據此解出 010010 000000 000111 和 111011 100111 000000 011100 兩個位元圖樣所代表的資料為何？

35. 當有兩個位元發生錯誤時，奇同位檢查是否能檢查出來？為什麼？

36. 設計一組位元圖樣長度為 5 的錯誤更正碼來表示字元 A、B、C、D，而且任二位元圖樣之間的漢明距離必須大於等於 3。

37. 假設 A、B、C、D、E 等五個符號的出現次數為 15、8、6、35、5，試據此建構霍夫曼樹，然後寫出符號 A、C、D 分別是以多少個位元來表示。

38. 根據重複次數編碼 (RLE) 技術將下列資料加以編碼：

    (1)　011111111100011111011111111111111

    (2)　111111111111111011011111111111011111

39. 根據重複次數編碼 (RLE) 技術將下列資料加以解碼：

    (1)　1111000000001111　　　　(2) 0101001100001000

40. 一般音樂 CD 的取樣頻率為 44.1KHz、雙聲道、取樣解析度為 16 位元，試問，一首 1 分鐘的歌曲在沒有壓縮時，需要多少儲存空間？

Foundations of
Computer Science

CHAPTER

04

數位邏輯設計

4-1 邏輯電路

電腦的硬體元件是由邏輯電路（logic circuit）所組成，而邏輯電路是由可以完成某些功能的邏輯閘（logic gate）所組成，邏輯閘可以接受一個或多個輸入訊號，然後產生一個或多個輸出訊號。至於邏輯電路的分析與設計則是透過布林代數（boolean algebra），下面是一個例子，這是兩個二元變數 X、Y 進行相加的結果，SUM 代表和，CARRY 代表進位。

▼ X + Y

X	Y	SUM	CARRY
0	0	0	0
0	1	1	0
1	0	1	0
1	1	0	1

由上表可知，SUM 只有在（X 為 0 且 Y 為 1）或（X 為 1 且 Y 為 0）兩種情況下會等於 1，而 CARRY 只有在（X 為 1 且 Y 為 1）的情況下會等於 1。假設以 AND 表示"且"，以 OR 表示"或"，以 NOT 表示"補數"，那麼 SUM 與 CARRY 可以寫成如下：

```
SUM     = ((NOT X) AND Y) OR (X AND (NOT Y))
        = (X' * Y) + (X * Y')
CARRY   = X AND Y
        = X * Y
```

- ✅ AND 為二元運算子（binary operator），它會接受兩個運算元（operand），然後產生一個結果，而且只有在兩個運算元均為 1 的情況下，結果才會等於 1，其它情況下均等於 0。我們通常以 " · " 或 " * " 表示 AND 運算子，例如 X、Y 為二元變數，F 為布林函數（boolean function），則 F(X, Y) = X · Y、F(X, Y) = X * Y 或 F(X, Y) = XY 均表示 "F 等於 X AND Y"。

- ✅ OR 為二元運算子，它會接受兩個運算元，然後產生一個結果，而且只有在兩個運算元均為 0 的情況下，結果才會等於 0，其它情況下均等於 1。我們通常以 "+" 表示 OR 運算子，例如 X、Y 為二元變數，F 為布林函數，則 F(X, Y) = X + Y 表示 "F 等於 X OR Y"。

✅ NOT 為**單元運算子**（unary operator），它會接受一個運算元，然後產生該運算元的補數，也就是當運算元為 1 時，結果等於 0，當運算元為 0 時，結果等於 1。我們通常以 " ' " 或 " ⁻ " 表示 NOT 運算子，例如 X 為二元變數，F 為布林函數，則 F(X) = X' 或 F(X) = $\overline{X}$ 均表示 "F 等於 NOT X"。

X	Y	X AND Y
0	0	0
0	1	0
1	0	0
1	1	1

X	Y	X OR Y
0	0	0
0	1	1
1	0	1
1	1	1

X	NOT X
0	1
1	0

邏輯閘通常是由電阻、電容、電晶體等電子元件所製作，而電腦系統的 0 與 1 則是由電壓的高低來表示，在**正邏輯** (positive logic) 中，0 為低電壓，1 為高電壓；反之，在**負邏輯** (negative logic) 中，0 為高電壓，1 為低電壓。您無須研究邏輯閘的製作技術，只要瞭解其符號即可，下面是 AND、OR、NOT 等運算子的符號。

AND   F(X, Y) = X * Y

OR   F(X, Y) = X + Y

NOT   F(X) = X'

有了這些邏輯閘，我們就可以將 SUM = (X' * Y) + (X * Y') 和 CARRY = X * Y 繪製成如下的邏輯電路。

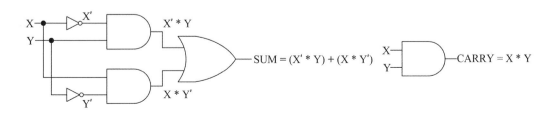

SUM = (X' * Y) + (X * Y') CARRY = X * Y

4-2 布林代數

布林代數（boolean algebra）是英國數學家 George Boole 於 1854 年所發展的符號記法，用來處理 "True"（真）、"False"（偽）的邏輯運算。

一個布林函數（boolean function）包含了如下元素：

✅ 值為 0 或 1 的二元變數（binary variable）

✅ 值為 0 或 1 的常數（constant）

✅ AND、OR、NOT 運算子（operator）

✅ (、)、[、]、{、} 等括號

✅ = 等號

NOT 運算子的優先順序最高，AND 運算子次之，OR 運算子殿後。若要改變優先順序，可以加上 (、)、[、]、{、} 等括號。

範例 布林函數 F(X, Y, Z) = XYZ' + (X'Z')(Y + Z) 且 X = 1、Y = 1、Z = 0，試求出布林函數的值。

$$
\begin{aligned}
F(X, Y, Z) &= XYZ' + (X'Z')(Y + Z) \\
&= X * Y * Z' + (X' * Z') * (Y + Z) \\
&= 1 * 1 * 0' + (1' * 0') * (1 + 0) \\
&= 1 * 1 * 1 + (0 * 1) * (1 + 0) \\
&= 1 + 0 * 1 \\
&= 1 + 0 \\
&= 1
\end{aligned}
$$

4-2-1 真值表

真值表（truth table）可以呈現一個布林函數所包含之二元變數的變數值與對應的函數值，對一個包含 n 個二元變數的布林函數來說，其真值表是由 n + 1 個欄和 2^n 個列所構成。

以布林函數 F(X, Y, Z) = XYZ' + (X'Z')(Y + Z) 為例,其真值表如下:

欄數為二元變數的
個數加上一個存
放結果,故有 n+1
欄。

X	Y	Z	F(X, Y, Z)
0	0	0	0
0	0	1	0
0	1	0	1
0	1	1	0
1	0	0	0
1	0	1	0
1	1	0	1
1	1	1	0

← 將 X、Y、Z 的值
代入 F(X,Y,Z),就
可以算出這個欄
位的值。

每個二元變數有
0、1 兩種值,n 個
二元變數有 2^n 種
組合,故有 2^n 列。

事實上,真值表是布林函數的同義表示法,因此,我們可以從已知的真值表推算出未知的布林函數,以下面的真值表為例:

X	Y	Z	F(X, Y, Z)
0	0	0	1
0	0	1	0
0	1	0	1
0	1	1	0
1	0	0	0
1	0	1	0
1	1	0	1
1	1	1	1

當有下列任一情況發生時,布林函數的值會等於 1:

- ✅ X = 0 且 Y = 0 且 Z = 0;或　　　（可以表示成 X'Y'Z'）
- ✅ X = 0 且 Y = 1 且 Z = 0;或　　　（可以表示成 X'YZ'）
- ✅ X = 1 且 Y = 1 且 Z = 0;或　　　（可以表示成 XYZ'）
- ✅ X = 1 且 Y = 1 且 Z = 1。　　　　（可以表示成 XYZ）

以 OR 運算子連接前述情況,得到 F(X, Y, Z) = X'Y'Z' + X'YZ' + XYZ' + XYZ,而這個函數又可以進一步簡化為 F(X, Y, Z) = X'Z' + XY,有關布林函數的簡化方法,稍後再做討論。

4-2-2 文氏圖

文氏圖（Venn diagram）是英國哲學家暨數學家 John Venn（文恩）於 1881 年所發展的圖形記法，用來表示集合之間的關係。在以文氏圖表示函數時，通常是以一個圓形表示一個變數，圓形的外面有一個正方形框起來，以圖（一）為例，圓形內的著色區域表示屬於 X，圓形外的空白區域表示不屬於 X，也就是 X'，圖（二）的著色區域表示 X AND Y，圖（三）的著色區域表示 X OR Y，圖（四）的著色區域表示 1，圖（五）的空白區域表示 0，圖（六）的著色區域表示 X AND Y AND Z。

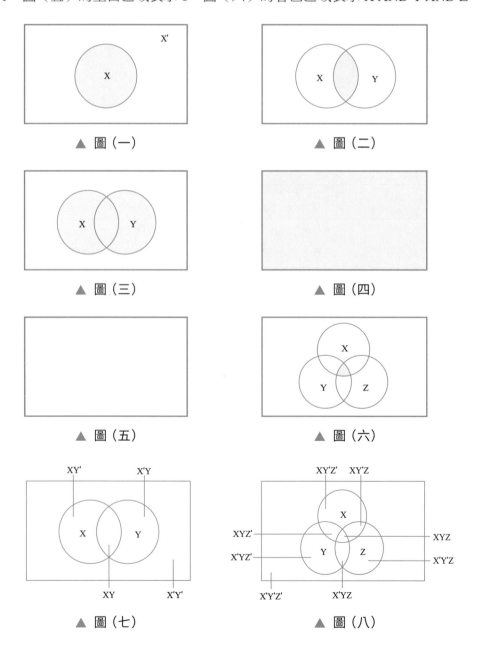

▲ 圖（一）

▲ 圖（二）

▲ 圖（三）

▲ 圖（四）

▲ 圖（五）

▲ 圖（六）

▲ 圖（七）

▲ 圖（八）

範例 以文氏圖表示 $F(X, Y, Z) = X'Z' + XY$。

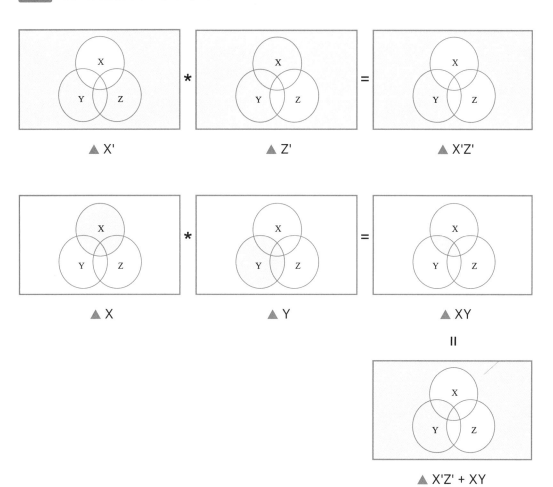

▲ X'   *   ▲ Z'   =   ▲ X'Z'

▲ X   *   ▲ Y   =   ▲ XY

‖

▲ X'Z' + XY

✏️ 隨堂練習

(1) 寫出布林函數 $F(X, Y, Z) = (X + Y)Z' + X'Y'Z'$ 的真值表。

(2) 寫出布林函數 $F(X, Y, Z) = YZ' + XY'$ 的真值表。

(3) 以文氏圖表示 $F(X, Y, Z) = (X + Y)Z' + X'Y'Z'$。

(4) 以文氏圖表示 $F(X, Y, Z) = YZ' + XY'$。

4-2-3 布林代數的公設與定理

布林代數是應用於布林函數的代數運算,其中牽涉到的運算元均為二元變數,運算子則為 AND、OR 或 NOT。在進行布林代數之前,我們先來介紹一些公設與定理,這些公設與定理可以用來從事布林代數運算或簡化布林函數。

公 設 (Postulates)	
P1. 0 與 1 的存在 (Existence of 0 and 1)	(a) $X + 0 = X$ (b) $X * 1 = X$
P2. 交換律 (Commutativity)	(a) $X + Y = Y + X$ (b) $X * Y = Y * X$
P3. 結合律 (Associativity)	(a) $X + (Y + Z) = (X + Y) + Z$ (b) $X * (Y * Z) = (X * Y) * Z$
P4. 分配律 (Distributivity)	(a) $X + (Y * Z) = (X + Y) * (X + Z)$ (b) $X * (Y + Z) = (X * Y) + (X * Z)$
P5. 互補律 (Complement)	(a) $X + X' = 1$ (b) $X * X' = 0$

定 理 (Theorems)	
T1. 等冪律 (Idempotency)	(a) $X + X = X$ (b) $X * X = X$
T2. 0 與 1 的特性 (Properties of 0 and 1)	(a) $X + 1 = 1$ (b) $X * 0 = 0$
T3. 反身律 (Involution)	$(X')' = X$
T4. 吸收律 (Absorption)	(a) $X + XY = X$ (b) $X * (X + Y) = X$ (c) $X + X'Y = X + Y$ (d) $X * (X' + Y) = X * Y$
T5. 狄摩根定理 (De Morgan's Law)	(a) $(X + Y)' = X' * Y'$ (b) $(X * Y)' = X' + Y'$
T6. 重合定理 (Consensus)	(a) $XY + X'Z + YZ = XY + X'Z$ (b) $(X + Y) * (X' + Z) * (Y + Z) = (X + Y) * (X' + Z)$

現在，我們要引用上表的公設逐一證明各個定理。

T1. 等冪律　　(a) X + X = X
　　　　　　　(b) X * X = X

證明：

(a) X + X = (X + X) * 1　　　　　　　　　　P1b
　　　　　= (X + X) * (X + X')　　　　　　　P5a
　　　　　= X + (X * X')　　　　　　　　　　P4a
　　　　　= X + 0　　　　　　　　　　　　　P5b
　　　　　= X　　　　　　　　　　　　　　　P1a

(b) X * X = X * X + 0　　　　　　　　　　　P1a
　　　　　= X * X + X * X'　　　　　　　　　P5b
　　　　　= X * (X + X')　　　　　　　　　　P4b
　　　　　= X * 1　　　　　　　　　　　　　P5a
　　　　　= X　　　　　　　　　　　　　　　P1b

T2. 0 與 1 的特性　　(a) X + 1 = 1
　　　　　　　　　　(b) X * 0 = 0

證明：

(a) X + 1 = (X + 1) * 1　　　　　　　　　　P1b
　　　　　= 1 * (X + 1)　　　　　　　　　　P2b
　　　　　= (X + X') * (X + 1)　　　　　　　P5a
　　　　　= X + X' * 1　　　　　　　　　　　P4a
　　　　　= X + X'　　　　　　　　　　　　　P1b
　　　　　= 1　　　　　　　　　　　　　　　P5a

(b) X * 0 = X * (X * X')　　　　　　　　　　P5b
　　　　　= (X * X) * X'　　　　　　　　　　P3b
　　　　　= X * X'　　　　　　　　　　　　　T1b
　　　　　= 0　　　　　　　　　　　　　　　P5b

T3. 反身律　　(X')' = X

證明：

若 X = 1，則 X' = 0，(X')' = (0)' = 1 = X。
若 X = 0，則 X' = 1，(X')' = (1)' = 0 = X。

T4. 吸收律（Absorption）　　(a) X + XY = X
　　　　　　　　　　　　　　(b) X * (X + Y) = X
　　　　　　　　　　　　　　(c) X + X'Y = X + Y
　　　　　　　　　　　　　　(d) X * (X'+ Y) = X * Y

證明：

(a) X + XY　　　= X * 1 + XY　　　　　　　　　　P1b
　　　　　　　　= X * (1 + Y)　　　　　　　　　　P4b
　　　　　　　　= X * (Y + 1)　　　　　　　　　　P2a
　　　　　　　　= X * 1　　　　　　　　　　　　　T2a
　　　　　　　　= X　　　　　　　　　　　　　　　P1b

(b) X * (X + Y)　= X * X + X * Y　　　　　　　　　P4b
　　　　　　　　= X + X * Y　　　　　　　　　　　T1b
　　　　　　　　= X　　　　　　　　　　　　　　　T4a

(c) X + X'Y　　　= (X + X') * (X + Y)　　　　　　　P4a
　　　　　　　　= 1 * (X + Y)　　　　　　　　　　P5a
　　　　　　　　= (X + Y) * 1　　　　　　　　　　P2b
　　　　　　　　= X + Y　　　　　　　　　　　　　P1b

(d) X * (X' + Y)　= X * X' + X * Y　　　　　　　　　P4b
　　　　　　　　= 0 + X * Y　　　　　　　　　　　P5b
　　　　　　　　= X * Y + 0　　　　　　　　　　　P2a
　　　　　　　　= X * Y　　　　　　　　　　　　　P1a

T5. 狄摩根　　(a) (X + Y)' = X' * Y'
　　　　　　　(b) (X * Y)' = X' + Y'

證明：

(a)

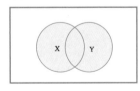

▲ X+Y

▲ (X+Y)'

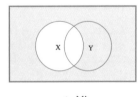

▲ X'

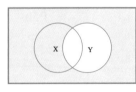

▲ Y'

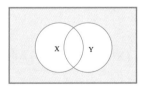

▲ X' * Y'

由於 (X + Y)' 的文氏圖和 X' * Y' 的文氏圖相同，故得到 (X + Y)' = X' * Y'。

(b)

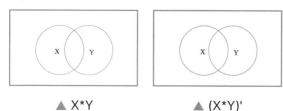

▲ X*Y ▲ (X*Y)'

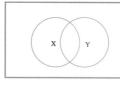 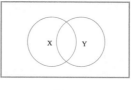

▲ X' ▲ Y' ▲ X' + Y'

由於 (X * Y)' 的文氏圖和 X'+ Y' 的文氏圖相同，故得到 (X * Y)' = X' + Y'。

T6. 重合定理（Consensus） (a) XY + X'Z + YZ = XY + X'Z
(b) (X + Y) * (X' + Z) * (Y + Z) = (X + Y) * (X' + Z)

證明：

(a) XY + X'Z + YZ = XY + X'Z + YZ * 1   P1b
= XY + X'Z + 1 * YZ   P2b
= XY + X'Z + (X + X') * YZ   P5a
= XY + X'Z + XYZ + X'YZ   P4b
= (XY + XYZ) + (X'Z + X'ZY)   P2a
= XY + X'Z   T4a

(b) (X + Y) * (X' + Z) * (Y + Z) = (X + Y) * (X'Y + Z)   P4a
= 1 * (X + Y) * (X'Y + Z)   P1b
= (X + X') * (X + Y) * (X'Y + Z)   P5a
= (X + X'Y) * (X'Y + Z)   P4a
= (X'Y + X) * (X'Y + Z)   P2a
= X'Y + XZ   P4a

(X + Y) * (X' + Z) = (X + Y) * X' + (X + Y) * Z   P4b
= X' * (X + Y) + Z * (X + Y)   P2b
= X'X + X'Y + ZX + ZY   P4b
= 0 + X'Y + ZX + ZY   P5b
= X'Y + XZ + YZ   P2b
= X'Y + XZ   T6a

由於簡化的結果相同，故得到 (X + Y) * (X' + Z) * (Y + Z) = (X + Y) *(X' + Z)。

📝 隨堂練習

(1) 將 XY + X'YZ 簡化為 XY + YZ。

(2) 將 XY + X'Y 簡化為 Y。

(3) 將 XYZ' + X'YZ + X'YZ' + X'Y'Z + X'YZ' + X'Y'Z' 簡化為 X' + YZ'。

(4) 將 (X + Y' + Z)(X + Y' + Z') 簡化為 X + Y'。

(5) 將 Y'Z + XYZ + (Y'Z + X'Z)' + X(Y' + Z')(Z' + YZ) 簡化為 X + Y + Z'。

(6) 假設 F(X, Y) = (X + Y) * (X' + Y)，試證明 F' 等於 Y'。

(7) 假設 F(X, Y) = XY + XY'，試證明 F' 等於 X'。

(8) XY' + XYZ + (XY + XY')' + YZ + X'Z 可以簡化為 XY' + YZ，對不對？

(9) (X + Y' + Z)(X + Y' + Z') 可以簡化為 Y' + XZ' + X'Z，對不對？

(10) (X'+ Z)(X'+ Y) 可以簡化為 X' + YZ，對不對？

4-3 邏輯閘

邏輯閘（logic gate）是用來進行二元邏輯運算與布林函數的數位邏輯電路，常見的邏輯閘有 AND、OR、NOT、XOR、NAND、NOR、XNOR 等。

4-3-1 AND 閘

AND 閘是用來進行 AND 運算的數位邏輯電路，它會接受兩個輸入訊號，然後產生一個輸出訊號，而且只有在兩個輸入訊號均為 1 的情況下，輸出訊號才會等於 1，其它情況下均等於 0。我們通常以 " · " 或 " * " 表示 AND 閘的運算符號，右圖是 AND 閘的邏輯符號與真值表。

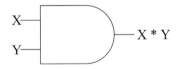

X	Y	F(X, Y) = X*Y
0	0	0
0	1	0
1	0	0
1	1	1

4-3-2 OR 閘

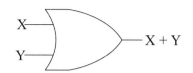

OR 閘是用來進行 OR 運算的數位邏輯電路，它會接受兩個輸入訊號，然後產生一個輸出訊號，而且只有在兩個輸入訊號均為 0 的情況下，輸出訊號才會等於 0，其它情況下均等於 1。我們通常以 "+" 表示 OR 閘的運算符號，右圖是 OR 閘的邏輯符號與真值表。

X	Y	F(X, Y) = X + Y
0	0	0
0	1	1
1	0	1
1	1	1

4-3-3 NOT 閘

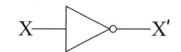

NOT 閘是用來進行 NOT 運算的數位邏輯電路，它會接受一個輸入訊號，然後產生一個輸出訊號，當輸入訊號為 1 時，輸出訊號等於 0，當輸入訊號為 0 時，輸出訊號等於 1，故 NOT 閘又稱為反相器（inverter)。我們通常以 " ' " 或 " ⁻ " 表示 NOT 閘的運算符號，右圖是 NOT 閘的邏輯符號與真值表。

X	F(X) = X'
0	1
1	0

4-3-4 XOR 閘

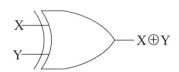

XOR（eXclusive OR）閘是用來進行 XOR 運算的數位邏輯電路，它會接受兩個輸入訊號，然後產生一個輸出訊號，而且只有在兩個輸入訊號其中之一為 1 的情況下，輸出訊號才會等於 1，其它情況下均等於 0。我們通常以 "⊕" 表示 XOR 閘的運算符號，右圖是 XOR 閘的邏輯符號與真值表。

X	Y	F(X, Y) = X'Y + XY'
0	0	0
0	1	1
1	0	1
1	1	0

4-3-5　NAND 閘

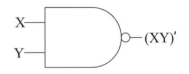

NAND（Not-AND）閘是結合 NOT 運算和 AND 運算的數位邏輯電路，它會接受兩個輸入訊號，然後產生一個輸出訊號，而且只有在兩個輸入訊號均為 1 的情況下，輸出訊號才會等於 0，其它情況下均等於 1，右圖是 NAND 閘的邏輯符號與真值表。

X	Y	F(X, Y) = (XY)' = X' + Y'
0	0	1
0	1	1
1	0	1
1	1	0

我們可以使用 NAND 閘來模擬 AND 閘：

$$[(XY)' \, (XY)']' = [(XY)']' = XY$$

我們也可以使用 NAND 閘來模擬 OR 閘：

$$(X'Y')' = (X')' + (Y')' = X + Y$$

我們還可以使用 NAND 閘來模擬 NOT 閘：

$$(XX)' = X'$$

由於 NAND 閘可以用來模擬 AND、OR、NOT 閘，所以 NAND 閘屬於萬用閘（universal gate）；此外，NAND 閘亦可以表示成如下的邏輯符號：

$$X' + Y' = (XY)'$$

4-3-6 NOR 閘

NOR（Not-OR）閘是結合 NOT 運算和 OR 運算的數位邏輯電路，它會接受兩個輸入訊號，然後產生一個輸出訊號，而且只有在兩個輸入訊號均為 0 的情況下，輸出訊號才會等於 1，其它情況下均等於 0，右圖是 NOR 閘的邏輯符號與真值表。

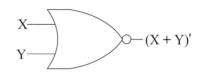

X	Y	$F(X, Y) = (X+Y)' = X'Y'$
0	0	1
0	1	0
1	0	0
1	1	0

我們可以使用 NOR 閘來模擬 AND 閘：

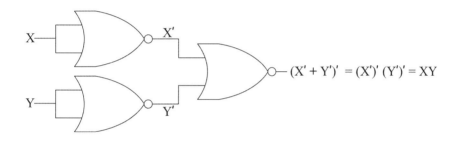

我們也可以使用 NOR 閘來模擬 OR 閘：

X
Y ──── $(X + Y)'$ ──── $[(X + Y)']' = (X'Y')' = (X')' + (Y')' = X + Y$

我們還可以使用 NOR 閘來模擬 NOT 閘：

X ──── $(X + X)' = X'$

由於 NOR 閘可以用來模擬 AND、OR、NOT 閘，所以 NOR 閘也是屬於萬用閘；此外，NOR 閘亦可以表示成如下的邏輯符號：

X
Y ──── $X'Y' = (X + Y)'$

4-3-7　XNOR 閘

XNOR（eXclusive NOR）閘是用來進行 XNOR 運算的數位邏輯電路，它會接受兩個輸入訊號，然後產生一個輸出訊號，而且只有在兩個輸入訊號其中之一為 1 的情況下，輸出訊號才會等於 0，其它情況下均等於 1。我們通常以 "⊙" 表示 XNOR 閘的運算符號，右圖是 XNOR 閘的邏輯符號與真值表。

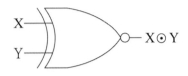

X	Y	F(X, Y) = XY + X'Y'
0	0	1
0	1	0
1	0	0
1	1	1

4-3-8　多重輸入邏輯閘

雖然前面所介紹的邏輯閘都只有一個或二個輸入訊號，但事實上，由於 AND、OR、XOR 運算皆符合交換律和結合律，故其邏輯閘均能接受多個輸入訊號，也就是所謂的多重輸入邏輯閘（multiple-input gate），下圖為三重輸入邏輯閘（three-input gate）。

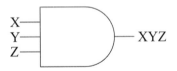

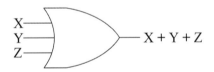

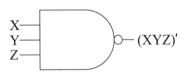

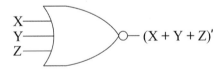

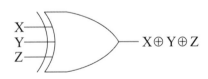

4-4 邏輯簡化

在將布林函數製作成邏輯電路之前,為了減少邏輯閘的個數,必須進行邏輯簡化(logic minimization),也就是透過布林代數運算或卡諾圖將布林函數簡化。

4-4-1 標準形式

由於布林函數有不同的表示法,例如 $F_1(X, Y) = XY + X'YZ$ 和 $F_2(X, Y) = XY + YZ$ 就是相同的布林函數,為了避免混淆,遂有標準形式(standard form)以茲遵循,而且標準形式又分成「積項之和」與「和項之積」兩種,相關名詞的定義如下:

- 積項(product terms):兩個或以上個二元變數以 AND 運算子連接在一起,例如 XY、X'Y'Z'、Y'Z 均屬於積項,而 X + Y、X(Y + Z) 則不屬於積項。

- 和項(sum terms):兩個或以上個二元變數以 OR 運算子連接在一起,例如 X + Y、X' + Y' + Z'、Y' + Z 均屬於和項,而 XY、X(Y + Z) 則不屬於和項。

- 最小項(miniterms):積項中每個二元變數均要出現一次,無論是以二元變數本身或補數的形式,例如有 X、Y、Z 三個二元變數,那麼 XYZ、X'YZ' 等積項均屬於最小項,而 XY、Y'Z 等積項則不屬於最小項。

- 最大項(maxiterms):和項中每個二元變數均要出現一次,無論是以二元變數本身或補數的形式,例如有 X、Y、Z 三個二元變數,那麼 X + Y + Z、X' + Y + Z' 等和項均屬於最大項,而 X + Y、Y' + Z 等和項則不屬於最大項。

- 積項之和(SOP,Sum Of Product terms):以 OR 運算子連接各個積項,例如 XY + X'Y'Z' + Y'Z 屬於積項之和,而 (X + Y)(X' + Y' + Z') 則不屬於積項之和。

- 和項之積(POS,Product Of Sum terms):以 AND 運算子連接各個和項,例如 (X + Y)(X' + Y' + Z') 屬於和項之積,而 XY + X'Y'Z' + Y'Z 則不屬於和項之積。

- 最小項之和(sum of miniterms):意義與積項之和相似,不同的是以 OR 運算子連接各個最小項,例如 XYZ + X'YZ' + XYZ' 屬於最小項之和,而 XY + Y'Z 則不屬於最小項之和。

- 最大項之積(product of maxiterms):意義與和項之積相似,不同的是以 AND 運算子連接各個最大項,例如 (X + Y + Z)(X' + Y + Z')(X + Y + Z) 屬於最大項之積,而 (X + Y)(Y' + Z) 則不屬於最大項之積。

任何布林函數皆可表示成唯一的最小項之和與唯一的最大項之積。對一個包含 n 個二元變數的布林函數來說，由於每個二元變數均能以本身或補數的形式出現在最小項，故有 2^n 個不同的最小項，我們可以使用 m_0、m_1、$m_2 \cdots m_{2^n-1}$ 表示這些最小項，下面分別是包含 2 個及 3 個二元變數之布林函數的最小項定義：

X	Y	最小項	符號
0	0	X'Y'	m_0
0	1	X'Y	m_1
1	0	XY'	m_2
1	1	XY	m_3

X	Y	Z	最小項	符號
0	0	0	X'Y'Z'	m_0
0	0	1	X'Y'Z	m_1
0	1	0	X'YZ'	m_2
0	1	1	X'YZ	m_3
1	0	0	XY'Z'	m_4
1	0	1	XY'Z	m_5
1	1	0	XYZ'	m_6
1	1	1	XYZ	m_7

對一個包含 n 個二元變數的布林函數來說，由於每個二元變數均能以本身或補數的形式出現在最大項，故有 2^n 個不同的最大項，我們可以使用 M_0、M_1、$M_2 \cdots M_{2^n-1}$ 表示這些最大項，下面分別是包含 2 個及 3 個二元變數之布林函數的最大項定義：

X	Y	最大項	符號
0	0	X + Y	M_0
0	1	X + Y'	M_1
1	0	X' + Y	M_2
1	1	X' + Y'	M_3

X	Y	Z	最大項	符號
0	0	0	X + Y + Z	M_0
0	0	1	X + Y + Z'	M_1
0	1	0	X + Y' + Z	M_2
0	1	1	X + Y' + Z'	M_3
1	0	0	X' + Y + Z	M_4
1	0	1	X' + Y + Z'	M_5
1	1	0	X' + Y' + Z	M_6
1	1	1	X' + Y' + Z'	M_7

根據最小項與最大項的定義，我們可以得到兩者之間的關係如下，同時最小項的布林值恆等於 1，最大項的布林值恆等於 0：

$$M_i' = m_i \quad 且 \quad m_i' = M_i$$

範例 將布林函數 F(X, Y, Z) = X'Y + XZ 表示成最小項之和。

1. 寫出 F(X, Y, Z) = X'Y + XZ 的真值表：

X	Y	Z	F(X, Y, Z)	最小項	符號
0	0	0	0	X'Y'Z'	m_0
0	0	1	0	X'Y'Z	m_1
0	1	0	1	X'YZ'	m_2
0	1	1	1	X'YZ	m_3
1	0	0	0	XY'Z'	m_4
1	0	1	1	XY'Z	m_5
1	1	0	0	XYZ'	m_6
1	1	1	1	XYZ	m_7

2. 以 OR 運算子連接所有值等於 1 的最小項，得到如下結果：

$$F(X, Y, Z) = m_2 + m_3 + m_5 + m_7$$
$$= \Sigma m(2, 3, 5, 7)$$

除了真值表之外，我們也可以經由布林代數運算將 F(X, Y, Z) = X'Y + XZ 表示成最小項之和：

$$F(X, Y, Z) = X'Y + XZ$$
$$= X'Y * 1 + XZ * 1$$
$$= X'Y(Z + Z') + XZ(Y + Y')$$
$$= X'YZ + X'YZ' + XYZ + XY'Z$$
$$= m_3 + m_2 + m_7 + m_5$$
$$= \Sigma m(2, 3, 5, 7)$$

資訊部落

若要經由布林代數運算將布林函數表示成最小項之和，可以掌握下列幾個重點：

1. 首先，運用分配律與狄摩根定理，將布林函數展開為積項之和，例如 $F(X, Y, Z) = X(Z + (YZ)')$ 必須展開為積項之和 $XZ + XY' + XZ'$。

2. 其次，每個積項所缺少的變數以類似 $1 = X + X'$ 的形式代入展開，例如：

$$XZ + XY' + XZ' = XZ(Y + Y') + XY'(Z + Z') + XZ'(Y + Y')$$
$$= XYZ + XY'Z + XY'Z + XY'Z' + XYZ' + XY'Z'$$
$$= XYZ + XY'Z + XY'Z' + XYZ'$$

3. 最後，以最小項的符號表示出來，例如 $XYZ + XY'Z + XY'Z' + XYZ' = m_7 + m_5 + m_4 + m_6 = \sum m(4, 5, 6, 7)$。

範例 將布林函數 $F(X, Y, Z) = X'Y + XZ$ 表示成最大項之積。

1. 寫出 $F(X, Y, Z) = X'Y + XZ$ 的真值表：

X	Y	Z	F(X, Y, Z)	最大項	符號
0	0	0	0	X + Y + Z	M_0
0	0	1	0	X + Y + Z'	M_1
0	1	0	1	X + Y' + Z	M_2
0	1	1	1	X + Y' + Z'	M_3
1	0	0	0	X' + Y + Z	M_4
1	0	1	1	X' + Y + Z'	M_5
1	1	0	0	X' + Y' + Z	M_6
1	1	1	1	X' + Y' + Z'	M_7

2. 以 AND 運算子連接所有值等於 0 的最大項，得到如下結果：

$$F(X, Y, Z) = M_0 + M_1 + M_4 + M_6$$
$$= \Pi M(0, 1, 4, 6)$$

除了真值表之外，我們也可以經由布林代數運算將 F(X, Y, Z) = X'Y + XZ 表示成最大項之積：

$$
\begin{aligned}
F(X, Y, Z) &= X'Y + XZ \\
&= X'Y + XZ + YZ \\
&= X'Y + YZ + XX' + XZ \\
&= Y(X' + Z) + X(X' + Z) \\
&= (X + Y)(X' + Z) \\
&= (X + Y + ZZ')(X' + Z + YY') \\
&= (X + Y + Z)(X + Y + Z')(X' + Z + Y)(X' + Z + Y') \\
&= M_0 + M_1 + M_4 + M_6 \\
&= \Pi M(0, 1, 4, 6)
\end{aligned}
$$

💬 資訊部落

若要經由布林代數運算將布林函數表示成最大項之積，可以掌握下列幾個重點：

1. 首先，運用分配律與狄摩根定理，將布林函數展開為和項之積，例如 F(X, Y, Z) = X(Z + (YZ)') 必須展開為和項之積 X(Z + Y' + Z') = X(1 + Y') = X。

2. 其次，每個和項所缺少的變數以類似 0 = XX' 的形式代入展開，例如：

$$
\begin{aligned}
X &= (X + YY') = (X + Y)(X + Y') = (X + Y + ZZ')(X + Y' + ZZ') \\
&= (X + Y + Z)(X + Y + Z')(X + Y' + Z)(X + Y' + Z')
\end{aligned}
$$

3. 最後，以最大項的符號表示出來，例如 (X + Y + Z)(X + Y + Z')(X + Y' + Z)(X + Y' + Z') = M_0 + M_1 + M_2 + M_3 = \Pi M(0, 1, 2, 3)。

📝 隨堂練習

(1) 以真值表及布林代數運算將 F(X, Y, Z) = X' + YZ' 表示成最小項之和。

(2) 以真值表及布林代數運算將 F(X, Y, Z) = X' + YZ' 表示成最大項之積。

4-4-2 卡諾圖

卡諾圖（Karnaugh Map，K-map）是用來進行邏輯簡化的另一種方法，我們可以針對二、三或四個二元變數的情況來討論。

包含 2 個二元變數的卡諾圖

卡諾圖是一個二維矩陣，一個包含 n 個二元變數之布林函數的卡諾圖有 2^n 個元素，我們將包含 2 個二元變數之布林函數的卡諾圖定義如下：

X \ Y	0	1
0	m_0	m_1
1	m_2	m_3

範例 以卡諾圖將 F(X, Y) = XY + XY' 簡化為積項之和。

1. 將布林函數表示成最小項之和，也就是 $F(X, Y) = m_3 + m_2 = \Sigma m(2, 3)$。

2. 將表示成最小項之和的最小項以 1 填入卡諾圖中對應的位置，其它位置則填入 0。

X \ Y	0	1
0	0	0
1	1	1

除了前述做法之外，也可以將布林函數表示成最大項之積，然後將最大項之積的最大項以 0 填入卡諾圖中對應的位置，其它位置則填入 1，例如 F(X, Y) = $\Sigma m(2, 3)$ = $\Pi M(0, 1)$，故在 m_0、m_1 的位置填入 0，在 m_2、m_3 的位置填入 1，同樣可以得到如上的卡諾圖。

3. 以最少的矩形涵蓋卡諾圖中所有為 1 的位置，而且矩形涵蓋的最小項個數必須是 2 的冪次。

X \ Y	0	1
0	0	0
1	1	1

4. 找出矩形涵蓋的積項並求取其和，本例為水平相鄰的 XY' 與 XY，這兩個最小項只有 Y' 與 Y 不同，根據布林代數運算，可以簡化成 XY' + XY = (X)(Y' + Y) = X。

📝 隨堂練習

以卡諾圖將 F(X, Y) = Y' + XY 簡化為積項之和。

提示：

1. 將布林函數表示成最小項之和。

$$F(X, Y) = Y' + XY$$
$$= (X + X')Y' + XY$$
$$= XY' + X'Y' + XY$$
$$= m_2 + m_0 + m_3$$
$$= \Sigma m(0, 2, 3)$$

2. 將表示最小項之和的最小項以 1 填入卡諾圖中對應的位置，其它位置則填入 0。

X \ Y	0	1
0	1	0
1	1	1

3. 以最少的矩形涵蓋卡諾圖中所有為 1 的位置，而且矩形涵蓋的最小項個數必須是 2 的冪次。

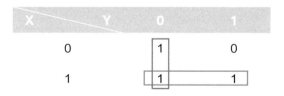

4. 找出矩形涵蓋的積項並求取其和，本例為水平相鄰的 XY' 與 XY 以及垂直相鄰的 X'Y' 與 XY' 之和，接下來的簡化工作就交給您了。

包含 3 個二元變數的卡諾圖

我們將包含 3 個二元變數之布林函數的卡諾圖定義如下：

X＼YZ	00	01	11	10
0	m_0	m_1	m_3	m_2
1	m_4	m_5	m_7	m_6

範例 以卡諾圖將 $F(X, Y, Z) = X'YZ + X'YZ' + XYZ + XY'Z$ 簡化為積項之和。

1. 將布林函數表示成最小項之和，也就是 $F(X, Y, Z) = m_2 + m_3 + m_5 + m_7 = \Sigma m(2, 3, 5, 7)$。

2. 將表示成最小項之和的最小項以 1 填入卡諾圖中對應的位置，其它位置則填入 0。

X＼YZ	00	01	11	10
0	0	0	1	1
1	0	1	1	0

除了前述做法之外，也可以將布林函數表示成最大項之積，然後將最大項之積的最大項以 0 填入卡諾圖中對應的位置，其它位置則填入 1，例如 $F(X, Y, Z) = \Sigma m(2, 3, 5, 7) = \Pi M(0, 1, 4, 6)$，故在 m_0、m_1、m_4、m_6 的位置填入 0，在 m_2、m_3、m_5、m_7 的位置填入 1，同樣可以得到如上的卡諾圖。

3. 以最少的矩形涵蓋卡諾圖中所有為 1 的位置，而且矩形涵蓋的最小項個數必須是 2 的冪次。

X＼YZ	00	01	11	10
0	0	0	1	1
1	0	1	1	0

4. 找出矩形涵蓋的積項並求取其和，本例為水平相鄰的 $X'YZ$ 與 $X'YZ'$ 以及水平相鄰的 $XY'Z$ 與 XYZ 之和，前者只有 Z 與 Z' 不同，可以簡化為 $X'YZ + X'YZ' = (X'Y)(Z + Z') = X'Y$，後者只有 Y' 與 Y 不同，可以簡化為 $XY'Z + XYZ = XZ(Y' + Y) = XZ$，兩者相加於是得到 $X'Y + XZ$。

📝 隨堂練習

(1) 以卡諾圖將 F(X, Y, Z) = ∑m(1, 2, 3, 6, 7) 簡化為積項之和。

(2) 以卡諾圖將 F(X, Y, Z) = ∑m(0, 1, 2, 4, 5) 簡化為積項之和。

(3) 以卡諾圖將 F(X, Y, Z) = ∑m(0, 1, 2, 4, 5, 6) 簡化為積項之和。

提示：

(1) 首先，將表示成最小項之和的最小項以 1 填入卡諾圖中對應的位置，其它位置則填入 0；接著，找出矩形涵蓋的積項並求取其和，本例有兩個矩形，其中一個矩形涵蓋 X'YZ、X'YZ'、XYZ、XYZ' 四個最小項，另一個矩形涵蓋水平相鄰的 X'Y'Z 與 X'YZ，接下來的簡化工作就交給您了。

X \ YZ	00	01	11	10
0	0	1	1	1
1	0	0	1	1

(2) 首先，將表示成最小項之和的最小項以 1 填入卡諾圖中對應的位置，其它位置則填入 0；接著，找出矩形涵蓋的積項並求取其和，本例有兩個矩形，其中一個矩形涵蓋 X'Y'Z'、X'Y'Z、XY'Z'、XY'Z 四個最小項，另一個矩形涵蓋水平相鄰的 X'Y'Z' 與 X'YZ'，接下來的簡化工作就交給您了。

X \ YZ	00	01	11	10
0	1	1	0	1
1	1	1	0	0

請注意，卡諾圖左右兩端的最小項可以視為相鄰，進而以矩形涵蓋在一起，而且矩形涵蓋的最小項個數必須是 2 的冪次。

包含 4 個二元變數的卡諾圖

我們將包含 4 個二元變數之布林函數的卡諾圖定義如下：

WX \ YZ	00	01	11	10
00	m_0	m_1	m_3	m_2
01	m_4	m_5	m_7	m_6
11	m_{12}	m_{13}	m_{15}	m_{14}
10	m_8	m_9	m_{11}	m_{10}

範例 以卡諾圖將 $F(W, X, Y, Z) = \Sigma m(0, 2, 4, 6, 8, 10, 13, 15)$ 簡化為積項之和。

1. 將表示成最小項之和的最小項以 1 填入卡諾圖中對應的位置，其它位置則填入 0。

WX \ YZ	00	01	11	10
00	1	0	0	1
01	1	0	0	1
11	0	1	1	0
10	1	0	0	1

除了前述做法之外，也可以將布林函數表示成最大項之積，然後將最大項之積的最大項以 0 填入卡諾圖中對應的位置，其它位置則填入 1，例如 $F(W, X, Y, Z) = \Sigma m(0, 2, 4, 6, 8, 10, 13, 15) = \Pi M(1, 3, 5, 7, 9, 11, 12, 14)$，故在 m_1、m_3、m_5、m_7、m_9、m_{11}、m_{12}、m_{14} 的位置填入 0，在 m_0、m_2、m_4、m_6、m_8、m_{10}、m_{13}、m_{15} 的位置填入 1，同樣可以得到如上的卡諾圖。

2. 以最少的矩形涵蓋卡諾圖中所有為 1 的位置，而且矩形涵蓋的最小項個數必須是 2 的冪次。

WX \ YZ	00	01	11	10
00	1	0	0	1
01	1	0	0	1
11	0	1	1	0
10	1	0	0	1

3. 找出矩形涵蓋的積項並求取其和，本例有三個矩形，其中一個矩形涵蓋 W'X'Y'Z'、W'XY'Z'、W'X'YZ'、W'XYZ' 四個最小項，而這四個最小項的和可以簡化為 W'Z'，另一個矩形涵蓋水平相鄰的 WXY'Z 與 WXYZ，而這兩個最小項的和可以簡化為 WXZ，還有一個矩形涵蓋 W'X'Y'Z'、WX'Y'Z'、W'X'YZ'、WX'YZ' 四個最小項，而這四個最小項的和可以簡化為 X'Z'，三者相加於是得到 W'Z' + WXZ + X'Z'。

📝 隨堂練習

(1) 以卡諾圖將 F(W, X, Y, Z) = Σ m(0, 1, 2, 3, 5, 7, 10) 簡化為積項之和。

(2) 以卡諾圖將 F(W, X, Y, Z) = Σ m(1, 2, 3, 9, 11, 12) 簡化為積項之和。

提示：

(1) 首先，將表示成最小項之和的最小項以 1 填入卡諾圖中對應的位置，其它位置則填入 0；接著，找出矩形涵蓋的積項並求取其和，本例有三個矩形，其中一個矩形涵蓋 W'X'Y'Z'、W'X'Y'Z、W'X'YZ、W'X'YZ' 四個最小項，另一個矩形涵蓋 W'X'Y'Z、W'XY'Z、W'X'YZ、W'XYZ 四個最小項，還有一個矩形涵蓋垂直相鄰的 W'X'YZ' 與 WX'YZ'，接下來的簡化工作就交給您了。

WX \ YZ	00	01	11	10
00	1	1	1	1
01	0	1	1	0
11	0	0	0	0
10	0	0	0	1

以卡諾圖將布林函數簡化為和項之積

範例 以卡諾圖將 $F(X, Y, Z) = X'YZ + X'YZ' + XYZ + XY'Z$ 簡化為和項之積。

1. 將布林函數表示成最小項之和，也就是 $F(X, Y, Z) = \Sigma m(2, 3, 5, 7)$。

2. 將表示成最小項之和的最小項以 1 填入卡諾圖中對應的位置，其它位置則填入 0。

X \ YZ	00	01	11	10
0	0	0	1	1
1	0	1	1	0

除了前述做法之外，也可以將布林函數表示成最大項之積，然後將最大項之積的最大項以 0 填入卡諾圖中對應的位置，其它位置則填入 1，例如 $F(X, Y, Z) = \Sigma m(2, 3, 5, 7) = \Pi M(0, 1, 4, 6)$，故在 m_0、m_1、m_4、m_6 的位置填入 0，在 m_2、m_3、m_5、m_7 的位置填入 1，同樣可以得到如上的卡諾圖。

3. 以最少的矩形涵蓋卡諾圖中所有為 0 的位置，而且矩形涵蓋的最小項個數必須是 2 的冪次。

X \ YZ	00	01	11	10
0	0	0	1	1
1	0	1	1	0

4. 找出矩形涵蓋的積項並求取其和，得到的結果將是這個布林函數的補數，本例為水平相鄰的 X'Y'Z' 與 X'Y'Z 以及水平相鄰的 XY'Z' 與 XYZ' 之和，前者只有 Z 與 Z' 不同，可以簡化為 $X'Y'Z' + X'Y'Z = (X'Y')(Z + Z') = X'Y'$，後者只有 Y' 與 Y 不同，可以簡化為 $XY'Z' + XYZ' = XZ'(Y' + Y) = XZ'$，兩者相加於是得到 X'Y' + XZ'。

5. 由於這個布林函數的補數為 X'Y' + XZ'，因此，我們可以得到 $F(X, Y, Z) = (X'Y' + XZ')' = (X + Y)(X' + Z)$。

無所謂情況

有些布林函數對於特定的輸入訊號並沒有一定的輸出訊號，換言之，無論特定的輸入訊號為何，其輸出訊號可以為 0 或 1，我們將此稱為無所謂情況（don't care condition）。

範例 以卡諾圖將 $F(W, X, Y, Z) = \Sigma m(0, 1, 5, 10, 14) + d(4, 7, 11, 15)$ 簡化為積項之和。

1. $d(4, 7, 11, 15)$ 表示 m_4、m_7、m_{11}、m_{15} 為無所謂情況，可以當作 0 或 1 來看待，得到卡諾圖如下。

WX \ YZ	00	01	11	10
00	1	1	0	0
01	d	1	d	0
11	0	0	d	1
10	0	0	d	1

2. 既然無所謂情況可以當作 0 或 1 來看待，因此，在簡化卡諾圖時，可以視實際需要自由運用，我們將上面的卡諾圖以矩形涵蓋如下。

WX \ YZ	00	01	11	10
00	1	1	0	0
01	d	1	d	0
11	0	0	d	1
10	0	0	d	1

3. 找出矩形涵蓋的積項並求取其和，本例有兩個矩形，其中一個矩形涵蓋 W'X'Y'Z'、W'X'Y'Z、W'XY'Z'、W'XY'Z 四個最小項，而這四個最小項的和可以簡化為 W'Y'，另一個矩形涵蓋 WXYZ、WXYZ'、WX'YZ、WX'YZ' 四個最小項，而這四個最小項的和可以簡化為 WY，兩者相加於是得到 W'Y' + WY。

隨堂練習

(1) 以卡諾圖將 F(W, X, Y, Z) = ∑m(0, 1, 2, 3, 5, 7, 10) 簡化為和項之積。

(2) 以卡諾圖將 F(W, X, Y, Z) = ∑m(0, 2, 4, 6, 8, 10, 13, 15) 簡化為和項之積。

(3) 以卡諾圖將 F(X, Y, Z) = ∑m(0, 1, 2, 4, 6) + d(3, 7) 簡化為積項之和。

提示：

(1) 將表示成最小項之和的最小項以 1 填入卡諾圖對應的位置，其它位置則填入 0。

WX＼YZ	00	01	11	10
00	1	1	1	1
01	0	1	1	0
11	0	0	0	0
10	0	0	0	1

找出矩形涵蓋的積項並求取其和，得到的結果將是這個布林函數的補數，本例有三個矩形，其中一個矩形涵蓋 W'XY'Z'、WXY'Z'、W'XYZ'、WXYZ' 四個最小項，另一個矩形涵蓋 WXY'Z'、WXY'Z、WX'Y'Z'、WX'Y'Z 四個最小項，還有一個矩形涵蓋 WXY'Z、WXYZ、WX'Y'Z、WX'YZ，三者相加的結果將是這個布林函數的補數，接下來的工作就交給您了。

4-5 組合電路

組合電路（combinational circuit）是數位系統的基本元件，由數個輸入訊號、輸出訊號和邏輯閘所組成，每個輸入訊號代表一個二元變數，每個輸出訊號代表對應於組合電路的布林函數，輸入訊號決定了輸出訊號的結果，任何輸入訊號與對應的輸出訊號都可以使用真值表來描述。

下圖是一個有 n 個輸入訊號與 m 個輸出訊號的組合電路，由於 n 個輸入訊號有 2^n 種組合，故真值表的列數為 2^n，欄數為 n + m，其中 n 個欄位代表 n 個輸入訊號，m 個欄位代表 m 個輸出訊號。

4-5-1 分析組合電路

分析組合電路的目的是要將邏輯電路轉換成布林函數，我們可以遵循如下步驟分析組合電路：

1. 將各個邏輯閘的輸出一一表示成變數。

2. 由前往後推算各個變數的布林函數，直到求出最後一個變數的布林函數，即為整個邏輯電路的布林函數。

範例 **根據下列組合電路推算出布林函數。**

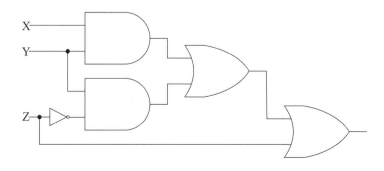

1. 將各個邏輯閘的輸出一一表示成變數 F_1、F_2、F_3、F：

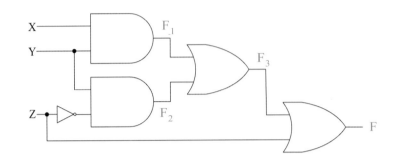

2. 由前往後推算各個變數的布林函數，最後一個變數為 F，其布林函數 Y + Z 即為整個邏輯電路的布林函數：

$$F_1 = XY$$

$$F_2 = YZ'$$

$$F_3 = F_1 + F_2 = XY + YZ'$$

$$F = F_3 + Z = XY + YZ' + Z = XY + (YZ' + Z) = XY + Y + Z = (XY + Y) + Z = Y + Z$$

範例 根據前一個範例的組合電路，推算出真值表。

1. 仿照前述步驟 1. 將各個邏輯閘的輸出一一表示成變數 F_1、F_2、F_3、F。

2. 將 X、Y、Z 的值填入真值表，同時寫出表示各個邏輯閘之輸出的變數。

X	Y	Z	F_1	F_2	F_3	F
0	0	0				
0	0	1				
0	1	0				
0	1	1				
1	0	0				
1	0	1				
1	1	0				
1	1	1				

3. 代入 X、Y、Z 的值，依序求出變數 F_1、F_2、F_3、F 的值，即為整個邏輯電路的真值表。

X	Y	Z	F_1	F_2	F_3	F
0	0	0	0	0	0	0
0	0	1	0	0	0	1
0	1	0	0	1	1	1
0	1	1	0	0	0	1
1	0	0	0	0	0	0
1	0	1	0	0	0	1
1	1	0	1	1	1	1
1	1	1	1	0	1	1

📝 隨堂練習

根據下列組合電路推算出布林函數及真值表。

(1)

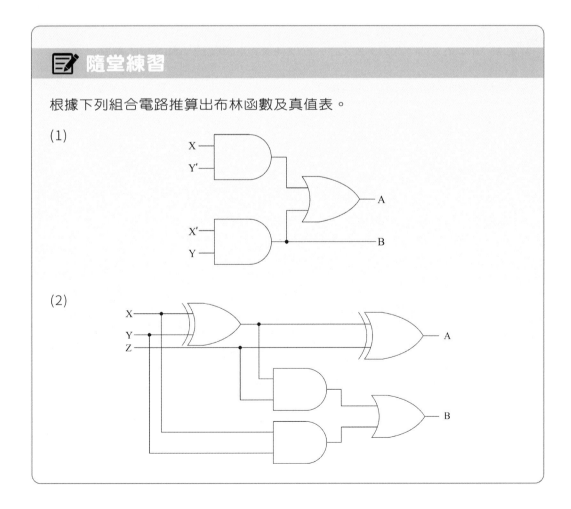

(2)

4-5-2 設計組合電路

設計組合電路的目的是要將指定的功能或布林函數轉換成邏輯電路,我們可以遵循如下步驟設計組合電路:

1. 根據題意決定輸入、輸出變數的個數。

2. 推算出真值表。

3. 以卡諾圖從真值表求出簡化的布林函數。

4. 將布林函數繪製成邏輯電路。

要說明的是邏輯電路又分成 AND-OR、NAND-NAND、OR-AND、NOR-NOR 等四種較受歡迎的形式,其中 AND-OR、NAND-NAND 衍生自布林函數的積項之和(SOP),而 OR-AND、NOR-NOR 衍生自布林函數的和項之積(POS)。

AND-OR 電路

範例 將 F(X, Y, Z) = X'YZ + X'YZ' + XYZ + XY'Z 繪製成 AND-OR 電路。

1. 以卡諾圖將布林函數簡化為積項之和(SOP),得到 F(X, Y, Z) = X'Y + XZ。

X	YZ	00	01	11	10
0		0	0	1	1
1		0	1	1	0

2. 使用最少的邏輯閘繪製成如下的 AND-OR 電路。

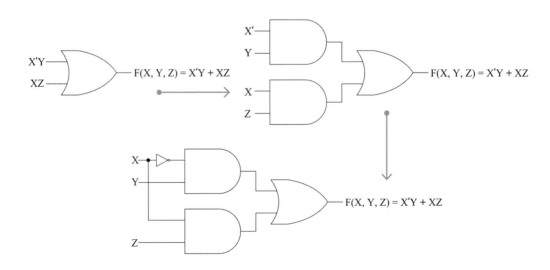

OR-AND 電路

範例 將 F(X, Y, Z) = X'YZ + X'YZ' + XYZ + XY'Z 繪製成 OR-AND 電路。

1. 以卡諾圖將布林函數簡化為和項之積（POS），由於 F'(X, Y, Z) = X'Y' + XZ'，
   得到 F (X, Y, Z) = (X'Y' + XZ')' = (X'Y')' (XZ')' = (X + Y) (X' + Z)。

X \ YZ	00	01	11	10
0	0	0	1	1
1	0	1	1	0

2. 使用最少的邏輯閘繪製成如下的 OR-AND 電路。

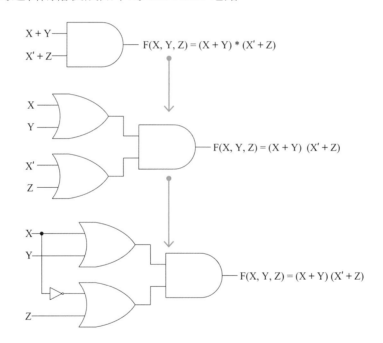

隨堂練習

將 F(X, Y, Z) = XY + X'Y + Y'Z 繪製成下列不同的電路：

(1) AND-OR 電路　　　　(2) OR 電路　　　　(3) AND 電路

提示：

(2)　F = XY + X'Y + Y'Z = (X' + Y')' + (X + Y')' + (Y + Z')'

(3)　F = XY + X'Y + Y'Z = [(XY)' (X'Y)' (Y'Z)']'

NAND-NAND 電路

範例 將 F(X, Y, Z) = X'YZ + X'YZ' + XYZ + XY'Z 繪製成 NAND-NAND 電路。

1. 仿照第 4-34 頁的步驟,將布林函數繪製成如下的 AND-OR 電路。

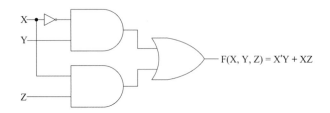

2. 插入圓圈,每個圓圈表示一個 NOT 訊號,然後轉換成對應的 NAND 閘即可。

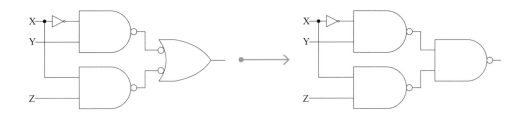

NOR-NOR 電路

範例 將 F(X, Y, Z) = X'YZ + X'YZ' + XYZ + XY'Z 繪製成 NOR-NOR 電路。

1. 仿照第 4-35 頁的步驟,將布林函數繪製成如下的 OR-AND 電路。

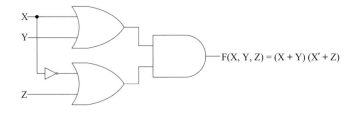

2. 插入圓圈,每個圓圈表示一個 NOT 訊號,然後轉換成對應的 NOR 閘即可。

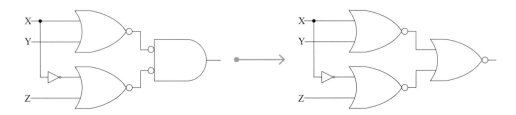

📝 隨堂練習

1. 將 F(A, B, C, D, E) = A' + BC + DE 繪製成 NAND-NAND 電路。

2. 將 F(A, B, C, D, E) = (A + B)(C + D)E 繪製成 NOR-NOR 電路。

3. 已知 XOR 運算為 X $\oplus$ Y = X'Y + XY'，請繪製成下列不同的電路：

   (1) AND-OR 電路

   (2) NAND-NAND 電路

4. 已知 XNOR 運算為 X $\odot$ Y = XY + X'Y'，請繪製成下列不同的電路：

   (1) AND-OR 電路

   (2) NAND-NAND 電路

   (3) NOR-NOR 電路

範例 設計一個組合電路，這個電路會產生兩個 2bits 數字相乘的結果。

1. 假設 2bits 數字分別為 X_1X_0、Y_1Y_0，相乘的結果為 $P_3P_2P_1P_0$，X_1、Y_1、P_3 為最高有效數字（MSD），X_0、Y_0、P_0 為最低有效數字（LSD），其真值表如下。

		X_1	X_0
	x) Y_1	Y_0
		X_1Y_0	X_0Y_0
	X_1Y_1	X_0Y_1	
P_3	P_2	P_1	P_0

輸入				輸出			
X_1	X_0	Y_1	Y_0	P_3	P_2	P_1	P_0
0	0	0	0	0	0	0	0
0	0	0	1	0	0	0	0
0	0	1	0	0	0	0	0
0	0	1	1	0	0	0	0
0	1	0	0	0	0	0	0
0	1	0	1	0	0	0	1
0	1	1	0	0	0	1	0
0	1	1	1	0	0	1	1
1	0	0	0	0	0	0	0
1	0	0	1	0	0	1	0
1	0	1	0	0	1	0	0
1	0	1	1	0	1	1	0
1	1	0	0	0	0	0	0
1	1	0	1	0	0	1	1
1	1	1	0	0	1	1	0
1	1	1	1	1	0	0	1

2. 以卡諾圖求出 P3、P2、P1、P0 的布林函數。

X_1X_0 \\ Y_1Y_0	00	01	11	10
00	0	0	0	0
01	0	0	0	0
11	0	0	1	0
10	0	0	0	0

X_1X_0 \\ Y_1Y_0	00	01	11	10
00	0	0	0	0
01	0	0	0	0
11	0	0	0	1
10	0	0	1	1

$P_3 = X_1 X_0 Y_1 Y_0$
  $P_2 = X_1 X'_0 Y_1 + X_1 Y_1 Y'_0$

X_1X_0 \\ Y_1Y_0	00	01	11	10
00	0	0	0	0
01	0	0	1	1
11	0	1	0	1
10	0	1	1	0

X_1X_0 \\ Y_1Y_0	00	01	11	10
00	0	0	0	0
01	0	1	1	0
11	0	1	1	0
10	0	0	0	0

$P_1 = X_1 Y_1' Y_0 + X_1 X_0' Y_0 + X_1' X_0 Y_1 + X_0 Y_1 Y_0'$ $P_0 = X_0 Y_0$

3. 根據 P3、P2、P1、P0 的布林函數繪製邏輯電路，事實上，這就是一個乘法器
   （multiplier）。

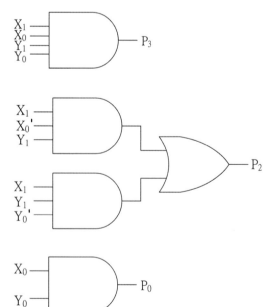

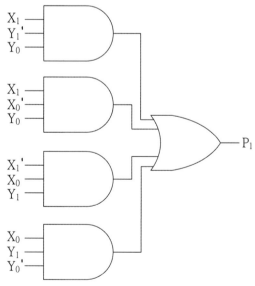

📝 **隨堂練習**

(1) 設計一個組合電路，輸入為 4bits 的 BCD 數字，輸出則為 9's 補數。

(2) 設計一個組合電路，輸入為 4bits 的二進位數字，輸出則為 2's 補數。

提示：

(1) 根據題意寫出真值表，沒有定義的部分為無所謂情況，然後以卡諾圖求取輸出的布林函數並繪製成邏輯電路。

十進位數字	輸入 X_3 X_2 X_1 X_0				輸出 O_3 O_2 O_1 O_0				9's 補數
0	0	0	0	0	1	0	0	1	9
1	0	0	0	1	1	0	0	0	8
2	0	0	1	0	0	1	1	1	7
3	0	0	1	1	0	1	1	0	6
4	0	1	0	0	0	1	0	1	5
5	0	1	0	1	0	1	0	0	4
6	0	1	1	0	0	0	1	1	3
7	0	1	1	1	0	0	1	0	2
8	1	0	0	0	0	0	0	1	1
9	1	0	0	1	0	0	0	0	0
	1	0	1	0	d	d	d	d	
	1	0	1	1	d	d	d	d	
	1	1	0	0	d	d	d	d	
	1	1	0	1	d	d	d	d	
	1	1	1	0	d	d	d	d	
	1	1	1	1	d	d	d	d	

(2) 根據題意寫出真值表，然後以卡諾圖求取輸出的布林函數並繪製成邏輯電路。

4-6 常見的組合電路

常見的組合電路有半加法器（half-adder）、全加法器（full-adder）、平行二元加法器（PBA）、減法器（substractor）、乘法器（multiplier）、解碼器（decoder）、編碼器（encoder）、多工器（multiplexer）等，以下就為您介紹半加法器和全加法器。

4-6-1 半加法器

半加法器（half-adder）可以將兩個 1bit 的二進位數字相加，然後得到 SUM（和）與 CARRY（進位），如下圖。

▼ X + Y

X	Y	S	C
0	0	0	0
0	1	1	0
1	0	1	0
1	1	0	1

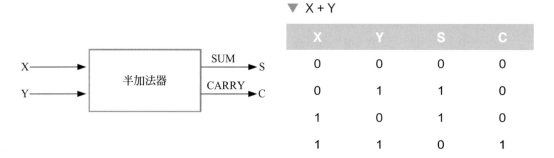

由真值表可知，SUM = X'Y + XY'，CARRY = XY，其邏輯電路如下：

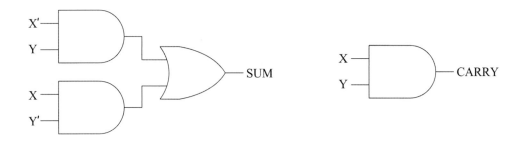

或 SUM = X'Y + XY' = X $\oplus$ Y，CARRY = XY，其邏輯電路如下：

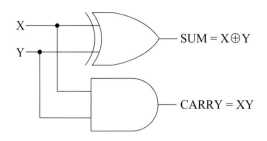

4-6-2 全加法器

全加法器（full-adder）可以將三個 1bit 的
二進位數字相加，然後得到 SUM（和）
與 CARRY-OUT（進位），如下圖。

▼ X + Y

C_{in}	X	Y	S	C_{out}
0	0	0	0	0
0	0	1	1	0
0	1	0	1	0
0	1	1	0	1
1	0	0	1	0
1	0	1	0	1
1	1	0	0	1
1	1	1	1	1

由真值表可知，SUM $= C_{in}'X'Y + C_{in}'XY' + C_{in}X'Y' + C_{in}XY$，CARRY-OUT $= C_{in}'XY + C_{in}X'Y + C_{in}XY' + C_{in}XY = XY + C_{in}Y + C_{in}X$，其邏輯電路如下：

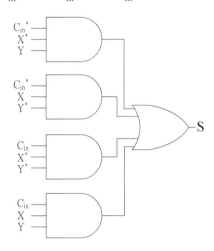

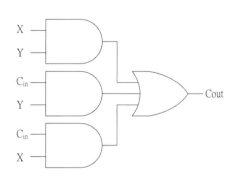

或 SUM $= C_{in}'X'Y + C_{in}'XY' + C_{in}X'Y' + C_{in}XY = (C_{in} \oplus X)Y' + (C_{in} \oplus X)'Y = C_{in} \oplus X \oplus Y$，CARRY-OUT $= C_{in}'XY + C_{in}X'Y + C_{in}XY' + C_{in}XY = (C_{in} \oplus X)Y + C_{in}X$，其邏輯電路如下：

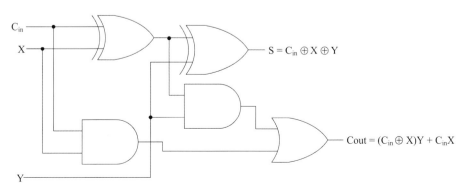

範例 使用兩個半加法器與一個 OR 閘繪製全加法器。

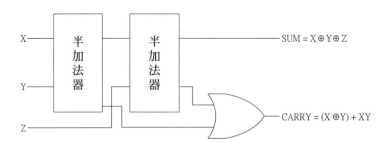

範例 使用全加法器繪製 4bits 平行二元加法器（PBA，Parallel Binary Adder）。

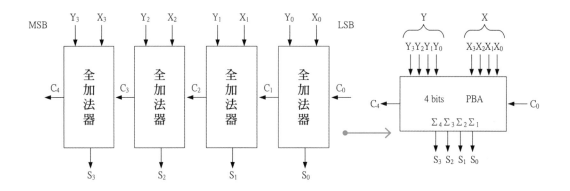

範例 使用全加法器繪製加減法器（adder/substractor）。

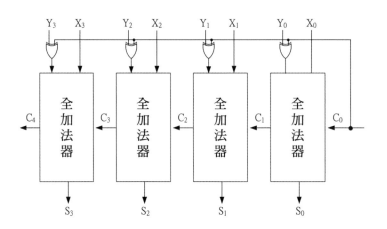

當 $C_0 = 0$ 時，$Y \oplus 0 = Y$，此電路會進行加法（即 $X + Y$）；當 $C_0 = 1$ 時，$Y \oplus 1 = Y'$，此電路會進行減法（即 $X + Y'$）。

本 章 回 顧

● 電腦的硬體元件是由邏輯電路 (logic circuit) 所組成,而邏輯電路是由可以完成某些功能的邏輯閘 (logic gate) 所組成,邏輯閘可以接受一個或多個輸入訊號,然後產生一個或多個輸出訊號,至於邏輯電路的分析與設計則是透過布林代數 (boolean algebra)。

● 邏輯閘通常是由電阻、電容、電晶體等電子元件所製作,而電腦系統的 0 與 1 則是由電壓的高低來表示,在正邏輯 (positive logic) 中,0 為低電壓,1 為高電壓;反之,在負邏輯 (negative logic) 中,0 為高電壓,1 為低電壓。

● 布林代數 (boolean algebra) 是一種符號記法,用來處理 "True"(真)、"False"(偽)的邏輯運算。

● 真值表 (truth table) 可以呈現一個布林函數所包含之二元變數的變數值與對應的函數值,對一個包含 n 個二元變數的布林函數來說,其真值表是由 n + 1 個欄和 2^n 個列所構成。

● 文氏圖 (Venn diagram) 是一種圖形記法,用來表示集合之間的關係。

● 邏輯閘 (logic gate) 是用來進行二元邏輯運算與布林函數的數位邏輯電路,常見的邏輯閘有 AND、OR、NOT、XOR、NAND、NOR、XNOR 等。

● 在將布林函數製作成邏輯電路之前,為了減少邏輯閘的個數,必須進行邏輯簡化 (logic minimization),也就是透過布林代數運算或卡諾圖將布林函數簡化。由於布林函數有不同的表示法,為了避免混淆,遂有標準形式 (standard form)以茲遵循,而且標準形式又分成積項之和 (SOP,Sum Of Product terms) 與和項之積 (POS,Product Of Sum terms) 兩種。

● 組合電路 (combinational circuit) 是數位系統的基本元件,由數個輸入訊號、輸出訊號和邏輯閘所組成,每個輸入訊號代表一個二元變數,每個輸出訊號代表對應於組合電路的布林函數,輸入訊號決定了輸出訊號的結果。

● 分析組合電路的目的是要將邏輯電路轉換成布林函數,反之,設計組合電路的目的是要將指定的功能或布林函數轉換成邏輯電路。

● 半加法器 (half-adder) 可以將兩個 1bit 的二進位數字相加,然後得到 SUM(和)與 CARRY(進位);全加法器 (full-adder) 可以將三個 1bit 的二進位數字相加,然後得到 SUM(和)與 CARRY-OUT(進位)。

1. 寫出布林函數 F(X, Y, Z) = XY'Z + X'Y'Z' + YZ 的真值表。

2. 寫出布林函數 F(W, X, Y, Z) = WXYZ + Y'(X'Z' + WZ) 的真值表。

3. 以文氏圖表示布林函數 F(X, Y) = XY + X'Y'。

4. 以文氏圖表示布林函數 F(X, Y, Z) = XY'Z + YZ' + XYZ。

5. 以文氏圖證明 X'Z + YZ' + XY' = (X + Y + Z)(X' + Y' + Z')。

6. 以布林代數運算將布林函數 F(X, Y, Z) = (X(Y'Z + Z') + X'Z')' 表示為最小項之和。

7. 以布林代數運算將布林函數 F(X, Y, Z) = (X'Z + YZ')(X' + Y) + XY' 表示為最小項之和。

8. 以布林代數運算將布林函數 F(W, X, Y, Z) = WX(Y' + Z') + W'X'Y' + YZ'(W + X) 表示為最小項之和。

9. 以布林代數運算將布林函數 F(X, Y, Z) = (X(Y'Z + Z') + X'Z')' 表示為最大項之積。

10. 以布林代數運算將布林函數 F(X, Y, Z) = (X'Z + YZ')(X' + Y) + XY' 表示為最大項之積。

11. 以卡諾圖將布林函數 F(W, X, Y, Z) = ∑m(3, 5, 10, 14) + d(0, 4, 8, 11, 12) 簡化為積項之和 (SOP)。

12. 以卡諾圖將布林函數 F(W, X, Y, Z) = ∑m(1, 3, 7, 8, 9, 13) + d(0, 11, 14, 15) 簡化為積項之和 (SOP)。

13. 以卡諾圖將布林函數 F(X, Y, Z) = ∑m(0, 1, 7) + d(4) 簡化為和項之積 (POS)。

14. 以卡諾圖將布林函數 F(W, X, Y, Z) = ∑m(4, 5, 6, 7, 9, 12, 13, 14) + d(1, 3, 10) 簡化為和項之積 (POS)。

15. 設計一個組合電路,輸入為 4bits 的 BCD 數字,輸出則為超三碼。

16. 設計一個組合電路,輸入為 4bits 的 BCD 數字,當輸入為奇數時,輸出為 1,當輸入為偶數時,輸出為 0。

17. 使用三個半加法器繪製下列布林函數:

   (1) $W = A \oplus B \oplus C$

   (2) $X = A'BC + AB'C$

   (3) $Y = ABC' + (A' + B')C$

   (4) $Z = ABC$

18. 根據下列真值表求出布林函數並描繪邏輯電路。

X	Y	Z	輸出
0	0	0	0
0	0	1	1
0	1	0	1
0	1	1	0
1	0	0	1
1	0	1	0
1	1	0	0
1	1	1	1

19. 下列真值表代表哪個邏輯閘？

X	Y	輸出
0	0	1
0	1	1
1	0	1
1	1	0

A. AND B. NAND

C. XOR D. NOR

20. 下列哪種邏輯運算的結果可以用來判斷兩個二進位值是否相等？

A. AND B. NOT

C. XOR D. XAND

21. 布林函數 (X + Y)(X + Z) 可以簡化成下列何者？

A. X + YZ B. XY + XZ + YZ

C. X + Y'Z' + YZ D. X' + YZ

22. 下列何者與 x XOR y 相等？

A. (X AND (NOT Y)) AND ((NOT X) AND Y)

B. (X AND (NOT Y)) OR ((NOT X) AND Y)

C. (X OR (NOT Y)) AND ((NOT X) OR Y)

D. (X OR (NOT Y)) OR ((NOT X) OR Y)

23. 下列哪組邏輯閘無法組出所有組合電路？

    A. NOR、NOT

    B. NOR、NAND

    C. NAND、NOT

    D. AND、OR

24. 下列邏輯閘符號所代表的布林函數為何？

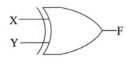

    A. F = X ⊙ Y

    B. F = X ⊕ Y

    C. F = X * Y

    D. F = X + Y

25. 若要使用 NAND 閘來模擬 OR 閘，至少需要幾個 NAND 閘？

    A. 2   B. 3

    C. 4   D. 5

26. 01001100 和 11001111 進行 XOR 運算後的結果為何？

27. 布林函數 F = [(PQR)'(ST)']' 可以表示為下列何者？

    A. PR + QS'T   B. PQR + ST'

    C. PQ + R'ST   D. PQR + ST

28. 寫出下列邏輯電路所代表的布林函數。

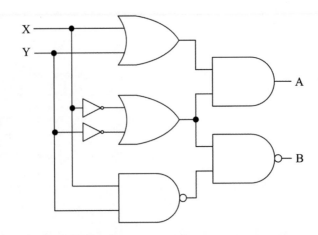

29. 寫出下列邏輯電路所代表的布林函數。

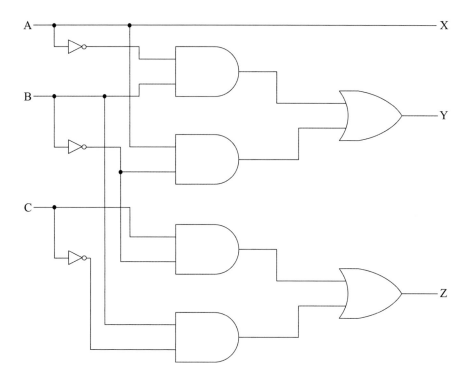

30. 下列組合電路中的矩形各自代表相同的邏輯閘，請根據輸入輸出資訊寫出這些矩形分別為 AND、OR 或 XOR 閘。

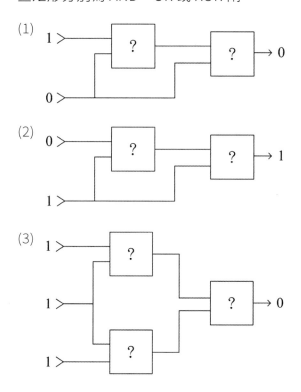

Foundations of
Computer Science

05

計算機組織

5-1 中央處理器 (CPU)

中央處理器 (CPU，Central Processing Unit) 的功能是進行算術與邏輯運算，又稱為微處理器 (microprocessor) 或處理器 (processor)，由下列元件所組成 (圖 5.1)：

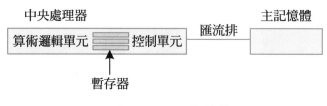

▲ 圖 5.1 CPU 的結構

- 控制單元 (CU，Control Unit)：CU 是負責控制資料流與指令流的電路，它可以讀取並解譯指令，然後產生訊號控制算術邏輯單元、暫存器等 CPU 內部的元件完成工作。

- 算術邏輯單元 (ALU，Arithmetic/Logic Unit)：ALU 是負責進行算術與邏輯運算的電路。

- 暫存器 (register)：暫存器是位於 CPU 內部的記憶體，用來暫時儲存目前正在進行運算的資料或目前正好運算完畢的資料。當 CPU 要進行運算時，CU 會先讀取並解譯指令，將資料儲存在暫存器，然後啟動 ALU，令它針對暫存器內的資料進行運算，完畢後再將結果儲存在暫存器。

從圖 5.1 還可以看到 CPU 是透過匯流排存取主記憶體，其中匯流排 (bus) 是主機板上面的鍍銅電路，負責傳送電腦內部的電子訊號，而主記憶體 (main memory) 是安插在主機板上面的記憶體，用來暫時儲存 CPU 進行運算所需要的資料或 CPU 運算完畢的資料。請注意，暫存器和主記憶體不同，暫存器位於 CPU 內部，速度較快、容量較小，而主記憶體位於 CPU 外部，速度較慢、容量較大。

知名的 PC 處理器有 Intel Core 系列、Pentium 系列、Celeron 系列、Xeon 系列、AMD Ryzen 系列、Athlon 系列等，而時下流行的智慧型手機、平板電腦等行動裝置則內含行動處理器，除了 iPhone、iPad 所使用的 Apple A 系列處理器 (A15/A16/A17 Pro/A18…)，還有 Android 陣營的 Qualcomm Snapdragon (高通驍龍)、ARM (安謀) Cortex、Google Tensor、聯發科行動處理器、Samsung Exynos 等。

5-1-1 控制單元 (CU)

控制單元 (CU，Control Unit) 是負責控制資料流 (data stream) 與指令流 (instruction stream) 的電路，它可以讀取並解譯指令，然後產生訊號控制算術邏輯單元、暫存器等 CPU 內部的元件完成工作。

控制單元的製作方式有下列兩種：

- 硬體線路控制 (hardwired control)：這是以有限狀態機 (FSM，Finite State Machine) 來描述每個指令 (instruction) 的分解動作，每個指令都有一組對應的邏輯電路，其控制功能在製作完成時就已經固定。優點是執行速度較快，適合需要簡單控制決策的小系統，缺點則是不易修改或擴充功能，一旦指令的數目或內容改變，就必須重新設計指令所對應的邏輯電路。

  有限狀態機 (FSM) 是一種圖形表示方式，用來表示有限的狀態，生活中有許多例子是由有限的狀態所組成，再根據不同的輸入而產生不同的輸出，例如圖 5.2 是紅綠燈的 FSM，從一開始綠燈，經過 60 秒變成黃燈，再經過 10 秒變成紅燈，又經過 30 秒變成綠燈，如此不斷反覆。

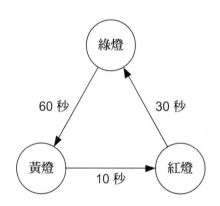

▲ 圖 5.2 有限狀態機範例

- 微程式控制 (microprogrammed control)：這是以微程式 (microprogram) 來描述每個指令的分解動作，而微程式又是由多個微指令 (microcode) 所組成，真正對應到邏輯電路的是微指令。優點是容易修改或擴充功能，適合需要複雜控制決策的大系統，一旦指令的數目或內容改變，只要修改微程式即可，無須重新設計微指令所對應的邏輯電路，缺點則是執行速度較慢。

5-1-2 算術邏輯單元 (ALU)

算術邏輯單元 (Arithmetic/Logic Unit) 是負責進行算術與邏輯運算的電路，既然提到了運算，我們就來介紹一下機器指令 (machine instruction)，其類型如下：

- 資料傳送類型：這種類型的指令可以將資料從某處複製或搬移至它處，舉例來說，將存放在記憶體單元的資料載入暫存器的指令通常叫做 LOAD，而將存放在暫存器的資料儲存到記憶體單元的指令通常叫做 STORE。

- 算術邏輯類型：這種類型的指令除了可以進行加、減、乘、除等算術運算之外，還可以進行 AND（位元交集）、OR（位元聯集）、XOR（位元互斥）、SHIFT（位元平移）、ROTATE（位元旋轉）等邏輯運算。

  以 AND 運算為例，只有在兩個運算元均為 1 的情況下，結果才會等於 1，AND 運算可以用來做為遮罩 (mask)。舉例來說，假設位元字串為 11010101，而我們想取得右邊四個位元，那麼只要將該位元字串和 00001111 進行 AND 運算，就能遮罩掉左邊四個位元，得到結果為 00000101。

  以 OR 運算為例，只有在兩個運算元均為 0 的情況下，結果才會等於 0，OR 運算也可以用來做為遮罩，不同的是被遮罩掉的位元會全部為 1。舉例來說，假設位元字串為 11010101，而我們想取得右邊四個位元，那麼只要將該位元字串和 11110000 進行 OR 運算，就能遮罩掉左邊四個位元，得到結果為 11110101。

- 控制類型：這種類型的指令是指示程式的執行，而非進行運算，例如 JUMP 或 BRANCH 指令可以讓程式在執行到某個步驟時，有條件或無條件跳躍至其它步驟。

5-1-3 暫存器

暫存器 (register) 是位於 CPU 內部的記憶體，用來暫時儲存目前正在進行運算的資料或目前正好運算完畢的資料。暫存器通常分成兩類，其一是程式設計人員能夠存取的可見暫存器 (user visible register)，例如資料暫存器用來儲存資料、位址暫存器用來儲存位址；其二是程式設計人員無法存取的控制與狀態暫存器 (control and status register)，例如程式計數器 (program counter) 用來儲存下一個要執行的指令在主記憶體的位址，指令暫存器 (instruction register) 用來儲存最近從主記憶體讀取出來的指令，記憶體位址暫存器 (memory address register) 用來儲存要存取的主記憶體位址。

🔖 資訊部落　　認識主機板

主機板 (motherboard) 是位於主機內部的印刷電路板，上面搭載 CPU 插槽、主記憶體插槽、介面卡插槽 (PCI-E…)、周邊插槽 (PS/2、USB、SATA、M.2…)、晶片組、CMOS、時脈產生器等元件 (圖 5.3)，其中晶片組 (chipset) 的功能是控制主機板上面的元件與電路，協調各個介面；CMOS (Complementary Metal-Oxide Semiconductor) 是儲存諸如硬碟型態、系統日期時間、開機順序等系統參數的晶片；時脈產生器 (clock generator) 是會產生固定頻率脈波的石英振盪器，諸如 CPU、主記憶體等元件都必須參考時脈做為時間計數的依據。

▲ 圖 5.3 主機板 (圖片來源：ASUS)

❶ PS/2 埠：連接 PS/2 介面的鍵盤與滑鼠

❷ USB 埠：連接 USB 介面的周邊，例如隨身碟、滑鼠、鍵盤等

❸ DP：連接螢幕

❹ HDMI：連接螢幕

❺ RJ-45 插槽：連接乙太網路線

❻ 內建音訊插孔

❼ M.2 散熱器用於 M.2 插槽：連接 M.2 介面的周邊，例如固態硬碟

❽ PCI-E 插槽：連接網路卡、音效卡、顯示卡等介面卡

❾ SATA 插槽：連接硬碟、光碟等儲存裝置

❿ 晶片組散熱器下面有晶片組

⓫ 電源供應器插槽

⓬ 主記憶體插槽

⓭ CPU 插槽

5-1-4 評估 CPU 的效能

我們可以由反應時間或工作量來評估電腦的效能，反應時間 (response time) 是一個工作從開始做到結束共花費多少時間，工作量 (throughput) 是在固定時間內共完成多少工作。至於 CPU 時間 (CPU time) 是 CPU 執行一個程式共花費多少時間，不包括等待 I/O 或執行其它程式的時間，而 CPU 時脈週期 (CPU clock cycle) 是 CPU 執行一個程式共花費多少時脈週期。我們可以使用下列公式計算 CPU 時間：

> CPU 時間 = CPU 時脈週期 * 時脈週期時間

時脈 (clock) 是電腦內部一個類似時鐘的裝置，它每計數一次，稱為一個時脈週期 (clock cycle)，CPU 就能完成少量工作。在過去，完成一個指令往往需要多個時脈週期，但現在，一個時脈週期就能完成多個指令。

時脈速度 (clock rate) 指的是時脈計數的速度，單位為 MHz（百萬赫茲）或 GHz（十億赫茲），即每秒鐘幾百萬次 (10^6) 或每秒鐘幾十億次 (10^9)，而時脈每計數一次所經過的時間稱為時脈週期時間 (clock cycle time)，時脈週期時間為時脈速度的倒數，換言之，1MHz、1GHz 對應的時脈週期時間為 10^{-6} 秒、10^{-9} 秒（表 5.1）。

▼ 表 5.1 時間單位

單位	簡寫	十進位	單位	簡寫	十進位
毫秒 (millisecond)	ms	10^{-3}	皮秒 (picosecond)	ps	10^{-12}
微秒 (microsecond)	μs	10^{-6}	飛秒 (femtosecond)	fs	10^{-15}
奈秒 (nanosecond)	ns	10^{-9}	阿秒 (attosecond)	as	10^{-18}

電腦的效能取決於時脈速度、CPI 和指令數目等因素，其中 CPI (Clock cycles Per Instruction) 是執行每個指令需要多少時脈週期，會受到設計架構和指令集影響，而指令數目是程式中的指令數目，會受到指令集和編譯程式影響，指令集 (instruction set) 是電腦所有指令的集合，而編譯程式 (compiler) 能夠將以高階語言撰寫的程式轉換成電腦看得懂的機器語言。

原則上，時脈速度愈快，效能就愈佳，早期 XT 電腦的時脈速度只有 4.77MHz，而 Intel Core i 電腦的時脈速度已經超過 3GHz。不過，我們不能純粹以時脈速度來做比較，例如 Celeron 600MHz 就不一定比 PowerPC G5 400MHz 快，因為兩者的設計架構不同，我們會在第 5-2-1 節介紹 CPU 的設計架構。

由於 CPU 可以工作在數種時脈速度下，但主機板無法自動得知 CPU 的時脈速度好加以配合，因此，主機板上面必須有一個時脈產生器 (clock generator)，藉由時脈產生器的震盪輸出適當的脈衝，讓 CPU、主機板及匯流排的運作同步。

除了 MHz、GHz 之外，CPU 的速度也可以使用 MIPS、MFLOPS、TPS 來描述，MIPS (Million Instructions Per Second) 意指每秒鐘能完成幾百萬個指令，適用於 PC、工作站或大型主機；MFLOPS (Million FLoating Operations Per Second) 意指每秒鐘能完成幾百萬個浮點數運算，適用於需要大量浮點數運算的機器，例如超級電腦；TPS (Transactions Per Second) 意指每秒鐘能完成幾個交易，適用於商業交易機器。

範例 假設一部時脈速度為 100MHz 的電腦執行 10,000,000 個指令需要 0.25 秒，試問，這部電腦的 CPI 是多少？

1. 計算電腦的時脈週期時間，即時脈速度的倒數，$1 / (100 * 10^6) = 10^{-8}$ 秒。

2. 計算執行每個指令需要多少時間，即 $0.25 / 10^7 = 2.5 * 10^{-8}$ 秒。

3. 計算執行每個指令需要多少時脈週期，即 $2.5 * 10^{-8} / 10^{-8} = 2.5$，故 CPI 為 2.5。

範例 以指令數目、時脈速度、CPI 定義 CPU 時間的公式。

CPU 時間 = CPU 時脈週期 * 時脈週期時間 = (指令數目 * CPI) / 時脈速度

範例 以時脈速度、CPI 定義 MIPS 的公式。

$$MIPS = 指令數目 / (CPU 時間 * 10^6)$$
$$= 指令數目 / \{[(指令數目 * CPI) / 時脈速度)] * 10^6\}$$
$$= 時脈速度 / (CPI * 10^6)$$

範例 假設有兩部指令集相同的電腦 A、B，其中 A 的時脈週期時間為 10ns，CPI 為 2，B 的時脈週期時間為 20ns，CPI 為 1.5，試問，同一個程式在 A 執行較快？還是在 B 執行較快？快多少？(假設程式中的指令數目為 N)

1. 計算 A 的 CPU 時脈週期，即 CPI * N = 2N。

2. 計算 B 的 CPU 時脈週期，即 CPI * N = 1.5N。

3. 計算 A 的 CPU 時間，即 CPU 時脈週期 * 時脈週期時間 = 2N * 10 = 20N。

4. 計算 B 的 CPU 時間，即 CPU 時脈週期 * 時脈週期時間 = 1.5N * 20 = 30N。

5. 得到 A 的執行速度較快，而且是快了 30N / 20N = 1.5 倍。

5-1-5　CPU 的相關規格

- **外頻、內頻、倍頻：**「外頻」指的是 CPU 存取主記憶體、晶片組等外部元件的工作頻率，例如 800、1066、1333MHz，頻率愈高，速度就愈快；「內頻」指的是 CPU 內部執行運算的工作頻率，通常是外頻的倍數，而此倍數稱為「倍頻」，舉例來說，假設 CPU 的內頻為 3.2GHz，外頻為 800MHz，則倍頻為 3.2GHz ／ 800MHz ＝ 4。

- **封裝：**CPU 是一顆晶片，需要包裝起來以茲保護，並提供腳位與外界溝通，這就叫做「封裝」。封裝方式有很多種，例如 **DIP** (Dual Inline Package) 是晶片的針腳呈兩排平行向下插的形式、**SECC** (Single Edge Contact Cartridge) 是晶片呈卡匣的形式、**PGA** (Pin Grid Array) 是將針腳鑲在晶片上、**LGA** (Land Grid Array) 是將針腳移到主機板上面的 CPU 插槽，CPU 本身只有許多訊號接觸點。

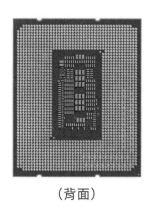

（正面）　　　　　　　　　（背面）

▲ 圖 5.4 Intel Core i7 CPU 採取 LGA 封裝方式 (圖片來源：by Eric Gaba 維基百科)

- **核心數目：**早期的 CPU 只有單核心，而現在的 CPU 則是以多核心 (multi-core) 為主，也就是將多個獨立的處理器封裝在同一顆晶片以提升效能，例如雙核心、四核心等。

- **CPU 插槽 (CPU socket)：**這是主機板上面用來安插 CPU 的插槽，不同的主機板可能有不同形式的 CPU 插槽，而即便是相同形式，也不見得能夠安插相同的 CPU，還得視晶片組的功能而定。對於採取 PGA 封裝方式的 CPU 來說，其針腳是鑲在 CPU 上，安裝時只要將 CPU 的針腳插到 CPU 插槽即可，例如 AMD Ryzen 的 CPU 插槽稱為 **Socket AM5**；反之，對於採取 LGA 封裝方式的 CPU 來說，其針腳是位於 CPU 插槽，安裝時只要將 CPU 固定在 CPU 插槽即可，例如 Intel Core i7-7700 的 CPU 插槽稱為 **LGA 1151**，其中 1151 表示針腳數目。

- 快取記憶體 (cache memory)：這是介於 CPU 與主記憶體之間的記憶體，存取速度較快，成本也較高。CPU 在進行運算時會到主記憶體存取資料，雖然現階段主記憶體的速度已經相當快，但與 CPU 的工作頻率動輒數 GHz 相比，仍落後不少，因而在 CPU 與主記憶體之間加入速度較快的快取記憶體，以暫時儲存最近存取過或經常存取的資料，當 CPU 需要資料時，就先到快取記憶體找，若找不到，才到主記憶體找，因此，快取命中率 (cache hit) 愈高，系統效能就愈佳，快取失誤率 (cache miss) 愈高，系統效能就愈差。

  早期快取記憶體又分為 L1 快取 (Level 1 cache、internal cache)、L2 快取 (Level 2 cache、external cache)、L3 快取 (Level 3 cache) 等層次，目前 L1 快取和 L2 快取已經整合於 CPU，而在 CPU 廠商提供的規格中，快取記憶體指的是 L3 快取，通常有數十 MB。

- 匯流排寬度 (bus width)：匯流排是主機板上面的鍍銅電路，負責傳送電腦內部的電子訊號，而匯流排寬度指的是這些電路在同一時間內能夠傳送多少位元，寬度愈大，傳送速度就愈快。基本上，匯流排寬度取決於 CPU 的設計，例如 Intel Core CPU 的匯流排寬度為 64 位元。

- 字組大小 (word size)：這是 CPU 一次能夠解譯並執行的位元數目，所謂的 8、16、32 或 64 位元 CPU 就是一次最多能夠處理 8、16、32 或 64 位元的 CPU。字組大小通常和匯流排寬度相同，但也有例外，例如 Intel Pentium 的匯流排寬度為 64 位元，但卻是 32 位元 CPU，因為它一次最多能夠處理 32 位元 (表 5.2)。目前 PC 已經從 32 位元 CPU 和 32 位元作業系統 (例如 Windows 9x)，演進到 64 位元 CPU 和 64 位元作業系統 (例如 Windows 11)。

▼ 表 5.2 PC 處理器的匯流排寬度與字組大小

CPU	匯流排寬度	字組大小
8088	8bits	8bits
80286	16bits	16bits
80386	32bits	32bits
80486	32bits	32bits
Intel Pentium	64bits	32bits
IIntel Pentium Pro/II/!!!/4、Celeron、Celeron D	64bits	32bits
AMD Duron、Athlon、Athlon XP、Sempron	64bits	32bits
Intel Itanium、Xeon、Core 系列	64bits	64bits
AMD Athlon II、Opteron、Phenom、FX、A 系列、Ryzen	64bits	64bits

5-1-6 機器語言

我們在第 5-1-2 節介紹了機器指令的類型,而在本節中,我們將進一步介紹機器語言 (machine language),這是程式與電腦溝通的介面,定義了程式可以使用的指令與編碼方式。一個機器指令的編碼方式通常包含運算碼 (op-code) 和運算元 (operand) 兩個部分,其中運算碼是這個指令所要進行的運算,運算元是這個指令進行運算的對象。

為了讓您瞭解機器語言的運作原理,我們設計了一個如圖 5.5(a) 的系統,這個系統的中央處理器有十六個 2Bytes 暫存器 (編號為 R0、R1、…、R9、RA、…、RF)、一個 2Bytes 程式計數器和一個 4Bytes 指令暫存器,主記憶體有 256 個儲存單元 (位址為 00、01、02、…、FF),程式計數器用來儲存下一個要執行的指令在主記憶體的位址,指令暫存器用來儲存最近從主記憶體讀取出來的指令,同時我們也為這個系統設計了八個指令 (表 5.3),每個指令的長度為 2Bytes,前面 4 個位元為運算碼,後面 12 個位元為運算元,如圖 5.5(b)。

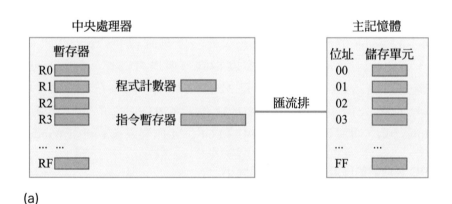

(a)

(b)

▲ 圖 5.5 (a) 我們所設計的系統 (b) 指令格式

▼ 表 5.3 我們所設計的機器指令

運算碼	運算元	說明
1	RXY	LOAD 指令，將主記憶體位址 XY 的資料載入暫存器 R，例如機器指令 12A0 是將主記憶體位址 A0 的資料載入暫存器 R2。
2	RXY	STORE 指令，將暫存器 R 的資料儲存到主記憶體位址 XY，例如機器指令 23A0 是將暫存器 R3 的資料儲存到主記憶體位址 A0。
3	RST	ADD 指令，將暫存器 S 的資料與暫存器 T 的資料相加，再將結果儲存到暫存器 R，例如機器指令 3456 是將暫存器 R5 的資料與暫存器 R6 的資料相加，再將結果儲存到暫存器 R4。
4	RST	OR 指令，將暫存器 S 的資料與暫存器 T 的資料進行 OR 運算，再將結果儲存到暫存器 R，例如機器指令 4456 是將暫存器 R5 的資料與暫存器 R6 的資料進行 OR 運算，再將結果儲存到暫存器 R4。
5	RST	AND 指令，將暫存器 S 的資料與暫存器 T 的資料進行 AND 運算，再將結果儲存到暫存器 R，例如機器指令 5456 是將暫存器 R5 的資料與暫存器 R6 的資料進行 AND 運算，再將結果儲存到暫存器 R4。
6	RST	XOR 指令，將暫存器 S 的資料與暫存器 T 的資料進行 XOR 運算，再將結果儲存到暫存器 R，例如機器指令 6456 是將暫存器 R5 的資料與暫存器 R6 的資料進行 XOR 運算，再將結果儲存到暫存器 R4。
7	RXY	JUMP 指令，若暫存器 R 的資料與暫存器 R0 的資料相同，就跳到主記憶體位址 XY 去執行，否則依序執行，例如機器指令 72A0 是若暫存器 R2 的資料與暫存器 R0 的資料相同，就跳到主記憶體位址 A0 去執行，否則依序執行。
8	000	HALT 指令，使程式暫停，例如機器指令 8000 是將程式暫停。

有了機器指令後，我們可以來撰寫程式，下面是一個例子。

11BA　（將主記憶體位址 BA 的資料載入暫存器 R1）

12BB　（將主記憶體位址 BB 的資料載入暫存器 R2）

3312　（將暫存器 R1 的資料與暫存器 R2 的資料相加，再將結果儲存到暫存器 R3）

23B0　（將暫存器 R3 的資料儲存到主記憶體位址 B0）

10B0　（將主記憶體位址 B0 的資料載入暫存器 R0）

73FF　（若暫存器 R3 的資料與暫存器 R0 的資料相同，就跳到主記憶體位址 FF 去執行，否則依序執行）

5-1-7 機器循環週期

電腦會依照儲存於主記憶體的程式來執行指令，除非是遇到跳躍指令，否則執行順序就是依照指令在主記憶體的位址。CPU 執行一個指令的過程叫做**機器循環週期** (machine cycle)(圖 5.6)，包含下列四個步驟：

1. **指令擷取** (instruction fetch)：CPU 的控制單元根據程式計數器所記錄的位址，從主記憶體讀取即將要執行的指令，然後儲存於指令暫存器，再將程式計數器遞增，以記錄下一個指令的位址。

2. **指令解碼** (instruction decode)：CPU 的控制單元針對儲存於指令暫存器的指令進行解碼，以決定所要執行的動作及資料。我們將第 1、2 個步驟的指令擷取與指令解碼統稱為**指令時間** (I-Time，Instruction Time)。

3. **指令執行** (instruction excution)：CPU 的算術邏輯單元會根據第 2 個步驟分析出來的動作及資料去進行運算。

4. **結果存回** (result restored)：CPU 的算術邏輯單元在執行完畢後，會將結果儲存於主記憶體或暫存器。我們將第 3、4 個步驟的指令執行與結果存回統稱為**執行時間** (E-Time，Excution Time)，而指令時間 I-Time 加上執行時間 E-Time 就是機器循環週期。

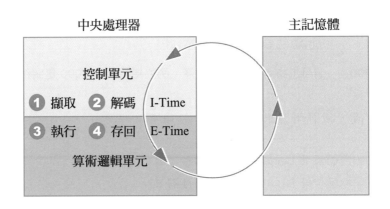

▲ 圖 5.6 機器循環週期

現在，我們可以針對第 5-1-6 節所設計的系統和機器指令來看一個例子，假設主記憶體位址 C0、C1 ~ CB 有如表 5.4 的資料，由於程式要從主記憶體位址 C0 開始執行，故程式計數器的初始值為 C0，同時指令暫存器為 4Bytes，所以 CPU 的控制單元每次必須擷取兩個位址的資料，這個程式的執行過程如下：

1. 控制單元根據程式計數器所記錄的位址 C0，從主記憶體擷取即將要執行的兩個資料 11、BA，然後儲存於指令暫存器，再將程式計數器遞增 2，得到 C2。

2. 控制單元針對儲存於指令暫存器的指令 11BA 進行解碼，將運算碼和運算元分析出來，得知該指令是要將主記憶體位址 BA 的資料載入暫存器 R1。

3. 算術邏輯單元將主記憶體位址 BA 的資料載入暫存器 R1。

4. 接下來要執行第二個指令，控制單元根據程式計數器所記錄的位址 C2，從主記憶體擷取即將要執行的兩個資料 12、BB，然後儲存於指令暫存器，再將程式計數器遞增 2，得到 C4。

5. 控制單元針對儲存於指令暫存器的指令 12BB 進行解碼，將運算碼和運算元分析出來，得知該指令是要將主記憶體位址 BB 的資料載入暫存器 R2。

6. 算術邏輯單元將主記憶體位址 BB 的資料載入暫存器 R2。

7. 仿照前述步驟執行第三、四、五個指令 (3312、23B0、10B0)，這三個指令分別是將暫存器 R1 的資料與暫存器 R2 的資料相加的結果儲存到暫存器 R3、將暫存器 R3 的資料儲存到主記憶體位址 B0、將主記憶體位址 B0 的資料載入暫存器 R0，此時，程式計數器所記錄的位址為 CA。

8. 根據程式計數器所記錄的位址 CA 將最後一個指令 73FF 儲存於指令暫存器，原本程式計數器的值應該是再遞增 2，但由於這是一個跳躍指令 JUMP，所以我們必須先比較暫存器 R3 的資料是否等於暫存器 R0 的資料，若相等，就跳到主記憶體位址 FF 去執行，此時，程式計數器所記錄的位址為 FF，反之，若不相等，則依序執行，此時，程式計數器所記錄的位址為 CC。

▼ 表 5.4 程式範例

主記憶體位址	資料	主記憶體位址	資料	主記憶體位址	資料
C0	11	C4	33	C8	10
C1	BA	C5	12	C9	B0
C2	12	C6	23	CA	73
C3	BB	C7	B0	CB	FF

5-2 CPU 的設計架構與技術

5-2-1 CISC V.S. RISC

CPU 的設計架構有 RISC (Reduced Instruction Set Computing，精簡指令集) 和 CISC (Complex Instruction Set Computing，複雜指令集) 兩種，前者的代表有 Sun SPARC、PowerPC、MIPS RXXX、HP PA-RISC、IBM RS/6000、ARM 處理器，後者的代表有 Intel x86、Motorola 680x0、AMD Opteron 等。

顧名思義，RISC 所提供的指令種類較少、指令功能較簡單、指令格式較無彈性且指令長度固定，若要做複雜的事情，就要由多個指令來完成。正因為 RISC 的指令種類較少，所以能夠使用硬體線路控制的方式來製作，每個指令可以在一個時脈週期內執行完畢，而且容易結合管線 (pipelining) 或超純量 (superscalar) 技術來提升效率。

反之，CISC 所提供的指令種類較多、指令功能較複雜、指令格式較有彈性且指令長度不固定。由於 CISC 的指令種類較多，所以是使用微程式控制的方式來製作，一旦指令的數目或內容改變，只要修改微程式即可，無須重新設計邏輯電路。

雖然在 RISC 架構下所撰寫出來的程式較長，但每個指令的執行時間較短，所以效率並不會比 CISC 差。此外，桌上型電腦大多採取 CISC 架構處理器，不過，近年來 ARM 公司設計了一款節能的 RISC 架構處理器，並廣泛應用在智慧型手機、平板電腦、數位電視、汽車模組、遊戲機或其它消費性電子產品。

▼ 表 5.5 RISC V.S. CISC

	RISC	CISC
指令集	指令種類較少、指令功能較簡單、指令格式較無彈性、指令長度固定	指令種類較多、指令功能較複雜、指令格式較有彈性、指令長度不固定
定址模式	定址模式較少	定址模式較多
控制單元	控制電路較簡單，使用硬體線路控制的方式來製作	控制電路較複雜，使用微程式控制的方式來製作
最佳化	可以搭配編譯程式進行最佳化	無明顯的最佳化功能

5-2-2 管線

無論科學家如何致力於提升每個指令的執行速度，都會碰到一個先天的障礙，就是電腦的控制訊號是電子脈衝，而電子脈衝的極速無法超越光速，於是科學家轉向工作量 (throughput) 的方面去思考，也就是增加電腦在固定時間內所完成的工作，而不是減少完成單一工作所需的時間。

管線 (pipelining) 正是這種思考下的產物，因為在執行一個指令的過程中，並不是 CPU 的每個元件都在同時動作，而是某個元件先完成指令的某部分，再由其它元件來完成指令的其它部分。您不妨將此過程想像成工廠的生產線，假設產品必須經過洗淨、篩選、包裝與分箱等四個步驟，那麼最有效率的做法就是讓四個員工分別負責這四個步驟，在員工 1 完成產品 1 的洗淨後，就將產品 1 的篩選交給員工 2，然後員工 1 可以進行產品 2 的洗淨；同理，在員工 2 完成產品 1 的篩選後，員工 1 亦完成產品 2 的洗淨，於是將產品 1 的包裝交給員工 3，然後員工 2 可以進行產品 2 的篩選，而員工 1 可以進行產品 3 的洗淨，如圖 5.7，這樣員工就不會閒置，生產效率亦能提升。

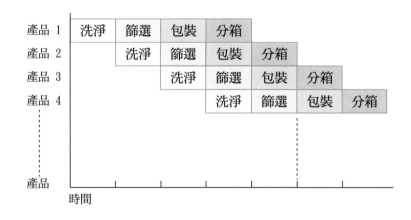

▲ 圖 5.7 運用管線技術的生產線

我們可以將相同精神套用到指令的執行，假設 CPU 有四個元件分別負責指令的擷取、解碼、執行與存回，為了讓每個元件有足夠時間完成工作，我們將最花時間的那個步驟所需的時間定義為每個步驟所需的時間，待元件於指定時間內完成工作，就將半成品交給下一個元件，然後接手上一個元件所處理過的半成品，想當然爾，這四個元件的處理時間愈接近愈好，否則處理時間短的元件經常在等待，就無法發揮管線的效率。

關於這點，RISC 就比 CISC 容易發揮管線的效率，因為 RISC 的每個指令都很簡單，較容易分成幾個步驟來執行，而且這些步驟的處理時間也會較接近；反之，CISC 的每個指令有的簡單有的複雜，不容易分成幾個步驟來執行，而且這些步驟的處理時間也會相差較多。

我們來看個例子，假設 CPU 有四個元件分別負責指令的擷取、解碼、執行與存回，而且所需的時間為 10ns、5ns、8ns、7ns，若以傳統的做法執行 100 個指令，則可以表示成如圖 5.8，所需的時間為 $100 \times (10 + 5 + 8 + 7) = 3000ns$。

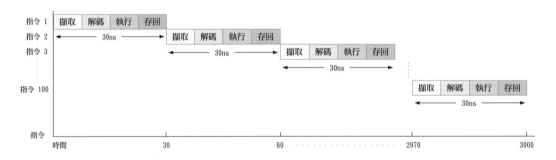

▲ 圖 5.8 以傳統的做法執行 100 個指令

若改以管線技術執行 100 個指令，則可以表示成如圖 5.9，由於這四個步驟最花時間的是第一個步驟，於是將每個步驟所需的時間定義為第一個步驟所需的時間 10ns，換言之，完成一個指令所需的時間變成 $10ns \times 4 = 40ns$，由圖 5.9 可知，以管線技術來執行 N 個指令所需的時間為 $(N - 1) \times 10ns + 40ns$，故執行 100 個指令所需的時間為 1030ns，很明顯地比傳統的做法快許多。

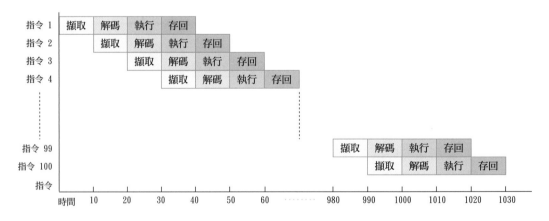

▲ 圖 5.9 以管線技術執行 100 個指令

5-2-3 超純量處理器

在管線技術中，負責指令的擷取、解碼、執行與存回的元件都各只有一個，指令必須依序執行，無法同時執行多個指令，遂有科學家轉向同時執行多個指令的方面去思考，換言之，若這些元件都各有兩個，就能同時執行兩個指令了 (圖 5.10)。這種擁有多個相同元件以同時執行多個指令的處理器叫做超純量處理器 (superscalar processor)，而且超純量處理器若是再結合管線技術，效能會更佳 (圖 5.11)。

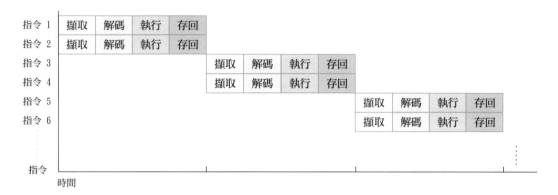

▲ 圖 5.10 超純量處理器

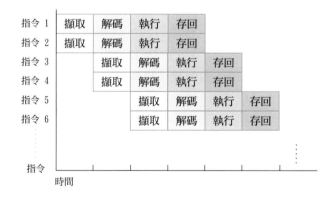

▲ 圖 5.11 結合管線技術的超純量處理器

不過，現實總是不如預期的理想，若超純量處理器遇到資料相依 (data dependency) 或程序相依 (procedural dependency) 的情況，效率就會打折扣。「資料相依」指的是後面指令會使用到前面指令的結果，「程序相依」指的是條件跳躍，若要同時執行的指令中有一個為跳躍指令，那麼在條件成立的情況下，必須跳躍到另一個指令，而不是去執行跳躍指令的下一個指令，這樣就會產生問題，需要設計其它演算法來解決。

5-2-4 平行處理

增加工作量的另一種方式是平行處理 (parallel processing)，隨之發展出來的就是多處理器系統 (multiprocessor system)，該系統裡面有多個處理器，各個處理器可以獨立執行工作，也可以透過共用的主記憶體與 I/O 一起執行工作，如有需要的話，它們還可以擁有各自的記憶體 (local memory)。

一個具有平行處理能力的系統在執行程式時，會將程式儲存在主記憶體，並分割成數個程式段落及資料，交給不同處理器來執行，最後再將各個處理器的執行結果統合成一個結果 (圖 5.12)。這種以多個處理器來執行不同程式段落及不同資料的模式稱為 MIMD (Multiple Instruction streams, Multiple Data streams，多重指令流多重資料流)，而傳統的以單一處理器來執行單一程式段落及單一資料的模式則稱為 SISD (Single Instruction stream, Single Data stream，單一指令流單一資料流)。

還有另一種平行處理技術是協調多個處理器，以針對不同資料執行單一程式段落，例如向量處理器 (vector processor)，這種模式稱為 SIMD (Single Instruction stream, Multiple Data streams，單一指令流多重資料流)。

註：前述的 MIMD、SISD、SIMD 等名詞源自富林分類法 (Flynn's classification)，富林根據平行的指令流數目和資料流數目，將電腦分為 MIMD、SISD、SIMD 和 MISD 四種模式，其中較為罕見的 MISD (Multiple Instruction streams, Single Data stream，多重指令流單一資料流) 是協調多個處理器，以針對單一資料執行不同程式段落。

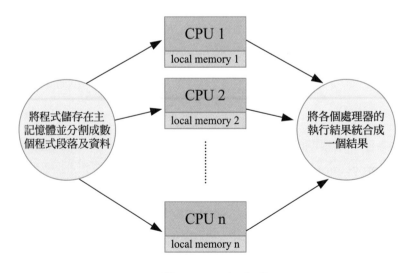

▲ 圖 5.12 平行處理

5-3 記憶體

5-3-1 記憶體的種類

記憶體 (memory) 可以用來暫時儲存資料，例如暫存器、快取記憶體、主記憶體等。我們可以根據儲存能力與電源的關係，將記憶體分為 RAM 和 ROM 兩種：

- ✓ RAM (Random Access Memory，隨機存取記憶體)：RAM 屬於揮發性 (volatile) 記憶體，在中斷電源後，所儲存的資料會消失。RAM 又分為下列兩種：

  - ◆ DRAM (Dynamic RAM，動態隨機存取記憶體)：DRAM 是利用電容內儲存的電荷多寡來表示 0 或 1，所謂「動態」是因為電容內的微小電荷容易流失，必須週期性的充電更新，電腦的主記憶體就是使用 DRAM。

  - ◆ SRAM (Static RAM，靜態隨機存取記憶體)：所謂「靜態」是相對 DRAM 的命名而來，因為 SRAM 所儲存的資料無須週期性的充電更新，其存取速度比 DRAM 快，成本比 DRAM 高，電腦的快取記憶體就是使用 SRAM。

- ✓ ROM (Read Only Memory，唯讀記憶體)：ROM 屬於非揮發性 (nonvolatile) 記憶體，在中斷電源後，所儲存的資料不會消失。ROM 又分為下列幾種：

  - ◆ PROM (Programmable ROM，可程式化唯讀記憶體)：PROM 可以透過燒錄器來寫入資料，而且只能寫入一次，無法抹除或更新資料。

  - ◆ EPROM (Erasable PROM，可抹除可程式化唯讀記憶體)：EPROM 可以透過紫外線照射來抹除資料，然後透過燒錄器再次寫入或更新資料。

  - ◆ EEPROM (Electronically EPROM，電子式可抹除可程式化唯讀記憶體)：EEPROM 可以透過電流來寫入、抹除或更新資料。

  - ◆ 快閃記憶體 (flash memory)：快閃記憶體是一種特殊的 EEPROM，只是 EEPROM 在寫入資料時是一次寫入一個位元組，而快閃記憶體在寫入資料時是一次寫入一個區塊，不僅速度較快，而且使用者可以自行升級，因此，現代電腦遂改用快閃記憶體取代 EEPROM 來儲存 BIOS。

註：BIOS (Basic Input/Output System，基本輸入 / 輸出系統) 是一套讓作業系統和電腦硬體溝通的低階程式，負責開機管理、電源管理、隨插即用、硬碟測試、CMOS 設定等工作。當電腦的電源打開時，BIOS 會先進行基本的硬體測試，接著到儲存裝置尋找作業系統，然後利用開機程式將作業系統的核心載入主記憶體，再將 CPU 的使用權交給作業系統。

除了前述的種類之外,我們也可以根據記憶體所在的位置、用途、速度及容量,將記憶體劃分成如圖 5.13(a) 的階層:

- ✅ 暫存器 (register):這是位於 CPU 內部的記憶體,用來暫時儲存目前正在進行運算的資料或目前正好運算完畢的資料,速度最快、容量最小。

- ✅ 快取記憶體 (cache memory):這是介於 CPU 與主記憶體之間的記憶體(通常內建於 CPU),用來暫時儲存最近存取過或經常存取的資料,當 CPU 需要資料時,就先到快取記憶體找,若找不到,才到主記憶體找,速度居中、容量居中。

- ✅ 主記憶體 (main memory):這是以晶片的形式安插在主機板的記憶體,位於 CPU 外部,中間透過匯流排來存取,用來暫時儲存 CPU 進行運算所需要的資料或 CPU 運算完畢的資料,速度較慢、容量較大。

5-3-2 主記憶體的定址方式

事實上,主記憶體是由許多記憶體單元 (cell) 所組成,不同機器可能有不同數目的記憶體單元,而且記憶體單元的大小也不盡相同,一般是 8 位元,也就是 1 位元組。為了加以辨識,每個記憶體單元都有唯一的位址 (address),同時這些位址是從 0 開始,依照順序編號,以圖 5.13(b) 為例,主記憶體空間為 64KB (2^{16}),每個記憶體單元的大小為 1 位元組,那麼記憶體單元的位址將從 0 (0000000000000000) ~ 65535 (1111111111111111)。

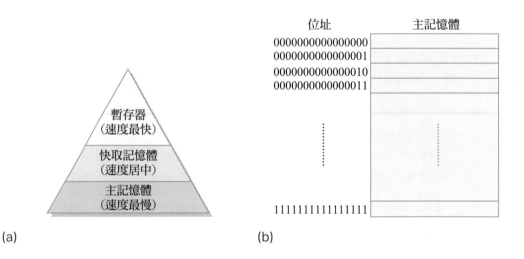

▲ 圖 5.13 (a) 記憶體的階層 (b) 主記憶體的定址方式

資訊部落　DRAM 的種類

DRAM 又分為 FPM RAM (Fast Page Mode RAM)、EDO RAM (Extended Data Output RAM)、Burst EDO RAM、SDRAM (Synchronous DRAM)、VCM (Virtual Channel Memory)、DRDRAM (Direct Rambus DRAM)、DDR SDRAM (Double Data Rate SDRAM) 等種類，其中以 DDR SDRAM 為主流，之後更一步發展出 DDR2 SDRAM、DDR3 SDRAM、DDR4 SDRAM 和 DDR5 SDRAM 等規格，不僅時脈頻率與傳輸速率大幅提升，晶片顆粒愈小，工作電壓也愈低。

▼ 表 5.6 DDR SDRAM 規格

	時脈頻率 (bus clock)	傳輸速率 (transfer rate)	工作電壓 (voltage)
DDR	100 ~ 200MHz	200 ~ 400MT/s	2.5/2.6V
DDR2	200 ~ 533MHz	400 ~ 1066MT/s	1.8V
DDR3	400 ~ 1066MHz	800 ~ 2133MT/s	1.5V
DDR4	800 ~ 1600MHz	1600 ~ 3200MT/s	1.2V
DDR5	1600 ~ 4800MHz	4800 ~ 8400MT/s	1.1V

註：MT/s 為 megatransfers per second 的簡寫，代表每秒鐘有幾百萬次資料傳輸。

▲ 圖 5.14 (a) DDR4 SDRAM (b) DDR5 SDRAM (圖片來源：Kingston)

5-4　電腦與周邊通訊

電腦內部的電子訊號是由匯流排進行傳送，匯流排 (bus) 是主機板上面的鍍銅電路，由三組不同的電路所組成，其中資料線 (data line) 負責傳送資料，位址線 (address line) 負責儲存主記憶體或周邊的位址，控制線 (control line) 負責發出控制訊號，例如讀取、寫入等 (圖 5.15)。

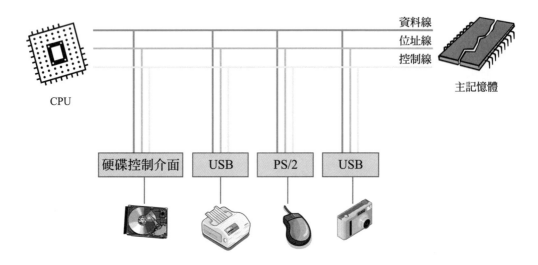

▲ 圖 5.15 CPU 是透過匯流排連接主記憶體與周邊

匯流排又分為下列兩種：

✅ 系統匯流排 (system bus)：負責傳送 CPU 與主記憶體之間的資料。

✅ 擴充匯流排 (expansion bus)：負責傳送 CPU 與周邊之間的資料，這些連接埠 (port) 與插槽 (slot) 有一部分內建於主機板，例如圖 5.3 的 PS/2、USB、HDMI、DP、PCI-E、SATA、M.2 等；另一部分則取決於主機板上面安插了哪些介面卡 (interface)，又稱為控制卡 (controller)，例如網路卡通常是安插在主機板的 PCI-E 插槽，提供了用來連接網路線的 RJ-45 插槽，而音效卡也通常是安插在主機板的 PCI-E 插槽，提供了用來連接音訊裝置的音訊插孔。

此外，符合 PC97 ~ PC2001 規格的主機板會以顏色來區分連接埠與插槽，這是 Microsoft 公司和 Intel 公司聯合制定的規格，目的是鼓勵 PC 硬體標準化，以提升與視窗作業系統的相容性，同時針對 PC 的連接埠與插槽制定顏色碼，以方便使用者尋找及判斷，例如 PS/2 滑鼠插槽為綠色、PS/2 鍵盤插槽為紫色。

5-4-1 常見的連接埠與插槽

我們可以在主機板上面看到類似圖 5.16 的連接埠與插槽：

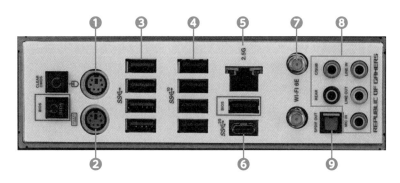

① PS/2 滑鼠插槽（綠色）　　④ USB 3.2 Gen 2 Type-C　　⑦ Wi-Fi 6E

② PS/2 鍵盤插槽（紫色）　　⑤ 2.5G 網路插槽　　⑧ 音訊插孔

③ USB 3.2 Gen 1 Type-C　　⑥ USB 4 20Gbps Type-C　　⑨ 光纖 S/PDIF 輸出

▲ 圖 5.16　主機板上面常見的連接埠與插槽 (圖片來源：ASUS)

- 硬碟與光碟控制介面：SATA (Serial ATA) 介面可以用來連接內接式的硬碟、光碟與固態硬碟，eSATA (external SATA) 介面可以用來連接外接式的硬碟、光碟與固態硬碟，而 mSATA (mini-SATA) 和 M.2 介面可以用來連接固態硬碟。

- PCI-E 插槽：PC 的匯流排標準歷經數次沿革，包括 ISA (Industry Standard Architecture)、MCA (MicroChannel Architecture)、EISA (Extended Industry Standard Architecture)、VL (VESA Local bus)、PCI (Peripheral Component Interconnect)、AGP (Accelerated Graphics Port)、PCI-E (PCI Express、PCIe) 等，目前是以 PCI-E 為主，可以用來安插網路卡、音效卡、顯示卡等介面卡。

- PS/2 埠：PS/2 埠有綠色和紫色兩個，分別用來連接 PS/2 滑鼠及 PS/2 鍵盤，有些主機板則是改成共用。

- 序列埠 (serial port，COM1/COM2)：早期曾用來連接滑鼠等周邊，由於傳輸速率慢，目前已經很少看到。

- 平行埠 (parallel port，LPT)：早期曾用來連接印表機等周邊，由於傳輸速率慢，目前已經很少看到。

- 音訊插孔：當主機板內建音效晶片時，就會有音訊插孔，可以用來連接麥克風、耳機、喇叭、MIDI 裝置、錄音機、音響等音訊裝置。

- USB (Universal Serial Bus)：USB 介面最多可以串接 127 個周邊，例如鍵盤、滑鼠、印表機、隨身碟、行動硬碟、讀卡機、數位相機、數位攝影機、繪圖板等，支援隨插即用 (plug and play) 與熱抽換 (hot swapping)，作業系統能夠偵測到使用者在開機狀態下所抽換的周邊，無須重新啟動電腦。

  USB 1.0/1.1 的傳輸速率為 1.5M/12Mbps，USB 2.0 的傳輸速率提升至 480Mbps，而 USB 3.0 (USB 3.2 Gen 1)/3.1 (USB 3.2 Gen 2)/3.2 (USB 3.2 Gen 2×2)/4.0 的傳輸速率更提升至 5G/10G/20G/40Gbps。至於 USB 接頭則有 Type-A、Type-B、Type-C 等類型，前兩者有分正反面，而 USB Type-C 不分正反面，使用起來更方便。

常見的介面卡

- 網路卡：網路卡可以將電腦內部的資料轉換成傳輸媒介所能傳送的訊號，或將傳輸媒介傳送過來的訊號轉換成電腦所能處理的資料。外接式網路卡通常是連接到 USB 埠，而內接式網路卡通常是安插在 PCI-E 插槽，提供了用來安插乙太網路線的 RJ-45 插槽。

- 音效卡：音效卡可以將電腦內部的資料轉換成喇叭所能播放的類比聲音，或將麥克風或錄音得到的類比聲音轉換成電腦所能處理的資料。外接式音效卡通常是連接到 USB 埠，而內接式音效卡通常是安插在 PCI-E 插槽，提供了和內建音效晶片類似的插孔。

- 顯示卡：顯示卡可以將電腦內部的資料轉換成顯示器所能顯示的訊號。外接式顯示卡通常是連接到 USB 埠，而內接式顯示卡通常是安插在 PCI-E 插槽，提供了用來安插顯示器訊號線的 D-sub、DVI、HDMI、DP、USB 等插槽。

  顯示卡的處理單元叫做顯示晶片 (video chipset)，最初只是單純進行訊號轉換，後來發展出繪圖運算與圖形加速的功能。為了減少對 CPU 的依賴，並分擔 CPU 的影像處理工作，NVIDIA (輝達) 率先提出 GPU (Graphics Processing Unit，圖形處理器) 的概念，這是一種在 PC、工作站、遊戲機或行動裝置上執行繪圖運算的微處理器，可以嵌入於獨立顯示卡或內建於主機板。

  GPU 一開始是用來處理圖形與影像，負責顯示器的圖形渲染，應用在遊戲、影片剪輯、數位內容創作等領域；之後 GPU 被用來執行通用的計算任務，開發者可以利用 GPU 的平行處理能力來加速各種應用；近年來 GPU 更進一步應用在人工智慧與深度學習，由於深度學習的模型訓練和模型推論涉及大量的矩陣運算，而 GPU 的平行處理能力使其成為這些任務的理想選擇，例如 Microsoft Azure 的雲端 AI 超級電腦就是使用 NVIDIA 的 GPU。

至於常用的顯示器介面，早期的映像管螢幕 (CRT) 接收類比訊號，所以是使用 D-sub 介面的類比輸出端子將視訊資料傳送給顯示器，而之後的液晶螢幕 (LCD) 接收數位訊號，所以是改用 DVI (Digital Visual Interface) 介面的數位輸出端子。

目前普遍的 HDMI (High Definition Multimedia Interface) 是為了欣賞高解析度影像所衍生出來的數位影音傳輸介面，特點是整合影音訊號一起傳送，和傳統的影音訊號分離傳送不同，應用於 PC、藍光播放機、遊戲機、數位音響、數位電視、機上盒等。

HDMI 工作小組於 2013 年提出 2.0 版，頻寬從 10.2Gbps 提升到 18Gbps，並支援 4K 解析度、21:9 長寬比、32 聲道、4 組音訊流、雙畫面等功能。之後 HDMI 工作小組於 2017 年提出 2.1 版，頻寬提升到 48Gbps，支援 8K 解析度和 HDR (High Dynamic Range Imaging，高動態範圍成像)，可以針對場景進行優化。

另外還有 DP (DisplayPort)，這是和 HDMI 一樣屬於數位影音傳輸介面，可以透過專用的訊號線同時傳送影像與聲音，支援 8K 解析度、3D 立體輸出和螢幕串接功能。

▲ 圖 5.17 (a) 網路卡 (b) 音效卡 (c) 顯示卡 (圖片來源：ASUS)

5-5　輸入 / 輸出的定址方式

除了主記憶體，CPU 也會與周邊溝通，因此，周邊和主記憶體的記憶體單元一樣會被賦予唯一的位址，常見的定址方式有「隔離 I/O」和「記憶體映射 I/O」。

5-5-1　隔離 I/O

在隔離 I/O (isolated I/O) 中，每個周邊均有唯一的位址，但這些位址卻可能和主記憶體的記憶體單元重複。為了避免混淆，於是得設計兩組不同的指令來進行主記憶體的讀寫及周邊的讀寫 (圖 5.18)。舉例來說，我們可能設計了一個指令 Write 100 將資料寫入主記憶體內位址為 100 的記憶體單元，然後又另外設計了一個指令 Output 100 將資料寫入位址為 100 的周邊。

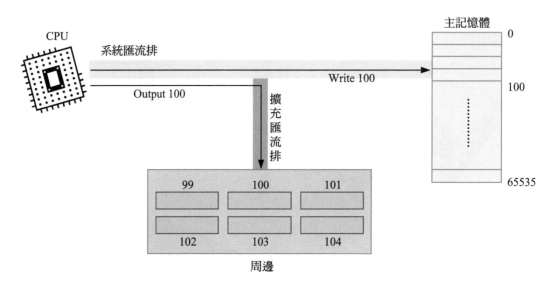

▲ 圖 5.18　隔離 I/O

5-5-2　記憶體映射 I/O

在記憶體映射 I/O (memory-mapped I/O) 中，每個周邊均有唯一的位址，而且這些位址是從主記憶體的部分定址空間配置出來，所以不會和主記憶體的記憶體單元重複 (圖 5.19)。優點是只要設計一組指令就可以進行主記憶體的讀寫及周邊的讀寫，缺點是主記憶體的定址空間會變小，舉例來說，假設周邊使用了 50 個位址，那麼主記憶體的定址空間自然就會減少 50 個位址。

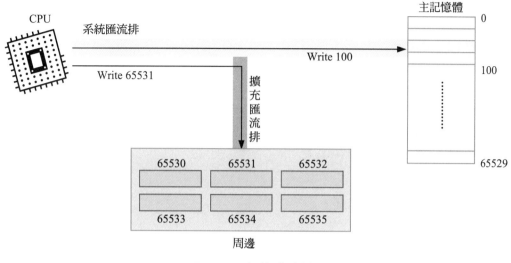

▲ 圖 5.19 記憶體映射 I/O

5-6 輸入 / 輸出介面

由於周邊的種類繁多，存取速度遠不及 CPU 和主記憶體，而且儲存資料的格式也不盡相同，所以通常不是直接與匯流排連接，而是透過輸入 / 輸出介面 (I/O interface) 與 CPU 及主記憶體溝通 (圖 5.20)。

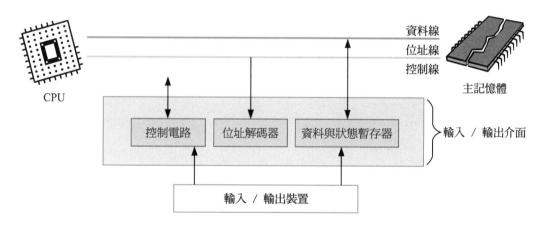

▲ 圖 5.20 輸入 / 輸出介面

輸入 / 輸出介面又稱為 I/O 模組，主要工作有：(1) 與周邊溝通；(2) 與 CPU 及主記憶體溝通；(3) 做為資料緩衝區；(4) 錯誤偵測與回報，至於輸入 / 輸出介面的資料傳輸方式則有「輪詢式 I/O」、「中斷式 I/O」和「直接記憶體存取 (DMA)」。

5-6-1 輪詢式 I/O

輪詢式 I/O (polling I/O) 又稱為程式控制 I/O (program-controlled I/O)，當 CPU 與周邊傳送資料時，輸入 / 輸出介面並不會主動通知 CPU 其所要存取的周邊是否已經準備好需要的資料，然後叫 CPU 去拿下一筆資料，也不會主動通知 CPU 其所要存取的周邊是否已經消化完送來的資料，然後叫 CPU 送下一筆資料過去，在這個過程中，CPU 必須一直詢問輸入 / 輸出介面，才能掌握周邊的狀態，無法執行其它工作 (圖 5.21(a))。

5-6-2 中斷式 I/O

在中斷式 I/O (interrupt-driven I/O) 中，CPU 會先通知周邊即將開始傳送資料，之後便逕自執行其它工作，待資料傳送完畢後，周邊會發出一個中斷要求 (interrupt request) 通知 CPU，一旦 CPU 收到中斷要求，就會暫時停止目前正在執行的工作，改去執行中斷要求所指定的工作 (圖 5.21(b))。

處理中斷要求的控制晶片內建於主機板的晶片組，而且中斷要求分成 16 個層次，編號為 0 ~ 15，數字愈大，優先順序就愈低，例如 IRQ 0 是系統計時器，IRQ 1 是鍵盤控制器，一旦系統計時器與鍵盤控制器同時發出中斷要求，CPU 會先處理系統計時器的中斷要求。

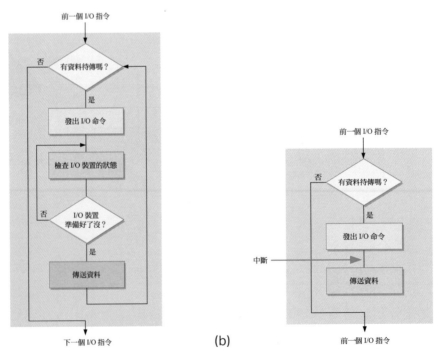

▲ 圖 5.21 (a) 輪詢式 I/O (b) 中斷式 I/O

5-6-3 直接記憶體存取 (DMA)

直接記憶體存取 (DMA，Direct Memory Access) 是應用在主記憶體與周邊之間的資料傳送，舉例來說，假設我們要從硬碟讀取一個磁區的資料傳送到主記憶體，那麼早期沒有加入 DMA 的電腦將會由 CPU 擔任資料傳送的 "仲裁"，CPU 會先通知硬碟控制介面去讀取一個磁區的資料，待硬碟控制介面讀取完畢後，再發出中斷要求，通知 CPU 將資料傳送至主記憶體。

這種運作方式顯然會佔用 CPU 寶貴的時間，為了減少 CPU 的負荷，於是之後的電腦加入了 DMA，當主記憶體與周邊之間要傳送資料時，CPU 只要將傳送類型、位址、資料的位元組數目等訊息通知 DMA，就可以執行其它工作，接下來便由 DMA 直接向周邊取得資料，然後傳送給主記憶體，不再打擾 CPU，電腦的效能自然就提升了 (圖 5.22)。

不過，雖然如此，共用的匯流排在 CPU、DMA 和主記憶體競相使用的情況下仍會成為障礙，也就是所謂的范紐曼瓶頸 (von Neumann bottleneck)。

早期的 8 位元 ISA 匯流排因為只有一顆 DMA 控制晶片，所以僅提供四個 DMA (編號為 0 ~ 3)，而之後的 16 位元 ISA、EISA、MCA、VL、PCI 匯流排均有兩顆 DMA 控制晶片，所以能提供八個 DMA (編號為 0 ~ 7)。

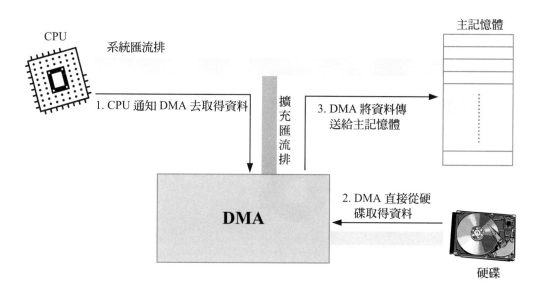

▲ 圖 5.22 加入 DMA 之後的資料傳輸模式

5-7　輸入裝置

輸入裝置 (input device) 可以接收外面的資料，包括文字、圖形、聲音與視訊，然後將這些資料轉換成電腦能夠讀取的格式，傳送給 CPU 做運算。事實上，電腦的輸入裝置就像人類的感官一樣，它可以讓電腦看得到、聽得到、摸得到，甚至聞得到。

生活中隨處可見各式輸入裝置，例如桌上型電腦的鍵盤與滑鼠、筆記型電腦的觸控板或指向桿、從事美術設計的繪圖板、遊戲機的搖桿、方向盤、踏板或體感操控介面、行動裝置的觸控螢幕、條碼、QR 碼、手寫辨識、智慧卡、指紋辨識、臉部辨識、語音辨識、眼球追蹤、掃描器、數位相機、數位攝影機、Webcam、虛擬實境所使用的頭盔、感應手套等生物回饋裝置。

(a)

(b)

(c)

▲ 圖 5.23

(a) 鍵盤與滑鼠 (圖片來源：ASUS)　　(d) 液晶螢幕 (圖片來源：ASUS)

(b) 觸控平板 (圖片來源：ASUS)　　(e) 印表機 (圖片來源：EPSON)

(c) 虛擬實境頭戴式裝置 (圖片來源：hTC)　(f) 投影機 (圖片來源：ASUS)

5-8 輸出裝置

輸出裝置 (output device) 可以將 CPU 運算完畢的資料轉換成使用者可以理解的文字、圖形、聲音與視訊，然後呈現出來。生活中隨處可見各式輸出裝置，例如電腦、手機及儀器儀表板的液晶螢幕、工程人員使用的繪圖機、從事簡報的投影機、印表機、喇叭、耳機、語音回應系統、電子書閱讀器、智慧型終端機 (例如櫃員提款機、收銀機) 等。

在前述的諸多輸出裝置中，電腦通常是透過螢幕 (monitor) 顯示 CPU 的運算結果，我們習慣將螢幕的輸出稱為軟拷貝 (soft copy)，印表機的輸出稱為硬拷貝 (hard copy)。印表機 (printer) 又分成撞擊式 (impact) 與非撞擊式 (nonimpact) 兩種類型，前者是利用機械敲擊色帶，和紙張接觸印出文字或圖形，典型的代表有點陣印表機；而後者是利用噴墨、熱或壓力印出文字或圖形，無須敲擊紙張，典型的代表有噴墨印表機、雷射印表機、多功能事務機、繪圖機等。

(d)

(e)

(f)

5-9　儲存裝置

儲存裝置 (storage device) 可以用來長時間儲存資料，又稱為次要儲存媒體 (secondary storage) 或輔助儲存媒體 (auxiliary storage)，例如硬碟、光碟、記憶卡、隨身碟、固態硬碟等。

儲存裝置和主記憶體比較明顯的差異如下：

- 主記憶體可以直接由 CPU 存取，屬於線上儲存媒體 (on-line storage)，而儲存裝置不能直接由 CPU 存取，必須透過輸入 / 輸出介面，屬於離線儲存媒體 (off-line storage)。

- 主記憶體具有揮發性，一旦中斷電源，所儲存的資料會消失，而儲存裝置具有非揮發性，即使中斷電源，所儲存的資料仍不會消失。

- 主記憶體的存取速度較快、成本較高、容量較小，而儲存裝置的存取速度較慢、成本較低、容量較大。

對使用者來說，無論是資料、指令或程式，均以檔案 (file) 的形式存放在儲存裝置，而且為了方便管理、搜尋及設定存取權限，使用者還可以將數個檔案存放在目錄 (directory) 或資料夾 (folder)。

檔案或資料夾存放在儲存裝置的方式則取決於檔案系統 (file system)，當使用者以檔案的完整路徑及名稱 (例如 C:\web\f1.jpg) 存取檔案時，檔案系統會找出檔案存放在儲存裝置的哪個位置，進而讀取上面的資料。不同的作業系統可能採取不同的檔案系統，例如 MS-DOS 的檔案系統為 FAT (File Allocation Table)、Microsoft Windows 的檔案系統為 FAT32 或 NTFS (New Technology File System)。

原則上，檔案的名稱有主檔名與副檔名 (又稱為附屬檔名或延伸檔名) 兩個部分，中間以小數點 (.) 隔開，主檔名通常是與檔案的內容或性質有關，而副檔名通常是與所使用的應用程式有關，換言之，副檔名可以用來區分檔案的類型，例如 report.txt 表示其主檔名為 report，副檔名為 txt，可以使用記事本、Word、Notepad++ 等應用程式來開啟。

在過去，MS-DOS 限制主檔名的長度不得超過 8 個字元，副檔名的長度不得超過 3 個字元，而且只能使用英文字母、阿拉伯數字或底線 (_) 等字元來命名，但是從 Windows 95 開始，主檔名的長度高達 255 個字元，而且可以使用特殊字元及中文字來命名，不過，一般建議是除了底線 (_) 之外，盡量避免使用特殊字元。

5-9-1　硬碟

硬碟 (hard disk) 可以用來存放作業系統、應用軟體與資料 (圖 5.24(a))，內部構造包含碟片、存取臂、讀寫頭及主軸馬達 (圖 5.24(b))，碟片的上下表面塗有一層磁性薄膜供讀寫，而存取臂可以移動讀寫頭快速找到資料，當主軸馬達高速轉動時，會帶動氣流產生浮力，使讀寫頭浮在碟片上方或下方，然後沿著碟片上表面或下表面走過一圈圓形軌跡，以讀取或寫入資料，該圓形軌跡叫做磁軌 (track)。

磁軌又分割為多個圓弧，稱為磁區 (sector)(圖 5.24(c))，這是讀寫硬碟資料的最小單位，每個磁區的容量均相同，通常為 512 位元組。數個磁區的集合叫做磁簇 (cluster)，至於磁柱 (cylinder) 則是各個碟片上相同磁區的集合 (圖 5.24(d))。

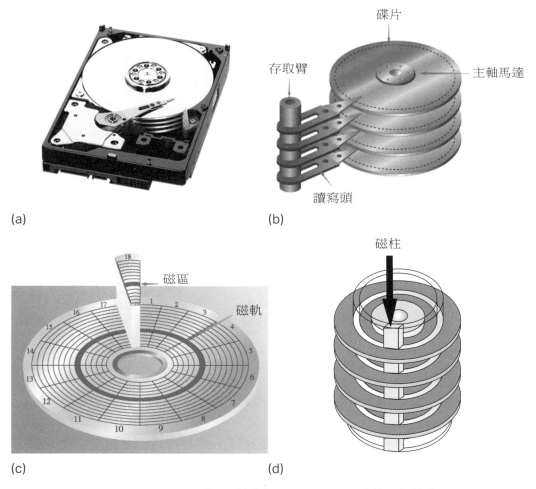

(a)

(b)

(c)

(d)

▲ 圖 5.24 (a) 硬碟 (圖片來源：WD) (b) 硬碟的內部構造
(c) 磁軌與磁區 (d) 磁柱

硬碟的相關規格

- ✓ 尺寸 (size)：桌上型電腦的硬碟尺寸通常為直徑 3.5 或 2.5 吋，而筆記型電腦的硬碟尺寸通常為直徑 2.5 或 1.8 吋。

- ✓ 容量 (capacity)：硬碟的容量愈大，儲存的資料就愈多，通常是以 GB (10^9Bytes) 或 TB (10^{12}Bytes) 為單位。

- ✓ 硬碟控制介面 (HDC，Hard Disk Controller)：平常所說的硬碟泛指三個部分，硬碟本身、HDC 及傳輸線，HDC 通常內建於主機板，所以還需要一條傳輸線連接硬碟與 HDC。內接式硬碟的 HDC 有 ATA (IDE)、SATA (Serial ATA) 等，而外接式硬碟的 HDC 有 eSATA、USB 等。

- ✓ 轉速 (spindle speed)：這是硬碟內部主軸馬達的轉動速度，以 RPM (Revolutions Per Minute) 為單位 (每分鐘轉動幾圈)，轉速愈高，存取效率就愈佳，目前 SATA 介面的硬碟轉速是以 5400 或 7200RPM 為主。

- ✓ 平均搜尋時間 (average seek time)：這是從硬碟找到資料位置所需的平均時間，為搜尋時間 (seek time) 與旋轉延遲 (rotation delay) 的總和，前者是將讀寫頭移到資料所在磁軌所需的時間 (圖 5.25(a))，而後者是將資料所在磁區旋轉到讀寫頭下方所需的時間 (圖 5.25(b))。通常硬碟的轉速愈高、碟片密度愈高，平均搜尋時間就愈短，以 ms (毫秒) 為單位。

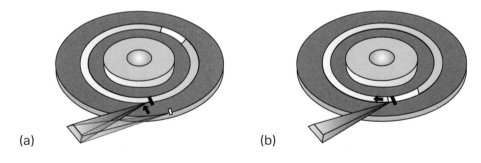

(a)   (b)

▲ 圖 5.25 (a) 搜尋時間是將讀寫頭移到資料所在磁軌所需的時間
(b) 旋轉延遲是將資料所在磁區旋轉到讀寫頭下方所需的時間

- ✓ 資料傳輸速率 (data transfer rate)：在硬碟上找到資料位置後，還要將資料傳送給電腦，資料傳輸速率指的就是將資料傳送給電腦的速率，例如 SATA 1.5Gb/s、SATA 3Gb/s、SATA 6Gb/s 的資料傳輸速率為 150MB/s、300MB/s、600MB/s。

磁碟管理

- 磁碟格式化 (disk formatting)：這是對磁碟進行初始化的動作，又分為低階格式化 (low level formatting) 與高階格式化 (high level formatting)，前者是劃分磁碟的磁軌與磁區，使磁碟具備儲存能力，又稱為實體格式化 (physical formatting)，而後者是建立磁碟的檔案系統，完成高階格式化，磁碟就可以用來儲存資料。若沒有特別指明，那麼硬碟格式化通常是指高階格式化。

- 磁碟分割 (disk partitioning)：由於硬碟容量動輒數百 GB 或 TB 以上，為了方便管理，我們通常會將它劃分為幾個分割磁區 (partition)，每個分割磁區就像獨立的小硬碟，擁有各自的磁碟代號。磁碟分割取決於使用需求和個人喜好，例如一顆 1TB 的硬碟可以劃分為兩個分割磁區，磁碟代號為 C:、D:，其中前者約 200G ~ 300G，用來存放系統檔案和應用程式，後者約 800G ~ 700G，用來存放個人資料，例如文件、圖片、音樂、影片等。

- 磁碟重組 (disk defragmenting)：作業系統在將資料寫入硬碟時，並不要求連續空間，但長時間下來，硬碟的磁軌會因為資料的寫入或刪除而變得不連續，造成讀寫速度變慢，此時，只要進行磁碟重組，將經常使用的程式或資料存放在連續空間即可。

- 磁碟掃描 (disk scanning)：若磁碟的檔案或資料發生損毀、遺失或壞軌等錯誤情況，我們可以試著進行磁碟掃描修復錯誤，比方說，當磁碟掃描程式檢查到壞軌時，會試著將壞軌的資料搬移到其它磁軌 (不一定成功)，然後將壞軌標示起來，避免日後再度寫入資料，造成無法讀取。

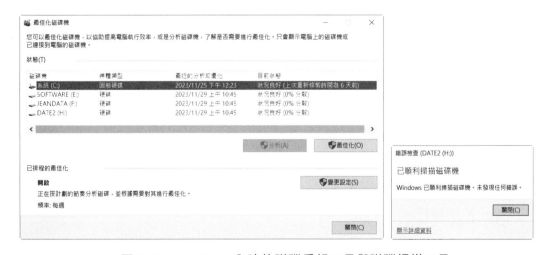

▲ 圖 5.26 Windows 內建的磁碟重組工具與磁碟掃描工具

5-9-2 光碟

光碟 (optical disk) 是在聚碳酸酯塑料基板上覆蓋一層反射鋁質，藉由不同的反射面來記錄資料，所以光碟其實不是光滑平整的，而是有很多凹點 (dent) 和凸點 (pit)，當要讀取資料時，可以將光碟放入光碟機高速轉動，讓讀取頭發出雷射光束照射光碟，若照射到凹點，雷射光束會反射回去，表示訊號 1，若照射到凸點，雷射光束會散開，表示訊號 0，最後再將這些訊號轉換成資料。

常見的光碟類型如下：

✓ **CD (Compact Disc)**：CD 起源於飛利浦公司與 SONY 公司於 1980 年所提出的 Audio CD (音樂光碟)，用來儲存數位音樂。CD 的直徑約 12 公分、容量約 650MB、播放時間約 74 分鐘，迄今仍是商業錄音主要的儲存媒體。後來 CD 被電腦系統用來儲存資料，而且 CD 光碟機讀取資料的速度是以倍速為單位，倍速愈高，讀取速度就愈快，單倍速的讀取速度為每秒鐘 150KB。

根據不同的讀寫特性，CD 又分為下列幾種：

◆ **CD-ROM (CD-Read Only Memory)**：CD-ROM 是唯讀光碟，所儲存的資料是預先壓製的，使用者只能讀取資料，不能寫入資料。

◆ **CD-R (CD-Recordable)**：CD-R 是可錄式光碟，燒錄器利用雷射光束將凹點燒錄到 CD-R 光碟的有機染料以寫入資料，同一個位置只能寫入一次，而且無法抹除。

◆ **CD-RW (CD-ReWritable)**：CD-RW 也是可錄式光碟，燒錄器利用三種不同能量的雷射光束將凹點燒錄到 CD-RW 光碟的金屬混合物以寫入資料，同一個位置能夠重複寫入，而且能夠抹除。

✓ **DVD (Digital Video Disc)**：DVD 的直徑約 12 公分，單面單層的容量約 4.7GB，單面雙層的容量約 8.5GB，雙面雙層的容量約 17GB，使用 MPEG-2 編碼技術儲存影音資料，影片解析度為 720×480 像素。

DVD 的原始規格包含下列幾個子規格：

◆ **DVD-ROM** (儲存資料)

◆ **DVD-Video** (儲存影像)

◆ **DVD-Audio** (儲存音樂)

◆ **DVD-R** (寫入一次)

◆ **DVD-RAM** (重複寫入)

在前述的子規格中，DVD-Video 順利成為市場主流，而在燒錄規格上則發展出 DVD-R、DVD-RW、DVD+R、DVD+RW、DVD-RAM 等。此外，DVD 光碟機讀取資料的速度和 CD 光碟機一樣是以倍速為單位，只是單倍速的讀取速度為每秒鐘 1350KB。

✓ BD (Blu-ray Disc，藍光光碟)：相較於 DVD 是使用紅色雷射光，BD 則是使用波長較短的藍色雷射光，所以能夠儲存更高容量的影音資料，例如單層 BD 的容量為 25GB，能夠錄製長達 4 小時的高解析度影片，雙層 BD 及四層 BD 的容量更高達 50GB 和 100GB，而且 BD 可以透過藍光燒錄器寫入資料，又分為單次寫入的 BD-R 和重複寫入的 BD-RE，至於擴充規格 BDXL 的容量則分為單次寫入的三層 100GB/ 四層 128GB 和重複寫入的三層 100GB。

藍光光碟聯盟 (BDA) 於 2015 年宣布以超高畫質藍光光碟 (Ultra HD Blu-ray) 作為下一代格式，容量有單層 50GB、雙層 66GB 及三層 100GB，支援 4KUHD (3840×2160) 影片，擁有比 BD 更寬廣的色域、更高對比度的場景，Microsoft XBOX One S 是首款支援超高畫質藍光光碟播放的遊戲機。

(a)

(b)

(c)

(d)

▲ 圖 5.27 (a) 藍光光碟標誌 (b) 內接式藍光光碟機 (c) 外接式 DVD 光碟機 (d) 外接式藍光光碟機 (圖片來源：ASUS)

5-9-3 固定狀態儲存裝置

固定狀態儲存裝置 (solid state storage device) 是使用非揮發性記憶體晶片儲存資料，有別於傳統的磁性儲存裝置（例如硬碟）和光學儲存裝置（例如光碟），常見的如下：

- 隨身碟：隨身碟是使用快閃記憶體儲存資料，通常透過 USB 介面進行存取，具有輕薄短小、可靠度高、容量大、隨插即用、熱抽換、重複讀寫等特點，因而取代了不少容量在 GB 以下的可攜式儲存裝置，例如軟碟、ZIP、MO 等。目前更朝多功能的方向發展，例如音樂播放器、數位錄音筆、語言學習機等。

- 記憶卡：記憶卡也是使用快閃記憶體儲存資料，呈卡片或方塊形狀，廣泛應用於數位相機、數位攝影機、手機的擴充卡、多媒體播放器、掌上型遊戲機等裝置，常見的格式有 CompactFlash (CF)、xD (extreme Digital)、Secure Digital (SD) 等。

- 固態硬碟 (SSD，Solid State Drive)：固態硬碟和傳統硬碟不同，它是使用快閃記憶體儲存資料，沒有碟片、存取臂、主軸馬達、讀寫頭等機械構造，優點是讀寫速度快、體積小、無噪音、低功耗、抗震動；缺點則是成本較高、容量較小、有讀寫次數限制、故障救回資料的機率較低。

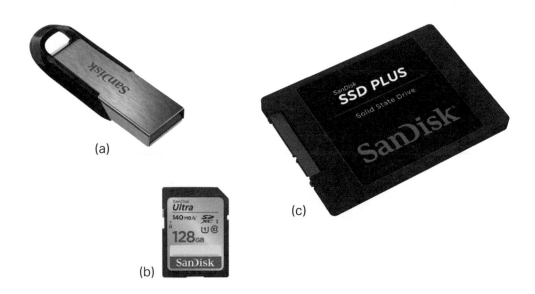

(a)

(b)

(c)

▲ 圖 5.28 (a) 隨身碟 (b) 記憶卡 (c) 固態硬碟
(圖片來源：SanDisk)

本章回顧

- 中央處理器 (CPU) 的功能是進行算術與邏輯運算，由控制單元、算術邏輯單元及暫存器所組成，其中控制單元 (CU) 是負責控制資料流與指令流的電路，算術邏輯單元 (ALU) 是負責進行算術與邏輯運算的電路，而暫存器 (register) 是位於 CPU 內部的記憶體，用來暫時存放目前正在進行運算的資料或目前正好運算完畢的資料。

- 時脈 (clock) 是電腦內部一個類似時鐘的裝置，它每計數一次，稱為一個時脈週期 (clock cycle)，電腦就可以完成少量工作。時脈速度 (clock rate) 指的是時脈計數的速度，單位為 MHz 或 GHz，而時脈每計數一次所經過的時間稱為時脈週期時間 (clock cycle time)。

- CPU 執行一個指令的過程叫做機器循環週期 (machine cycle)，包括指令擷取、指令解碼、指令執行、結果存回等四個步驟，前兩者統稱為指令時間 (I-Time)，而後兩者統稱為執行時間 (E-Time)。

- CPU 的設計架構有 RISC (精簡指令集) 和 CISC (複雜指令集) 兩種，RISC 所提供的指令較為精簡，每個指令的執行時間都很短，完成的動作也很單純，CISC 則反之。

- 擁有多個相同元件以同時執行多個指令的處理器叫做超純量處理器 (superscalar processor)，而平行處理 (parallel processing) 則是一個系統裡面有多個處理器，各個處理器可以獨立執行工作，也可以透過共用的主記憶體與 I/O 一起執行工作。

- 根據儲存能力與電源的關係，記憶體可以分為 RAM 與 ROM 兩種，在中斷電源後，RAM 所儲存的資料會消失，而 ROM 所儲存的資料不會消失。

- 匯流排 (bus) 是主機板上面的鍍銅電路，負責傳送電腦內部的電子訊號，又分為系統匯流排和擴充匯流排，前者負責傳送 CPU 與主記憶體之間的資料，而後者負責傳送 CPU 與周邊之間的資料。

- 周邊和主記憶體內的記憶體單元一樣會被賦予唯一的位址，常見的定址方式有隔離 I/O 和記憶體映射 I/O。

- 周邊通常不是直接與匯流排連接，而是透過輸入 / 輸出介面與 CPU 和主記憶體溝通，至於輸入 / 輸出介面的資料傳輸方式則有輪詢式 I/O、中斷式 I/O 和直接記憶體存取 (DMA)。

- 輸入裝置可以接收外面的資料，然後傳送給 CPU；輸出裝置可以將 CPU 運算完畢的資料傳送到外面；儲存裝置可以長時間儲存資料。

一、選擇題

( ) 1. 下列何者不是 CPU 主要的工作？

        A. 資料列印   B. 指令解碼   C. 結果存回   D. 指令執行

( ) 2. 下列關於 CPU 的敘述何者正確？

        A. 算術邏輯單元是負責儲存算術邏輯運算結果的電路

        B. 控制單元是負責控制資料流與指令流的電路

        C. 暫存器是位於 CPU 外部的記憶體，中間透過匯流排來存取

        D. Google Tensor 是常見的 PC 微處理器

( ) 3. 下列關於電腦硬體的敘述何者錯誤？

        A. 晶片組的功能是控制主機板上面的元件與電路

        B. SATA 介面可以用來連接內接式的硬碟、光碟與固態硬碟

        C. BIOS 是儲存硬碟型態、開機順序等系統參數的晶片

        D. PS/2 介面可以用來連接滑鼠或鍵盤

( ) 4. 根據由快到慢的順序寫出後述裝置的速度：(1) 硬碟 (2) 暫存器 (3) 主記憶體 (4) L1 快取 (5) L3 快取

        A. 54321   B. 45231

        C. 25431   D. 24531

( ) 5. 下列何者可以用來描述 CPU 的速度？

        A. bps   B. GHz

        C. DPI   D. MB

( ) 6. 下列哪個因素不會影響 CPU 的效能？

        A. 製程   B. 快取記憶體

        C. 工作時脈   D. 介面卡插槽數目

( ) 7. RISC 具有下列哪個特點？

        A. 指令的功能較強   B. 指令的長度固定

        C. 定址模式較多   D. 指令的種類較多

( ) 8. 下列關於 USB 的敘述何者錯誤？

        A. Universal Serial Bus 的簡寫   B. 支援隨插即用

        C. 最多可以串接 63 個周邊   D. 傳輸速率比序列埠快

( ) 9. 下列何者是以多個處理器來執行程式以提升效率？

        A. 管線   B. 超純量

        C. 平行處理   D. 神經網路

( ) 10. 假設 CPU 裡面有三個元件分別負責指令的擷取、解碼、執行 / 存回，
而且所需的時間為 12ns、10ns、15ns，若以傳統的做法來執行 100
個指令，則所需的時間為何？

    A. 3700ns   B. 1850ns   C. 925ns   D. 1530ns

( ) 11. 承第 10 題，若改以管線的技術來執行 100 個指令，則所需的時間為何？

    A. 3700ns   B. 1850ns   C. 925ns   D. 1530ns

( ) 12. 承第 10 題，若改以能夠同時執行兩個指令的超純量處理器來執行 100
個指令，則所需的時間為何？

    A. 3700ns   B. 1850ns   C. 925ns   D. 1530ns

( ) 13. 承第 10 題，若改以能夠同時執行四個指令的超純量處理器來執行 100
個指令，則所需的時間為何？

    A. 3700ns   B. 1850ns   C. 925ns   D. 1530ns

( ) 14. 承第 10 題，若改以能夠同時執行兩個指令的超純量處理器結合管線
技術來執行 100 個指令，則所需的時間為何？

    A. 1850ns   B. 1560ns   C. 390ns   D. 780ns

( ) 15. 下列何者決定了電腦一次可以同時傳輸多少位元？

    A. 頻寬   B. 字組大小   C. 時脈   D. 匯流排寬度

( ) 16. 假設電腦的主記憶體容量最大為 128MB，那麼需要多少位元來做定址？

    A. 26   B. 27   C. 28   D. 30

( ) 17. 下列何者不屬於輸入裝置？

    A. 數位攝影機   B. 語音回應系統   C. 掃描器   D. 滑鼠

( ) 18. 下列何者不屬於輸出裝置？

    A. 螢幕   B. 數位相機   C. 喇叭   D. 印表機

( ) 19. 假設電腦的處理速度為 50MIPS，試問，每分鐘可以處理幾個指令？

    A. 3×10^9 B. 3×10^8 C. 5×10^9 D. 5×10^8

( ) 20. 下列何者是使用快閃記憶體儲存資料？

    A. 硬碟   B. 固態硬碟   C. BD   D. CD-ROM

( ) 21. 已知 80286 的位址匯流排為 24 位元，試問，其可定址的最大記憶體
空間為多少？

    A. 128MB   B. 32MB   C. 16MB   D. 512KB

( ) 22. 下列何者不屬於儲存裝置？

    A. DVD   B. 智慧卡   C. SSD   D. LCD

( ) 23. 下列何者具有揮發性？

　　A. 快閃記憶體　　B. Blu-ray Disc　　C. EPROM　　D. SRAM

( ) 24. 下列哪個裝置可以同時做為輸入及輸出裝置？

　　A. 滑鼠　　B. 觸控螢幕　　C. 鍵盤　　D. 印表機

( ) 25. 下列何者可以用來描述硬碟的轉速？

　　A. RPM　　B. GHz　　C. DPI　　D. BPS

( ) 26. 下列何者指的是各個碟片上相同磁區的集合？

　　A. 虛擬磁碟　　B. 磁柱　　C. 磁軌　　D. 磁簇

( ) 27. 時脈是 CPU 的重要元件，常用單位是 GHz，試問 GHz 為下列何者？

　　A. 每秒 10 億次　　B. 每秒 1 億次　　C. 每秒 1 千萬次　　D. 每秒 1 百萬次

( ) 28. 當電腦同時執行數個應用程式時，下列何者對於效能的影響最大？

　　A. 電腦連線速度　　B. 光碟機倍速　　C. 主記憶體容量　　D. 硬碟容量

( ) 29. 電腦的哪個部分負責進行算術與邏輯運算？

　　A. ROM　　B. 介面卡　　C. CPU　　D. RAM

( ) 30. 硬碟使用一段時間後可以透過下列哪種方法提升效率？

　　A. 病毒掃描　　B. 磁碟分割　　C. 磁碟格式化　　D. 磁碟重組

( ) 31. 假設 CPU 的執行速度為 10MIPS，試問，該 CPU 執行 1 億個指令需要多少時間？

　　A. 1 秒　　B. 10 秒　　C. 100 秒　　D. 5 秒

( ) 32. 下列何者無法重複寫入資料？

　　A. CD-ROM　　B. CD-RW　　C. 隨身碟　　D. DVD-RAM

( ) 33. 個人電腦的顯示卡通常可以安插在下列哪個匯流排擴充槽？

　　A. PCI-E　　B. ATA　　C. LPT　　D. 以上皆非

( ) 34. 下列何者指的是將讀寫頭移到資料所在磁軌所需的時間？

　　A. 搜尋時間　　B. 旋轉延遲　　C. 傳輸時間　　D. 傳遞延遲

( ) 35. 假設電腦的時脈速度為 100MHz，而且執行每個指令都需要 10 個時脈週期，試問，該電腦每秒鐘可以執行幾個指令？

　　A. 10^5　　B. 10^6　　C. 10^7　　D. 10^8

( ) 36. 下列何者不是電腦的資料儲存元件？

　　A. ALU　　B. Cache　　C. Disk　　D. Register

(　　) 37. 下列何者是固態硬碟與傳統硬碟的主要區別？

        A. 固態硬碟所儲存的資料不會隨著電源關閉而消失

        B. 固態硬碟的存取速度較慢、沒有噪音

        C. 固態硬碟沒有可移動的存取臂和讀寫頭

        D. 固態硬碟的容量較大、成本較低

(　　) 38. 32 位元的 PCI 匯流排使用 33MHz 傳送資料，試問其傳輸速率為何？

        A. 256Mbytes/s   B. 132Mbytes/s   C. 1056Mbytes/s   D. 33Mbytes/s

二、簡答題

1. 簡單說明 CPU 的結構包含哪三個部分及其功能為何？

2. 名詞解釋：CPU、BIOS、GHz、MIPS、匯流排、RAM、ROM、暫存器、快取記憶體、PS/2、PCI-E、USB、HDMI、GPU、RPM、BD、SSD。

3. 簡單比較 CISC 與 RISC 架構的差異。

4. 簡單說明輸入裝置的用途並舉出五個實例。

5. 簡單說明輸出裝置的用途並舉出三個實例。

6. 寫出 PS/2 滑鼠、PS/2 鍵盤、USB 隨身碟、音訊輸入裝置、音訊輸出裝置、網路線等周邊可以分別連接到下圖的哪個連接埠。

7. 簡單說明何謂機器循環週期 (machine cycle)？

8. 已知一個管線處理器的每個指令有五個步驟，執行 N 個指令需要 100ns，假設時脈速度為 500MHz，試問，執行 2N 個指令需要多少時間？

9. 假設有兩個編譯程式在一部時脈速度為 800MHz 的電腦上做測試，該電腦的指令有 A、B、C 三種類型，時脈週期分別為 3、2、1，已知第一個編譯程式產生的目的碼包含 10 百萬個指令 A、10 百萬個指令 B、50 百萬個指令 C，而第二個編譯程式產生的目的碼包含 10 百萬個指令 A、10 百萬個指令 B、100 百萬個指令 C，試問：

  (1)　根據 MIPS 的定義，哪個編譯程式編譯出來的目的碼執行較快？

  (2)　根據執行時間的長短，哪個編譯程式編譯出來的目的碼執行較快？

Foundations of
Computer Science

06

電腦軟體與
作業系統

6-1　電腦軟體的類型

電腦軟體 (software) 指的是告訴電腦去做什麼的指令或程式，又分成「系統軟體」與「應用軟體」兩種類型。

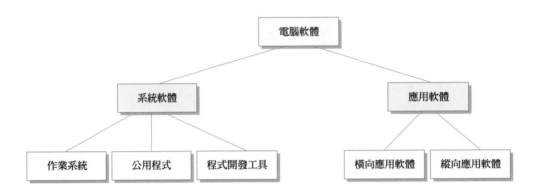

▲ 圖 6.1　電腦軟體的類型

6-1-1　系統軟體

系統軟體 (system software) 是支援電腦運作的程式，最典型的例子就是諸如 Microsoft Windows、Apple macOS、UNIX、Linux、Android、iOS 等作業系統 (operating system)，這是介於電腦硬體與應用軟體之間的程式，除了提供執行應用軟體的環境，還負責分配系統資源，例如 CPU、記憶體、磁碟等。

使用者之所以能夠在視窗作業系統中拖曳滑鼠、存取磁碟、編輯文件或上網，而不必擔心如何與滑鼠、鍵盤、磁碟、記憶體、螢幕、網路卡等硬體裝置互動，就是因為作業系統不僅會妥善分配系統資源，更知道如何驅動硬體裝置。

除了作業系統，公用程式和程式開發工具也通常被歸類為系統軟體，公用程式 (utility) 是用來管理電腦資源的程式，例如 WinZip、WinRAR 可以用來壓縮資料；Windows 內建的磁碟掃描、磁碟重組及磁碟清理等程式可以用來管理磁碟；Trend PC-cillin（趨勢科技）、Kaspersky Internet Security（卡巴斯基網路安全軟體）、諾頓防毒、ESET NOD32 Antivirus 可以用來防毒防駭等。

程式開發工具 (program development tool) 是協助程式設計人員開發應用軟體的工具，包括文字編輯程式、整合開發環境、組譯程式 (assembler)、編譯程式 (compiler)、連結程式 (linker)、載入程式 (loader)、偵錯程式 (debugger) 等，例如 Microsoft Visual Studio、Anaconda 是提供整合開發環境的程式開發工具。

6-1-2 應用軟體

應用軟體 (application software) 是針對特定事務或工作所撰寫的程式，目的是協助使用者解決問題。依設計的目的不同，應用軟體又分成下列兩種類型：

- 橫向應用軟體 (horizontal application software)：這類應用軟體通常是由大型的軟體公司 (例如 Microsoft、Oracle、Adobe、Autodesk…) 根據市場上多數使用者的需求所設計，然後透過網際網路或代理商來銷售，使用者可以根據自己的需求選購適合的應用軟體，又稱為通用型應用軟體，例如 Microsoft Office 屬於辦公室自動化軟體、Adobe Photoshop 屬於影像處理軟體、Adobe Illustrator 屬於向量繪圖軟體。

  在過去，橫向應用軟體大多採取買斷制，只要付出一次費用，就可以永久使用，現在則有愈來愈多軟體推出訂閱制。舉例來說，Office 2021 家用版的買斷費用為 4790 元 (供 1 部 PC 或 Mac 使用)，日後若要升級至新版本，就必須另外付費，而 Office 365 個人版的訂閱費用為每年 2190 元或每月 219 元 (供 1 人使用)，只要在訂閱期間內，即可免費升級至新版本。

  除了將軟體安裝在電腦上，還有個發展趨勢是雲端軟體服務，也就是將軟體與相關資料儲存在雲端的伺服器，讓使用者透過網路連線和瀏覽器進行存取。有些雲端軟體服務是免費的，例如 Gmail、Google Docs、Google Colab、ChatGPT 等；另外有些雲端軟體服務是採取訂閱制或按使用量計費，例如 ChatGPT Plus、Midjourney、Salesforce.com 等。

- 縱向應用軟體 (vertical application software)：當市場上現有的軟體無法滿足企業的需求或有效解決企業的問題時，有些企業會委託外部的軟體公司開發應用軟體，有些企業則會交由內部的資訊人員開發應用軟體，這類量身訂做的應用軟體即屬於縱向應用軟體，又稱為專用型應用軟體，例如會計系統、帳務系統、進銷存系統、客戶管理系統、收銀系統、診療系統、印務系統等。

此外，我們也可以根據應用軟體的用途來做分類，例如辦公室自動化軟體、影像繪圖軟體、桌面排版軟體、影音編輯軟體、通訊軟體、AI 工具軟體等。

系統軟體和應用軟體最大的不同在於其機器相關性 (machine dependency)，應用軟體是將電腦當成解決問題的工具，著重於應用軟體的用途，而不是電腦本身，所以與電腦的架構無關；反之，系統軟體是負責支援電腦運作，著重於電腦本身，自然與電腦的架構相關。

6-2 智慧財產權與軟體授權

智慧財產 (intellectual property) 指的是由人類的精神活動所產生的成果,例如文學、科學、藝術或其它學術範圍的創作,而佔有和支配智慧財產的法律地位即為智慧財產權 (IPR,Intellectual Property Rights),其所涵蓋的範圍廣泛,包括:

- 著作權
- 商標權
- 專利權
- 產地標示
- 工業設計
- 積體電路之電路佈局權
- 未公開資訊之保護 (營業秘密)
- 授權契約中違反競爭行為之管理 (公平交易)

智慧財產權屬於無體財產權,它是一種抽象存在的權利,其具體表現須藉由相關法令呈現,例如著作權法、商標法、專利法、光碟管理條例、營業秘密法、積體電路電路布局保護法、植物品種及種苗法、公平交易法等,其中與電腦軟體關係最密切的當屬著作權法。

根據著作權法的規定,著作包括語文著作、音樂著作、戲劇、舞蹈著作、美術著作、攝影著作、圖形著作、視聽著作、錄音著作、建築著作、電腦程式著作,而下列各款不得為著作權之標的,即不受著作權法的保護:

一、憲法、法律、命令或公文。

二、中央或地方機關就前款著作作成之翻譯物或編輯物。

三、標語及通用之符號、名詞、公式、數表、表格、簿冊或時曆。

四、單純為傳達事實之新聞報導所作成之語文著作。

五、依法令舉行之各類考試試題及其備用試題。

著作人係指創作著作之人,著作人於著作完成時即享有著作權,並受到著作權法的保護,無須經過法律程序加以申請。著作權法可以讓著作人在將著作上市後,保護其所有權,防止著作的全部或部分被重製、改作或散布,一旦所有權受到侵害,著作人可以透過法律訴訟爭取損害賠償。

著作權包括下列兩個部分，其中著作財產權存續於著作人之生存期間及其死亡後五十年，共同著作則存續至最後死亡之著作人死亡後五十年，若著作於著作人死亡後四十年至五十年間首次公開發表者，那麼著作財產權之期間將自公開發表時起存續十年：

☑ **著作人格權**：這是用來保護著作人的名譽、聲望及其人格利益，專屬於著作人本身，不得讓與或繼承，包括公開發表權、姓名表示權及禁止不當改變權。

☑ **著作財產權**：這是賦予著作人財產上的權利，使之獲得經濟利益，以繼續從事創作，包括重製權、公開口述權、公開播送權、公開上映權、公開演出權、公開展示權、改作權、編輯權及出租權。

為了尊重著作人的權益，在使用他人著作時，除了不能侵犯其著作人格權，還必須得到著作財產權人的同意或授權。舉例來說，電腦軟體通常會透過軟體授權條款 (software license) 來規範其使用與散布行為，使用者若違反軟體授權條款，將構成侵權，而必須承擔法律責任，相關的罰則如下：

☑ 擅自以重製之方法侵害他人之著作財產權者，或擅自以公開口述、公開播送、公開上映、公開演出、公開傳輸、公開展示、改作、編輯、出租之方法侵害他人之著作財產權者，處三年以下有期徒刑、拘役，或科或併科新臺幣七十五萬元以下罰金。

☑ 意圖銷售或出租而擅自以重製之方法侵害他人之著作財產權者，處六月以上五年以下有期徒刑，得併科新臺幣二十萬元以上二百萬元以下罰金。

著作僅供個人參考或合理使用者，不構成著作權侵害，至於怎樣算是合理使用呢？常見的情況如下，更多關於著作財產權的限制請參考著作權法：

☑ 編製應經教育行政機關審定之教科用書，或教育行政機關編製教科用書者，在合理範圍內，得重製、改作或編輯已公開發表的著作。

☑ 為報導、評論、教學、研究、考試命題或其它正當目的，在合理範圍內，得引用已公開發表的著作。

☑ 供個人或家庭等非營利目的，在合理範圍內，得利用圖書館及非供公眾使用之機器重製已公開發表的著作。

☑ 著作之合理使用，不構成著作財產權之侵害，至於合理使用的判斷基準包括利用之目的及性質 (係為商業目的或非營利教育目的)、所利用的質量在整個著作的占比、利用結果對著作潛在市場與現在價值的影響。

6-3　開放原始碼軟體與 App

根據 OSI (Open Source Initiative，開放原始碼促進會) 的定義，開放原始碼軟體 (open source software) 是任何人都能夠免費取得、使用、修改與共享 (以修改或未修改的形式) 的軟體，由多人共同開發，並在遵循開放原始碼定義 (open source definition) 的授權下散布，準則如下：

- ✅ 免費散布。

- ✅ 程式必須包含原始碼。

- ✅ 允許對原作品的修改以及衍生作品的產生。

- ✅ 保持作者原始碼的完整性。

- ✅ 不得歧視任何個人或群體。

- ✅ 不得限制任何人在特定領域使用程式。

- ✅ 授權適用於所有重新散布程式的人。

- ✅ 授權不得對一個產品特化。

- ✅ 授權不得限制隨同散布的其它軟體，例如規定同為開放原始碼軟體。

- ✅ 授權必須技術中立，不得限制為個別的技術或介面形式。

開放原始碼軟體的開發者在釋出軟體的同時會一併釋出原始碼及相關文件，其它人可以免費使用、修改與散布，無須取得授權，而且從開放原始碼軟體衍生出來的作品也是免費的。

或許您會認為這種模式很難開發出高品質的軟體，畢竟開發者可能並不屬於任何組織，而且沒有報酬。然 Linux 作業系統的誕生顛覆了這項說法，它被廣泛應用在智慧型手機、網路伺服器和消費性電子產品。

依循類似模式所發展出來的開放原始碼軟體也愈來愈多，例如 Android 作業系統、Apache HTTP Server 網頁伺服器、MySQL/MariaDB 資料庫管理系統、Mozilla Firefox 瀏覽器、Arduino 嵌入式硬體平台、TensorFlow 機器學習框架、LibreOffice 辦公室自動化軟體、Anaconda 整合開發環境，以及 Python、Java、PHP、Go、Perl、Ruby、Swift、Scratch 等程式語言。

此外，還有一個經常聽到的名詞 App (Application)，泛指智慧型手機、平板電腦等行動裝置上的小型應用程式，不同的作業系統有自己專屬的 App 銷售平台，例如 iOS、Android、Windows 的 App 銷售平台分別為 App Store、Google Play、Microsoft Store。在第三方軟體業者開發出 App 後，就會將 App 上架到專屬平台，相較於個人電腦上的軟體，App 通常比較便宜或是免費的。

由於 App 可以結合行動裝置的照相、錄影、錄音、GPS、語音辨識、臉部辨識、指紋辨識、觸控、加速器、感測器、無線傳輸、行動通訊等功能，再加上開發者無窮盡的創意，使得 App 的應用包羅萬象，例如遊戲、電子書、照相、錄影、錄音、影音播放、即時通訊、網路電話、視訊會議、遠距醫療、在地服務、地圖導航、天氣預報、社群網路、線上購物、線上理財、行動支付、影像處理、相片編輯、行程管理、電子郵件等。

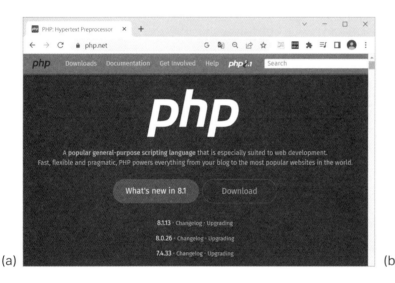
(a)

(b)

(c)

▲ 圖 6.2 (a) PHP 程式語言屬於開放原始碼軟體
　　　　 (b) 使用者可以在 Google Play 選購與下載超過百萬種 App
　　　　 (c) 手機遊戲 App

6-4　認識作業系統

作業系統 (OS，Operating System) 是介於電腦硬體與應用軟體之間的程式，除了提供執行應用軟體的環境，還負責分配系統資源，例如 CPU、記憶體、磁碟、輸入 / 輸出等 (圖 6.3)。

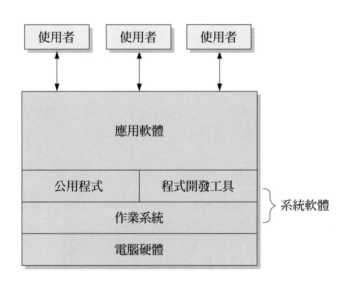

▲ 圖 6.3 作業系統是介於電腦硬體與應用軟體之間的程式

不同電腦硬體的作業系統其設計目標各異，例如：

✅ 大型電腦和工作站的作業系統通常應用於科學運算或商業運算，「效率」為其首要考慮，除了要讓系統資源的使用率最佳化，還要協調與控制各個使用者所分配到的系統資源。

✅ 個人電腦的作業系統通常應用於個人運算，「便利」為其首要考慮，除了要有容易操作的使用者介面，還要注重執行效率，以滿足使用者日趨多元的工作和娛樂需求。

✅ 手持式裝置的作業系統通常是透過無線方式連接到網路，著重於個人使用及遠端操作。

✅ 消費性電子產品、醫療監視儀器等嵌入式系統的作業系統通常只有一個儀表板，上面有顯示狀態的燈號或訊息。

知名的作業系統有安裝於大型電腦和工作站的 UNIX、Solaris，IBM 相容 PC 的 MS-DOS、Microsoft Windows、Linux，麥金塔的 macOS，智慧型手機和平板電腦的 Android、iOS 等。

作業系統中實際負責管理系統資源的是數個不同的處理程式，而負責協調與控制這些處理程式，並維持整個作業系統正常運作的程式叫做核心 (kernel) 或監督程式 (supervisor program)。

核心是作業系統中最重要的程式，在電腦完成開機後，核心會常駐於主記憶體，一方面是維持整個作業系統正常運作，另一方面是將其它作業系統程式載入主記憶體。像核心這種常駐於主記憶體的程式稱為常駐程式 (resident)，而在需要時才載入主記憶體的程式則稱為非常駐程式 (nonresident)(圖 6.4)。

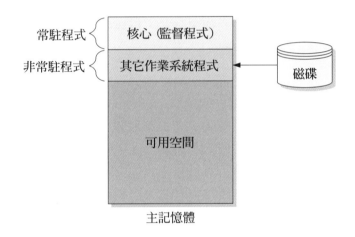

▲ 圖 6.4 作業系統的核心與非常駐程式

至於核心是如何載入主記憶體的呢？事實上，核心是透過所謂的開機程式 (bootstrap program) 或開機載入程式 (bootstrap loader) 在電腦啟動時載入主記憶體，可是問題來了，開機程式又是如何載入主記憶體的呢？

在過去，電腦的操作人員必須透過控制開關將開機程式的目的碼輸入主記憶體，但這容易產生錯誤，而且也很不方便。後來就改成當電腦的電源打開時，BIOS 會先進行基本的硬體測試，接著到儲存裝置尋找作業系統，然後利用開機程式將作業系統的核心載入主記憶體，再將 CPU 的使用權交給作業系統。早期 BIOS 是儲存在唯讀記憶體 (ROM)，後來為了方便升級更新，遂改成儲存在快閃記憶體。

6-5 作業系統的功能

作業系統的功能主要有下列幾項：

- **分配系統資源**：電腦經常會同時執行不同的程式或同時服務不同的使用者，此時，這些程式或使用者就必須共用電腦的系統資源，例如 CPU、記憶體、磁碟、輸入／輸出等，而作業系統則必須扮演資源配置者 (resource allocator) 的角色，負責協調與控制這些程式或使用者共用電腦的系統資源，將系統資源的分配與運用最佳化及公平化，進一步防止產生錯誤或不正確地使用電腦 (圖 6.5(a))。

- **提供執行應用軟體的環境**：作業系統的重要功能之一是提供執行應用軟體的環境，以載入並執行應用軟體，做為應用軟體和電腦硬體之間的橋梁。應用軟體無須瞭解如何驅動底層的硬體裝置，只要指定欲驅動的硬體裝置，作業系統就會代為驅動該硬體裝置。

  舉例來說，假設應用軟體要將一個檔案的內容複製到另一個檔案，那麼撰寫應用軟體的人可能只要呼叫一個函數 (function)，就能完成此動作，但作業系統卻得做一連串的動作，首先，它必須取得來源檔案和目的檔案的名稱；接著，它必須開啟來源檔案和目的檔案，這中間可能會發生來源檔案不存在或目的檔案已經存在等問題，一旦發生問題，就必須通知使用者；再來，它會從來源檔案讀取資料，然後將資料寫入目的檔案，這中間一樣可能會發生問題，例如磁碟已滿等，一旦發生問題，就必須通知使用者；最後，它還要關閉來源檔案和目的檔案。

- **提供使用者介面**：使用者介面是使用者和電腦硬體之間的橋梁，有時又稱為殼層 (shell)，因為它就像圍繞在作業系統外圈的殼一樣 (內圈的部分則是所謂的核心)。

  在過去，作業系統所提供的是**命令列使用者介面** (command line user interface)，使用者必須透過鍵盤輸入指定的指令集，才能指揮電腦完成工作，例如 UNIX、MS-DOS (圖 6.5(b))；而現在，作業系統所提供的是**圖形化使用者介面** (GUI，Graphical User Interface)，使用者只要透過鍵盤、滑鼠等輸入裝置點選畫面上的圖示，就能指揮電腦完成工作，例如 Linux、Apple macOS、Microsoft Windows (圖 6.5(c))。

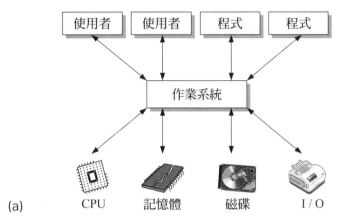

(a)

(b)

(c)

▲ 圖 6.5 (a) 作業系統負責分配系統資源
(b) MS-DOS 採取命令列使用者介面
(c) Microsoft Windows 採取圖形化使用者介面

6-6　作業系統的技術

作業系統的技術演進和電腦硬體的發展過程息息相關，比較重要的里程碑如下：

- 第一代電腦 (1946 ~ 1955) 是由真空管所組成，當時並沒有作業系統的存在，若要執行工作，必須以人工插卡的方式來進行。

- 第二代電腦 (1956 ~ 1963) 是由電晶體所組成，當時的輸入裝置是讀卡機，輸出裝置是打孔機，若要執行工作，必須將程式、資料及控制訊息畫在有固定格式的打孔卡片 (可能有數張)，然後交給電腦的操作人員，經過數分鐘、數小時甚至數天後，就可以得到輸出結果，這個時期所發展出來的作業系統有單工系統 (single task system)、批次系統 (batch system) 等。

- 第三代電腦 (1964 ~ 1970) 是由積體電路所組成，拜電腦硬體大幅進步之賜，這個時期所發展出來的作業系統有多元程式系統 (multiprogramming system)、分時系統 (time-sharing system) 等。

- 第四代電腦 (1971 ~ 現在) 是由超大型積體電路所組成，隨著微處理器應用至各種用途，這個時期所發展出來的作業系統有多處理器系統 (multiprocessor system)、叢集式系統 (clustered system)、分散式系統 (distributed system)、即時系統 (real time system)、手持式系統 (handheld system)、嵌入式系統 (embedded system) 等。

6-6-1　批次系統

早期電腦的作業系統很陽春，主要就是將一個工作轉移到下一個工作，屬於單工系統 (single task system)，一次只能服務一位使用者，若同時有多位使用者，那麼後面的使用者必須等到前面的使用者完成工作，才能開始執行自己的工作 (圖 6.6(a))。單工系統的資源使用率不佳，一旦所執行的工作在存取機械式的輸入 / 輸出裝置，其它電子式的裝置 (包括 CPU) 都必須閒置下來等待其完成。

為了提升效率，電腦的操作人員遂留下各個使用者的工作，透過工作控制程式 (job control program) 將這些工作加以排序，將相同或類似的工作集中在一起，稱為一個批次 (batch)，然後交給電腦分批執行，再將輸出結果送回給所屬的使用者，稱為批次處理 (batch processing)。這樣做的好處是不必浪費時間一次又一次地重新載入並準備相同的資源，至於用來進行批次處理的作業系統則稱為批次系統 (batch system)(圖 6.6(b))。

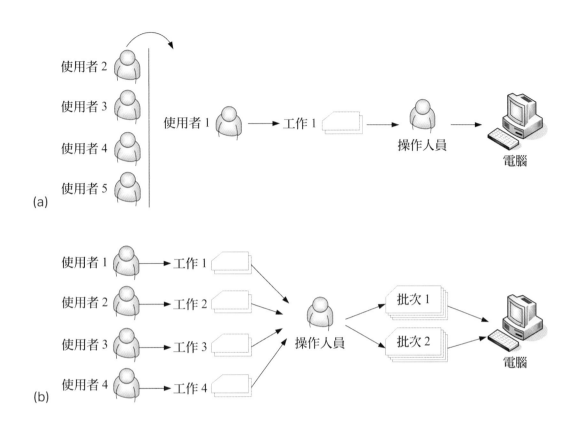

▲ 圖 6.6 (a) 單工系統 (b) 批次系統

6-6-2　多元程式系統

多元程式 (multiprogramming) 的目的是同時服務多位使用者或多個程式，致力於讓 CPU 一直保持忙碌，以提升 CPU 的使用率。在單工系統中，當所執行的工作在存取速度較慢的輸入 / 輸出裝置時，其它速度較快的裝置 (包括 CPU) 都必須閒置下來等待其完成，造成資源使用率不佳。

反之，在多元程式系統 (multiprogramming system) 中，記憶體會同時存放著多個工作，當所執行的工作在存取速度較慢的輸入 / 輸出裝置時，便將 CPU 切換到記憶體中其它需要執行的工作，等之前的工作結束存取輸入 / 輸出裝置後，就會重新得到 CPU，繼續尚未完成的工作，如此周而復始，CPU 就能一直保持忙碌，而不會閒置下來 (圖 6.7)

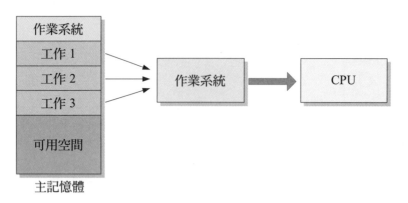

▲ 圖 6.7 多元程式系統

6-6-3 分時系統

分時處理 (time-sharing) 是一種特殊形式的多元程式，主要應用於互動式系統 (interactive system)。多元程式系統雖然能夠提升資源使用率，但無法允許使用者與系統互動，若系統需要同時服務多位使用者，而且使用者的工作大多是以互動的方式來進行，例如編輯文件或整理檔案，那麼可以將 CPU 時間分割成許多小段，稱為時間配額 (time slice)，輪流分配給各個使用者的工作，時間配額一到，無論目前的工作完成與否，都必須將 CPU 的使用權交給下一個工作，而之前尚未完成的工作在等 CPU 輪完一輪後又會回到其手上，並從中斷的地方繼續執行，這就是分時系統 (time-sharing system)，又稱為多工系統 (multitasking system)(圖 6.8)。

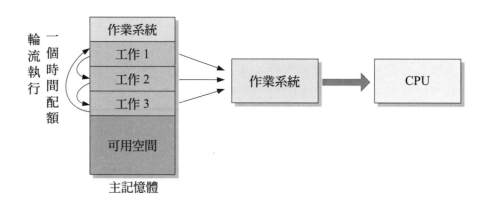

▲ 圖 6.8 分時系統

由於時間配額通常很短，再加上電腦的速度比人類快得多，因此，使用者不會感覺到自己正在和其它使用者競爭 CPU，除非同時服務的使用者或工作太多，超過作業系統的負荷，才會出現執行效能低落的現象。

6-6-4 多處理器系統

相較於多數系統只有一個 CPU，也就是單處理器系統 (single processor system)，多處理器系統 (multiprocessor system) 則是具有多個 CPU 的系統，這些 CPU 之間會緊密溝通，並共用匯流排、時脈、周邊或甚至記憶體，又稱為平行系統 (parallel system) 或緊密耦合系統 (tightly coupled system)(圖 6.9)。

多處理器系統不僅能夠增加電腦的工作量以提升效能，共用周邊以節省成本，更重要的是能夠增加可靠度，當電腦的某個 CPU 出了問題時，電腦不會因此癱瘓，只會速度減慢而已，也就是透過優雅降級 (graceful degration) 提升電腦的容錯能力。

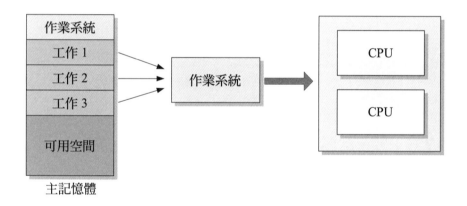

▲ 圖 6.9 多處理器系統

6-6-5 叢集式系統

叢集式系統 (clustered system) 的概念類似多處理器系統，不過，它是由多個相互連接的節點所組成，節點之間可以共用系統的資源，目的是提升效能、可靠度與可擴展性，其成本效益往往優於同等級的大型電腦。事實上，在 TOP500 組織所公布的最強大超級電腦排名中，就有不少是採取叢集式架構。

6-6-6 分散式系統

網路的盛行造就了**分散式系統** (distributed system) 的誕生，在此之前，同一個工作通常是由同一部電腦的一個或多個 CPU 來執行，而在分散式系統中，同一個工作可以拆成幾個部分，然後透過快速的網路連結指派給多部電腦分別執行，這些電腦或許位於不同的地點，彼此之間透過網路來聯繫 (圖 6.10)。

從使用者的觀點來看，他並不知道工作被分散到哪部電腦執行，所有分散的工作都是由分散式系統來執行。為了讓同一個工作能夠分散到多部不同的電腦同時執行，分散式系統必須具有比其它作業系統更複雜的 CPU 排程演算法，而且在安全控管的方面也要特別留意。

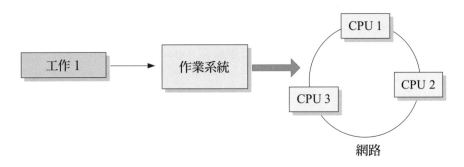

▲ 圖 6.10 分散式系統

6-6-7 即時系統

即時系統 (real time system) 必須在預定的時間限制內正確地完成工作，通常應用於非常重視回應時間的系統，例如生產線自動控制系統、飛機導航系統、汽車防鎖死煞車系統 (ABS)、武器系統、醫療儀器、科學儀器、感測器等。

即時系統又分成**硬即時系統** (hard real time system) 和**軟即時系統** (soft real time system)，前者有嚴格的時間限制，一旦延遲，就會視為系統失敗，例如飛機導航系統、航太控制系統；而後者同樣有時間限制，但可以容忍一定的延遲，儘管延遲可能會影響系統性能，但不會導致系統失敗，例如即時視訊處理、遊戲系統、虛擬實境應用等。

6-6-8 手持式系統

手持式系統 (handheld system) 泛指應用於智慧型手機或平板電腦的作業系統，這種系統因為受限於較少的記憶體、較慢的處理器、較小的螢幕、使用充電電池等硬體限制，所以在設計上必須考慮到體積愈小愈好、有效管理記憶體、減輕處理器的負荷、降低消耗的電力、擷取顯示部分內容、支援無線通訊等。

6-6-9 嵌入式系統

除了筆記型電腦、平板電腦等通用用途電腦之外，生活中有許多只做某些工作的特殊用途電腦，例如遊戲機、冷氣機、洗衣機、冰箱、空氣清淨機、智慧家電、車用電子產品、醫療監視儀器、交通號誌等。這些電子產品都是由嵌入在內部的處理器來加以控制，也就是嵌入式系統 (embedded system)，此種系統沒有或只有少許介面，功能有限且較陽春，傾向於監督並控制硬體裝置等特殊用途。

(a)   (b)

▲ 圖 6.11 (a) 智慧型手機是採取手持式系統
(b) 結合了電視科技與網際網路連線能力的智慧電視 (Smart TV)
(圖片來源：Google Pixel、TCL Google TV)

6-7 知名的作業系統

作業系統的種類很多，以下就為您介紹一些知名的作業系統。

6-7-1 UNIX

UNIX 是 AT&T 貝爾實驗室的 Ken Thompson 和 Dennis Ritchie，於 1970 年代針對 DEC 迷你電腦所開發的多工、多使用者作業系統。UNIX 最初是以組合語言撰寫而成，應用程式則是以 B 語言或組合語言來撰寫，但 B 語言不夠強大，Ken Thompson 和 Dennis Ritchie 遂發展出 C 語言，並以 C 語言重新撰寫 UNIX。

早期 UNIX 是採取命令列使用者介面，後來於 1986 年推出圖形化使用者介面－X Window System。UNIX 的成就之一是提出主從式架構 (client server model)，將作業系統分成伺服器版本與用戶端版本，前者安裝在伺服器，負責管理資源並提供服務，而後者安裝在用戶端，負責與使用者溝通。

在 UNIX 問世的十年間，UNIX 廣泛應用於學術機構和大型企業，AT&T 公司以低廉甚至免費的許可，將 UNIX 原始碼授權給學術機構做研究或教學之用，進而演變出數種變形，其中以加州大學柏克萊分校所開發的 BSD 系列最為知名，並衍生出三個主要的分支－ FreeBSD、OpenBSD 和 NetBSD。

AT&T 公司於 1990 年代將 UNIX 的版權出售給 Novell 公司，而 Novell 公司又於 1995 年將 UNIX 的版權出售給 SCO 公司 (Santa Cruz Operation)，UNIX 商標則屬於另一個產業標準聯盟 Open Group。一些公司在取得授權後，便開發了自己的 UNIX 產品，例如 IBM AIX、HP HP-UX、SUN Solaris、SGI IRIX，包括目前的 Apple macOS 亦是建立在 UNIX 穩固的基礎上。

6-7-2 MS-DOS

MS-DOS (Microsoft Disk Operating System) 是 Microsoft 公司於 1981 年針對 IBM PC 所推出的作業系統，採取命令列使用者介面，使用者必須透過鍵盤輸入指定的指令集，才能指揮電腦完成工作。

隨著圖形化使用者介面的風行，MS-DOS 已經被 Microsoft Windows 取代，只剩下極少數的企業或機構還保有在 MS-DOS 下執行的程式，例如庫存系統、會計系統、診療系統等。為了方便使用者下達命令或執行某些程式，Microsoft Windows 提供了 [命令提示字元] 視窗用來模擬 MS-DOS 環境。

6-7-3 macOS

圖形化使用者介面的起源可以追溯至 Xerox PARC 研究中心於 1973 年、1981 年所推出的 Alto 和 Star 電腦，它們使用了三鍵滑鼠、圖形化視窗與乙太網路連線。Apple 公司的創始人之一 Steve Jobs 在參觀過 PARC 後，意識到圖形化使用者介面的未來前景，遂著手研發，並於 1983 年、1984 年推出採取圖形化使用者介面的個人電腦 Lisa 和 Macintosh (麥金塔)，友善的介面迅速獲得使用者的青睞。

macOS 指的就是安裝於 Apple Macintosh 電腦的作業系統，傳統的 macOS 是以卡內基美隆大學開發的 Mach 做為核心，最終版本為 1999 年推出的 Mac OS 9，之後改以 BSD UNIX 為基礎推出 OS X，並於 2016 年將 OS X 更名為 macOS，以便與 Apple 公司的其它作業系統 (iOS、iPadOS、watchOS) 保持一致的命名風格。

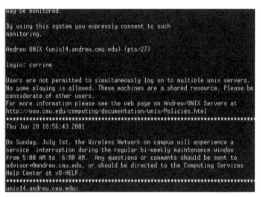
(a)

(b)

(c)

▲ 圖 6.12 (a) UNIX (b) Solaris (圖片來源：Oracle)
(c) 搭載 macOS 的 MacBook (圖片來源：Apple)

6-7-4 Microsoft Windows

Apple 公司當年基於市場策略,刻意開發了只能在 Apple Macintosh 電腦運作的圖形化使用者介面系統,因而給了 Microsoft 公司針對 IBM 相容 PC 開發 Windows 的空間,Microsoft 公司於 1985 年、1987 年推出的 Windows 1.0 和 Windows 2.0 順利成為 IBM 相容 PC 的標準圖形化使用者介面系統。

Microsoft 公司接著於 1990 年推出 Windows 3.0,這套作業系統獲得空前的迴響,打破了軟體產品在六週內的銷售記錄,也奠定了 Microsoft 公司在作業系統的龍頭地位。不過,此時的 Windows 只能算是披上圖形化使用者介面的 MS-DOS,因為 Microsoft 公司只是在 MS-DOS 與使用者之間加上一個殼層 (shell) 程式,讓該程式將使用者的動作轉換成 MS-DOS 能夠接受的命令。

直到 Microsoft 公司於 1995 年推出 Windows 95,Windows 才從殼層程式轉變為真正的作業系統,不再包含 MS-DOS。之後 Microsoft 公司不斷推出新版的 Windows 作業系統,包括 Windows Me、Windows XP、Windows Vista、Windows 7、Windows 8/8.1、Windows 10、Windows 11。

此外,為了在企業市場和 UNIX 競爭,Microsoft 公司於 1993 年推出旗下第一個主從式網路作業系統－ Windows NT,其伺服器版本為 Windows NT Server,而其用戶端版本為 Windows NT Workstation,之後伺服器版本改版為 Windows 2000 Server、Windows Server 2003、2008、2008 R2、2012、2012 R2、2016、2019、2022,可以協助企業或學校快速建置網路,利用先進技術和全新的混合式雲端功能來增加彈性、簡化管理、降低成本,以及提供服務給企業或學校。

6-7-5 Linux

Linux 是芬蘭程式設計師 Linus Torvalds (林納斯 ・ 托華斯) 於 1991 年以 UNIX 為基礎所開發的作業系統,除了個人電腦,Linux 還被移植到多個平台,例如超級電腦、大型電腦、工作站,或像遊戲機、電視、路由器、消費性電子產品等嵌入式系統,而在行動裝置上廣泛使用的 Android 作業系統也是建立在 Linux 的核心之上。

Linux 有數種發行版,例如 Fedora、Ubuntu、Linux Mint、Salix、openSUSE、Oracle Linux、Red Hat 等,通常可以從網際網路免費下載,少數像 Red Hat Enterprise Linux 等商用版則需要付費購買。由於 Linux 具有成本低、可靠度高、整合性強等優點,因而在區域網路伺服器、Web 伺服器與高效能運算領域中有著相當高的市佔率。

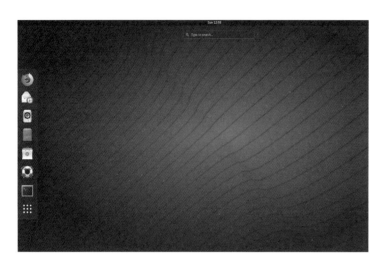

▲ 圖 6.13 Linux 與官方吉祥物 Tux (圖片來源：Oracle Linux、維基百科)

6-7-6 行動裝置與穿戴式裝置作業系統

行動裝置與穿戴式裝置因為受限於較少的記憶體、較慢的處理器、較小的螢幕、使用充電電池等硬體限制，所以其作業系統和一般電腦不同，常見的如下：

- ✅ iOS：這是 Apple iPhone 所使用的作業系統，從 OS X 發展而來，具有優雅直覺的圖形化使用者介面與多點觸控功能，並內建豐富的應用程式，例如 Safari、郵件、行事曆、天氣、社群、照相、Siri 語音助理、FaceTime 視訊及語音通話、iCloud、iTunes、iMessage、iMovie、Apple Music、Apple Pay、臉部辨識、指紋辨識、擴增實境 (AR)、地圖、CarPlay、家庭 App、健康 App、健身 App 等。

- ✅ iPadOS：這是 Apple iPad 所使用的作業系統，從 iOS 發展而來，除了奠基於 iOS 的功能，還針對平板電腦做了最佳化，例如更強大的檔案系統、強化螢幕分割功能、強化 Apple Pencil 功能、可以外接滑鼠、觸控筆和鍵盤、支援桌上型電腦級的 App 等。

- ✅ watchOS：這是 Apple Watch 所使用的作業系統，從 iOS 發展而來，除了可以收發電話、簡訊、郵件，還可以聽音樂、記錄活動、追蹤體能訓練時的心率區間、功率及高度、監測健康數據 (心率、血氧濃度、心電圖、呼吸速率、睡眠階段…)、經期追蹤、用藥提醒、地圖導航、Apple Pay、車禍偵測功能會自動求救等。

✅ **Android**：這是 Google 與多家廠商針對智慧型手機與平板電腦所設計的作業系統，提供行動通訊、無線共享、網頁瀏覽、電子郵件、Google 語音助理、臉部辨識、指紋辨識、GPS 定位、影音多媒體等功能，並可搭載 Chrome、Gmail、Google Maps、YouTube、YouTube Music、Google Meet、Google Pay、Google 智慧鏡頭、雲端硬碟、相簿、日曆、聯絡人、Play 圖書等 Google 線上服務。

Android 是以 Linux 為核心的開放原始碼軟體，任何人都可以免費使用 Android 或開發 Android 裝置上的 App，無須經過 Google 和開放手持設備聯盟 (Open Handset Alliance) 的授權，目前全球有一半以上的智慧型手機使用 Android。

✅ **wearOS**：這是由 Google 主導、針對智慧型手錶所設計的作業系統，從 Android 發展而來，除了可以收發電話、簡訊、郵件，還提供 Google 語音助理、Google Pay、音樂控制項、健康數據監測 (心率、壓力、皮膚溫度、血氧濃度、心電圖、睡眠階段…)、健身狀況追蹤、地圖導航、Google Home 等功能。

✅ **Windows**：Windows 8 是 Microsoft 公司首度推出的跨平台作業系統，可以安裝在個人電腦、智慧型手機與平板電腦，除了具備傳統的視窗介面，更新增動態磚使用者介面並強化多點觸控功能。Windows 8 之後改版為 Windows 8.1、10、11。

(b)

(a)

(c)

▲ 圖 6.14 (a) 搭載 iOS 的智慧型手機 (圖片來源：Apple iPhone)
(b) 搭載 wearOS 的智慧型手錶 (圖片來源：Google Pixel Watch)
(c) 搭載 Windows 的微軟自有品牌平板電腦
(圖片來源：Microsoft Surface)

- 電腦軟體 (software) 可以分成**系統軟體** (system software) 與**應用軟體** (application software) 兩種類型,前者是支援電腦運作的程式,而後者是針對特定事務或工作所撰寫的程式,目的是協助使用者解決問題。

- **作業系統** (OS) 是介於電腦硬體與應用軟體之間的程式,主要的功能有分配系統資源、提供執行應用軟體的環境、提供使用者介面,其中使用者介面又分成**命令列使用者介面**和**圖形化使用者介面**兩種。

- **批次系統** (batch system) 的原理是將相同或類似的工作集中在一起,然後交給電腦分批執行,再將輸出結果送回給所屬的使用者。

- **多元程式** (multiprogramming) 的目的是同時服務多位使用者或多個程式,致力於讓 CPU 一直保持忙碌的狀態。

- **分時處理** (time-sharing) 是一種特殊形式的多元程式,主要應用於互動式系統 (interactive system)。

- **多處理器系統** (multiprocessor system) 是具有多個 CPU 的系統,這些 CPU 之間會緊密溝通,並共用匯流排、時脈、周邊或甚至記憶體。

- **叢集式系統** (clustered system) 是由多個相互連接的節點所組成,節點之間可以共用系統的資源,目的是提升效能、可靠度與可擴展性。

- 在**分散式系統** (distributed system) 中,同一個工作可以拆成幾個部分,然後透過快速的網路連結指派給多部電腦分別執行。

- **即時系統** (real time system) 必須在預定的時間限制內正確地完成工作,通常應用於非常重視回應時間的系統,例如飛機導航系統、武器系統等。

- **手持式系統** (handheld system) 泛指應用於智慧型手機或平板電腦的作業系統,設計上必須考慮到體積愈小愈好、有效管理記憶體、減輕處理器的負荷、降低消耗的電力、擷取顯示部分內容、支援無線通訊等。

- **嵌入式系統** (embedded system) 沒有或只有少許介面,功能有限且原始,傾向於監督並控制硬體裝置等特殊用途。

一、選擇題

( ) 1. 下列何者不是作業系統的主要功能？

    A. 儲存資料   B. 提供執行應用軟體的環境

    C. 分配系統資源   D. 提供使用者介面

( ) 2. 下列何者不是個人電腦的作業系統？

    A. Windows 11   B. Linux

    C. macOS   D. UNIX

( ) 3. 下列何者採取命令列使用者介面？

    A. iOS   B. Android

    C. Linux   D. MS-DOS

( ) 4. 下列敘述何者錯誤？

    A. 即時系統通常應用於非常重視回應時間的系統

    B. 單工系統一次只能服務一位使用者

    C. 多處理器系統能夠增加工作量及可靠度

    D. 分散式系統的 CPU 排程演算法比其它作業系統簡單

( ) 5. 下列敘述何者正確？

    A. 作業系統的殼層指的是使用者介面

    B. 手持式系統並不需要加入無線通訊的技術

    C. 分時系統是透過網路連結多部電腦來執行工作

    D. 由於記憶體很便宜，所以手持式系統無須考慮到有效管理記憶體

( ) 6. 下列哪種作業系統屬於開放原始碼軟體？

    A. MS-DOS   B. iOS   C. Windows 11   D. Linux

( ) 7. 下列哪種作業系統的功能往往較為有限及原始？

    A. 多處理器系統   B. 即時系統   C. 嵌入式系統   D. 分散式系統

( ) 8. 下列敘述何者錯誤？

    A. 大型主機的作業系統通常應用於科學運算或商業運算

    B. 手持式裝置的作業系統相當著重無線通訊功能

    C. iOS 屬於免費的開放系統

    D. Android 是以 Linux 為核心發展而來

( ) 9. 下列關於應用軟體的敘述何者錯誤？

  A. 目的是協助使用者解決問題   B. 負責分配系統資源
  C. Illustrator 屬於向量繪圖軟體   D. Word 屬於文書理軟體

( ) 10. 下列對於作業系統的敘述何者錯誤？

  A. OS 負責管理 CPU 的使用   B. OS 包含硬體驅動程式
  C. OS 負責管理記憶體的使用   D. 應用程式是 OS 的一部分

( ) 11. 下列關於 App 的敘述何者錯誤？

  A. 專指 Apple App Store 的應用程式 B. 操作簡易
  C. 通常比 PC 的應用程式便宜   D. 可以在智慧型手機上執行

( ) 12. 若使用者想在多部電腦安裝商業繪圖軟體，那麼在安裝此軟體前應該
   先確認下列何者？

  A. 使用者已經購買適當數量的軟體授權 B. 這些電腦都有光碟機
  C. 使用者具有系統管理人員的權限   D. 這些電腦已經關閉防火牆

( ) 13. 下列哪個行為並不會違反著作權法？

  A. 複製購買的音樂轉賣同學   B. 購買盜版軟體
  C. 複製購買的軟體做備份   D. 隨意下載 MP3 音樂

( ) 14. 下列何者不在著作權法的保護範圍內？

  A. 美術創作   B. 電腦程式
  C. 建築著作   D. 政府公文

( ) 15. 下列關於著作權的敘述何者正確？

  A. 學校只要購買一套電腦軟體，就可以安裝在電腦教室的每部電腦
  B. 在合法使用他人已公開發表的著作時，應標示著作人出處
  C. 高普考的考題是有著作權的，不得隨意使用
  D. 著作人需要為自己的著作申請著作權，否則視同放棄

二、簡答題

1. 簡單說明何謂系統軟體？

2. 簡單說明何謂作業系統？其主要功能為何？

3. 簡單說明何謂開放原始碼軟體並舉出三個實例。

4. 簡單說明何謂 App ？

5. 舉出智慧型手機所使用的作業系統兩種，並加以簡單說明。

Foundations of
Computer Science

07

電腦網路與無線通訊

7-1 網路的用途

網路 (network) 指的是將多部電腦或周邊透過纜線或無線電、微波、紅外線等無線傳輸媒介連接在一起，以達到資源分享的目的，常見的用途如下：

- **硬體共用**：人們可以將磁碟、印表機、傳真機、掃描器、光碟機、燒錄器等硬體連接到網路，讓網路上的電腦共用這些硬體。

- **資料分享**：人們可以透過網路分享各種資料，例如以電子郵件、檔案傳輸、即時通訊等方式交換檔案，或透過 Dropbox、OneDrive、Google 雲端硬碟、Apple iCloud 等雲端服務同步文件、行事曆、聯絡人、相片、音樂等資料。

- **提高可靠度**：人們可以將資料備份在網路上不同的電腦或雲端的儲存空間，若電腦故障導致無法存取資料，還有其它備份可以替代使用，提高可靠度。

- **訊息傳遞與交換**：人們可以透過網路快速傳遞與交換訊息，進行各項通訊，例如全球資訊網、電子郵件、電子布告欄、即時通訊、網路電話、視訊會議、社群網站、網路影音、網路購物、網路拍賣、網路銀行、線上遊戲、線上課程、搜尋引擎、遠距教學、遠距醫療、遠距工作、電子地圖、電子商務、網路行銷、雲端運算、雲端軟體服務、全球定位系統、物聯網、智慧物聯網、工業物聯網、車聯網、無人機、自駕車、智慧城市、智慧交通、智慧家庭、智慧農業等。

▲ 圖 7.1 網路已經深入人們的生活，帶來更多應用與便利 (圖片來源：ASUS)

7-2 網路的類型

原則上，只要是將兩部或以上的電腦連接在一起就能形成網路。以圖 7.2 為例，這是連接兩部電腦的網路，也是最單純的網路，尤其是圖 7.2(a)，由於兩部電腦的距離很短 (或許是位於相同房間)，因此，只要使用網路線就能連接成網路。

而在圖 7.2(b) 中，由於兩部電腦的距離較遠，無法直接使用網路線連接在一起，此時可以各自連接一部數據機 (modem)，然後透過 PSTN 傳送資料，PSTN (Public Switched Telephone Network) 指的是公共交換電話網路。

然類似這種以點對點的方式連接電腦以形成網路的做法並不實際，一來電腦的距離可能很遠，二來電腦的數目可能很多，我們通常會根據電腦所在的範圍，將網路分為「區域網路」、「廣域網路」、「都會網路」、「互聯網」等類型，以下各小節有進一步的說明。

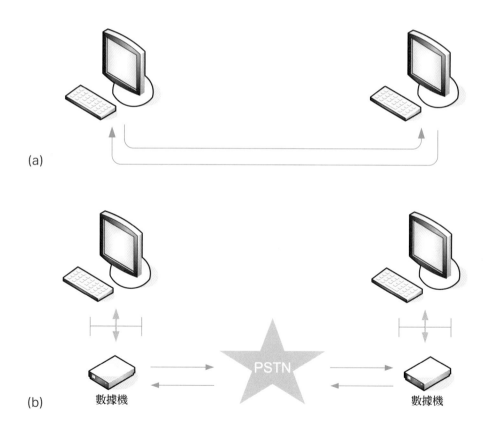

(a)

(b) 數據機　　PSTN　　數據機

▲ 圖 7.2 (a) 連接兩部短距離的電腦 (b) 連接兩部長距離的電腦

7-2-1 區域網路 (LAN)

當電腦的數目不只一部，而且所在的位置可能是同一棟建築物的不同辦公室、同一個公司或同一個學校的不同建築物，那麼將這些電腦連接在一起所形成的網路就叫做區域網路 (LAN，Local Area Network)。

例如在校園內架設區域網路將學校的行政組織、各個系所辦公室、圖書館、資訊中心的電腦連接在一起，或在一棟辦公大樓內架設區域網路將公司各個部門的電腦連接在一起。

透過區域網路，電腦之間可以分享硬體、軟體、資料等資源，進而應用至辦公室自動化、視訊會議、遠距教學、網路選課、開放課程、學術研究等方面。

以圖 7.3 為例，這個區域網路裡面有三部交換器，各自連接了數部電腦，而交換器彼此之間則是串接在一起，假設交換器 1 所連接的電腦 A 欲傳送資料給交換器 3 所連接的電腦 K，雖然兩者沒有直接連線，但電腦 A 可以透過交換器 1 將資料傳送給交換器 2，接著傳送給交換器 3，最後再傳送給電腦 K。

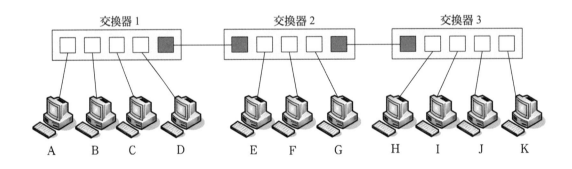

▲ 圖 7.3 區域網路（LAN）

7-2-2 廣域網路 (WAN)

當電腦的數目不只一部，而且所在的位置可能在不同城鎮、不同國家甚至不同洲，例如一個公司在不同國家有分公司，或一個學校在不同區域有分校，那麼將這些電腦連接在一起所形成的網路就叫做廣域網路 (WAN，Wide Area Network) (圖 7.4)。

由於廣域網路的範圍可能跨越數百公里甚至數千公里，所以通常需要租用公共的通訊設備 (例如專線) 或衛星做為通訊媒介，舉例來說，假設有個公司欲連接其台北總公司和高雄分公司的區域網路，此時可以向中華電信租用專線或 VPN (Virtual Private Network，虛擬私人網路) 服務，將兩地的區域網路連接成一個廣域網路。

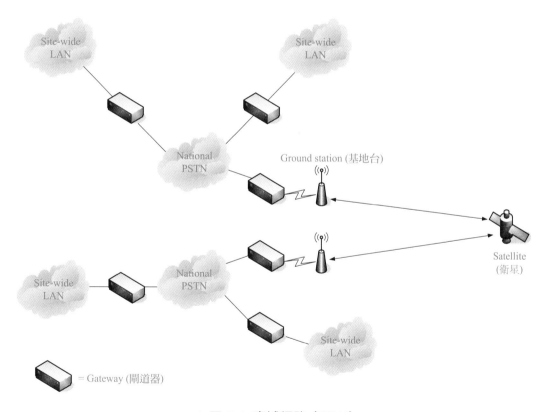

▲ 圖 7.4 廣域網路（WAN）

7-2-3 都會網路 (MAN)

都會網路 (MAN，Metropolitan Area Network) 涵蓋的範圍介於 LAN 與 WAN 之間，使用與 LAN 類似的技術連接位於不同辦公室或不同城鎮的電腦，它可能是單一網路或連接數個 LAN 的網路，例如有線電視網路 (Cable TV Network) (圖 7.5)。

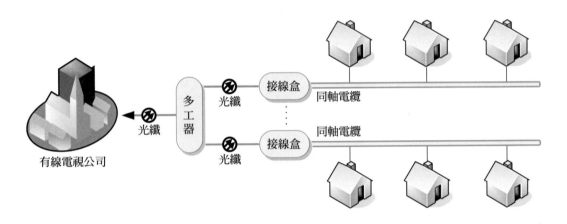

▲ 圖 7.5 有線電視網路

原則上，LAN 泛指範圍在 10 公里以內的網路，MAN 泛指範圍在 10 ~ 100 公里的網路，而 WAN 泛指範圍在 100 公里以上的網路 (表 7.1)。目前由於 LAN 的傳輸速率與傳輸距離不斷提升，使得 MAN 與 LAN 之間的分野日趨模糊。

▼ 表 7.1 LAN V.S. MAN V.S. WAN

	區域網路（LAN）	都會網路（MAN）	廣域網路（WAN）
涵蓋範圍	10 公里以內	10 ~ 100 公里	100 公里以上
傳輸速率	快	中	慢
傳輸品質	佳	中	差
設備價格	低	中	高

7-2-4 互聯網

當有兩個或多個網路連接在一起時，便形成了所謂的互聯網 (internetwork)，簡稱為 internet，例如數個 LAN 連接在一起、一個 LAN 和一個 WAN 連接在一起、數個 LAN 和一個 MAN 連接在一起等 (圖 7.6)。

請注意，internet (小寫字母 i) 和 Internet (大寫字母 I) 是不同的，前者指的是相互連接的網路，後者專指網際網路，這是全世界最大的網路，由成千上萬個大小網路連接而成。

網際網路提供了豐富的資源，例如全球資訊網、電子郵件、檔案傳輸、電子布告欄 (BBS)、即時通訊、網路電話、部落格、微網誌、社群網站、網路影音、網路購物、網路拍賣、網路銀行、線上財富管理、線上遊戲、線上課程、搜尋引擎、視訊會議、遠距教學、遠距醫療、遠距工作、電子地圖、電子商務、行動商務、跨境電商、網路行銷、行動行銷、直播行銷、雲端運算、雲端軟體服務、全球定位系統 (GPS)、物聯網、車聯網、無人機、自駕車、智慧城市、智慧家庭、智慧製造、智慧零售等。

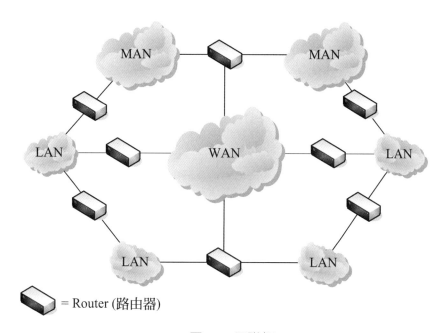

▲ 圖 7.6 互聯網

7-3 網路的運作方式

我們可以根據不同的運作方式，將網路分為下列幾種類型：

✅ **主從式網路 (client-server network)**：在主從式網路中，會有一部或多部電腦負責管理使用者、檔案、列印、傳真、電子郵件、網頁快取等資源，並提供服務給其它電腦，我們將提供服務的電腦稱為**伺服器** (server)，其它電腦稱為**用戶端** (client)(圖 7.7)。

舉例來說，假設網路上有 A、B、C、D、E 等五部電腦，其中電腦 A 負責管理印表機，任何電腦要進行列印，都必須向電腦 A 提出要求，此時，電腦 A 所扮演的角色就是**印表機伺服器** (printer server)。

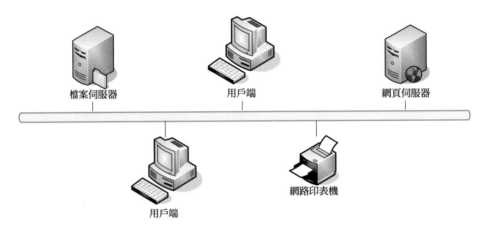

檔案伺服器　　　　　用戶端　　　　　網頁伺服器

用戶端　　　　　網路印表機

▲ 圖 7.7 **主從式網路的資源集中在伺服器，適用於大型網路**

✅ **對等式網路 (peer-to-peer network)**：在對等式網路中，每部電腦可以同時扮演伺服器與用戶端的角色，使用者可以自行管理電腦，決定要開放哪些資源給其它電腦分享，也可以向其它電腦要求服務 (圖 7.8)。

✅ **混合式網路**：在實際應用上，多數網路屬於混合式網路，也就是混合了主從式網路與對等式網路的運作方式。舉例來說，在小型辦公室中，除了架設一、兩部伺服器管理重要的資源或應用程式之外，往往允許用戶端之間互相分享資料夾，此時，這些電腦所扮演的角色不僅是用戶端，同時也是伺服器。

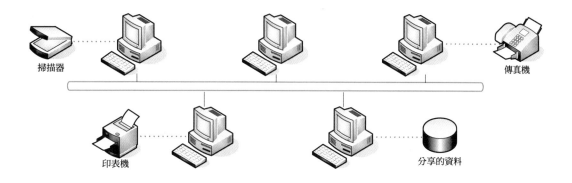

掃描器

傳真機

印表機

分享的資料

▲ 圖 7.8 對等式網路的資源分散在不同電腦,適用於小型網路

▼ 表 7.2 主從式網路 V.S. 對等式網路

	優點	缺點
主從式網路	■ 容易管理(資源集中在伺服器,只要妥善管理伺服器即可) ■ 安全控管較佳 ■ 效能較佳(伺服器的功能可以最佳化) ■ 具有集中管理功能(資料較易搜尋且網路規模得以擴充)	■ 成本較高(需要購買硬體需求較高的伺服器、網路作業系統的軟體授權較貴) ■ 不易架設(需要專業人員負責管理伺服器) ■ 需要依賴伺服器的功能(當伺服器故障時,將影響整個網路的運作)
對等式網路	■ 成本較低(無須購買伺服器) ■ 容易架設(無須專業人員負責管理伺服器) ■ 無須依賴伺服器的功能(當有電腦故障時,不會影響整個網路的運作)	■ 不易管理(資源分散在不同電腦) ■ 安全控管較差 ■ 效能較差(資源分享會造成某些電腦的負荷) ■ 缺乏集中管理功能(資料較難搜尋且網路規模難以擴充)

7-4　OSI 參考模型

網路通常是由多部電腦和路由器、閘道器、交換器等設備所組成，中間涉及複雜的軟硬體。為了讓不同的網路能夠彼此通訊，於是需要統一的標準以茲遵循，其中比較知名的是 **OSI 參考模型** (Open System Interconnection reference model，開放系統互連)，這是一個如圖 7.9 的概念性架構，可以做為制定網路標準的參考。

在圖 7.9 中，**網路環境**指的是資料通訊網路相關的通訊協定或標準，**OSI 環境**包含了網路環境和應用程式導向的標準，讓電腦以開放的方式進行通訊，**真實系統環境**涵蓋了針對特定目的所撰寫的應用程式。

發訊端 (例如電腦 A) 送出的資料會沿著 OSI 參考模型的七個層次一路向下，然後經由資料網路抵達目的設備，再沿著 OSI 參考模型的七個層次一路向上抵達收訊端 (例如電腦 B)，所謂的發訊端和收訊端可以是電腦、磁碟、印表機等。

OSI 參考模型將網路的功能及運作粗略分成**應用層** (application layer)、**表達層** (presentation layer)、**會議層** (session layer)、**傳輸層** (transport layer)、**網路層** (network layer)、**資料連結層** (data link layer)、**實體層** (physical layer) 等七個層次 (由上到下)，多數通訊協定都可以放入其中一個層次。

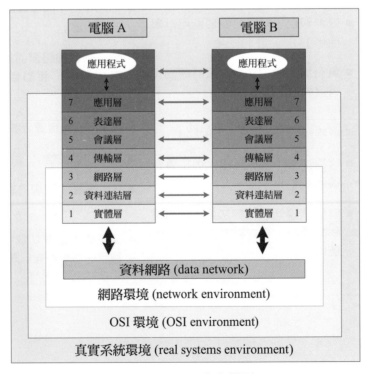

▲ 圖 7.9 OSI 參考模型

應用層

應用層 (application layer) 位於 OSI 參考模型的第七層也是最上層,屬於使用者端應用程式與網路服務之間的介面,負責提供網路服務給應用程式、訊息交換、檔案傳輸、網頁瀏覽、電子郵件、目錄服務、密碼檢查、登入、系統管理等,諸如 FTP、DNS、HTTP、POP、SMTP、Telnet、SNTP、NNTP 等通訊協定均屬於應用層。

表達層

表達層 (presentation layer) 位於 OSI 參考模型的第六層,負責下列工作:

- ✓ 內碼轉換 (根據通訊雙方所使用的字元編碼方式轉換資料)
- ✓ 加密 / 解密 (將資料編碼與解碼以避免被偷窺)
- ✓ 壓縮 / 解壓縮 (減少資料占用的空間)

會議層

會議層 (session layer) 位於 OSI 參考模型的第五層,負責通訊雙方在開始傳輸之前的對話控制、建立、維護與切斷連線,目的是控制資料收發時機,例如何時傳送資料?何時接收資料?其訊號傳輸模式如下:

- ✓ 單工 (simplex):線路上的訊號只能做單向傳送,也就是一方固定處於傳送狀態,另一方則固定處於接收狀態,例如廣播電台能夠將訊號傳送到您的收音機,但您無法傳送訊號給廣播電台 (圖 7.10(a))。

- ✓ 半雙工 (half duplex):線路上的訊號可以做雙向傳送,但無法同時進行,也就是某個時段內一方處於傳送狀態,另一方則處於接收狀態,例如無線電火腿族,當雙方通訊時,某個時段內只有一方可以講話 (圖 7.10(b))。

- ✓ 全雙工 (full duplex):線路上的訊號可以同時做雙向傳送,雙方可以同時傳送並接收訊號,例如打電話 (圖 7.10(c))。

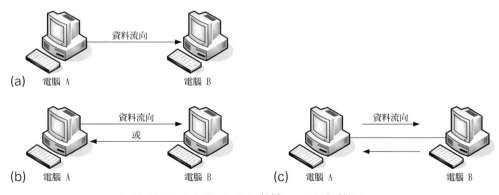

▲ 圖 7.10 (a) 單工 (b) 半雙工 (c) 全雙工

傳輸層

傳輸層 (transport layer) 位於 OSI 參考模型的第四層,負責下列工作,目的是確保資料安全抵達收訊端的傳輸層,諸如 UDP 通訊協定與網際網路所使用的 TCP 通訊協定均屬於傳輸層:

- ✓ 區段排序
- ✓ 流量控制
- ✓ 錯誤控制

發訊端的傳輸層會從發訊端的會議層接收資料,然後將資料分割成一個個區段 (segment) 並予以編號,再將區段傳送到發訊端的網路層,中間會進行流量控制與錯誤控制;反之,收訊端的傳輸層會從收訊端的網路層接收區段,然後根據編號進行排序還原為資料,再將資料傳送到收訊端的會議層。

網路層

網路層 (network layer) 位於 OSI 參考模型的第三層,負責下列工作,諸如 X.25、IPX 與網際網路所使用的 IP 通訊協定均屬於網路層:

- ✓ 邏輯定址 (賦予通訊雙方唯一可識別的邏輯位址)
- ✓ 路由 (選擇最佳路徑)

發訊端的網路層會從發訊端的傳輸層接收區段,然後將區段封裝成封包 (packet),裡面包含收訊端與發訊端的邏輯位址 (例如 IP 位址 140.112.30.22),再將封包傳送到發訊端的資料連結層;反之,收訊端的網路層會從收訊端的資料連結層接收封包,然後還原為區段,再將區段傳送到收訊端的傳輸層。

資料連結層

資料連結層 (data link layer) 位於 OSI 參考模型的第二層,負責下列工作:

- ✓ 實體定址 (根據網路設備的實體位址找到該設備究竟位於哪個網路的哪部電腦)
- ✓ 媒介存取控制 (原則上,傳輸媒介在相同時間內只允許一個網路設備傳送資料,否則會發生碰撞,而資料連結層的任務之一就是避免發生碰撞及解決碰撞)
- ✓ 流量控制
- ✓ 錯誤控制

發訊端的資料連結層會從發訊端的網路層接收封包,然後將封包封裝成訊框 (frame),再將訊框傳送到發訊端的實體層,中間會進行流量控制與錯誤控制;反之,收訊端的資料連結層會從收訊端的實體層接收訊框,然後還原為封包,再將封包傳送到收訊端的網路層。

實體層

實體層 (physical layer) 位於 OSI 參考模型的第一層也是最底層,目的是讓資料透過實體的傳輸媒介進行傳送,負責定義網路所使用的訊號編碼方式、拓樸、傳輸媒介 (雙絞線、同軸電纜、光纖、無線電、微波、紅外線…)、傳輸速率、傳輸距離、傳輸格式、接頭、佈線、電壓、電流等規格。

發訊端的實體層會從發訊端的資料連結層接收訊框,將這些由 0 與 1 所組成的數位資料轉換成傳輸媒介所能傳送的電流訊號或光波脈衝,以序列埠所使用的 RS-232 為例,其輸出的電壓準位為 ±12 伏特,位元 0 會被轉換成 +12 伏特,位元 1 會被轉換成 -12 伏特;接著,電流訊號或光波脈衝會透過諸如雙絞線、同軸電纜、光纖等傳輸媒介傳送到收訊端的實體層;最後,收訊端的實體層會將收到的訊號轉換成訊框,再傳送到收訊端的資料連結層。

▼ 表 7.3 OSI 參考模型與對應的通訊協定、軟硬體設備

OSI 參考模型的層次	對應的通訊協定	對應的軟硬體設備
應用層 (第七層)	FTP、DNS、SMTP、Telnet、POP、HTTP、SNTP、NNTP…	網路應用程式 (例如電子郵件程式、瀏覽器程式、檔案傳輸程式、遠端登入程式…)、閘道器
表達層 (第六層)	--	內碼轉換、加密 / 解密、壓縮 / 解壓縮程式 (通常內建於作業系統或應用程式)
會議層 (第五層)	--	網路設備驅動程式
傳輸層 (第四層)	UDP、TCP…	網路設備驅動程式
網路層 (第三層)	X.25、IPX、IP…	路由器、第三層交換器
資料連結層 (第二層)	CSMA/CD、Control Token…	橋接器、第二層交換器
實體層 (第一層)	RS232、SONET/SDH…	中繼器、集線器

7-5　網路拓樸

網路通常會包含兩部以上的電腦，而電腦之間是如何連接成網路則有數種方式，我們將這些方式統稱為拓樸 (topology)，常見的拓樸如下：

- 匯流排拓樸 (bus topology)

- 星狀拓樸 (star topology)

- 環狀拓樸 (ring topology)

- 網狀拓樸 (mesh topology)

7-5-1　匯流排拓樸

在匯流排拓樸 (bus topology) 中，所有電腦是連接到同一條網路線，而資料就是在這條網路線上傳送 (圖 7.11)。所有電腦都會接收網路線上的資料，然後根據自己的位址擷取要傳送給自己的資料，其它不是要傳送給自己的資料則不予理會，讓它繼續傳送；若電腦要傳送資料，必須先判斷是否有其它資料正在網路線上傳送，沒有的話，才能開始傳送。

由於訊號是透過網路線傳送至整個網路，它會從網路線的一端行進到另一端，當無用的訊號抵達網路線的兩端時，它必須被終止，才不會反射回來造成干擾，因此，網路線的兩端必須加上終端電阻 (terminator)。

匯流排拓樸的優點如下：

- 安裝簡單。

- 成本低 (只需購買網路卡、網路線與接頭)。

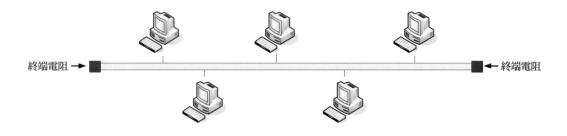

▲ 圖 7.11　匯流排拓樸

匯流排拓樸的缺點如下：

- 網路線太長時會導致訊號減弱。

- 有多部電腦欲傳送資料時會發生碰撞導致網路暫停。

- 增加或減少電腦時會導致網路暫停。

- 任何一段線路故障時會導致網路癱瘓。

- 故障排除較困難 (必須沿著網路線一段一段檢查以找出故障點)。

7-5-2 星狀拓樸

在星狀拓樸 (star topology) 中，所有電腦是透過個別的網路線連接到集線器 (hub)，然後透過集線器傳送資料 (圖 7.12)。

星狀拓樸的優點其實就是改善了匯流排拓樸的多數缺點，包括：

- 增加或減少電腦時不會導致網路暫停。

- 任何一段線路故障時不會導致網路癱瘓 (只會影響局部區域)。

- 故障排除較簡單 (通常可以從集線器的燈號找出故障點)。

星狀拓樸的缺點如下：

- 多了購買集線器的成本。

- 集線器故障時會導致網路癱瘓。

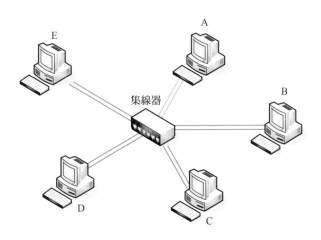

▲ 圖 7.12 星狀拓樸

7-5-3 環狀拓樸

在環狀拓樸 (ring topology) 中，所有電腦是以環狀方式連接在一起，第一部電腦連接到第二部電腦，第二部電腦連接到第三部電腦，…，最後一部電腦再連接到第一部電腦。以圖 7.13 為例。當電腦 A 要傳送資料給電腦 D 時，必須依序經由電腦 B 和電腦 C，最後抵達電腦 D，不能跳過中間的電腦 B 和電腦 C。

比起前述的匯流排拓樸和星狀拓樸，環狀拓樸的效能較佳，尤其是在高流量時，因為環狀網路上會一直傳送著一個記號 (token)，這是一個由數個位元所組成的封包，只有取得記號的電腦才能開始傳送資料，待資料傳送完畢並確認目的電腦已經收到資料後，來源電腦再釋放記號讓其它電腦使用。

環狀拓樸的優點如下：

- 不會發生碰撞，因為一次只有一部電腦能夠取得記號。

- 高流量時的效能較佳。

- 能夠設定優先順序，讓某些電腦優先取得傳送資料的權利。

- 每部電腦可以將訊號加強後再傳送出去，來保持訊號強度。

環狀拓樸的缺點如下：

- 軟硬體成本較高，導致較不普及。

- 任何一部電腦故障或任何一段線路故障時會導致網路癱瘓。

- 故障排除較困難。

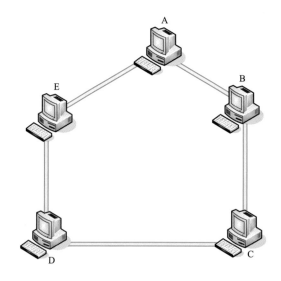

▲ 圖 7.13 環狀拓樸

7-5-4 網狀拓樸

在網狀拓樸 (mesh topology) 中，所有電腦之間互相有網路線連接，不會因為任何一部電腦故障或任何一段線路故障而導致網路癱瘓，容錯能力為其它網路拓樸之冠。

以圖 7.14 為例，當電腦 A 要傳送資料給電腦 D 時，電腦 A 可以直接透過和電腦 D 之間的網路線傳送資料，若該網路線故障，那也沒關係，電腦 A 可以改用其它路徑，例如先將資料傳送給電腦 B，電腦 B 再將資料傳送給電腦 D。

網狀拓樸的優點如下：

✅ 容錯能力極佳，對於資料流量大且傳送作業不能中斷的環境來說，它將是最好的選擇。

網狀拓樸的缺點如下：

✅ 需要使用大量網路線，架設成本遠比其它網路拓樸高。

✅ 一旦電腦的數目很多，佈線將會變得很複雜，所以很少有網路是真正的網狀拓樸。

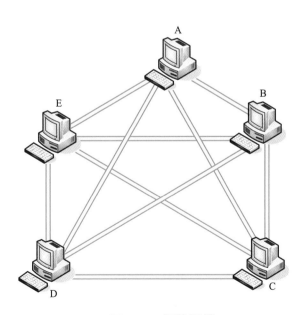

▲ 圖 7.14 網狀拓樸

7-6　網路傳輸媒介

網路必須透過傳輸媒介來傳送資料，而且傳輸媒介決定了網路的頻寬、傳輸品質、傳輸速率、成本與安裝方式。傳輸媒介又分為下列兩種類型：

- 導向媒介 (directed media)：這種類型是提供有實體限制的路徑給訊號，包括雙絞線、同軸電纜及光纖，前兩者是透過金屬導線以電流的形式傳送訊號，後者是透過玻璃或塑膠纖維以光波的形式傳送訊號。

- 無導向媒介 (undirected media)：這種類型不需要實體媒介，而是透過開放空間以電磁波的形式傳送訊號，包括無線電、微波及紅外線。

7-6-1　雙絞線

雙絞線 (twisted-pair) 是由多對外覆絕緣材料的實心銅蕊線兩兩對絞而成，如圖 7.15，目的在於減少電磁干擾，因為對絞的動作會令兩條銅蕊線產生的磁場互相抵消，對絞的次數愈多，抗干擾的效果就愈佳，電話線即為其中一種。

雙絞線的優缺點

雙絞線的優點是成本低、安裝簡單、支援多種網路標準，缺點則是容易受到電磁干擾、傳輸距離短 (受限在 100 公尺左右)。

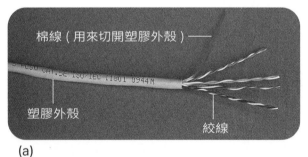

(a)

(b)

(c)

▲ 圖 7.15 (a) UTP Category 5
(b) STP
(c) RJ-45 接頭

雙絞線的類型

- ✅ UTP (Unshield Twisted Pair，無遮蔽雙絞線)：UTP 可以用來傳送資料或聲音，又分為 Category1、2、3、4、5、5e、6、6A、6e、7、8 等類型，傳輸速率為 2M、4M、10M、16M、100M、1G、10G、10G、10G、10G、40Gbps。

- ✅ STP (Shield Twisted Pair，遮蔽雙絞線)：STP 的絞線和塑膠外殼之間多了金屬遮蔽層，傳送資料時能減少電磁干擾。STP 又分成 Type 1、2、6、8、9 等類型，其中 Type 6 應用於 Token Ring 網路，傳輸速率為 16Mpbs。和 STP 比起來，UTP 的優點是成本較低、安裝較簡單，缺點則是電磁干擾較多、傳輸品質較差。

7-6-2 同軸電纜

同軸電纜 (coaxial cable) 可以用來傳送影像與聲音，有線電視纜線即為其中一種。圖 7.16 為同軸電纜的構造，其中塑膠外殼用來保護纜線，避免受潮、氧化或損壞；外導體是金屬網，做為接地，避免電磁干擾；絕緣體用來隔絕外導體與中心導體，避免短路；中心導體用來傳送訊號。早期有線電視的整個網路都是使用同軸電纜，後來改以光纖做為骨幹，只在連接到用戶端設備處使用同軸電纜。

同軸電纜的優缺點

和雙絞線比起來，同軸電纜的優點是電磁干擾較少、傳輸距離較長，缺點則是故障排除較困難 (任何一段線路故障均會導致網路癱瘓)。

同軸電纜的類型

同軸電纜會因為阻抗和口徑不同，而有不同的類型，阻抗單位為歐姆，口徑單位為 RG，例如有線電視網路使用 RG-59 (75 歐姆)。

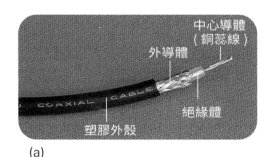
(a)

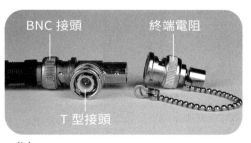
(b)

▲ 圖 7.16 (a) RG-58 同軸電纜 (b) BNC T 型接頭

7-6-3 光纖

光纖 (optical fiber) 是透過玻璃或塑膠纖維以光波的形式傳送訊號,所以不會像雙絞線和同軸電纜有電磁干擾的現象,而且傳輸速率高達數十 Gbps,傳輸距離長達數十公里,大型網路通常是使用光纖做為骨幹。

圖 7.17 為光纖的構造,其中外殼 (coating) 是不透光的材質,用來保護核心,隔絕干擾;被覆層 (cladding) 是密度較低的玻璃或塑膠,光波訊號就是透過被覆層與核心的接觸面進行反射或折射 (視其進入角度而定);核心 (core) 是密度較高的玻璃或塑膠,用來傳送光波訊號。

光纖的優點如下:

- ✅ 不受電磁干擾。
- ✅ 訊號衰減程度低。
- ✅ 傳輸速率快。
- ✅ 傳輸距離長。
- ✅ 保密性高。
- ✅ 體積小、材質輕、耐高溫、不怕雷擊。

光纖的缺點如下:

- ✅ 成本高。
- ✅ 佈線工程須仰賴專業的技術人員。
- ✅ 玻璃纖維比較容易受損。

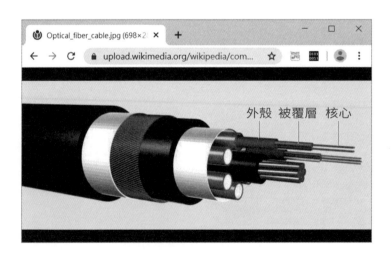

▲ 圖 7.17 光纖的構造 (圖片來源:維基百科)

7-6-4 無線電

前面所介紹的雙絞線、同軸電纜、光纖都是有線網路的傳輸媒介，必須架設實體線路，而無線網路的傳輸媒介是透過開放空間以電磁波的形式傳送訊號，包括無線電 (radio)、微波 (microwave) 及紅外線 (infrared)，其訊號的傳送與接收都是透過天線來達成，而天線 (antenna) 是一個能夠發射或接收電磁波的導體系統。

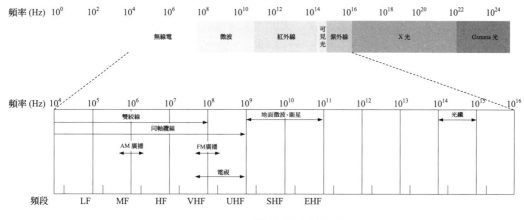

▲ 圖 7.18 傳輸媒介的頻率

無線電 (radio) 是頻率介於 3KHz ～ 300GHz 的電磁波，通常是全向性的，每個收訊端都能收到發訊端發出的訊號 (圖 7.19)，適合群播 (一對多通訊)，而且中低頻率的無線電還能穿透牆壁，因此，無線電的優點是收訊端無須對準發訊端，能夠穿透障礙物，缺點則是容易洩密及受到干擾，第三者可以使用特殊儀器接收特定頻率範圍內的訊號，或發送頻率相同但功率更高的訊號干擾收訊端。

為了避免干擾，ITU (國際電信聯盟) 根據無線電的頻率範圍劃分了不同的頻段，各有用途，例如藍牙所使用的 2.4GHz 頻段屬於特高頻 UHF (Ultra High Frequency)，也就是頻率範圍介於 300MHz ～ 3GHz 的無線電。

註：群播 (multicast) 屬於一對多通訊，發訊端會傳送訊號給特定群組的收訊端；反之，單播 (unicast) 屬於一對一通訊，發訊端只會傳送訊號給指定的收訊端。

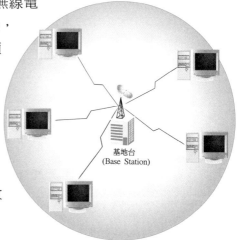

▲ 圖 7.19 無線電

7-6-5 微波

微波 (microwave) 是頻率介於 300MHz ~ 300GHz 的電磁波，相較於無線電，微波的頻率較高，傳輸速率較快，不過，無線電是全向性的，而微波是單向性的，只會往某個方向傳送訊號，收訊端與發訊端的天線必須精確對焦，適合單播 (一對一通訊)。微波又分為下列兩種類型：

✓ 地面微波 (terrestrial microwave)：這通常是在不易架設實體線路的情況下用來做為傳輸媒介 (圖 7.20(a))，例如要橫跨大河、湖泊或沙漠，傳輸距離長達 10 ~ 100 公里，超過的話，可以設置中繼站。

✓ 衛星微波 (satellite microwave)：這是利用衛星做為中繼站轉送訊號，以提供地面上兩點之間的通訊 (圖 7.20(b))，例如衛星電話、全球定位系統 (GPS)、電視台衛星直播連線。

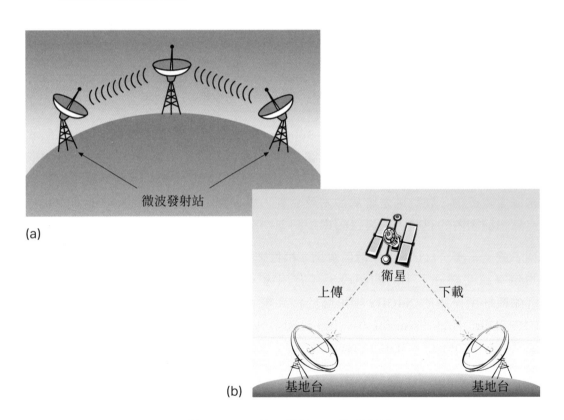

▲ 圖 7.20 (a) 地面微波 (b) 衛星微波

7-6-6 紅外線

紅外線 (infrared) 是頻率介於 300GHz ~ 400THz 的電磁波，無法穿透牆壁，會受到障礙物阻隔或光源干擾，但不會受到電磁干擾，正因為這些特點，所以當使用者在家裡使用紅外線遙控器時，就不用擔心會干擾不同房間或隔壁鄰居的電器，而且紅外線沒有頻段分配的問題，不像無線電或微波需要申請頻段執照。

紅外線的優缺點

紅外線的優點是不會受到電磁干擾、低功耗、低成本、保密性佳，缺點則是傳輸距離短、穿透性低、收訊端必須對準發訊端 (圖 7.21)。

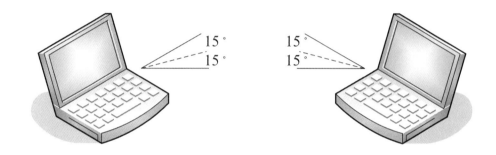

▲ 圖 7.21 紅外線的收訊端必須對準發訊端，誤差超過最大收訊角度 (例如 15°) 將收不到

紅外線傳輸標準

紅外線傳輸標準是 IrDA 協會所提出，目的是建立互通性佳、低成本、低功耗的資料傳輸解決方案：

- IrDA Data：這是點對點、傳輸距離較短 (1 公尺)、傳輸速率為 9600bps ~ 16Mbps、雙向傳輸的高速紅外線傳輸標準，適用於筆記型電腦、行動電話、數位相機等設備。

- IrDA Control：這是點對點、點對多點 (一個主裝置可以對應 8 個從屬裝置)、傳輸距離較長 (8 公尺)、傳輸速率為 75Kbps、雙向傳輸的低速紅外線傳輸標準，適用於遙控器、無線滑鼠、無線鍵盤、無線搖桿等設備。

7-7　網路相關設備

- 網路卡：網路卡可以將電腦內部的資料轉換成傳輸媒介所能傳送的訊號，或將傳輸媒介傳送過來的訊號轉換成電腦所能處理的資料。

- 數據機 (modem)：電腦內部的資料是由 0 與 1 所組成的數位資料，而電話網路是以類比電波傳送聲音，因此，若電腦 A 要透過電話網路傳送數位資料給電腦 B，電腦 A 必須先將數位資料轉換成類比訊號，這個動作叫做調變 (modulation)，而電腦 B 在收到類比訊號後，必須將它還原成數位資料，才能加以儲存或使用，這個動作叫做解調變 (demodulation)，而數據機的功能就是進行調變與解調變 (圖 7.22)。

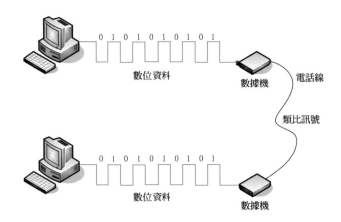

▲ 圖 7.22 數據機的功能是進行調變與解調變

- 中繼器 (repeater)：中繼器的功能是接收訊號，然後重新產生增強的訊號，以傳送到更遠的地方。中繼器可以連接同一個網路的不同區段，例如同一個乙太網路的兩個區段，但不能連接不同的網路，例如乙太網路和 Token Ring 網路 (圖 7.23)。

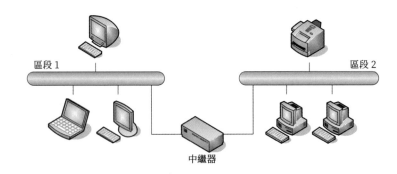

▲ 圖 7.23 中繼器可以連接同一個網路的不同區段以延長傳輸距離

● 集線器 (hub)：集線器的功能是接收訊號，然後傳送給連接到集線器的所有電腦，這些電腦再自行判斷資料是否要傳送給自己，不是的話就丟棄 (圖 7.24)，目前集線器大多已經被交換器取代。

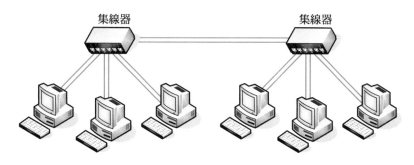

▲ 圖 7.24 串接多個集線器可以擴充區域網路內的電腦數目

● 橋接器 (bridge)：橋接器和中繼器一樣可以連接同一個網路的不同區段，但橋接器具有過濾訊框的功能，以圖 7.25 為例，假設電腦 A 欲傳送資料給電腦 B，當資料廣播至橋接器時，橋接器會從橋接表發現，電腦 A 和電腦 B 均位於區段 1，於是將資料丟棄，不再廣播至區段 2；反之，假設電腦 A 欲傳送資料給電腦 Z，當資料廣播至橋接器時，橋接器會從橋接表發現，電腦 A 和電腦 Z 位於不同區段，於是將資料廣播至區段 2。

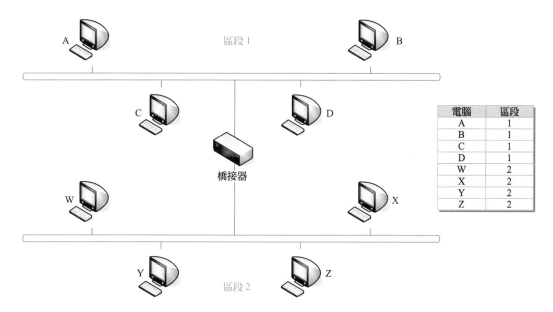

▲ 圖 7.25 橋接器可以連接同一個網路的不同區段並具有過濾訊框的功能

✓ 路由器 (router)：路由器可以連接不同的網路，例如連接多個區域網路或廣域網路以形成一個互聯網 (圖 7.26)，不像中繼器或橋接器只能連接同一個網路的不同區段。

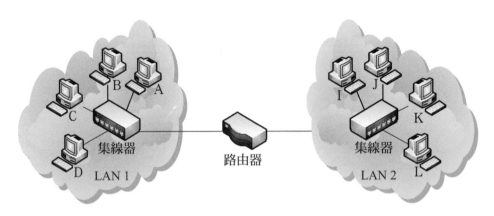

▲ 圖 7.26　路由器可以連接不同的網路

✓ 閘道器 (gateway)：閘道器和路由器一樣可以連接不同的網路，但路由器只能使用相同的通訊協定處理封包，而閘道器能夠轉換不同的通訊協定。

✓ 交換器 (switch)：交換器又分為第二層交換器 (layer 2 switch) 和第三層交換器 (layer 3 switch)，前者相當於具有橋接器功能的集線器，只會將資料傳送給指定的電腦，不會傳送給網路上的每部電腦，徒增流量；而後者相當於改良型的路由器，因為是將路由器的部分功能改由硬體執行，故效能比傳統的路由器好。

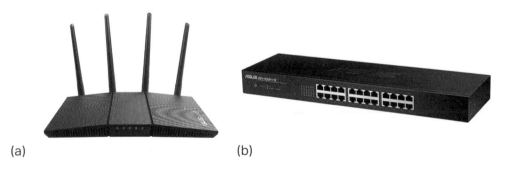

(a)　　　　　　　　　　　　　　(b)

▲ 圖 7.27　(a) 無線路由器　(b) 交換器 (圖片來源：ASUS)

7-8 區域網路標準

區域網路標準指的是區域網路所使用的通訊標準、傳輸媒介、傳輸速率、佈線方式、網路拓樸等規格，以 10Gigabit Ethernet 為例，其通訊標準為 IEEE 802.3，傳輸媒介為光纖、銅纜或雙絞線，傳輸速率為 10Gbps，實體拓樸為星狀拓樸。

知名的區域網路標準有 Token Ring、Ethernet、Fast Ethernet、Gigabit Ethernet、10Gigabit Ethernet、100Gigabit Ethernet 等，其中 Token Ring、Ethernet 屬於低速的區域網路標準，傳輸速率較慢，約數十 Mbps，而 Fast Ethernet、Gigabit Ethernet、10Gigabit Ethernet、100Gigabit Ethernet 屬於高速的區域網路標準，傳輸速率較快，約數百 Mbps ~ 100Gbps。

市面上販售的區域網路配件都是根據這些區域網路標準所設計，以架設 10Gigabit Ethernet 為例，除了要選購符合 10Gigabit Ethernet 標準的網路卡、網路線、交換器之外，佈線方式也必須符合 10Gigabit Ethernet 標準。

區域網路從 1970 年代問世以來，陸續發展出數種不同的網路類型，為了讓區域網路的架設有規則可循，IEEE 從 1980 年 2 月起發布了如表 7.4 的 IEEE 802.x 標準。

▼ 表 7.4 IEEE 802.x 標準

編號	說明	編號	說明
802.1	LAN architecture and overview	802.9	Integrated Services LAN
802.2	Logical Link Control (LLC)	802.10	Virtual LAN
802.3	CSMA/CD (Ethernet)	802.11	Wireless LAN
802.4	Token Bus	802.12	100VG-AnyLAN
802.5	Token Ring	802.13	---
802.6	DQDB (MAN)	802.14	Cable Modem
802.7	寬頻	802.15	Wireless Personal Area Network
802.8	光纖	802.16	Wireless MAN

在諸多區域網路標準中，以 Ethernet 家族最受歡迎，其成員包括：

- Ethernet (乙太網路)：Ethernet 是 Xerox PARC 研究中心於 1970 年代所提出，傳輸速率為 10Mbps，曾是最普遍的區域網路標準，除了應用於個人電腦網路，亦可應用於大型電腦網路。

- Fast Ethernet (高速乙太網路)：在 Ethernet 發展初期，傳輸速率只有 10Mbps，之後 100Mbps 的區域網路標準應運而生，其中 Fast Ethernet 承襲 Ethernet 的架構，傳輸速率為 100Mbps，可以沿用 10BASE-T Ethernet 的雙絞線，同時能夠和 10BASE-T Ethernet 共存，網路升級容易，因而取代 Ethernet。

- Gigabit Ethernet (超高速乙太網路)：在 Fast Ethernet 成為主流後，進一步提升傳輸速率便成了下一個努力的目標，為此，IEEE 於 1998、1999、2004 年發布 802.3z、802.3ab、802.3ah 標準，傳輸速率高達 1Gbps。

- 10Gigabit Ethernet：雖然傳輸速率已經高達 1Gbps，但人們對於傳輸速率的再提升並沒有停下腳步，IEEE 從 2002 年起陸續發布 802.3ae、802.3ak、802.3an、802.3ap、802.3aq、802.3av 等標準，傳輸速率提升至 10Gbps。

- 100Gigabit Ethernet：隨著視訊、高效能運算與資料庫應用的需求快速增加，IEEE 決議研擬下一代的 Ethernet 規格，並於 2010 年發布 802.3ba 標準，傳輸速率提升至 40/100Gbps。

▼ 表 7.5 Ethernet 家族

	傳輸速率	傳輸媒介	佈線方式
Ethernet	10Mbps	同軸電纜、雙絞線、光纖	10BASE2、10BASE5、10BASE-T、10BASE-F
Fast Ethernet	100Mbps	雙絞線、光纖	100BASE-TX、100BASE-T4、100BASE-T2、100BASE-FX
Gigabit Ethernet	1Gbps	光纖、銅纜、雙絞線	1000BASE-SX、1000BASE-LX、1000BASE-CX、1000BASE-T、1000BASE-LX10、1000BASE-BX10 等
10Gigabit Ethernet	10Gbps	光纖、銅纜、雙絞線	10GBASE-SR、10GBASE-LR、10GBASE-ER、10GBASELX4、10GBASE-CX4、10GBASE-T 等
100Gigabit Ethernet	40Gbps、100Gbps	電氣背板、銅纜、光纖	40GBASE-KR4、40GBASE-CR4、40GBASE-SR4、40GBASE-LR4、100GBASE-CR10、100GBASE-SR10、100GBASE-LR10、100GBASE-ER4 等

7-9　無線網路與行動通訊

無線網路 (wireless network) 是近年來熱門的通訊技術，尤其是當發訊端與收訊端之間不易架設實體線路時 (或許是受限於地形地物而必須花費額外的成本與人力)，更是無線網路大顯身手的時候。

我們可以根據無線網路所涵蓋的範圍，將之分為無線個人網路 (WPAN)、無線區域網路 (WLAN)、無線都會網路 (WMAN)、無線廣域網路 (Wireless WAN，包括行動通訊和衛星網路) 等類型。

7-9-1　無線個人網路

無線個人網路 (WPAN，Wireless Personal Area Network) 主要是提供小範圍的無線通訊，其標準是 IEEE 802.15 工作小組於 2002 年以藍牙 (Bluetooth) 為基礎所提出的 802.15，而藍牙是 Bluetooth SIG 於 1999 年所提出之短距離、低速率、低功耗、低成本的無線通訊標準，使用 2.4GHz 頻段，可以傳送語音與數據資料。

藍牙常見的應用有行動裝置的無線傳輸 (例如手機免持聽筒)、電腦與周邊的無線傳輸 (例如無線滑鼠)、傳統有線裝置的無線化 (例如醫療儀器)、遊戲機的無線搖桿、智慧家庭與物聯網等。

除了藍牙，其它比較常見的 WPAN 技術還有下列幾種：

- ZigBee (Low Rate WPAN)：ZigBee 是 ZigBee Alliance 所發展之短距離、低速率、低功耗、低成本的無線通訊標準，使用 2.4GHz、868MHz 或 915MHz 頻段，傳輸速率為 250Kbps、20Kbps、40Kbps，傳輸距離為 50 公尺，支援高達 65,000 個節點，應用於智慧家庭、智慧建築、醫療照護、能源管理、工業控制與自動化、無線感測網路等領域，其中無線感測網路 (WSN，Wireless Sensor Network) 是在環境中嵌入許多感測器，以擷取、儲存並傳送資料給主電腦做分析，例如監測溫度、濕度等環境變化、監控軍事行動或交通流量、偵測化學物質或放射性物質的濃度、追蹤病人的健康數據、自動抄表等。

- UWB (High Rate WPAN)：UWB (Ultra-WideBand，超寬頻) 是一種短距離、高速率的無線通訊標準，原是在 1940 年代美國軍方為了避免通訊遭到監聽所發展的寬頻技術，又稱為「隱形波」，由 IEEE 802.15.3a 工作小組負責標準化，初期的目標是 10 公尺內達到 100Mbps 無線傳輸、3 公尺內達到 480Mbps 無線傳輸，之後提升至 1 公尺內達到 1Gbps 無線傳輸，適合用來建立無線個人網路 (WPAN) 與無線區域網路 (WLAN)。

資訊部落　RFID（無線射頻辨識）

RFID (Radio Frequency IDentification) 是透過無線電傳送資料的近距離無線通訊技術，RFID 系統包含電子標籤、讀卡機與應用系統三個部分，其中電子標籤是一張塑膠卡片包覆著晶片和天線，裡面可以儲存資料，而讀卡機是由天線、接收器、解碼器所構成，運作原理如下：

1. 利用讀卡機發射無線電，啟動感應範圍內的電子標籤。

2. 藉由電磁感應產生供電子標籤運作的電流，進而發射無線電回應讀卡機。

3. 讀卡機透過網路將收到的資料傳送到主電腦的應用系統，進而應用到門禁管制、物流管理、倉儲管理、工廠自動化管理、電子收費系統、電子票證等領域。

電子標籤又分為主動式、被動式與半被動式，主動式有內建電池，可以主動傳送資料給讀卡機，讀取範圍較大；反之，被動式沒有內建電池，只有在收到讀卡機的無線電時，才會藉由電磁感應產生電流，傳送資料給讀卡機，讀取範圍較小；至於半被動式則介於兩者之間，有內建電池，在收到讀卡機的無線電時，就會透過自身的電力傳送資料給讀卡機。

RFID 和傳統的條碼不同，條碼是利用條碼掃描器將光訊轉換成電訊，以讀取條碼所儲存的資料，因此，條碼不僅得非常靠近條碼掃描器，而且中間不能隔著箱子、盒子等包裝。

反之，RFID 只要在讀卡機的讀取範圍內，中間即便隔著箱子、盒子等包裝，一樣讀取得到電子標籤所儲存的資料，而且 RFID 的資料容量比條碼多，掃描速度比條碼快，同時具有條碼所欠缺的防水、防磁、耐高溫等特點，縱使遇到下雨、降雪、冰雹、起霧等惡劣的工作環境，依然能夠運作。

▼ 表 7.6 RFID 電子標籤常用的頻段

頻段	讀取範圍 / 傳輸速度	應用
135KHz	10 公分，低速	門禁管制、寵物晶片等
13.56MHz	1 公尺，低速到中速	悠遊卡、電子票證等
433MHz	1～100 公尺，中速	定位服務、車輛管理等
860～930MHz	1～2 公尺，中速到高速	物流管理、倉儲管理等
2.45GHz、5.8GHz	1～100 公尺，高速	醫療照護、電子收費系統等

💬 資訊部落　　NFC (近場通訊)

NFC (Near Field Communication) 是從 RFID 發展而來的近距離無線通訊技術，使用 13.56MHz 頻段，傳輸距離為 20 公分，傳輸速率為 106、212、424Kbps。NFC 支援下列幾種工作模式：

● 點對點模式：兩個具有 NFC 功能的裝置（例如手機、數位相機）可以在近距離交換少量資料，例如手機行動支付或資料同步。

● 卡片模式：這是將 NFC 功能應用在被讀取的用途，例如使用 NFC 手機以近距離感應的方式進行門禁管理或小額付款。

● 讀卡機模式：這是將 NFC 功能應用在讀取的用途，例如使用 NFC 手機掃描廣告看板的 NFC 電子標籤，以讀取該標籤所儲存的資料。

目前手機所使用的近距離無線通訊技術是以藍牙為主，但內建 NFC 功能的手機亦相當多，兩者的比較如下，事實上，NFC 的目的並不是取代藍牙，而是在不同的用途共存互補：

● 雖然 NFC 的傳輸距離沒有藍牙遠，傳輸速率沒有藍牙快，但兩個 NFC 裝置之間建立連線互相識別的速度比藍牙快，而且傳輸距離短反倒可以減少不必要的干擾。

● NFC 裝置一次只和一個 NFC 裝置連線，安全性較高，適合用來交換敏感的個人資料或財務資料。

● NFC 裝置的耗電量比藍牙裝置低，同時 NFC 與被動式 RFID 相容。

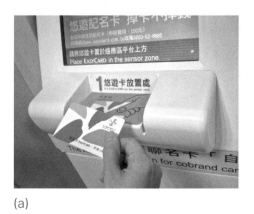

(a) (b)

▲ 圖 7.28 (a) 悠遊卡採取 RFID 技術
　　　　　(b) 內建 NFC 功能的智慧型手機可以應用於行動支付 (圖片來源：ASUS)

7-9-2 無線區域網路

無線區域網路 (WLAN,Wireless Local Area Network) 主要是提供範圍在數十公尺到一百公尺左右的無線通訊。無線區域網路 (WLAN) 與無線個人網路 (WPAN) 是有差異的,前者是以高頻率的無線電取代傳統的有線區域網路,用途是以區域網路的連線為主,而後者則著重於個人用途的無線通訊。

無線區域網路的標準是 IEEE 802.11 工作小組於 1997 年所發布的 802.11,之後延伸出 802.11a、802.11b、802.11g、802.11n、802.11ac、802.11ad、802.11ax、802.11ay、802.11be 等。

此外,為了提供更佳的服務品質、安全性與整合性,IEEE 亦自 802.11 延伸出應用於車載無線通訊的 802.11p、具有加密功能的 802.11i、支援服務品質增強 (Quality of Service Enhancements) 的 802.11e、提供 Inter-Access Point Protocol 的 802.11f、提供無線區域網路的無線電資源測量的 802.11k、加入歐洲擴充規格的 802.11h、加入日本擴充規格的 802.11j、支援無線感測網路、物聯網與智慧電網的 802.11ah 等。

為了讓不同廠商根據 802.11x 所製造的 WLAN 設備能夠互通,WECA (Wireless Ethernet Compatability Alliance) 提出了 Wi-Fi (Wireless Fidelity) 認證,而 Wi-Fi 無線上網指的就是採取 802.11x 的 WLAN,其建置是以無線存取點 (AP,Access Point,又稱為無線基地台) 做為訊號發射及接收端,諸如桌上型電腦、筆電、手機、平板電腦、智慧家電等裝置,只要內建無線上網模組或安裝 Wi-Fi 認證的無線網路卡,就可以透過無線的方式連上網路。

此外,WECA 還提出了 Wi-Fi Direct,讓 Wi-Fi 裝置以點對點的方式傳輸資料,無須經過無線基地台,該技術架構在 802.11a/g/n 之上,使用 2.4、5GHz 頻段,傳輸速率約 250Mbps,傳輸距離約 200 公尺。

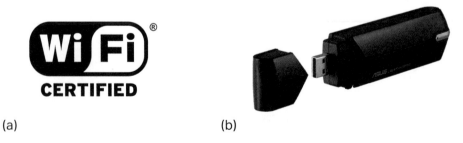

(a)   (b)

▲ 圖 7.29 (a) Wi-Fi 認證標誌 (b) 無線網路卡 (圖片來源:https://www.wi-fi.org、ASUS)

▼ 表 7.7 IEEE 802.11x 標準

	頻段	傳輸速率	備註
802.11	2.4GHz	1、2Mbps	--
802.11a	5GHz	6、9、12、18、24、36、48、54Mbps	--
802.11b	2.4GHz	1、2、5.5、11Mbps	--
802.11g	2.4GHz	6、9、12、18、24、36、48、54Mbps	--
802.11n	2.4/5GHz	72 ~ 600Mbps	Wi-Fi 4
802.11ac	5GHz	6.93Gbps	Wi-Fi 5
802.11ax	2.4/5GHz	10Gbps	Wi-Fi 6
	6GHz	10Gbps	Wi-Fi 6E
802.11be	2.4/5/6GHz	40Gbps	Wi-Fi 7

7-9-3 無線都會網路

無線都會網路 (WMAN，Wireless Metropolitan Area Network) 主要是提供大範圍的無線通訊，例如一個校園或一座城市。無線都會網路的標準是 IEEE 於 2002 年所提出的 802.16。為了確保 802.16 相關產品的互通性，WiMAX Forum 提出了 WiMAX (Worldwide Interoperability for Microwave Access) 認證，凡通過此認證的產品，表示能夠互通，不會發生不相容。

理論上，WiMAX 使用 2GHz ~ 66GHz 頻段，最大傳輸距離為 30 英哩（約 50 公里），最大傳輸速率為 75Mbps，實際數值會因設備或基地台而異。

IEEE 802.16 標準包括 802.16、802.16a、802.16c、802.16d、802.16e、802.16f、802.16g、802.16m 等，其中 802.16m 在高速移動狀態下的傳輸速率可達 100Mbps，又稱為 WiMAX 2，屬於 4G 行動通訊標準之一。

雖然 WiMAX 的傳輸距離比 Wi-Fi 無線上網遠，傳輸速率比 3G 行動上網快，但下一節所要介紹的 LTE 快速成為主流的 4G 行動通訊標準，導致 WiMAX 產業萎縮，全球一動、威邁思、遠傳、大眾等業者的營運執照陸續到期，WiMAX 黯然退出台灣市場。

7-9-4 無線廣域網路

無線廣域網路 (wireless WAN) 包括衛星網路和行動通訊，前者是由人造衛星、地面站、端末使用者的終端機或電話等節點所組成，利用衛星做為中繼站轉送訊號，以提供地面上兩點之間的通訊；而後者有基地台、人手一機的行動電話等裝置，使用者可以隨時隨地與其它人進行通訊。

第一代行動通訊

第一代行動通訊 (1G，first generation) 用來傳送類比聲音，主要的系統有貝爾實驗室於 1980 年代所發展的 AMPS (Advanced Mobile Phone System)，早期中華電信推出的以 090 開頭的行動電話就是使用 AMPS。

第二代行動通訊

第二代行動通訊 (2G，second generation) 用來傳送數位聲音，主要的系統有 D-AMPS (Digital AMPS)、GSM (Global System for Mobile communication)、CDMA (Code Division Multiple Access)，其中 GSM 是 ETSI (歐洲電信標準協會) 所制定的數位蜂巢式電話系統，支援的頻段為 900、1800、1900MHz，最高傳輸速率為 9600bps，提供國際漫遊及簡訊服務，歐洲及亞洲多數國家是使用 GSM。

第三代行動通訊

第三代行動通訊 (3G，third generation) 用來傳送數位聲音與資料，主要的系統有 WCDMA (Wideband CDMA) 和 CDMA2000。3G 行動通訊使用和網際網路相同的 IP 通訊協定，可以即時存取網際網路，讓使用者隨時處於連線狀態，而且只需要依照傳送或接收的資料量進行收費。

在亞太電信於 2003 年 8 月開台後，台灣正式邁入 3G 行動通訊時代，其中台灣大哥大、中華電信、遠傳、威寶屬於 WCDMA 陣營，而亞太電信屬於 CDMA2000 陣營，主要的服務有視訊通話、多媒體影音分享、互動式應用程式、行動商務等。

有些電信業者進一步將 3G 升級至 3.5G、3.75G，其中 3.5G 指的是 HSDPA (High Speed Download-link Packet Access)，這是以 WCDMA 為基礎的行動通訊技術，可以將下行速率提升至 1.8、3.6、7.2、14.4Mbps，上行速率均為 384Kbps，而 3.75G 指的是 HSUPA (High Speed Upload-link Packet Access)，這是為了克服 HSDPA 上行速率不足所發展的技術，可以將上行速率提升至 5.76Mbps。

第四代行動通訊

第四代行動通訊 (4G，fourth generation) 用來傳送數位聲音與資料，但速率比 3G 更快。ITU（國際電信聯盟）將 4G 行動通訊規格稱為 IMT-Advanced，其特點如下：

- 使用 IP 通訊協定連接各種網路。

- 使用全球通用的標準，並可在現有的無線通訊系統下運作。

- 在慢速狀態下的傳輸速率可達 1Gbps，在高速移動狀態下的傳輸速率可達 100Mbps。

- 支援固定式無線傳輸和移動式無線傳輸，並可於固定式網路和移動式網路之間切換。

- 提供高品質的無線寬頻服務，例如更傳真的語音、更高畫質的影像、更快的傳輸速率、更高的安全性。

4G 行動通訊主要有下列兩種標準：

- IEEE 802.16m (WiMAX 2)：IEEE 802.16m 在慢速狀態下的傳輸速率可達 1Gbps，在高速移動狀態下的傳輸速率可達 100Mbps。IEEE 於 2011 年批准 802.16m 為新一代的 WiMAX 標準，並交由 WiMAX Forum 進行測試認證。不過，隨著 LTE 成為主流的 4G 行動通訊標準，WiMAX 已經退出台灣市場。

- LTE (Long Term Evolution)：LTE 是 3GPP 於 2004 年 11 月所提出的行動通訊技術，整體規格於 2009 年確定。

  3GPP (3rd Generation Partnership Project) 是由數個電信聯盟（例如 CCSA、ETSI、TTA、TTC) 所簽署的合作協議，負責擬定行動通訊的相關標準。由於 LTE 是以 WCDMA 為基礎，因而成為 3G 電信業者最自然的選擇，並獲得許多廠商的支持。

  不過，LTE 的最高下行速率為 326.4Mbps，最高上行速率為 172.8Mbps，而這樣的速率尚未達到 ITU 針對 4G 所提出的目標，遂有人將 LTE 稱為 3.9G。

  之後 3GPP 於 2011 年發布 LTE-Advanced (LTE-A)，最高下行速率可達 1Gbps，最高上行速率可達 500Mbps，使得 LTE-A 成為名符其實的 4G 行動通訊標準，並在包括台灣在內的許多國家進行商轉。

第五代行動通訊

除了行動上網的使用者對於頻寬的需求快速增加之外,許多新科技與新創事業也需要高速的網路來相互連結,因此,有許多廠商與電信業者積極投入研發第五代行動通訊 (5G)。根據下一代行動網路聯盟的定義,5G 網路應該滿足如下要求:

- 以 10Gbps 的資料傳輸速率支援數萬個使用者。

- 以 1Gbps 的資料傳輸速率同時提供給同一樓辦公的人員。

- 連結並支援數十萬個無線感測器。

- 頻譜效率比 4G 顯著增強。

- 延遲比 4G 顯著降低。

- 覆蓋範圍比 4G 大。

- 訊號效率比 4G 強。

3GPP 於 2016 年、2017 年發布 Release 13、Release 14,稱為 LTE-Advanced Pro (LTE-A Pro),做為 LTE-A 邁入 5G 的橋梁,又稱為 4.5G。之後 3GPP 提出 5G NR (New Radio) 做為 5G 標準,階段 1、2、3 的 Release 15、Release 16、Release 17 分別於 2018 年、2020 年、2022 年發布。

ITU IMT-2020 規範要求 5G 的速率必須高達 20Gbps,可以實現寬通道頻寬和大容量 MIMO (Multiple Input Multiple Output),而 5G NR 便能滿足這樣的要求。5G NR 的頻段大致上分成 FR1 (Frequency Range 1) 和 FR2 (Frequency Range 2),FR1 指的是 6GHz 以下的頻段,而 FR2 指的是 24GHz 以上的頻段。

5G 具備高速率、大頻寬、大連結、低延遲等特點,最高下行速率可達 20Gbps,最高上行速率可達 10Gbps。除了讓使用者的上網速度變得更快,還有更多深具潛力的應用,例如虛擬實境 (VR)、擴增實境 (AR)、物聯網、車聯網、無人機、自駕車、智慧城市、智慧交通、智慧能源、智慧製造、遠距醫療、環境監控、無線家庭娛樂、個人 AI 助理等。

▲ 圖 7.30 (a) LTE-A 標誌 (b) LTE-A Pro 標誌 (c) 5G 標誌

- 網路 (network) 是多部電腦或周邊連接在一起所形成的集合，主要的功能有硬體共用、資料分享、提高可靠度、訊息傳遞與交換。

- 當電腦的數目不只一部，而且所在的位置可能是同一棟建築物的不同辦公室、同一個公司或同一個學校的不同建築物，那麼將這些電腦連接在一起所形成的網路就叫做區域網路 (LAN)。

- 當電腦的數目不只一部，而且所在的位置可能在不同城鎮、不同國家甚至不同洲，那麼將這些電腦連接在一起所形成的網路就叫做廣域網路 (WAN)。

- 都會網路 (MAN) 涵蓋的範圍大小介於 LAN 與 WAN 之間，使用與 LAN 類似的技術連接位於不同辦公室或不同城鎮的電腦。

- 當有兩個或多個網路連接在一起時，便形成了所謂的互聯網 (internetwork)，簡稱為 internet。

- 主從式網路 (client-server network) 有一部或多部電腦負責管理使用者、檔案、列印、傳真、電子郵件、網頁快取等資源，並提供服務給其它電腦；對等式網路 (peer-to-peer network) 的每部電腦可以同時扮演伺服器與用戶端的角色，使用者可以自行管理電腦、決定要開放哪些資源給其它電腦分享，也可以向其它電腦要求服務；在實際應用上，多數網路屬於混合式網路，也就是混合了主從式網路與對等式網路的運作方式。

- OSI 參考模型將網路的功能及運作粗略分成應用層 (application layer)、表達層 (presentation layer)、會議層 (session layer)、傳輸層 (transport layer)、網路層 (network layer)、資料連結層 (data link layer)、實體層 (physical layer) 等七個層次。

- 拓樸 (topology) 指的是電腦連接成網路的方式，常見的有匯流排拓樸、星狀拓樸、環狀拓樸、網狀拓樸等。

- 導向媒介 (directed media) 是提供有實體限制的路徑給訊號，包括雙絞線、同軸電纜及光纖；無導向媒介 (undirected media) 不需要實體媒介，而是透過開放空間以電磁波的形式傳送訊號，包括無線電、微波及紅外線。

- 網路相關設備有網路卡、數據機、中繼器、集線器、橋接器、路由器、閘道器、交換器等。

- 無線網路 (wireless network) 又分為無線個人網路 (WPAN)、無線區域網路 (WLAN)、無線都會網路 (WMAN)、無線廣域網路 (Wireless WAN) 等類型。

一、選擇題

(　　) 1. 下列何者不是網路的用途？

　　　　A. 資源分享　　　B. 不會感染病毒　C. 雲端運算　　　D. 電子商務

(　　) 2. 校園網路通常屬於下列哪種網路類型？

　　　　A. 區域網路　　　B. 廣域網路　　　C. 網際網路　　　D. 都會網路

(　　) 3. 連接跨國企業各個分公司的網路通常屬於下列哪種網路類型？

　　　　A. 區域網路　　　B. 廣域網路　　　C. 網際網路　　　D. 都會網路

(　　) 4. 下列關於主從式網路的敘述何者正確？

　　　　A. 伺服器當機並不會影響整個網路　B. 適用於小型網路
　　　　C. 使用者可以決定要開放哪些資源　D. 安全控管較佳

(　　) 5. 在 OSI 參考模型中，諸如 Safari 等瀏覽器軟體應該屬於哪個層次？

　　　　A. 應用層　　　　　　　　　　　　B. 表達層
　　　　C. 會議層　　　　　　　　　　　　D. 傳輸層

(　　) 6. 在 OSI 參考模型中，下列何者不是實體層的工作？

　　　　A. 定義 TCP 通訊協定　　　　　　B. 定義傳輸媒介
　　　　C. 定義訊號編碼方式　　　　　　　D. 定義網路拓樸

(　　) 7. 無線電火腿族的溝通模式屬於下列何者？

　　　　A. 全雙工　　　　　　　　　　　　B. 半雙工
　　　　C. 單工　　　　　　　　　　　　　D. 全單工

(　　) 8. 下列關於各種拓樸的敘述何者正確？

　　　　A. 星狀拓樸的容錯能力最好　　　　B. 網狀拓樸使用的纜線最少
　　　　C. 匯流排拓樸容易安裝　　　　　　D. 環狀拓樸容易產生碰撞

(　　) 9. 下列關於光纖的敘述何者錯誤？

　　　　A. 安裝需要專業技術　　　　　　　B. 成本低廉
　　　　C. 體積小材質輕　　　　　　　　　D. 不受電磁干擾

(　　) 10. 下列哪個網路設備可以找出傳送封包的最佳路徑？

　　　　A. 中繼器　　　　　　　　　　　　B. 橋接器
　　　　C. 路由器　　　　　　　　　　　　D. 集線器

(　　) 11. 下列何者不屬於無線網路的傳輸媒介？

　　　　A. 微波　　　　　　　　　　　　　B. 無線電
　　　　C. 光纖　　　　　　　　　　　　　D. 紅外線

( ) 12. 下列何者是最常見的區域網路標準？

        A. Ethernet   B. 藍牙

        C. FDDI   D. Token Ring

( ) 13. 在 OSI 參考模型中，下列哪個通訊協定屬於應用層？

        A. ARP   B. UDP

        C. HTTP   D. RS232

( ) 14. 下列何者不屬於近距離無線通訊標準？

        A. 藍牙   B. ZigBee

        C. NFC   D. 5G NR

( ) 15. 下列關於 RFID 的敘述何者錯誤？

        A. 悠遊卡屬於 RFID 的應用   B. RFID 就是平常看見的條碼

        C. RFID 具有防磁、耐高溫的特點   D. RFID 的傳輸媒介為無線電

( ) 16. 下列哪種無線通訊標準比較適合應用於手機行動支付？

        A. LTE   B. WiMAX

        C. NFC   D. UWB

( ) 17. 下列哪種無線通訊標準比較適合應用於無線感測網路？

        A. Wi-Fi   B. ZigBee

        C. LTE   D. WiMAX

二、簡答題

1. 簡單說明何謂區域網路 (LAN) 並舉出一個實例。

2. 簡單說明何謂廣域網路 (WAN) 並舉出一個實例。

3. 簡單說明何謂都會網路 (MAN) 並舉出一個實例。

4. 簡單說明 OSI 參考模型分成哪七個層次？以及各個層次的主要工作為何？

5. 簡單說明何謂導向媒介與無導向媒介？各舉出兩個實例。

6. 簡單說明何謂藍牙並舉出兩個常見的應用。

7. 簡單說明 4G 和 5G 行動通訊應該分別具備哪些特點？

8. 簡單說明何謂 Wi-Fi ？

9. 簡單說明何謂 RFID 並舉出兩個應用。

10. 簡單說明何謂 NFC 並舉出兩個應用。

Foundations of
Computer Science

08

網際網路、雲端運算與物聯網

8-1 網際網路的起源

網際網路 (Internet) 是全世界最大的網路，由成千上萬個大小網路連接而成。它的起源可以追溯至 1950 年代，那是一個只有政府機構或大型企業才買得起電腦的年代，而當時的電腦指的是大型電腦 (mainframe)，這些組織會將大型電腦放在電腦中心，然後透過電話線路在每個辦公室連接一個終端機和鍵盤，當不同辦公室的人要互相傳送訊息時，都必須經過大型電腦，這是一個集中式網路 (centralized network)(圖 8.1(a))。

由於集中式網路是一部主電腦連接多部終端機，所有訊息的傳送都必須經過主電腦，萬一哪天突然斷電，主電腦因而當機，或發生核子戰爭 (別懷疑，這是當時冷戰期間美國很擔心的問題)，主電腦被炸毀，整個網路將無法運作，為此，美國國防部於 1968 年請 BBN 科技公司尋求解決之道。

BBN 科技公司想出一項足以締造奇蹟的實驗計畫－ ARPANET (Advanced Research Projects Agency NETwork)，這是一個封包交換網路 (packet switching network) (圖 8.1(b))，每部電腦都像主電腦一樣可以接收訊息、決定訊息該如何傳送，換言之，兩部電腦的溝通路徑不再像集中式網路是唯一的，當網路連線遭到破壞時，資料會自動尋找新的路徑。

ARPANET 的成員一開始只有加州的三部電腦和猶他州的一部電腦，但從 1970 年代開始，美國的多所大學及企業紛紛加入 ARPANET 的陣營。由於膨脹速度過快，再加上要連接不同類型的電腦，例如迷你電腦、個人電腦、工作站等，因此，ARPANET 採取 TCP/IP (Transmission Control Protocol/Internet Protocol) 通訊協定，並促使 Berkeley UNIX (4.2BSD) 作業系統完全整合 TCP/IP。

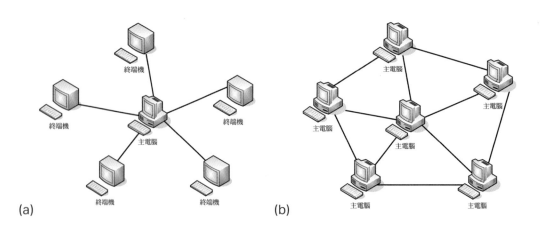

▲ 圖 8.1 (a) 集中式網路 (b) 封包交換網路

美國國防部成立 ARPANET 的原意是軍事用途，但後來卻逐漸演變成大學及企業鳩佔鵲巢的局面，美國國防部只好另外成立一個軍事網路 MILNET。幾年後，美國國家科學基金會 (NSF) 根據 ARPANET 的基本架構成立了 NSFNET，藉以結合 NSF 的研究人員。由於 NSFNET 可以透過 TCP/IP 通訊協定和 ARPANET 溝通，加上 NSFNET 有研究人員負責維護，ARPANET 遂被 NSFNET 合併。

繼 NSFNET 之後，1980 年代又出現了兩個比較重要的網路 - USENET 和 BITNET，這兩個網路雖然有別於 NSFNET，但使用者可以互相溝通，而網際網路 (Internet) 就是這些網路的統稱。

隨著網際網路的使用者呈現爆炸性的成長，網際網路的效能開始顯得捉襟見肘，為此，美國的多所大學、研究機構、私人企業，以及其它國家的國際聯網夥伴於 1996 年提出要成立一個全新的、獨立的高效能網路，稱為第二代網際網路 (Internet2)，以滿足教育與科學研究的需要。

Internet2 於 1998 年進行運作試驗，並於 2007 年正式運作，傳輸速率高達 100Gbps。目前 Internet2 是做為尖端技術的測試平台，例如遠距醫療，不會取代公眾的網際網路，也不會提供服務給一般使用者。

▲ 圖 8.2 網際網路提供了琳琅滿目的資訊

資訊部落　網際網路由誰管理？

這個全世界最大的網路並沒有特定的機構負責管理，因為網際網路是由成千上萬個大小網路連接而成，所以管理的工作是由各個網路的管理人員負責，至於各個網路之間的使用規則、通訊協定及如何傳送訊息，則是由數個組織共同議定，例如：

● **IAB** (Internet Architecture Board)：IAB 負責網際網路架構所涉及的技術與策略問題，包括網際網路各項通訊協定的審核、解決網際網路所碰到的技術問題、RFC 的管理與出版等。基本上，IAB 的決策都是公開的，而且會廣徵各方意見以取得共識，其網址為 https://www.iab.org/。

● **IETF** (Internet Engineering Task Force)：由於網際網路的成員迅速增加，許多實驗中的通訊協定也由學術研究範疇邁入商業用途，為了協調並解決所產生的問題，於是 IAB 另外成立了 IETF。IETF 是由許多與網際網路通訊協定相關的網路設計人員、管理人員、廠商及學術單位所組成，負責提出通訊協定的規格、網際網路術語的定義、網際網路安全問題的解決，其網址為 https://www.ietf.org/。

● **IRTF** (Internet Research Task Force)：為了提升網路研究及發展新技術，IAB 又成立了 IRTF，IRTF 是由許多對網際網路有興趣的研究團體所組成，由於研究主題偶爾和 IETF 重疊，所以兩者的工作劃分並不是壁壘分明的，其網址為 https://irtf.org/。

● **ISOC** (Internet Society)：ISOC 是一個專業的非營利組織，負責將網際網路的技術和應用推廣至學術團體、科學團體及一般大眾，進而發掘網際網路更多的用途，其網址為 https://www.internetsociety.org/。

● **InterNIC** (Internet Network Information Center)：InterNIC 是美國國家科學基金會 (NSF) 於 1993 年開始支援的一項專題，主要是提供網路資訊服務，其中目錄及資料庫服務由 AT&T 公司提供，資訊服務由 General Atomics 公司提供，網域名稱註冊服務由 Network Solutions 公司提供，InterNIC 的網址為 https://www.internic.net/，中文網域名稱註冊服務則是由「台灣網路資訊中心 TWNIC」提供，其網址為 https://www.twnic.net.tw/，另外還有「亞太網路資訊中心 APNIC」，負責提供亞洲的網際網路資源服務，其網址為 https://www.apnic.net/。

● **ICANN** (Internet Corporation for Assigned Names and Numbers)：這個非營利機構負責配置 IP 位址與管理網域名稱系統 (DNS)，其網址為 https://www.icann.org/。

資訊部落 電路交換與封包交換

廣域網路的資料傳輸技術主要如下：

- 電路交換 (circuit switching)：當有兩個節點欲傳送資料時，必須在它們之間建立一條專屬的邏輯路徑，然後將資料從來源節點經由該路徑傳送到目的節點，直到傳送結束才會釋放該路徑，電話網路即為一例。

- 封包交換 (packet switching)：當有兩個節點欲傳送資料時，資料會被切割成一個個封包，每個封包均包含來源位址、目的位址及部分資料，然後從來源節點傳送到目的節點，至於傳送方式則如下：

  ■ 資料元 (datagram)：這種方式的每個封包會被視為獨立的個體，它們可能從來源節點經由不同路徑抵達目的節點，目的節點再將收到的封包重組成原始資料（圖 8.3(a)）。

  ■ 虛擬電路 (virtual circuit)：這種方式會事先決定一條邏輯路徑，然後將所有封包從來源節點經由該路徑傳送到目的節點（圖 8.3(b)），和電路交換技術類似，不同的是其邏輯路徑並不是專屬的，當該路徑上有其它封包正在傳送時，抵達節點的封包會存放在緩衝區排隊。

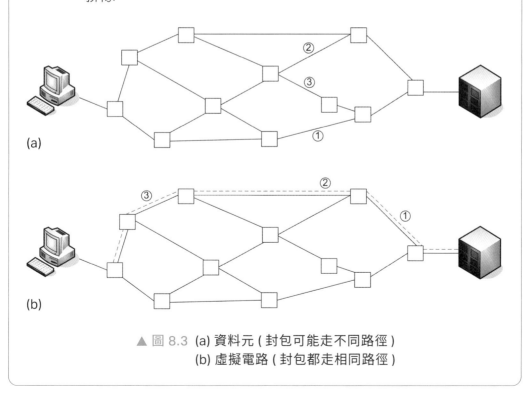

▲ 圖 8.3 (a) 資料元（封包可能走不同路徑）
(b) 虛擬電路（封包都走相同路徑）

8-2　連上網際網路的方式

早期人們通常是經由電話撥接上網，所要自備的有電腦、數據機、非經總機轉接的電話線路及向 ISP (Internet Service Provider) 申請的連線帳號。之後 ADSL 寬頻上網、FTTx 光纖上網和有線電視寬頻上網取而代之成為主流，此時，人們必須自備電腦與網路卡，而 ADSL 數據機和 VDSL 數據機是由中華電信提供，纜線數據機 (Cable Modem) 則是由第四台系統業者提供。

ADSL (Asymmetric Digital Subscriber Line，非對稱數位用戶迴路) 是透過既有的電話線路提供高速上網服務，特色是上行與下行的頻寬不對稱，上行 (upstream) 指的是從用戶端到電信業者的方向，例如上傳資料，而下行 (downstream) 指的是從電信業者到用戶端的方向，例如下載資料。

FTTx 是「fiber to the x」的簡寫，意指「光纖到 x」，其中 x 代表光纖的目的地，包括 FTTC (fiber to the curb，光纖到街角)、FTTCab (fiber to the cabinet，光纖到光化箱)、FTTB (fiber to the building，光纖到樓)、FTTH (fiber to the home，光纖到府) 等服務模式，而有線電視寬頻上網則是透過有線電視的纜線提供高速上網服務。

除了有線上網，也有許多人使用無線上網，常見的有 Wi-Fi 無線上網、4G/5G 行動上網。至於上網的設備也不再侷限於電腦，許多手持式裝置或智慧家電亦內建上網功能，例如智慧型手機、平板電腦、遊戲機、電視控制盒、智慧電視、智慧手錶、智慧冰箱等。

▼ 表 8.1　有線上網的方式

	傳輸媒介	下行 / 上行傳輸速率 (bps)	頻寬分配
ADSL 寬頻上網	電話線	快 (2M/64K ~ 8M/640K)	獨自使用
FTTx 光纖上網	光纖	最快 (16M/3M ~ 2G/1G)	獨自使用
有線電視寬頻上網	混合式光纖同軸電纜	快 (120M/30M ~ 1G/50M)	共享頻寬

▼ 表 8.2　無線上網的方式

	傳輸媒介	下行 / 上行傳輸速率 (bps)
Wi-Fi	無線電	10G (Wi-Fi 6/6E)、40G (Wi-Fi 7)
4G	無線電	1G/500M
5G	無線電	20G/10G

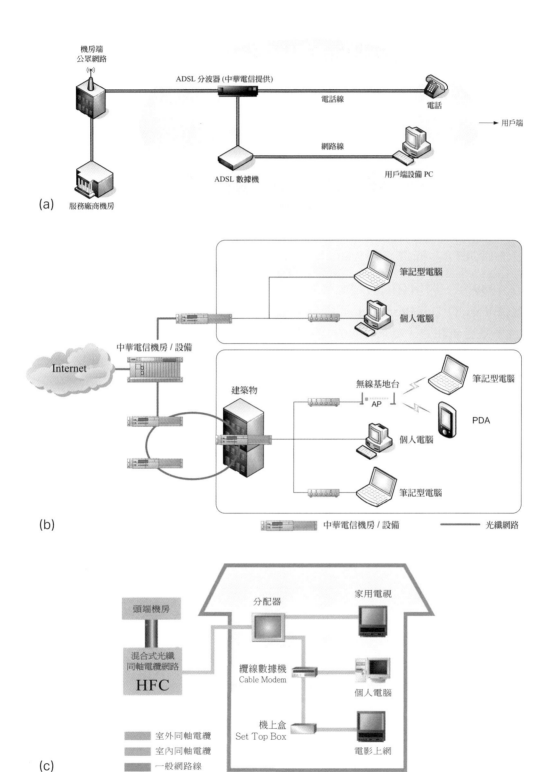

▲ 圖 8.4 (a) ADSL 寬頻上網 (b) FTTx 光纖上網 (c) 有線電視寬頻上網
(圖片參考：中華電信、東森寬頻)

8-3 網際網路的應用

網際網路的應用很多，以下各小節會介紹一些常見的應用。

8-3-1 全球資訊網

雖然**全球資訊網** (World Wide Web、WWW、W3、Web) 一詞出現於 1989 年，但其構想可以追溯至 1945 年，當時美國科學研究中心的一位顧問 Vannevar Bush 發表了一篇論文 "As We May Think"，這是首次有人提出**超文字系統** (hypertext system) 的概念，而這正是 Web 的基本精神。

到了 1989 年，開始有人將超文字系統的概念應用到網際網路，歐洲核子研究協會 (CERN) 的 Tim Berners-Lee 提出了 World Wide Web 計畫，目的是讓研究人員分享及更新訊息，並於 1990 年開發出世界上第一個 Web 瀏覽器 (browser) 和 Web 伺服器 (server)，使用 HTTP (HyperText Transfer Protocol) 通訊協定。

Web 採取主從式架構，如圖 8.5，其中**用戶端** (client) 可以透過網路連線存取另一部電腦的資源或服務，而提供資源或服務的電腦就叫做**伺服器** (server)。Web 用戶端只要安裝瀏覽器軟體 (例如 Chrome、Edge、Safari、Opera、Firefox…)，就能透過該軟體連上全球各地的 Web 伺服器，進而瀏覽 Web 伺服器所提供的網頁。

由圖 8.5 可知，當使用者在瀏覽器中輸入網址或點取超連結時，瀏覽器會根據該網址連上 Web 伺服器，並向 Web 伺服器要求使用者欲開啟的網頁，此時，Web 伺服器會從磁碟上讀取該網頁，然後傳送給瀏覽器並關閉連線，而瀏覽器一收到該網頁，就會將之解譯成畫面，呈現在使用者的眼前。

❸ Web 伺服器從磁碟
上讀取網頁

❶ 在瀏覽器中要求
開啟網頁

❷ 瀏覽器根據網址連上 Web 伺服器
要求欲開啟的網頁

Request（要求）

Response（回應）

❹ 將網頁傳送給瀏覽器並關閉連線，
瀏覽器再將網頁解譯成畫面。

Web
用戶端

Web
伺服器

▲ 圖 8.5 Web 的架構

8-3-2 　電子郵件

電子郵件 (E-mail) 的概念與生活中的郵件類似，不同的是寄件者不必將訊息寫在信紙上，而是使用電子郵件程式撰寫郵件 (例如 Outlook、Thunderbird⋯)，該程式會根據寄件者的電子郵件地址，將郵件送往寄件者的外寄郵件伺服器，之後外寄郵件伺服器會根據收件者的電子郵件地址，將郵件送往收件者的內收郵件伺服器，待收件者啟動電子郵件程式，該程式會到內收郵件伺服器檢查有無新郵件，有的話就加以接收。

電子郵件程式用來傳送與接收郵件的通訊協定分別為 SMTP (Simple Mail Transfer Protocol) 和 POP (Post Office Protocol)，而 Web-Based Mail (網頁式電子郵件) 則是使用 HTTP (HyperText Transfer Protocol)，例如 Hotmail、Gmail。

無論要傳送或接收電子郵件，使用者都必須擁有電子郵件地址 (E-mail address)，就像門牌一樣。電子郵件地址分成兩個部分，以 @ 符號隔開，左邊是使用者名稱，右邊是郵件伺服器名稱，例如 tom@mail.lucky.com，其中 tom 是向郵件服務廠商申請的使用者名稱，而 mail.lucky.com 是郵件服務廠商提供的郵件伺服器名稱。

8-3-3 　檔案傳輸 (FTP)

FTP (File Transfer Protocol) 指的是在網路上傳送檔案的通訊協定，例如使用者可以登入 FTP 伺服器，然後將本機電腦的檔案上傳到該伺服器，或將該伺服器的檔案下載到本機電腦。有些 FTP 伺服器會提供匿名服務，讓沒有帳號與密碼的人也能透過該伺服器傳送檔案。

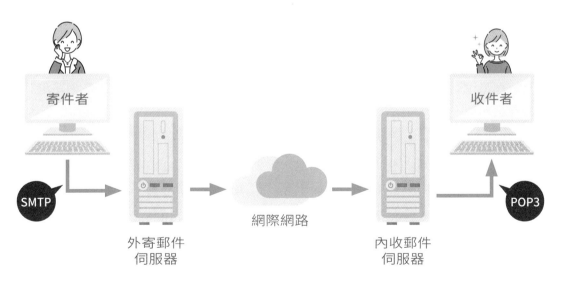

▲ 圖 8.6 電子郵件的收發過程

8-3-4 　電子布告欄 (BBS)

BBS (Bulletin Board System) 是一種網路系統，使用者可以在 BBS 討論時事、分享生活情報、玩遊戲或聊天，例如批踢踢 (ptt.cc)、批踢踢兔 (ptt2.cc)、巴哈姆特電玩資訊站 (bbs.gamer.com.tw) 等。

多數 BBS 是對外開放的，不需要付費，在使用者連線到 BBS 後，它們通常會要求使用者註冊個人資料，包括真實姓名、E-mail 地址、代號、暱稱、密碼等，唯有經過合法註冊的使用者才能擁有會員獨享的權益，例如發言權或投票權。

8-3-5 　即時通訊

即時通訊 (instant messaging) 指的是兩個或多個使用者透過網際網路即時傳送訊息、檔案、語音或視訊，只要使用者有安裝即時通訊軟體並註冊帳號 (例如 Line、WhatsApp、Facebook Messenger、Google Chat、Apple iChat、WeChat…)，就能在彼此之間建立專屬的通道，以傳送訊息、傳送檔案、傳送位置、貼圖、語音通話或視訊通話。

知名的即時通訊軟體首推 Line，不僅操作簡便，傳送訊息、傳送檔案、語音通話和視訊通話完全免費，還有豐富的貼圖，使得 Line 一推出就大受歡迎。也正因為行動版 Line 的高人氣，催生了 PC 版 Line，使用者只要先在行動裝置上註冊，就能到官方網站下載 PC 版 Line。

8-3-6 　網路電話與視訊會議

網路電話 (VoIP，Voice over Internet Protocol) 是一種語音通話技術，它會先將聲音數位化，然後透過網際網路的 IP 通訊協定來傳送語音。隨著寬頻網路的普及，網路電話已經克服品質的障礙，成為生活中常見的應用，表 8.3 是網路電話的通話類型。

知名的網路電話軟體首推 Skype，它可以透過網際網路為 PC、平板電腦和行動裝置提供與其它連網裝置或全球市話 / 行動電話之間的語音及視訊服務。使用者可以透過 Skype 撥打電話、傳送訊息、檔案、多媒體訊息或進行視訊會議。Skype 服務大部分是免費的，但若要撥打到全球市話 / 行動電話，則需要購買 Skype 點數。

網路電話與即時通訊原屬於不同性質的應用，但從即時通訊軟體開始支援語音和視訊後，這兩種軟體的功能就已經不分軒輊，並廣泛應用到視訊會議。

常見的視訊會議軟體有 Zoom、Microsoft Teams、Google Meet、FaceTime、Amazon Chime、Cisco Webex、GoTo Meeting 等，其中 Zoom 可以供百人共同連線，提供視訊會議、白板、共享螢幕、會議錄影等功能；而 Microsoft Teams 可以供 250 人共同連線，提供視訊會議、白板、共享螢幕、資料同步 OneDrive 存檔、小組討論與工作指派、Office 系列檔案共同編輯、主題發文等功能。

▼ 表 8.3 網路電話的通話類型

	發話方	收話方	說明
PC to PC （電腦對電腦）	電腦	電腦	通話雙方的電腦除了有麥克風、音效卡、喇叭等配備，還要安裝相同的網路電話軟體，之後發話方只要在網路電話軟體輸入收話方的識別碼，待收話方回應後，就能進行通話。
PC to Phone （電腦對電話）	電腦	電話	發話方須事先向網路電話服務業者註冊，之後發話方只要在網路電話軟體輸入收話方的電話號碼，就能透過網路電話服務業者提供的網路電話閘道器轉接到收話方的電話或手機。
Phone to PC （電話對電腦）	電話	電腦	發話方須事先向網路電話服務業者註冊，之後發話方只要在電話或手機輸入收話方的識別碼，就能透過網路電話服務業者提供的網路電話閘道器轉接到收話方的電腦。

(a)　　　　　　　　　　　　　　　　　　　　　　　(b)

▲ 圖 8.7 (a) Line 豐富的貼圖深受使用者喜愛 (此為 PC 版)
(b) Facebook 提供的即時通訊軟體 Messenger (此為手機版)

8-3-7 多媒體串流技術

在過去，由於多媒體影音的檔案龐大，加上網路的傳輸速率不夠快，使用者如欲觀看影音資料，必須將檔案下載到自己的電腦，再透過特定的程式來播放，例如 Windows Media Player、QuickTime Player。然而這種方式並不理想，一來是使用者必須花費長時間等待檔案下載完畢才能觀看，二來是諸如智慧型手機、平板電腦等行動裝置的儲存容量有限，三來是檔案可能會在未經授權的情況下被四處散播。

隨著寬頻時代的來臨，遂發展出多媒體串流技術 (streaming)，這是一種網路多媒體播放方式，在伺服器收到用戶端欲觀看影音資料的要求後，會將影音資料分割成一個個封包，當封包陸續抵達用戶端時，就將之重組立刻呈現在用戶端，不必等待整個檔案下載完畢。事實上，傳統的電視或廣播電台就是以串流的方式傳送訊號。

多媒體串流技術能夠讓使用者在無須長時間等待的情況下即時觀看影音資料，支援隨選視訊 (VoD，Video on Demand)，同時亦保護了影音資料提供者的智慧財產權，因為多媒體串流技術只會傳送及播放影音資料，不會在用戶端留下拷貝。

多媒體串流技術可以將影音資料由一點傳送到單點或多點，又分成下列幾種模式：

- ✅ 廣播 (broadcast)：伺服器會將訊號傳送給所有用戶端，就像電視或廣播電台一樣，雖然便利，卻會浪費頻寬。

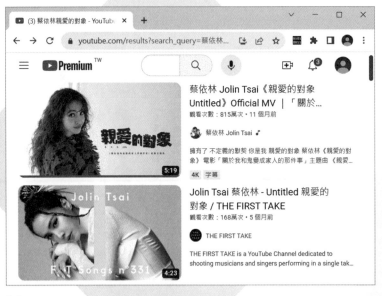

(a)

(b)

✅ 單播 (unicast)：伺服器只會將訊號傳送給有提出要求的用戶端，如此一來，自然比較節省頻寬，不過，若多數用戶端在相同的時間要求觀看相同的節目，伺服器必須對每個用戶端個別傳送相同的串流資料，不僅增加伺服器的負荷，也會浪費頻寬。

✅ 群播 (multicast)：伺服器會傳送訊號給特定群組的用戶端，這樣就能節省頻寬，解決單播所面臨的問題。

多媒體串流技術主要的應用有即時 (onlive) 與非即時 (on demand) 兩種，前者的影音資料是立刻由伺服器傳送給用戶端，例如視訊會議、即時監控或直播；後者的影音資料是先存放在資料庫，待用戶端提出要求，伺服器再從資料庫取出影音資料傳送給用戶端，例如隨選視訊。

知名的多媒體串流平台有 YouTube、Twitch、Podcast、Netflix、Disney+ 等，其中 YouTube 可以讓人們上傳自製的影片給大家觀看；Twitch 是一個遊戲影音串流平台，可以讓玩家進行遊戲實況直播、螢幕分享或遊戲賽事轉播；Podcast (播客) 是一個類似網路廣播的數位媒體，創作者將音訊或影片上傳到 Apple Podcast、Google Podcast、Spotify 等 Podcast 平台給大家聆聽或觀看；至於 Netflix 和 Disney+ 則提供隨選視訊服務，包括電影、電視節目和平台的原創節目。

(c)

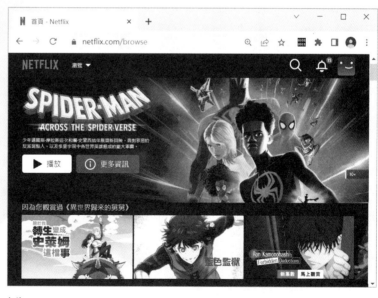

(d)

▲ 圖 8.8　(a) 唱片公司將歌手的 MV 上傳至 YouTube 進行宣傳 (b) Twitch 遊戲影音串流平台 (c) Google Podcast 平台 (d) Netflix 提供電影和電視節目的訂閱服務

8-4 TCP/IP 參考模型

網際網路採取 TCP/IP (Transmission Control Protocol/Internet Protocol) 通訊協定，其參考模型如圖 8.9，對較於 OSI 參考模型將網路的功能分成七個層次，TCP/IP 參考模型則是分成四個層次，發訊端送出的資料會沿著 TCP/IP 參考模型的四個層次一路向下，經由傳輸媒介及中繼設備抵達目的設備，再沿著 TCP/IP 參考模型的四個層次一路向上抵達收訊端。

雖然簡化為四個層次，但它並不是去除 OSI 參考模型的某些層次，而是將功能類似的層次合併，包括將應用層、表達層及會議層合併為應用層，保留傳輸層和網路層，將資料連結層及實體層合併為連結層。這四個層次的功能如下：

- 應用層 (application layer)：這個層次負責提供網路服務給應用程式，比較知名的通訊協定有 FTP、DNS、SMTP、Telnet、POP、HTTP、SNMP、NNTP 等。

- 傳輸層 (transport layer)：這個層次負責分段排序、錯誤控制、流量控制等工作，又稱為「主機對主機層」(host-to-host layer)，比較知名的通訊協定有 TCP (Transmission Control Protocol)、UDP (User Datagram Protocol)。

- 網路層 (network layer)：這個層次負責定址與路由等工作，又稱為「網際網路層」(Internet layer)，比較知名的通訊協定有 IP (Internet Protocol)。

- 連結層 (link layer)：這個層次負責與硬體溝通，又稱為「網路介面層」(network interface layer)，雖然沒有定義任何通訊協定，但基本上，它支援所有標準的通訊協定。

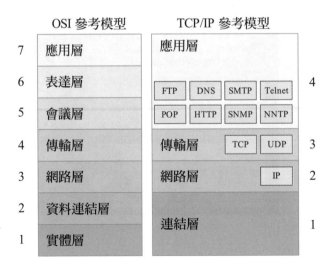

▲ 圖 8.9 TCP/IP 參考模型

8-5 網際網路命名規則

在生活中，戶政事務所可以透過身分證字號辨識每位國民，學校可以透過學號辨識每位學生，但在網際網路的世界裡，我們要如何辨識特定的使用者或電腦呢？事實上，網際網路的每部電腦都有一個編號和名稱，這個編號叫做 IP 位址 (Internet Protocol address)，而名稱叫做網域名稱 (domain name)，至於網域名稱的命名方式則須遵循網域名稱系統 (DNS，Domain Name System)。

8-5-1 IP 位址

凡連上網際網路的電腦都叫做主機 (host)，而且每部主機都有唯一的編號，叫做 IP 位址 (IP address)，就像房子有門牌號碼一樣。

現行的 IP 定址方式為 IPv4 (IP version 4)，在這個版本中，IP 位址是一個 32 位元的二進位數字，例如 10001100011100000001111000010110，為了方便記憶，這串二進位數字被分成四個 8 位元的十進位數字，中間以小數點連接，於是變成 140.112.30.22。IPv4 未來會逐步升級為 IPv6，屆時每個 IP 位址將有 128 位元。

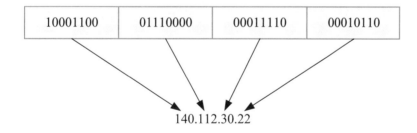

在台灣，主機的 IP 位址是有規則的，我們可以從左邊開始解譯，以 140.112.30.22 為例，140.112 是教育部指派給台灣大學的編號，30 是台灣大學指派給資訊工程學系的編號，而 22 是資訊工程學系指派給特定主機的編號。

▼ 表 8.4 IP 位址實例

IP 位址	單位 / 主機名稱
12.0.0.0	AT&T
206.190.36.105	美國 Yahoo 網站
140.109.4.8	中研院網站
140.112.8.116	台灣大學 BBS 主機
172.217.5.195	台灣 Google 網站

IP 位址的定址方式

IP 位址是由網路位址 (Network ID) 與主機位址 (Host ID) 兩個部分所組成，前者用來識別所屬的網路，同一個網路上的節點，其網路位址均相同，而後者用來識別網路上個別的節點，同一個網路上的節點，其主機位址均不相同。

至於網路位址與主機位址的長度如何分配，InterNIC 是採取等級化 (classful) 的方式，將之分為 A、B、C、D、E 五個等級，其中 A、B、C 三個等級為一般用途，而 D、E 兩個等級為特殊用途 (圖 8.10)，您只要對照表 8.5，就可以從主機的 IP 位址判斷其網路等級。

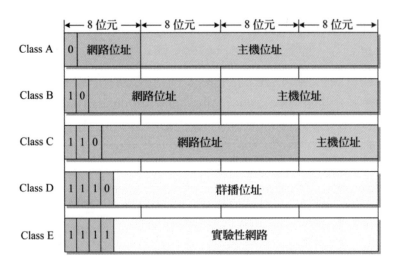

▲ 圖 8.10 網路等級

▼ 表 8.5 網路等級

Class	第一個數字	遮罩位址	網路位址數目	最多可以連接幾部主機
A	1 ~ 126	255.0.0.0	126 (2^7 - 2，0.0.0.0 和 127.0.0.0 不能使用)	16,777,214 (2^{24} - 2，x.0.0.0 和 x.255.255.255 不能使用)
B	128 ~ 191	255.255.0.0	16,384 (2^{14})	65,534 (2^{16} - 2，x.x.0.0 和 x.x.255.255 不能使用)
C	192 ~ 223	255.255.255.0	2,097,152 (2^{21})	254 (2^8 - 2，x.x.x.0 和 x.x.x.255 不能使用)
D	224 ~ 239			
E	240 ~ 255			

除了遵循前述規則之外，還要請您留意下列保留做特殊用途的 IP 位址：

- 主機位址為 0 表示這個 (this) 或預設 (default)，例如 0.0.0.0 表示網路自己，又例如 200.108.5.0 表示 200.108.5 這個 Class C 網路，而該網路上的主機位址可以是 200.108.5.1 ~ 200.108.5.254。

- 主機位址為 255 表示廣播至所有主機，例如 200.108.5.255 表示廣播至 200.108.5 這個 Class C 網路，也就是 200.108.5.1~200.108.5.254 的所有主機都會收到訊息。

- 127.0.0.0 ~ 127.255.255.255 保留做本機迴路測試 (loopback)，也就是所有傳送到此範圍內的封包將不會傳送到網路上，其中 127.0.0.1 保留做本機電腦的 IP 位址。

- 255.0.0.0、255.255.0.0、255.255.255.0 保留做 Class A、B、C 的網路遮罩 (netmask) 位址，網路遮罩的用途是和 IP 位址做 AND 運算，以判斷該 IP 位址屬於哪個網路，例如 200.108.5.32 和 Class C 網路的遮罩 255.255.255.0 做 AND 運算，得到 200.108.5.0，故得知 200.108.5.32 屬於 200.108.5 網路。

- 另外還有只能在區域網路內使用的私人用途 IP 位址，例如保留做網路位址轉譯的 192.168.X.X、保留做自動私人位址的 169.254.X.X。

子網路

雖然 Class A 和 Class B 網路可連接的主機數目高達 16,777,214、65,534，但這麼多主機不太可能位於同一個實體網路，為了提升網路的效能，遂有人提出子網路 (subnet) 的概念，也就是將 Class A、B 網路劃分為更小的子網路。

舉例來說，假設某個大學分配到一個 Class B 網路，IP 位址為 140.112.x.x，該大學有 5 個學院，每個學院均有各自的區域網路，而且區域網路內的每部主機都要分配到一個 IP 位址。為了方便管理，校方決定將這 5 個學院的區域網路劃分為 5 個子網路，然後從 IP 位址的主機位址中挪出 3 位元表示子網路位址，如圖 8.11。或許您會問，為何是挪出 3 位元呢？因為 $2^3 - 2 = 6$ 才足以區分 5 個子網路 (扣除此 3 位元均為 1 或均為 0 的情況)。

仔細觀察圖 8.11，在將 Class B 網路劃分為 5 個子網路後，網路位址仍維持 16 位元，子網路位址及主機位址則為 3 位元和 13 位元，此時，我們可以使用網路位址和子網路位址共 19 位元來識別子網路，而且每個子網路最多能夠連接 2^{13} - $2 = 8190$ 部主機 (扣除此 13 位元均為 1 或均為 0 的情況)。

圖 8.11 子網路

圖 8.11 的子網路遮罩如下，我們可以將它寫成 **255.255.224.0/19** (/19 表示子網路遮罩的長度為 19 位元)：

```
11111111  11111111  11100000  00000000
```

假設某部主機的 IP 位址為 140.112.33.1，那麼只要和子網路遮罩做 AND 運算，得到 140.112.32.0，就知道它屬於子網路 140.112.32。

IP 位址：   10001100 01110000 00100001 00000001 (140.112.33.1)

子網路遮罩： 11111111 11111111 11100000 00000000 (255.255.224.0/19)

AND 運算：   10001100 01110000 00100000 00000000 (114.112.32.0)

IPv6

雖然 IPv4 能夠表示 2^{32} = 4,294,967,296 個 IP 位址，但 IP 位址的配置除了有等級之分，還有部分保留做特殊用途，並不是每個位址都能使用。隨著網際網路的使用者快速成長，IP 位址面臨了供不應求的窘境，遂發展出 **IPv6**。

IPv6 和 IPv4 最大的差異在於使用 128 位元表示 IP 位址，能夠表示高達 2^{128} 個 IP 位址 (約 3.4×10^{38})。相較於 IPv4 使用四個十進位數字 (以小數點連接) 表示 IP 位址，IPv6 則使用 8 組包含 4 個十六進位數字 (以冒號連接) 表示 IP 位址，例如 2EDC:136F:0000:0000:0000:0000:0000:FFFF。

8-5-2 網域名稱系統 (DNS)

雖然我們可以透過 IP 位址辨識網際網路的每部電腦,但 IP 位址只是一串看不出意義的數字,並不容易記憶,於是有了網域名稱 (domain name),這是一串用小數點隔開的名稱,只要透過網域名稱系統 (DNS,Domain Name System),就可以將網域名稱和 IP 位址互相對映,例如 www.google.com.tw 是台灣 Google 網站的網域名稱,該名稱對映至 IP 位址 172.217.5.195,相較於 172.217.5.195,www.google.com.tw 顯得有意義且好記多了。

在台灣,主機的網域名稱是有規則的,我們可以從右邊開始解譯,例如 www.google.com.tw 的 tw 是國碼 (台灣),com 是公司,google 是 Google 公司,www 是網站伺服器的名稱;又例如 ntucsa.csie.ntu.edu.tw 的 tw 是國碼 (台灣),edu 是教育單位,ntu 是台灣大學,csie 是資訊工程學系,ntucsa 是某部主機的名稱。

表 8.6 是一些常見的 DNS 頂層網域名稱,台灣的使用者可以向 HiNet、PChome、遠傳、台灣大哥大等網址服務廠商申請網址,每年的管理費約數百元不等,例如 .com.tw、.net.tw、.org.tw、.idv.tw、.game.tw、.tw (英文)、.tw (中文)、. 台灣 (中文)、. 台灣 (英文) 等台灣網域名稱,或 .com、.net、.org、.biz、.info、.asia、.cc、.mobi、.taipei 等國際網域名稱,以及其它新的頂級網域名稱。

▼ 表 8.6 DNS 的頂層網域名稱

網域名稱	說明	網域名稱	說明
國碼	例如 tw 表示台灣、us 表示美國、jp 表示日本、cn 表示中國、ca 表示加拿大、uk 表示英國、fr 表示法國等	aero	航空運輸業
com	公司或商業組織	biz	商業組織
edu	教育或學術單位	coop	合作性組織
gov	政府部門	info	提供資訊服務的機構
mil	軍事單位	museum	博物館
int	國際性組織	name	家庭或個人
org	財團法人、基金會或其它非官方機構	pro	律師、醫師、會計師等專業人士
net	網路服務機構		

8-5-3 URI 與 URL

網頁上除了有豐富的圖文，更有連結到其它網頁或檔案的超連結 (hyperlink)。當使用者將指標移到超連結時，指標會變成手指形狀，而當使用者按一下超連結時，可以開啟圖片、資料或連結到其它網頁。

超連結的定址方式稱為 URI (Universal Resource Identifier)，換言之，URI 指的是 Web 上各種資源的位址，而我們平常聽到的 URL (Universal Resource Locator) 則是 URI 的子集。URI 通常包含下列幾個部分：

通訊協定 :// 伺服器名稱 [: 通訊埠編號]/ 資料夾 [/ 資料夾 2…]/ 文件名稱

例如：

- 通訊協定：這是用來指定 URI 所連結的網路服務，如表 8.7。

▼ 表 8.7 通訊協定所連結的網路服務

通訊協定	網路服務	實例
http://、https://	全球資訊網	http://www.lucky.com.tw
ftp://	檔案傳輸	ftp://ftp.lucky.com.tw
file:///	存取本機磁碟檔案	file:///c:/games/chess.exe
mailto:	傳送電子郵件	mailto:jean@mail.lucky.com.tw
telnet://	遠端登入	telnet://ptt.cc

- 伺服器名稱 [: 通訊埠編號]：伺服器名稱是提供服務的主機名稱，而冒號後面的通訊埠編號用來指定要開啟哪個通訊埠，省略不寫的話，表示為預設值 80。由於主機可能同時擔任不同的伺服器，為了方便區分，每種伺服器會各自對應一個通訊埠，例如 FTP、Telnet、SMTP、HTTP、POP 的通訊埠編號為 21、23、25、80、110。

- 資料夾：這是存放檔案的地方。

- 文件名稱：這是檔案的完整名稱，包括主檔名與副檔名。

8-6　雲端運算

雲端運算 (cloud computing) 是透過網路以服務的形式提供使用者所需要的軟硬體與資料等運算資源，並依照資源使用量或時間計費，使用者無須瞭解雲端中各項基礎設施的細節 (例如伺服器、儲存空間、網路設備、作業系統、應用程式、資料庫等)，不必具備相對應的專業知識，也無須直接進行控制。

雲端運算的起源可以追溯至 1990 年代的網格運算 (grid computing)，這是藉由連結不同地方的電腦進行同步運算以處理大量資料，之後網格運算被應用到數位典藏、地球觀測、生物資訊等領域。

隨著網路與通訊技術快速發展，開始有人提出在網路上提供軟體服務取代購買套裝軟體的構想。Amazon 於 2006 年 3 月推出「彈性運算雲端服務」，讓使用者租用運算資源與儲存空間，以彈性的方式來執行應用程式；而 Google 於 2007、2008 年開始在美國和台灣的大學校園推廣「雲端運算學術計畫」。

總歸來說，雲端運算的「雲」指的是網路，也就是將軟硬體與資料放在網路上，讓使用者透過網路取得資料並進行處理，即便沒有高效能的電腦或龐大的資料庫，只要能連上網路，就能即時處理大量資料，其概念如圖 8.12，對使用者來說，雲端運算所提供的服務細節和網路設備都是看不見的，就像在雲裡面。

▲ 圖 8.12 雲端運算示意圖 (圖片來源：維基百科 CC-BY-SA 3.0 by Sam Johnston)

雲端運算的用途

當人們在收發電子郵件、共同編輯文件、玩網路遊戲或把手機的照片上傳雲端時，就已經在使用雲端運算，常見的用途如下：

- ✓ 資料儲存：雲端運算可以儲存大量資料，簡化備份作業。

- ✓ 大數據分析：雲端運算可以提供機器學習、人工智慧等技術進行大數據分析，挖掘有價值的資訊。

- ✓ 災難復原：雲端運算可以備份數位資產，確保企業在發生災難時仍能營運。

- ✓ 應用程式開發：雲端運算的工具與平台可以協助使用者快速開發應用程式。

雲端運算的優點

- ✓ 彈性快速：使用者可以從任何有網路的位置存取雲端運算服務，不受地點或設備的限制。即便是大量的運算資源，也能在幾分鐘內完成佈建。

- ✓ 降低成本：使用者只要依照資源使用量或時間付費，而且能夠視實際需求調整租用的服務，無須自行採購與管理伺服器或資料中心。

- ✓ 安全可靠：供應商通常有更好的技術能夠確保資料的安全性與機密性。

- ✓ 策略性價值：供應商能夠隨時將創新功能提供給客戶，增加企業的競爭力。

▲ 圖 8.13 使用者可以從任何有網路的位置存取雲端運算服務 (圖片來源：shutterstock)

8-6-1 雲端運算的服務模式

根據美國國家標準與技術研究院 (NIST) 的定義，雲端運算有下列三種服務模式：

✅ **基礎設施即服務** (IaaS，Infrastructure as a Service)：IaaS 是透過網路以服務的形式提供伺服器、儲存空間、網路設備、作業系統、應用程式等基礎設施，使用者可以經由租用的方式獲得服務，無須自行採購、設定與管理基礎設施，而且每個資源都是獨立的產品，使用者只要支付在需求期間內使用特定資源的費用。

例如 Amazon EC2 (Amazon Elastic Compute Cloud) 擁有超過 500 個執行個體，可以讓使用者選擇處理器、儲存、聯網、作業系統、軟體和購買類型，在申請租用的幾分鐘後，就能獲得像實體伺服器一樣的運算資源，而且之後還能視實際需求擴大或縮減服務；其它類似的服務還有 Google Compute Engine 提供了安全可靠、可自訂的運算服務，讓使用者透過 Google 的基礎設施建立及執行虛擬機器，以及 Google Cloud Storage 提供了非結構化資料的儲存與代管服務。

✅ **平台即服務** (PaaS，Platform as a Service)：PaaS 是透過網路以服務的形式提供開發、部署、執行及管理應用程式的環境，包括伺服器、儲存空間、網路設備、作業系統、中介軟體、程式語言、開發套件、函式庫、使用者介面等。

PaaS 可以讓使用者透過網路開發應用程式，與團隊的其它成員協同作業，應用程式會建置在 PaaS 平台，開發完畢立即部署，例如 Google Cloud Run 全代管平台可以讓使用者以 Go、Python、Java、Node.js、.NET、Ruby 等程式語言開發及部署應用程式；其它像 Amazon Web Services (AWS)、Microsoft Azure 等雲端服務平台也都有提供 IaaS、PaaS 相關的產品。

✅ **軟體即服務** (SaaS，Software as a Service)：SaaS 是透過網路以服務的形式提供軟體，包括軟體及其相關的資料都是儲存在雲端，沒有下載到本機電腦，例如使用者可以透過瀏覽器連上 Google Docs 編輯文件、試算表和簡報；透過瀏覽器連上 Gmail 收發電子郵件；透過瀏覽器連上 Google Colab 撰寫 Python 程式，這些軟體及文件、電子郵件、Python 程式等都是儲存在 Google 的雲端資料中心。

另一個例子是趨勢科技的「雲端防護技術」可以將持續增加的惡意程式、協助惡意程式入侵電腦的郵件伺服器，以及散播惡意程式的網站伺服器等資訊儲存在雲端資料庫，電腦或手機等行動裝置只要連上網路，防毒雲就會自動進行掃毒，避免使用者收到垃圾郵件或連結到危險網頁；其它像管理資訊系統、企業資源規劃、顧客關係管理、供應鏈管理、內容管理等商業應用軟體也經常採取 SaaS 做為交付模式。

(a)

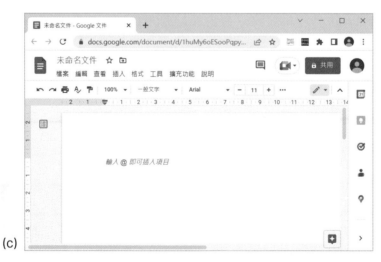

(b)

(c)

▲ 圖 8.14 (a) Amazon EC2 屬於 IaaS 服務模式 (b) Google Cloud Run 屬於 PaaS 服務
模式 (c) Google Docs 屬於 SaaS 服務模式

8-6-2 雲端運算的部署模式

根據美國國家標準與技術研究院 (NIST) 的定義，雲端運算有下列幾種部署模式：

- ✅ **公有雲 (public cloud)**：公有雲是由雲端運算供應商 (例如 AWS、Microsoft Azure、Google Cloud) 所建置與管理的雲端服務平台，透過網路提供運算資源讓不同的企業或個人共同使用。公有雲經常用來提供網頁式電子郵件、雲端辦公室軟體、雲端儲存、雲端相簿、雲端程式開發等服務。公有雲的有些資源是免費的，例如 Google Docs、雲端硬碟、地圖、日曆等，有些資源則是透過訂閱制或按使用量計費，例如 Google Cloud Storage。使用公有雲做為解決方案不僅具有彈性、可靠度高，且成本較低。

- ✅ **私有雲 (private cloud)**：私有雲是由企業所建置與管理的雲端服務平台，只有該企業的員工、客戶和供應商可以存取上面的資源，所以安全性和效率均比公有雲高，當然成本也較高。另一種方式則是由雲端運算供應商針對個別的企業提供獨立的私有雲，例如 AWS 提供的**虛擬私有雲** (virtual private cloud) 可以讓企業擁有安全性更高的專屬空間。

- ✅ **混合雲 (hybrid cloud)**：混合雲結合了公有雲與私有雲的特性，企業的非關鍵性資料或工作以及短期的運算需求可以放在公有雲處理，而企業的敏感性資料或工作可以放在私有雲處理，如此一來，不僅兼顧成本效益與資料安全，同時享有更多彈性和部署選項。

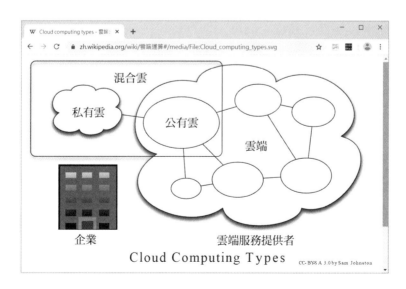

▲ 圖 8.15 雲端運算的部署模式
(圖片來源：維基百科 CC-BY-SA 3.0 by Sam Johnston)

8-7 物聯網

物聯網 (IoT，Internet of Things) 指的是將物體連接起來所形成的網路，通常是在公路、鐵路、橋梁、隧道、油氣管道、供水系統、電網、建築物、家電、衣物、眼鏡、手錶等物體上安裝感測器與通訊晶片，然後經由網際網路連接起來，再透過特定的程序進行遠端控制，以應用到智慧家庭、智慧城市、智慧建築、智慧交通、智慧製造、智慧零售、智慧醫療、智慧農業、環境監測、犯罪防治等領域。

物聯網的特色是賦予物體智慧，能夠自動回報狀態，達到物與物、物與人的溝通，例如「土石流監測與預警系統」是在可能發生大規模土石流的地區埋設感測器並架設收發站，然後利用感測器偵測土石淤積線與可能往下移的土體，記錄土石流動的方向、流速、位置等資訊，一旦發現有危險，就自動以警報廣播、發送簡訊等方式通知下游的居民盡速撤離。

物聯網的架構

物聯網的架構如圖 8.16，分成下列三個層次：

✅ 感知層 (Perception Layer)：感知層位於最下層，指的是將具有感測、辨識及通訊能力的感知元件嵌入真實物體，以針對不同的場景進行感測與監控，然後將蒐集到的資料傳送至網路層。常見的感知元件有 RFID 標籤與讀卡機、無線感測網路 (WSN)、全球定位系統 (GPS)、網路攝影機、雷射測距儀、紅外線感測器、電子羅盤、陀螺儀、三軸加速度感測器、計步器、環境感測器 (溫度、濕度、光度、亮度、速度、高度、紫外線、一氧化碳、二氧化碳、壓力、音量、霧霾…)、生物感測器 (指紋、掌紋、虹膜、聲音、臉部影像…) 等。

▲ 圖 8.16 物聯網的架構

✅ **網路層 (Network Layer)：**網路層位於中間層，指的是利用各種有線及無線傳輸技術接收來自感知層的資料，然後加以儲存與處理，整合到雲端資料管理中心，再傳送至應用層。常見的網路傳輸技術有寬頻上網、4G/5G 行動上網、Wi-Fi 無線上網、藍牙、ZigBee、RFID、NFC、LPWAN 等。

✅ **應用層 (Application Layer)：**應用層位於最上層，指的是物聯網的應用，也就是把來自網路層的資料與各個產業做結合，以提供特定的服務，例如智慧醫療、環境監測、智慧交通、智慧家庭、智慧電網、智慧學習、智慧製造、智慧零售、物流管理、城市管理、食品溯源等。

例如「智慧路燈節能系統」是在路燈嵌入光感測器和紅外線感測器，當光感測器偵測到環境光源低於可視程度時，就啟動紅外線感測器，偵測是否有人車，一旦有人車即將經過該路段，就自動打開路燈，等一段時間沒有偵測到人車，再自動關閉路燈，以達到節能省碳的目的。

又例如高速公路局建置的「智慧型運輸系統」(ITS，Intelligent Transportation System) 是利用先進的電子、通訊、電腦、控制及感測等技術於各種運輸系統 (尤指陸上運輸)，透過即時資訊傳輸，以增進安全、效率與服務，改善交通問題。

▲ 圖 8.17 利用物聯網的技術打造智慧交通控制系統 (圖片來源：shutterstock)

資訊部落　LPWAN（低功耗廣域網路）

LPWAN (Low Power Wide Area Network) 是一種無線傳輸技術，具有長距離、低功耗、低速度、低資料量、低成本等特點，適合需要低速傳輸的物聯網應用，例如環境監測、土石流監測、河川水質監測、牧場牛隻追蹤、街道照明、停管系統、智慧農業、智慧建築、智慧電表等，至於需要高速傳輸的物聯網應用則須改用其它傳輸技術。

目前發展出來的 LPWAN 技術有好幾種，分成授權頻段與非授權頻段兩種類型，前者以 NB-IoT 為代表，而後者以 SIGFOX 和 LoRa 為代表。

- NB-IoT (Narrow Band IoT)：這是 3GPP 所主導的技術，使用現有的 4G 網路，已經有許多廠商投入，例如中華電信、台灣大哥大、遠傳電信等均有推出 NB-IoT 物聯網服務。NB-IoT 的優點是容易建置，因為使用 4G 網路，只要在現有的基地台進行升級即可，除了節省成本，亦具有相當的安全性。

- SIGFOX：這是法國 SIGFOX 公司所發展的技術，使用 ISM Sub-1GHz 非授權頻段，傳輸速率只有 100bps，每個裝置一天只能傳送 140 則訊息，每則訊息最大容量為 12bytes，降低資料量便能大幅節省裝置的耗電量，適合智慧水表、電表、路燈之類的應用。SIGFOX 的特色在於建立一個全球共同的物聯網網路，然後由各地特許的網路營運商提供服務，例如台灣的特許營運商為 UnaBiz（優納比）。

- LoRa：這是 LoRa 聯盟所發展的技術，使用 ISM Sub-1GHz 非授權頻段。雖然 LoRa 的傳輸距離沒有 SIGFOX 遠，但其傳輸頻寬較大，傳輸速度較快，能夠進行一定程度的數據交換，適合智慧製造、智慧工廠之類的應用，而且任何人都能自行架設基地台來建置物聯網環境，無須向網路營運商申請服務，因而獲得產業界和電信商的支持。

▼ 表 8.8 LPWAN 三大技術比較

	NB-IoT	SIGFOX	LoRa
主導者	3GPP	SIGFOX 公司	LoRa 聯盟
授權頻段	授權頻段	非授權頻段	非授權頻段
傳輸速度	50Kbps	300bps ~ 50Kbps	100bps
傳輸距離	15 公里	10 ~ 50 公里	3 ~ 15 公里
基地台連接數量	10 萬	25 萬	100 萬

8-8　智慧物聯網

智慧物聯網 (AIoT) 是人工智慧 (AI) 結合物聯網 (IoT) 的應用，有別於傳統的物聯網是將資料上傳到雲端做運算，再將結果傳送到用戶端，可能會發生傳輸延遲或回應不夠即時等問題，AIoT 則是採取邊緣運算 (edge computing)，也就是將部分的人工智慧、機器學習等運算能力植入用戶端的感測器、控制器、機具設備、手機、汽車等裝置，讓裝置能夠做出即時且具有智慧的回應，例如機器人、自駕車、無人機、無人商店、刷臉支付等。邊緣運算不僅能減少延遲、加快回應速度，同時大部分資料是在用戶端處理與儲存，並可以在傳輸前進行加密，因而能提高資料安全性。

此外，AIoT 還可以應用在居家生活、健康照護、生產製造、倉儲物流、城市治理、交通運輸、能源管理、智慧零售、智慧醫療、智慧農業、智慧養殖等領域，發展更多創新服務，下面是一些應用實例。

工業物聯網 (IIoT)

工業物聯網 (IIoT，Industrial Internet of Things) 是應用在工業的物聯網，也就是將具有感知、通訊及運算能力的各種感測器或控制器，以及人工智慧、機器學習、大數據分析等技術融入工業場景，實現工業自動化與智慧化管理。

例如利用物聯網的技術對機具設備進行遠端監控，蒐集運行數據，然後透過大數據分析進行預測性維護，及早發現潛在的故障，減少停機時間與維修成本；或是蒐集生產製造過程中的數據進行分析，以制定生產決策及流程優化；或是監控工廠作業環境、管制人員與車輛進出、偵測汙染物、管制危險原料等，以增進工業安全。

智慧城市

智慧城市是利用物聯網的技術將城市中的設施 (例如路燈、監視器、建築物、停車場、大眾運輸工具、交通系統、電力系統、供水系統等) 連接在一起，實現智慧化管理與服務，提高城市的效率、便利性和永續性。

例如「城市安全系統」可以透過監視器和感測器監控城市中的空氣品質、氣候變化、交通流量，以及道路、橋梁、隧道、電力設施、天然氣管線、自來水管線等設施，一旦發現公安事故，就立刻提出示警與應對；「智慧能源系統」可以監控城市中不同區域對於電力、天然氣、水等能源的消耗情況，然後進行分析，以制定節能方案。

智慧交通

智慧交通可以增進行車安全、改善交通便利性、減少交通汙染、提升交通系統的效率,例如「智慧交通管理」可以透過路口與快速道路的感測器監控交通流量,進行路網調度及交通管制,以紓解塞車現象、降低交通汙染;「公車動態資訊系統」可以提供公車的定點資訊,當公車上的車機偵測到即將到站的前一段距離時,會自動將到站資訊傳送給伺服器,讓民眾透過網頁或行動裝置 App 進行查詢;其它還有 YouBike 自行車租借系統、國道 eTag 收費系統、智慧停車管理、車聯網、自駕車等。

(a)

(b)

▲ 圖 8.18 (a) Amazon Go 無人商店,拿了商品即可離開,免排隊結帳 (圖片來源:維基百科 CC BY-SA 4.0 by SounderBruce) (b) 透過工業物聯網實現工業自動化與智慧化管理 (圖片來源:shutterstock)

智慧家庭

在物聯網的諸多應用中，智慧家庭已經逐漸落實到人們的生活中。以圖 8.19 為例，使用者在家裡裝設溫度、濕度、光線、音量、空氣品質等感測器，以及自動窗簾、自動照明、電鈴、門鎖、監視器、保全系統、智慧空調、智慧冰箱、智慧插座、影音設備、掃地機器人、空氣清淨機等智慧周邊。

感測器會將蒐集到的環境資料傳送到「中央控制系統」(有些廠商將之稱為「智慧管家」)，該系統會根據環境資料控制相關的智慧周邊進行處理，例如當空氣品質不佳時，就自動開啟空氣清淨機；當光線不足時，就自動開啟照明；當冰箱的食物快吃完時，就自動提示使用者上網訂購。

除了由中央控制系統自動管理家裡的智慧周邊之外，使用者也可以透過智慧型手機、平板電腦、智慧音箱等介面，經由雲端資料管理中心和中央控制系統控制這些裝置。

例如在開車即將抵達家門之前，透過手機告訴中央控制系統說「我到家了」，就會自動開啟車庫門、家裡門鎖、客廳電燈與空調，讓室內達到最舒適的狀態；或是在家裡透過智慧音箱告訴中央控制系統說「晚安」，就會自動將音響音量調小、電燈調暗或拉上窗簾；或是當有人按電鈴時，只要拿起平板電腦一看，就能知道是誰站在門前，然後決定是否要打開大門讓訪客進來。

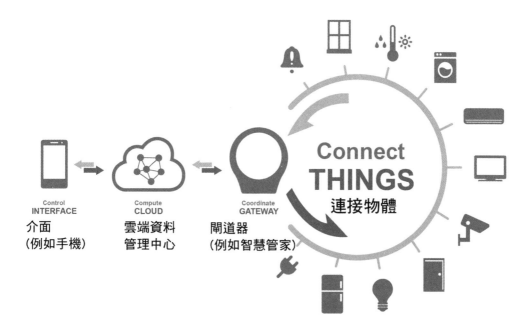

▲ 圖 8.19 華碩智慧家庭示意圖 (圖片來源：ASUS)

智慧農業

智慧農業是利用物聯網的技術將農業設施(例如溫室、水肥灌溉系統、智慧農機等)和農作物(例如植物生長情況、病蟲害監測、土壤養分狀態等)連接在一起,實現農業自動化與智慧化管理,提高農作物的生產效率和品質,減少對自然環境的影響,並改善農民的經濟收入,例如「智慧灌溉系統」可以透過農場裡的感測器蒐集溫度、濕度、雨量等數據,然後灌溉經過精密計算的水量,以節省水資源並增加產量;「智慧物流系統」可以實現農產品的自動化採收、分類、包裝、儲存、配送等,以提高農產品的倉儲及運輸效率。

智慧養殖

物聯網在智慧養殖的應用亦相當廣泛,例如透過飼養場所裡的感測器監控溫度、濕度、光照、水質、氧氣、甲烷、二氧化碳、氨等環境因素,並自動調整環境參數,保持適宜的飼養環境,以降低疾病風險、減少環境污染;或是透過「智慧識別系統」對家禽牲畜進行管理,包括定期監測體溫、健康情況、疫苗注射、產品溯源等,以提高飼養的效率和食品安全;或是蒐集與分析家禽牲畜的生產數據(例如生長速度、體重增長、飼料成份、傳染疾病等),然後制定最佳的養殖方案,以降低成本、提高效益。

▲ 圖 8.20 農民戴著 AR 眼鏡透過物聯網的技術監測溫度、濕度、雨量、土壤 PH 值等數據 (圖片來源:shutterstock)

- 網際網路 (Internet) 是全世界最大的網路，由成千上萬個大小網路連接而成。

- 連上網際網路的方式除了 ADSL 寬頻上網、FTTx 光纖上網和有線電視寬頻上網之外，也有許多人使用無線上網，例如 Wi-Fi 無線上網、4G/5G 行動上網。

- 網際網路採取 **TCP/IP** 通訊協定，而 TCP/IP 參考模型則是分成應用層、傳輸層、網路層、連結層等四個層次。

- 網際網路的每部主機都有唯一的編號，叫做 **IP 位址**。現行的 IP 定址方式為 **IPv4**，每個 IP 位址有 32 位元，未來會逐步升級為 **IPv6**，屆時每個 IP 位址將有 128 位元。

- 網際網路的每部主機都有唯一的名稱，叫做**網域名稱**，只要透過**網域名稱系統** (DNS)，就可以將網域名稱和 IP 位址互相對映。

- 常見的 DNS 頂層網域名稱有國碼、com（公司）、edu（教育單位）、gov（政府部門）、mil（軍事單位）、int（國際性組織）、org（非官方機構）、net（網路服務機構）、aero（航空運輸業）、biz（商業組織）、coop（合作性組織）、info（資訊服務機構）、museum（博物館）、name（家庭或個人）、pro（專業人士）等。

- **雲端運算** (cloud computing) 是透過網路以服務的形式提供使用者所需要的軟硬體與資料等運算資源，並依照資源使用量或時間計費。

- 雲端運算有下列三種服務模式：**基礎設施即服務** (IaaS) 是透過網路以服務的形式提供伺服器、儲存空間、網路設備、作業系統、應用程式等基礎設施；**平台即服務** (PaaS) 是透過網路以服務的形式提供開發、部署、執行及管理應用程式的環境；**軟體即服務** (SaaS) 是透過網路以服務的形式提供軟體。

- 雲端運算有**公有雲**、**私有雲**、**混合雲**等部署模式。

- **物聯網** (IoT，Internet of Things) 指的是將物體連接起來所形成的網路，通常是在物體上安裝感測器與通訊晶片，然後經由網際網路連接起來，再透過特定的程序進行遠端控制，其架構分成**感知層**、**網路層**、**應用層**等三個層次。

- **智慧物聯網** (AIoT) 是人工智慧 (AI) 結合物聯網 (IoT) 的應用，例如工業物聯網、智慧城市、智慧交通、智慧家庭、智慧農業、智慧物流、智慧零售等。

學習評量

一、選擇題

( ) 1. IP 位址 11001100011100000001111000000110 可以表示成下列何者？
  A. 204:104:30:6　　B. 204.112.30.6　　C. 204:112:15:12　　D. 204.104.15.6

( ) 2. 下列何者最有可能是行政院國家科學委員會的網址？
  A. www.nsc.net.tw　　　　　　B. www.nsc.edu.tw
  C. www.nsc.com.tw　　　　　　D. www.nsc.gov.tw

( ) 3. URL 中開頭的 http:// 指的是下列何者？
  A. 瀏覽器版本　　B. 通訊協定　　C. HTML 網頁　　D. 固定的開頭

( ) 4. 網際網路採取下列哪種通訊協定？
  A. IPX　　　　　　B. AppleTalk　　C. TCP/IP　　　　D. X.25

( ) 5. 在 TCP/IP 參考模型中，下列哪個通訊協定屬於應用層？
  A. TCP　　　　　　B. UDP　　　　　C. FTP　　　　　D. IP

( ) 6. 中文網域名稱註冊服務由哪個機構負責？
  A. TWNIC　　　　B. IETF　　　　　C. APNIC　　　　D. ISOC

( ) 7. 下列哪種通訊協定可以在郵件伺服器之間傳送電子郵件？
  A. MAPI　　　　　B. SMS　　　　　C. NNTP　　　　D. SMTP

( ) 8. 下列何者可以用來解譯網域名稱？
  A. TCP　　　　　　B. SSL　　　　　C. IP　　　　　　D. DNS

( ) 9. IPv6 可能的位址數目是 IPv4 的幾倍？
  A. 32　　　　　　B. 96　　　　　　C. 2^{96}　　　　　D. 2^{128}

( ) 10. 若要舉行視訊會議，您認為可以使用下列哪套軟體？
  A. Chrome　　　　B. Opera　　　　C. Zoom　　　　D. Word

( ) 11. 下列哪個 URI 的寫法錯誤？
  A. mailto://jean@mail.lucky.com　　B. ftp://ftp.lucky.com
  C. file:///c:/Windows/win.ini　　　　D. http://www.lucky.com

( ) 12. 如欲將一個 Class B 網路劃分為五個子網路，其子網路遮罩須設定為何？
  A. 255.255.0.0　　B. 255.255.224.0　　C. 255.255.240.0　　D. 255.255.248.0

( ) 13. IP 位址的第一個數字為 140，表示該位址隸屬於哪種網路等級？
  A. Class A　　　　B. Class B　　　　C. Class C　　　　D. Class D

( ) 14. 假設網路 163.13.0.0 的子遮罩為 255.255.24.192，下列何者屬於不同的子網路？
  A. 163.13.25.72　　B. 163.13.23.71　　C. 163.13.48.96　　D. 163.13.80.80

(　) 15. 假設主機的 IP 位址為 152.40.5.77，遮罩為 255.255.255.252，那麼
主機的網路編號為何？

    A. 152.40.5.72　　B. 152.40.5.64　　C. 152.40.5.70　　D. 152.40.5.76

(　) 16. 如欲將 IP 位址 140.112.30.22、140.112.30.80 劃分為兩個子網路，
子遮罩應設定為下列何者？

    A. 255.255.255.254　　　　　　　　B. 255.255.255.192
    C. 255.255.255.248　　　　　　　　D. 255.255.255.224

(　) 17. 像 Google Docs 這種線上文件服務屬於雲端運算的哪種服務模式？

    A. IaaS　　　　　B. PaaS　　　　　C. SaaS　　　　　D. DaaS

(　) 18. Google 地圖屬於雲端運算的哪種部署模式？

    A. 公有雲　　　　B. 私有雲　　　　C. 混合雲　　　　D. 社群雲

(　) 19. 下列關於雲端運算的敘述何者錯誤？

    A. 雲端運算沒有資料失竊的風險　　B. 使用者無須知道服務提供的細節
    C. Gmail 屬於 SaaS 服務模式　　　D. 租用雲端運算服務能夠節省成本

(　) 20. 下列關於物聯網的敘述何者正確？

    A. 不會使用到無線網路技術　　　　B. 屬於 VoIP 的應用
    C. 主要用來遠端管理伺服器　　　　D. 將物體連接起來所形成的網路

二、練習題

1. 簡單說明 TCP/IP 參考模型分成哪四個層次？以及各個層次的主要工作為何？

2. 如欲將 172.12.0.0 網路劃分為能夠容納 458 個 IP 位址的子網路，其子遮罩
須設定為何？

3. 假設子遮罩採取預設值，試問，IP 位址 140.175.1.68 所在的網路編號與主
機編號為何？

4. 承上題，如欲將所在的網路劃分為四個大小相同的子網路，其子遮罩須設定
為何？又各個子網路包含幾部主機？

5. 簡單說明何謂雲端運算並舉出一個實例。

6. 簡單說明在雲端運算的服務模式中，基礎設施即服務 (IaaS)、平台即服務
(PaaS)、軟體即服務 (SaaS) 的意義為何並各舉出一個實例。若有廠商透過
官方網站提供軟體讓使用者在線上使用，那麼這是屬於哪種服務模式？

7. 簡單說明何謂物聯網並舉出一個實例。

8. 簡單說明物聯網的架構分成哪三個層次？以及各個層次的功能為何？

Foundations of
Computer Science

09

程式語言

9-1 程式語言的演進

我們知道指令 (instruction) 是指揮電腦完成一項基本任務的命令，程式 (program) 是一組有順序的指令集合，而程式語言 (program language) 則是用來撰寫程式的語言。不同的程式語言有不同的語法及用途，例如 FORTRAN 是應用於科學或工程運算的程式語言，而 HTML 是應用於網頁設計的程式語言。

事實上，電腦只看得懂由 0 與 1 所組成的機器語言 (machine language)，但機器語言並不容易理解，於是發展出接近人類思維的高階語言，然後經由直譯程式 (interpreter) 或編譯程式 (compiler) 轉換成機器語言。

9-1-1 第一代語言－機器語言

機器語言 (machine language) 是最早發展出來的程式語言，它的每個指令都是由 0 與 1 所組成，包含運算碼 (op-code) 與運算元 (operand) 兩個部分，其中運算碼是指令所要進行的運算，運算元是指令進行運算的對象。

雖然機器語言是電腦唯一看得懂的程式語言，執行速度也最快，但一長串的 0 與 1 不僅難以閱讀，而且機器語言屬於機器相關 (machine dependent) 語言，不具有可攜性 (portability)，換言之，不同的電腦平台有不同的機器語言，撰寫出來的程式無法互相移植，必須重新撰寫，以符合電腦平台的暫存器組態與指令集。

9-1-2 第二代語言－組合語言

由於機器語言的每個指令都是由 0 與 1 所組成，包含運算碼與運算元兩個部分，於是科學家遂以助憶碼 (mnemonics) 的方式發展出組合語言 (assembly language)，將指令中的運算碼與運算元分開表示。舉例來說，假設指令 3312 (0011001100010010) 的用途是將暫存器 R1 的資料與暫存器 R2 的資料相加，再將結果儲存到暫存器 R3，那麼改為組合語言則可以寫成如下：

```
ADD R3, R1, R2
```

顯然組合語言比機器語言容易理解，不過，由於電腦不認得組合語言，因此，在以組合語言撰寫程式後，還要經過組譯程式 (assembler) 轉換成機器語言才能執行。基本上，組合語言仍屬於機器相關語言，不具有可攜性，我們習慣將機器語言和組合語言統稱為低階語言 (low level language)。

	LDA	ALPHA	;將變數 ALPHA 載入暫存器 A
	SUB	ONE	;減去 1
	ADD	BETA	;加上變數 BETA 的值
	STA	GAMMA	;將暫存器 A 的值儲存給變數 GAMMA
	LDB	GAMMA	;將變數 GAMMA 載入暫存器 B
	SUB	TWO	;減去 2
	STB	BETA	;將暫存器 B 的值儲存給變數 BETA
ONE	WORD	1	;定義常數 ONE 的值為 1
TWO	WORD	2	;定義常數 TWO 的值為 2
ALPHA	RESW	1	
BETA	RESW	1	
GAMMA	RESW	1	

▲ 圖 9.1 以組合語言撰寫的程式其實還是不太容易閱讀

💬 資訊部落　何謂組譯程式？

組譯程式 (assembler) 能夠將以組合語言撰寫的程式轉換成目的碼 (object code)，裡面包含機器指令、資料值及這些項目的位址。目的碼通常無法直接在記憶體執行，必須透過載入程式 (loader) 載入記憶體執行。

由於組合語言是以助憶碼的方式從機器語言發展出來，因此，不同的電腦平台有不同的組合語言和不同的組譯程式，視其暫存器、指令格式、資料格式、記憶體、定址模式、指令集、輸入 / 輸出而定。雖然如此，不同組譯程式的演算法與邏輯卻很類似，例如 Pentium 與 x86 電腦的 Microsoft MASM、Sun 工作站的 SPARC 組譯程式等。

▲ 圖 9.2 組譯程式

9-1-3 第三代語言－高階語言

組合語言雖然比機器語言容易理解，但撰寫出來的程式無法移植到不同的電腦平台，必須重新撰寫，而且每個指令所能完成的工作都很有限，若要撰寫一個功能強大的程式，勢必得花費冗長的時間。

舉例來說，假設要建造一間房子，若以一磚一瓦為單位，那麼建造過程將會很繁雜；反之，若以一個房間、一個天花板、一扇門或窗為單位，那麼建造過程將會簡化許多，而這就是發展出高階語言 (high level language) 的原因。

高階語言的指令不僅能完成比較複雜的工作，語法近似於英文，學習困難度低，而且屬於機器無關 (machine independent) 語言，換言之，以高階語言撰寫的程式在不經修改或小幅修改的情況下，就能順利移植到不同的電腦平台。

諸如 Pascal、BASIC、C、C++、Java、C#、FORTRAN、COBOL、Ada、ALGOL、Python、JavaScript、Go 等，均屬於高階語言，在以高階語言撰寫程式後，還要經過編譯程式 (compiler) 或直譯程式 (interpreter) 轉換成機器語言才能執行，速度自然沒有機器語言或組合語言來得快。

高階語言的優點是與機器無關，具有可攜性，容易閱讀與學習，函數庫可以擴充，缺點則是需要經過編譯程式或直譯程式轉換成機器語言，執行速度較慢，而且多了變數宣告、函數呼叫、迴圈、流程控制等敘述，所占用的記憶體較大；反之，低階語言的優點是執行速度較快，而且少了變數宣告、函數呼叫、迴圈、流程控制等敘述，所占用的記憶體較小，缺點則是與機器相關，不具有可攜性，不易閱讀與學習。

```
int compare(int x, int y)
{
    if (x < y) return -1;
    else
    {
        if (x == y) return 0;
        else return 1;
    }
}
```

▲ 圖 9.3 以高階語言撰寫的程式相當近似於英文，此例為 C 語言

🗨 資訊部落　何謂編譯程式？

編譯程式 (compiler) 能夠將以高階語言撰寫的程式轉換成目的碼，裡面包含機器指令、資料值及這些項目的位址，目的碼通常無法直接在記憶體執行，必須透過載入程式載入記憶體執行。知名的編譯程式有 SunOS C Compiler、Java Compiler、YACC Compiler-Compiler 等，主要由下列三者所組成：

● 分析程式 (scanner)：分析程式會逐一掃描原始程式的內容，根據預先定義的文法將關鍵字、保留字、識別字、運算子、變數名稱、資料值等符號分析出來，故此動作又稱為詞彙分析 (lexical analysis)。

● 剖析程式 (parser)：剖析程式會根據預先定義的文法來剖析分析程式所分析出來的關鍵字、保留字、識別字、運算子、變數名稱、資料值等符號的意義，判斷是否為宣告敘述、指派敘述、算術運算、字串運算、陣列存取、函數呼叫等，故此動作又稱為語意分析 (syntactic analysis)。

　為了讓您瞭解語法和語意的差異，我們來看個例子，假設變數 A、B 為整數型別，變數 C 為浮點數型別，那麼 X = A * B 和 X = A * C 兩個敘述的語法相同，但語意卻不相同，因為前者是整數的乘法運算，而後者的變數 A 必須先轉換成浮點數型別，然後進行浮點數的乘法運算。

● 目的碼產生程式 (code generator)：在將語法及語意詮釋出來後，只要再根據機器語言產生目的碼，編譯程式的任務就算完成了。

🗨 資訊部落　何謂直譯程式？

直譯程式 (interpreter) 和編譯程式一樣會根據文法對原始程式進行語法分析及語意剖析，不同的是直譯程式不會產生目的碼，而是每翻譯一行敘述，就立刻執行該敘述，諸如 C、C++、C#、Go 等皆屬於編譯語言，而 BASIC、LISP、Python、PHP、Perl、JavaScript 等則屬於直譯語言。

以直譯語言撰寫的程式在執行時所需的記憶體比編譯語言少，同時它的偵錯程式 (debugger) 亦較容易撰寫，不過，它的程式執行效率就比不上編譯語言了，因為無論程式執行幾次，都必須一邊翻譯一邊執行，而以編譯語言撰寫的程式只要編譯一次成為目的碼，日後無論執行幾次，都不必再進行編譯，同時編譯程式還可以對程式碼進行最佳化。

9-1-4 第四代語言－超高階語言

超高階語言 (very high level language) 是高階語言進一步的演進，使用者不再需要費心思考如何撰寫程式，只要在套裝軟體內選取工具、介面、資料庫或控制項，就能快速完成程式，程式設計人員的產能也因而大大提升。

▲ 圖 9.4 Visual Studio 提供了 Visual Basic、Visual C++、Visual C# 等程式語言的整合開發環境

9-1-5 第五代語言－自然語言

高階語言的語法雖然近似於英文，但實際上仍有一段差距，同時使用者不能加入新的詞彙，也不能不遵照嚴格的語法，而自然語言 (natural language) 則突破了這些限制，使用者不僅能以多種方式來敘述同一件事情，即使中間參雜語法錯誤或俚語，電腦也能正確地接收指令，例如 Give me the sales report、I want the sales report、Please show me the sales report 是三個不同的敘述，但是電腦均能正確地調出業務報表。目前電腦處理自然語言的能力正在快速提升，主要是在人工智慧方面的應用，例如 AI 聊天機器人、AI 繪圖等。

資訊部落　程式的執行過程

程式的執行過程如圖 9.5：

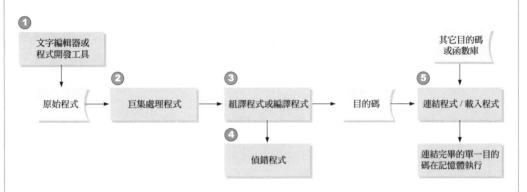

▲ 圖 9.5 程式的執行過程

1. 使用文字編輯器或程式開發工具撰寫程式，目前視窗環境下的程式開發工具不僅提供文字編輯的功能，還提供編譯、偵錯、執行與測試等功能。

2. 巨集處理程式 (macro processor) 將原始程式中所有巨集呼叫改以巨集的主體來取代。

3. 組譯程式 (assembler) 或編譯程式 (compiler) 將原始程式編譯成目的碼，其中編譯程式內的分析程式 (scanner) 會根據預先定義的文法將關鍵字、保留字、識別字、運算子、變數名稱、資料值等符號分析出來，而剖析程式 (parser) 會根據預先定義的文法來剖析這些符號的意義。

4. 若在組譯或編譯的過程中產生錯誤，可以使用偵錯程式 (debugger) 來找出錯誤並予以更正。

5. 連結程式 (linker) 可以將目的碼與其它目的碼或函數庫連結成單一目的碼，然後載入程式 (loader) 再將目的碼重新定址並載入記憶體執行。

9-2 程式語言的分類

雖然我們可以根據發展時間，約略地將程式語言歸類為一～五代，但事實上，一個程式語言的誕生，往往是經過許多人的努力與長年的沿革 (圖 9.6)，中間不僅涉及程式語言本身的設計與製作，還涉及開發環境、電腦平台、支援的函數庫與教學的過程，因此，與其根據發展時間將程式語言分類，更貼切的分類應該是根據程式設計方式 (programming paradigm)，也就是根據不同的思維各自發展，這些程式設計方式包括：

✓ 命令式 (imperative paradigm)

✓ 函數式 (functional paradigm)

✓ 邏輯式 (logic paradigm)

✓ 物件導向式 (object-oriented paradigm)

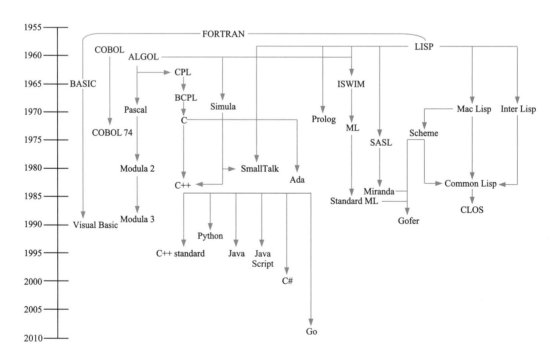

▲ 圖 9.6 程式語言的發展過程 （以箭頭連接的部分表示之後發展出來的語言有受到之前的語言影響）

9-2-1 命令式

命令式 (imperative paradigm) 是傳統的程式設計過程，又稱為程序式 (procedural paradigm)，整個程式是由一連串的命令與敘述所組成，只要逐步執行這些命令與敘述，就能得到結果，典型的命令式程式語言有 FORTRAN、ALGOL、BASIC、COBOL、Pascal、C、Ada 等 (圖 9.7)。

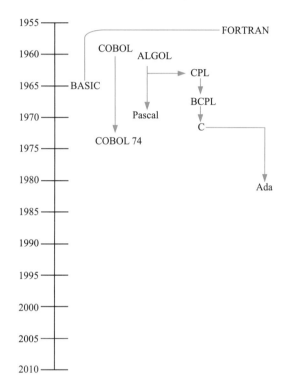

▲ 圖 9.7 命令式程式語言的發展過程

FORTRAN

FORTRAN (FORmula TRANslation) 是 IBM 公司於 1957 年所發展的第一個高階語言，一開始是應用於 IBM 740 電腦的科學計算，後來應用於經濟分析、工程數學及科學研究等領域。

為了標準化起見，美國國家標準局 (ANSI) 於 1977 年提出 FORTRAN 77，接著於 1991 年又加入物件導向的觀念與提供遞迴、指標等功能，而成為 FORTRAN 90，之後又陸續提出 FORTRAN 95、FORTRAN 2003、FORTRAN 2008、FORTRAN 2018。FORTRAN 的形式類似數學運算式，易學易用且具有標準規格，缺點則是文字及資料處理能力有限，所以比較適合工程及科學用途。

```
C       FORTRAN PROGRAM
        X = 0
1       IF (X .EQ. 10) GOTO 2
            X = X + 1
            GOTO 1
2       WRITE (6, 10) X
10      FORMAT (1X, 'Value of X is', F6.2)
        STOP
        END
```

▲ 圖 9.8 以 FORTRAN 撰寫的程式

ALGOL

ALGOL (ALGOrithmic Language) 是在 1950 年代末期所發展的程式語言，主要用來描述演算法，有 ALGOL 58、ALGOL 60、ALGOL 68 等版本。雖然實際應用不多，但是諸如 Pascal、C、Ada、Modula 等程式語言的觀念都深受 ALGOL 的影響。

BASIC

BASIC (Beginner's All-purpose Symbolic Instruction Code) 是 John Kemeny 和 Thomas Kurtz 兩位教授於 1964 年以 FORTRAN 為基礎所發展的程式語言，由於接近自然語言及數學運算式，一度成為校園中廣泛使用的程式語言。

Microsoft 公司於 1975 年開發出個人電腦平台上的 BASIC 直譯程式，包括 Applesoft BASIC、MBASIC、QuickBASIC、GWBASIC 等，都是 Microsoft 公司所推出，而在 Windows 普及後，Microsoft 公司亦於 1991 年推出具有整合開發環境的 Visual Basic，發展迄今有數個版本，並且從 Visual Basic 2005 開始，就不再是直譯語言，而是具有物件導向特性的編譯語言。不過，Microsoft 公司已經於 2020 年宣布不會再開發 Visual Basic 或增加功能。

COBOL

COBOL (COmmon Business Oriented Language) 是美國國防部委託一個委員會於 1959 年所發展的程式語言，主要用來從事大量的檔案處理、資料輸入 / 輸出與商業計算。由於 COBOL 的語法近似於英文，易學易讀易維護、資料處理能力強大、具有標準規格及可攜性，所以目前仍應用於金融、會計、人事管理、情報檢索、商業資料處理等領域。

Ada

Ada 是美國國防部於 1980 年代所發展的程式語言，其命名是為了紀念歷史上第一位程式設計師 Ada Lovelance (1815 ~ 1852)。Ada 具有高度的可攜性與可讀性，適合用來撰寫即時系統 (real time system) 或同步運算程式 (concurrenct programming)，例如飛彈的導引系統、汽車的控制系統或建築物的環境控制系統。

Pascal

Pascal 是 Jensen 與 Wirth 兩位教授於 1970 年代承襲 ALGOL 的理念所發展的程式語言，其命名是為了紀念十七世紀的法國數學家 Blaise Pascal (巴斯卡)。Pascal 一開始是應用於校園的教學，之後 Borland 公司還推出商業用途的 Turbo Pascal，以及具有物件導向特性的 Delphi。

```
procedure swap(var x : integer; var y : integer);
var z : integer;
begin
  z := x;
  x := y;
  y := z;
end;
```

▲ 圖 9.9 以 Pascal 撰寫的程式

C

C 是 AT&T 貝爾實驗室的 Dennis Ritchie 於 1972 年所發展的程式語言，他與同是 AT&T 研究員的 Ken Thompson 為了替 UNIX 設計新的程式語言，遂將 Ken Thompson 於 1970 年承襲 BCPL 語言的理念所發展的 B 語言擴充成 C 語言。

可攜性是 UNIX 的中心準則之一，在 1970 年代，UNIX 與 C 語言聯手開發了許多電腦平台，在 1980 年代初期，C 語言更是迷你電腦與工作站上威力強大的語言。由於 C 語言的版本不一，因此，美國國家標準局 (ANSI) 於 1983 年成立一個委員會進行標準化，並於 1989 年發布 ANSI C。

以 C 語言撰寫的程式不僅具有可攜性，而且執行速度快，因為 C 語言的指標允許程式直接存取記憶體的資料，同時 C 語言所支援的許多運算子與電腦硬體支援的運算相符，使得 C 語言能夠迅速獲得專業程式設計人員的支持。

9-2-2 函數式

函數式 (functional paradigm) 程式語言的代表首推 LISP (LISt Processor)，由美國麻省理工學院 (MIT) 於 1958 年為了人工智慧方面的應用所發展，其它知名的函數式程式語言還有 ML、Miranda、Gofer、Scheme、CLOS 等 (圖 9.10)。

LISP 有數種版本，MacLISP 強調的是效能與品質，InterLISP 提供了結構化的編輯器環境，Common LISP 是使用最廣泛的版本，而 CLOS (Common LISP Object System) 則是具有物件導向特性的 Common LISP。

函數式程式語言的觀念是將整個程式視為數個基本函數的組合，舉例來說，(* (+ a b) (- c d)) 的意義就等於 (a + b) * (c - d)，這個敘述包含了加法 (+)、減法 (-)、乘法 (*) 三個基本函數。

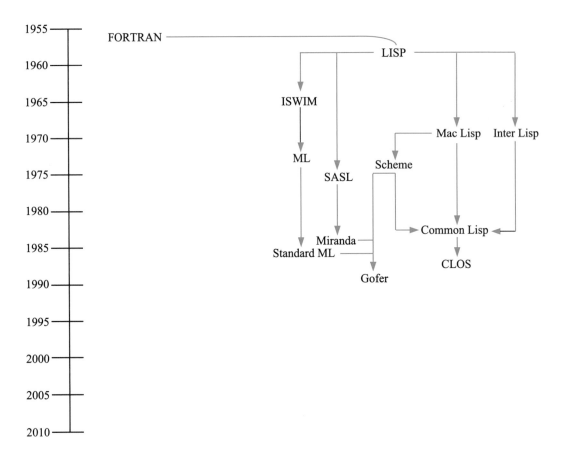

▲ 圖 9.10 函數式程式語言的發展過程

再來看另一個例子，假設有三個基本函數 add、count、divide，其中 add 可以求出一組數字 numbers 的總和，count 可以求出一組數字 numbers 的個數，divide 可以進行兩數相除，那麼若要求出這組數字的平均值，可以寫成 (divide (add numbers)(count numbers))。

```
(define (length x)
    (cond ((null? X) 0)
        (else (+ 1 (length (cdr x))))))


(define (append x z)
    (cond ((null? x) z)
        (else (cons (car x) (append (cdr x) z)))))


(define (square n) (* n n))
(map square '(1 2 3 4 5))


(define x 0)
(let ((x 2) (y x) y))
(let* ((x 2) (y x) y))
```

▲ 圖 9.11 以 LISP 撰寫的程式

```
val zero = constant 0;
val one = constant 1;

fun d x (constant _) = zero
| d (variable a) (variable b) = if a = b then one else zero
| d x (sum (e1, e2)) = sum (d x e1, d x e2)
| d x (product (e1, e2)) =
    let val t1 = product (d x e1, e2)
        val t2 = product (e1, d x e2)
    in sum (t1, t2)
end;
```

▲ 圖 9.12 以 ML 撰寫的程式

9-2-3 邏輯式

邏輯式 (logic paradigm) 程式語言的代表首推 PROLOG (PROgramming in LOGic)，由 Alain Colmerauer 與 Philippe Roussel 於 1972 年為了處理自然語言所發展，因為具有邏輯推理性，故應用至搜尋資料庫、定義演算法、研究人工智慧、開發專家系統等領域。事實上，PROLOG 與 LISP 類似，只是 PROLOG 的語法比 LISP 容易理解，同時 PROLOG 著重於邏輯關係，而非函數。

下面是一個例子，假設系統存在著如下規則：

append([], Y, Y).	將 [] 與 Y 合併為 Y。
append([H|X], Y, [H|Z]):- append(X, Y, Z).	若 X 與 Y 合併會得到 Z，則 [H|X] 與 Y 合併會得到 [H|Z]。
member(M, [M|_]).	M 為串列的成員。
member(M, [_|T]):- member(M, T).	若 M 為串列尾端 T 的成員，則 M 為串列的成員。

瞭解這兩個規則的意義後，我們可以來進行查詢：

```
?- append([a, b, c], [d, e], [a, b, c, d, e]).
   Yes
?- append([a, b, c], [d, e], Z).
   Z = [a, b, c, d, e]
?- append([a, b, c], Y, [a, b, c, d, e]).
   Y = [d, e]
?- append(X, [d, e], [a, b, c, d, e]).
   X = [a, b, c]
?- [a|M] = [N, b, c, d, e].
   M = [b, c, d, e]
   N = a
?- member(a, [a, b, c, d, e]).
   Yes
?- X = [p, q, r], member(a, X).
   No
```

9-2-4 物件導向式

物件導向式 (object-oriented paradigm) 程式語言的代表首推 Simula，由挪威電子計算中心 (Norwegian Computing Center) 的 Kristen Nygaard 與 Ole-Johan Dahl 於 1961 ~ 1967 年所發展，其它知名的物件導向式程式語言還有 SmallTalk、C++、Java、C#、Python、JavaScript、Go 等 (圖 9.13)。

物件導向程式設計 (OOP，Object Oriented Programming) 是軟體發展過程中極具影響性的突破，優點是物件可以在不同的應用程式中被重複使用。Windows 本身就是一個物件導向的例子，您在 Windows 所看到的東西，包括視窗、功能表列、資料庫、對話方塊等，均屬於物件，您可以將這些物件放進自己的程式，然後視情況變更物件的欄位 (例如視窗的大小、位置、標題列…)，而不必再為這些物件撰寫冗長的程式碼。

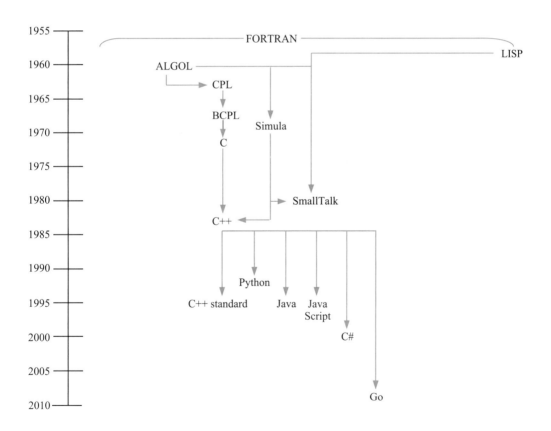

▲ 圖 9.13 物件導向式程式語言的發展過程

C++

C++ 是 AT&T 貝爾實驗室的 Bjarne Stroustrup 承襲 C 語言的理念所發展的程式語言，兩者的語法非常類似。事實上，C 語言可以視為 C++ 的子集合，但 C++ 是一個物件導向式程式語言，而 C 語言則是傳統的程序式程式語言。

```cpp
class List{
    node *top;
  public:
    List();
  protected:
    void push(int);
    int pop();
};
```

▲ 圖 9.14 以 C++ 撰寫的程式

Java

Java 是 Sun 公司的 James Gosling 承襲 C++ 的理念於 1995 年所發展的物件導向式程式語言，除了有類似 C 和 C++ 的語法，還提供垃圾收集 (garbage collection)、例外處理 (exception handling)、多執行緒 (multi-threads)、跨平台等功能。使用者不僅能快速寫出安全正確的 Java 程式，而且這個程式可以在 Windows、Linux、Solaris 等平台執行，促使 Java 被廣泛應用在 Web 網路環境。

由於 Java 編譯程式不會針對特定機器產生目的碼，而是將以 Java 撰寫的原始碼轉換為 bytecode，bytecode 只能在 Java 虛擬機器 (JVM，Java Virtural Machine) 執行，不同平台上的 Java 虛擬機器有各自的 Java 直譯程式，bytecode 在不經修改或重新編譯的情況下即可執行。

```java
public class Hello{
  public static void main(String[] args){
      System.out.println("Hello, World!");
  }
}
```

▲ 圖 9.15 以 Java 撰寫的程式

C#

C# 是 Microsoft 公司根據 C/C++ 所發展出來的程式語言，具有簡潔、型別安全、物件導向等特點。C# 的語法類似 C/C++ 和 Java，因此，熟悉 C/C++ 或 Java 的人很快就能學會 C#。

身為一個物件導向式程式語言，C# 支援封裝 (encapsulation)、繼承 (inheritance)、多型 (polymorphism)、介面 (interface)、覆蓋 (override)、重載 (overload)、虛擬函數 (virtual function)、運算子重載等功能。

至於 Visual C# 則是 Microsoft 公司的 C# 語言實作，同時 Microsoft 公司亦針對 Visual C# 推出一個功能強大的整合開發環境 Visaul Studio，包括互動式開發環境、視覺化設計工具、程式碼編輯器、編譯器、專案範本、偵錯工具等，可以用來快速建立 Windows Forms 應用程式、ASP.NET Web 應用程式、native Android App、native iOS App、Azure 雲端服務等。

Python

Python 是一個容易學習、功能強大的程式語言，由荷蘭程式設計師 Guido van Rossum 於 1990 年代初期承襲 ABC 語言的理念所發展，具有語法簡潔、物件導向、直譯式、容易撰寫、容易擴充、跨平台、免費且開源等特點，不僅是美國頂尖大學最常使用的入門程式語言，更廣泛應用於大數據分析、人工智慧、機器學習、自然語言處理、物聯網、雲端平台、科學計算、網路程式開發、遊戲開發等領域，可以完成許多高階任務，開發大型軟體，諸如 Google、Facebook、yahoo!、NASA 等機構都在內部的專案或網路服務大量使用 Python。

```python
def divmod(x, y):
    div = x // y
    mod = x % y
    return div, mod


a, b = divmod(100, 7)
print("100 除以 7 的商數為 ", a, "，餘數為 ", b)
```

▲ 圖 9.16 以 Python 撰寫的程式

JavaScript

JavaScript 是 Netscape 公司於 1995 年針對 Netscape Navigator 瀏覽器的應用所開發的程式語言,原先命名為 LiveScript,但因為當時 Java 程式語言很紅,所以就改名為 JavaScript,事實上,這是兩個不同的程式語言。之後 Netscape 公司將 JavaScript 交給國際標準組織 ECMA 進行標準化,稱為 ECMAScript (ECMA-262)。

JavaScript 最初的用途是在用戶端控制瀏覽器和網頁內容,製作一些 HTML 和 CSS 所無法達成的效果,增加互動性,例如點取導覽按鈕會展開下拉式清單、即時更新社群網站動態、即時更新地圖、輪播等。之後隨著 Node.js 的出現,JavaScript 也可以在伺服器端執行,用途就更廣泛了。

```javascript
if (score >= 60) {
  window.alert(' 及格！');
}
else {
  window.alert(' 不及格！');
}
```

▲ 圖 9.17 以 JavaScript 撰寫的程式

Go

Go (又稱為 Golang) 是由 Google 於 2007 年開始開發,並於 2009 年首次發布的程式語言,具有簡單易學、高效能、物件導向、跨平台、開放原始碼等特點。Go 不僅擁有活躍的生態系統,包括各種開源項目、框架和工具,可用於擴展語言的功能,同時受到 Google 持續支持,而廣泛應用於一些 Google 的項目和服務。

```go
package main

import "fmt"

func main() {
  fmt.Println("Hello, world!")
}
```

▲ 圖 9.18 以 Go 撰寫的程式

9-3　程式語言的設計

設計一個程式語言必須要考慮到資料型別、流程控制、程序等方面，其中資料型別 (data type) 決定了資料將占用的記憶體空間、能夠表示的範圍及程式處理資料的方式；流程控制 (flow control) 決定了程式的執行方向；程序 (procedure) 是將一段具有某種功能或重複使用的敘述寫成獨立的程式單元，然後給予名稱，供後續呼叫使用，以簡化程式提高可讀性。

9-3-1　資料型別

雖然不同的程式語言有不同的資料型別 (data type)，但往往是大同小異，比方說，C 語言支援的整數型別有 short、int、long、unsigned，浮點數型別有 float、double、long double，字元型別有 char；而 Java 支援的整數型別有 byte、short、int、long，浮點數型別有 float、double，字元型別有 char，布林型別有 boolean，兩者所支援的型別部分相同，例如 short 型別都是 -32768 ~ 32767 的整數，占用 2bytes。不過，並不是名稱相同的型別就會占用相同的記憶體，例如 C 語言的 char 型別是占用 1byte，而 Java 的 char 型別是占用 2bytes。

既然提到了資料型別，就不能不介紹變數 (variable)，這是我們在程式中所使用的一個名稱 (name)，電腦會根據它的資料型別預留記憶體空間給它，然後我們可以使用它來存放數值、字元、物件等，稱為變數的值 (value)。

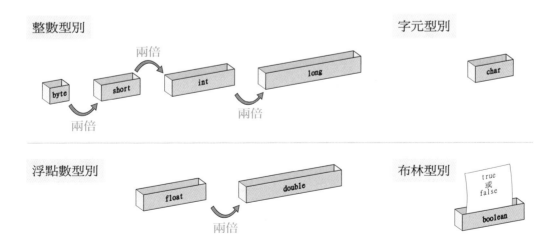

▲ 圖 9.19　變數就像用來存放值的箱子，大小取決於其資料型別

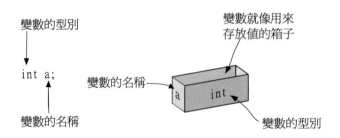

配置記憶體空間給變數，這個
變數的型別為int、名稱為 a 。

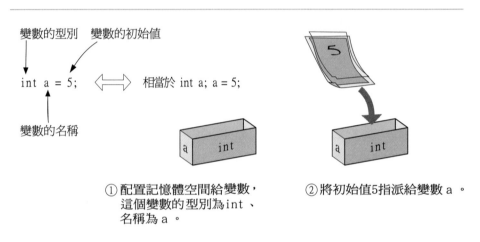

▲ 圖 9.20 Java 規定變數在使用之前必須宣告資料型別

相對於變數的值能夠重新設定或經由運算更改，常數 (constant) 則是一個有意義的名稱，它的值是固定不變的，例如下面的敘述是以 Java 宣告一個資料型別為 float、名稱為 PI、值為 3.14159 的常數：

```
final float PI = 3.14159;
```

除了基本的資料型別，程式語言通常也支援列舉、結構或陣列：

✓ 結構 (structure)：結構是將數種資料型別集合起來，假設要使用 C 語言宣告一個表示撲克牌的結構，裡面有點數 (pips) 和花色 (suit) 兩個成員，資料型別分別為 int、char，可以寫成如下：

```
struct card{
    int pips;
    char suit;
};
```

- 列舉 (enumeration)：列舉是將一組整數常數集合起來，假設要使用 C 語言宣告一個關於一週七天的列舉型別，可以寫成如下：

```
enum weekdays {sun, mon, tue, wed, thu, fri, sat};
```

- 陣列 (array)：陣列和變數一樣是用來存放資料，不同的是陣列雖然只有一個名稱，卻可以存放多個資料。陣列所存放的資料叫做元素 (element)，每個元素有各自的值 (value)，至於陣列是如何區分它所存放的元素呢？答案是透過索引 (index)，多數程式語言預設是以索引 0 代表第一個元素，…，索引 n - 1 代表第 n 個元素。

  當陣列最多能夠存放 n 個元素時，表示它的長度 (length) 為 n，而且除了一維陣列 (one-dimension array)，多數程式語言亦支援多維陣列 (multi-dimension array)。此外，同質陣列 (homogeneous array) 指的是陣列的元素必須是相同型別，而異質陣列 (heterogeneous array) 指的是陣列的元素可以是不同型別。

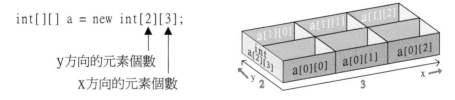

▲ 圖 9.21 陣列雖然只有一個名稱，卻可以存放多個資料

有了資料型別後，程式語言會提供運算子 (operator)，以針對一個或多個元素進行運算，例如 ++ 遞增運算、-- 遞減運算；=、+=、-=、*=、/=、^= 等指派運算；加、減、乘、除、指數等算術運算；大於、等於、小於、大於等於、小於等於、不等於等比較運算；AND、OR、NOT 等邏輯運算，而結合資料、運算子、函數、常數、變數的敘述則稱為運算式 (expression)，例如 area = 3.14 * r ^ 2; 是一個運算式，裡面使用到指派運算子 (=)、乘法運算子 (*) 及指數運算子 (^)。

9-3-2 流程控制

由於多數程式並不會單純地由上至下依序執行，而是會根據不同的情況轉彎或跳行，以提高程式的處理能力，於是就需要流程控制 (flow control) 來控制程式的執行方向。流程控制又分為「決策結構」與「迴圈結構」兩種類型：

✅ 決策結構 (decision structure)：決策結構可以測試程式設計人員提供的運算式，然後根據運算式的結果執行不同的動作，常見的決策結構如下：

```
if (expression)
  statementA
```

若運算式的結果為 true，就執行敘述 A，否則跳過敘述 A，然後執行下一個敘述 (圖 9.22)。

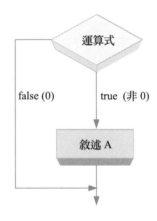

▲ 圖 9.22 第一種決策結構

```
if (expression)
  statementA
else
  statementB
```

若運算式的結果為 true，就執行敘述 A，否則執行敘述 B，然後執行下一個敘述 (圖 9.23)。

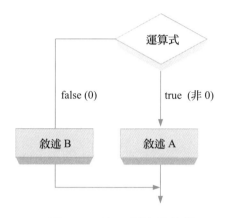

▲ 圖 9.23 第二種決策結構

```
switch (expression){
    case value1:
        statement1
    case value2:
        statement2
    …
    default:
        statementN
}
```

當運算式的結果等於值 1 時，執行敘述 1；當運算式的結果等於值 2 時，執行敘述 2，…，依此類推；當皆不等於時，執行敘述 N (圖 9.24)。

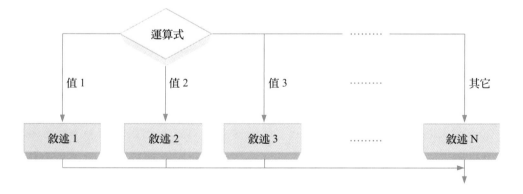

▲ 圖 9.24 第三種決策結構

✅ 迴圈結構 (loop structure)：迴圈結構可以重複執行某些程式碼，常見的迴圈
結構如下：

```
while(expression)
    statementA
```

在一進入迴圈時，先檢查運算式的結果，若為 true，就執行敘述 A，然後將
控制權返回迴圈的開頭，重新檢查運算式的結果，若仍為 true，就執行敘述
A，這個過程會一直重複到運算式的結果為 false，才跳出迴圈，去執行下一
個敘述 (圖 9.25)。

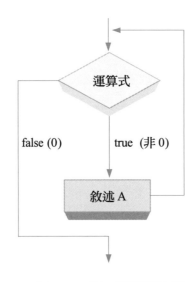

▲ 圖 9.25 第一種迴圈結構

```
do
    statementA
while(expression);
```

在一進入迴圈時，先執行敘述 A，然後檢查運算式的結果，若為 true，就將
控制權返回迴圈的開頭，執行敘述 A，然後重新檢查運算式的結果，這個過
程會一直重複到運算式的結果為 false，才跳出迴圈，去執行下一個敘述，
如此便能確保敘述 A 一定會至少執行一次 (圖 9.26)。

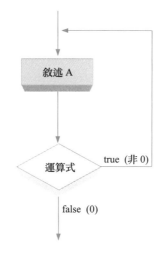

▲ 圖 9.26　第二種迴圈結構

for(*expression1*, *expression2*, *expression3*)
　　statementA

在一進入迴圈時，先執行運算式 1，將其結果做為迴圈的起始值，接下來檢查運算式 2 的結果，若為 true，就執行敘述 A，然後執行運算式 3，再將控制權返回迴圈的開頭，這次無須執行運算式 1，但仍要檢查運算式 2 的結果，若為 true，就執行敘述 A，然後執行運算式 3，再將控制權返回迴圈的開頭，這個過程會重複到運算式 2 的結果為 false，才跳出迴圈，去執行下一個敘述 (圖 9.27)。

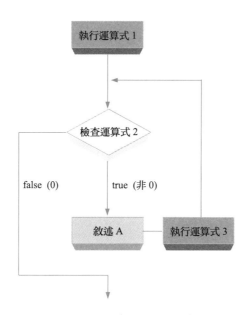

▲ 圖 9.27　第三種迴圈結構

9-3-3 程序

程序 (procedure) 是將一段具有某種功能或重複使用的敘述寫成獨立的程式單元，然後給予名稱，供後續呼叫使用。有些程式語言將程序稱為**方法** (method)、**函數** (function) 或**副程式** (subroutine)，例如 C 是將程序稱為函數，而 Java 是將程序稱為方法。程序可以提高程式的重複使用性及可讀性，但也會影響程式的執行速度，因為多了一道呼叫的手續 (圖 9.28)。

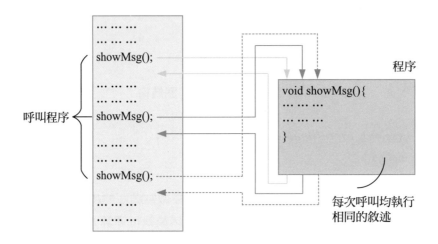

▲ 圖 9.28 呼叫程序的流程

程序可以有傳回值，也可以沒有傳回值，例如下面的程式碼是一個會傳回 1 加到 n 之總和的程序，而且這個程序有一個整數型別的參數 n。

```
int sum(int n)
{
    int temp = 0;
    for (; n > 0; --n)
        temp += n;
    return temp;
}
```

我們習慣將宣告程序時所宣告的參數稱為**形式參數** (formal parameter)，而呼叫程序時所傳遞的參數稱為**實際參數** (actual parameter)，例如在圖 9.29 中，第 7 行的 swap(int i, int j) 所宣告的參數 i、j 為形式參數，而第 4 行的 swap(x, y); 所傳遞的參數 x、y 為實際參數。

最後要說明的是參數的傳遞方式通常有下列兩種：

- 傳值呼叫 (call by value)：當程序被呼叫時，會自動配置一個新的記憶體空間存放實際參數，待程序執行完畢返回主程式後，就釋放該記憶體空間，實際參數原來的值並不會改變。以圖 9.29 的程式碼為例，由於 swap 程序是採取傳值呼叫，所以實際參數 x、y 的值並不會改變，而是維持原來的 1 和 100。

```
main()
{
  int x = 1, y = 100;
  swap(x, y);
  printf("%d  %d\n", x, y);   /* 會印出 1  100*/
}
swap(int i, int j)
{
  int temp;
  temp = i;
  i = j;
  j = temp;
}
```

▲ 圖 9.29 傳值呼叫範例

- 傳址呼叫 (call by reference)：當程序被呼叫時，會傳入實際參數的位址，一旦程序變更過實際參數的值，那麼實際參數原來的值就不會保留下來，而是以新的值取代。以圖 9.30 的程式碼為例，由於 swap 程序是採取傳址呼叫，所以實際參數 x、y 的值會被交換，而得到 100 和 1。

```
main()
{
  int x = 1, y = 100;
  swap(&x, &y);
  printf("%d  %d\n", x, y);   /* 會印出 100  1*/
}
swap(int *i, int *j)
{
  int temp;
  temp = *i;
  *i = *j;
  *j = temp;
}
```

▲ 圖 9.30 傳址呼叫範例

9-4 程式設計的過程

程式設計的目的不外乎是解決問題，我們可以將程式設計的過程歸納如下：

1. 定義與分析問題：程式設計人員必須與使用者溝通所要解決的問題，分析所要處理的資料 (輸入)、所要的執行結果 (輸出) 及問題的限制。

2. 設計演算法：演算法就是解決問題的方法，通常我們是採取由上而下設計 (top down design)，將問題分解成幾個主要的子問題，然後一一解決這些子問題。在解決問題時，可以使用流程圖 (flow chart) 或虛擬碼 (pseudocode) 來加以輔助。

   虛擬碼通常是以一般的口語敘述加上「決策」、「重複」等結構敘述，來描述問題的解法，舉例來說，假設要計算書籍的出貨金額，已知的資料有書籍的定價與數目，那麼可以透過如下的虛擬碼來描述問題的解法：

   ```
   total = price per book * number of books
   ```

   有關如何使用流程圖或虛擬碼表示演算法，第 10-4 節有進一步的說明。

3. 撰寫程式：針對前一階段設計出來的流程圖或虛擬碼撰寫程式，由於程式語言的種類繁多，可以視作業平台及用途來做選擇，例如 Windows 的程式設計可以使用 Python、Java、Go、C、C++、C# 等；macOS 的程式設計可以使用 Swift、Objective-C、Python、Java、Go、C、C++ 等；UNIX、Linux 的程式設計可以使用 Python、Java、Go、C、C++ 等。

4. 偵錯與測試：無論是龐大如 Microsoft Windows、Office 等商用軟體或小型如入門者所撰寫的程式，都可能產生錯誤，因此，任何軟體在推出之前，都必須經過嚴密的偵錯與測試，才能避免錯誤的產生。

   一般來說，常見的程式錯誤有下列兩種：

   ✓ 終止執行錯誤 (Fatal Error)：這類的錯誤會導致程式終止執行。

   ✓ 運作錯誤 (Nonfatal Error)：這類的錯誤雖然不會導致程式終止執行，但會產生錯誤的執行結果。

   我們可以藉由輸入下列資料來檢查程式能否正確運作，然後找出錯誤並加以更正：

   ✓ 合法的資料

   ✓ 不合法的資料

- 接近合法邊界的資料
- 合法邊界的資料

5. 維護與更新：在程式正式推出後，我們可能會因為實際需求改變或發現之前尚未偵測到的錯誤，而必須推出更新版本或修正程式。為了降低維護程式的困難度，有經驗的程式設計人員不僅會遵守程式碼撰寫慣例，避免擅用小技巧或捷徑，而且會妥善撰寫說明文件，詳細記錄程式設計的過程、演算法、虛擬碼、輸入 / 輸出格式、程式列表、程式用法等。

💬 資訊部落　何謂臭蟲？

程式設計人員習慣將造成程式無法順利執行的錯誤稱為臭蟲 (bug)，事實上，歷史上第一個造成程式無法順利執行的錯誤真的就是一隻臭蟲，這得要從 1944 年談起，當時哈佛大學一位數學家 Howard Aiken 在 IBM 總裁 Thomas J. Watson Sr. 的經費支援下，完成一部高約 8 英呎、長約 55 英呎、由鋼絲線與玻璃所做成、可以用來分析等式的機器 Mark I，在 Mark I 發展之初曾經當機一個多月，最後找到的原因是一隻臭蟲掉進機器裡面所致。

▲ 圖 9.31　Mark I (圖片來源：www.columbia.edu)

💬 資訊部落　網頁設計相關的程式語言

前面所介紹的程式語言通常用來開發一般的應用程式，另外還有一些程式語言用來從事網頁設計，常見的如下：

- **HTML** (HyperText Markup Language，超文件標記語言)：HTML 是由 W3C (World Wide Web Consortium) 所提出，主要的用途是定義網頁的內容。HTML 文件是由標籤 (tag) 與屬性 (attribute) 所組成，統稱為元素 (element)，瀏覽器只要看到 HTML 原始碼，就能解譯成網頁。

- **CSS** (Cascading Style Sheets，串接樣式表)：CSS 是由 W3C 所提出，主要的用途是定義網頁的外觀，也就是定義網頁的編排、顯示、格式化及特殊效果，例如字型、清單、色彩、背景、漸層、陰影、邊界、留白、框線、動畫、轉場、媒體查詢、定位方式、格線版面、彈性盒子版面等。

- **瀏覽器端 Script**：嚴格來說，使用 HTML 和 CSS 所撰寫的網頁屬於靜態網頁，無法顯示諸如輪播、摺疊區塊等動態效果，此時可以透過瀏覽器端 Script 來完成，這是一段嵌入在 HTML 原始碼的小程式，通常是以 JavaScript 撰寫而成，由瀏覽器負責執行。

- **伺服器端 Script**：雖然瀏覽器端 Script 已經能夠完成許多工作，但有些工作還是得在伺服器端執行 Script 才能完成，例如存取資料庫。常見的伺服器端 Script 有 PHP、ASP/ASP.NET、JSP、CGI 等。

(a)　　　　(b)

▲ 圖 9.32 (a) 網頁的 HTML 原始碼 (b) 網頁的實際瀏覽結果

本 章 回 顧

- 第一代語言為**機器語言** (machine language)，它的每個指令都是由 0 與 1 所組成，屬於機器相關語言，不具有可攜性。

- 第二代語言為**組合語言** (assembly language)，所撰寫的程式必須經過組譯程式轉換成機器語言才能執行，屬於機器相關語言，不具有可攜性。機器語言和組合語言統稱為**低階語言** (low level language)。

- 第三代語言為**高階語言** (high level language)，語法近似於英文，屬於機器無關語言，所撰寫的程式必須經過編譯程式或直譯程式轉換成機器語言才能執行。

- 第四代語言為**超高階語言** (very high level language)，使用者只要在套裝軟體內選取工具、介面、資料庫或控制項，就能快速完成程式。

- 第五代語言為**自然語言** (natural language)，主要是在人工智慧方面的應用。

- **命令式** (imperative paradigm) 程式語言的整個程式是由一連串的命令與敘述所組成，只要逐步執行，就能得到結果，例如 FORTRAN、ALGOL、BASIC、COBOL、Pascal、C、Ada 等。

- **函數式** (functional paradigm) 程式語言的代表首推 LISP，其它還有 ML、Miranda、Gofer、Scheme、CLOS 等。

- **邏輯式** (logic paradigm) 程式語言的代表首推 PROLOG，具有邏輯推理性，故應用至搜尋資料庫、定義演算法、研究人工智慧、開發專家系統等領域。

- **物件導向式** (object-oriented paradigm) 程式語言的代表首推 Simula，其它還有 SmallTalk、C++、Java、C#、Python、JavaScript、Go 等。

- 設計一個程式語言必須要考慮到資料型別、流程控制、程序等方面，其中**資料型別** (data type) 決定了資料將占用的記憶體空間、能夠表示的範圍及程式處理資料的方式；**流程控制** (flow control) 決定了程式的執行方向；**程序** (procedure) 是將一段具有某種功能或重複使用的敘述寫成獨立的程式單元，然後給予名稱，供後續呼叫使用。

- 程式設計的過程：1. 定義與分析問題 2. 設計演算法 3. 撰寫程式 4. 偵錯與測試 5. 維護與更新。

一、選擇題

( ) 1. 下列何者的執行速度最快？

    A. 機器語言   B. 組合語言

    C. BASIC   D. C++

( ) 2. 下列關於程序的敘述何者錯誤？

    A. 可提高程式的執行速度   B. 可提高程式的可讀性

    C. 可使程式的結構較清晰   D. 利於多人分工共同完成較大的程式

( ) 3. 下列何者不是高階語言優於低階語言的地方？

    A. 可讀性較高   B. 執行速度較快

    C. 學習較容易   D. 具有可攜性

( ) 4. 下列何者不屬於高階語言？

    A. Ada   B. Python

    C. 機器語言   D. Go

( ) 5. 下列何者可以將組合語言撰寫的程式轉換成機器語言？

    A. 編譯程式   B. 直譯程式

    C. 翻譯程式   D. 組譯程式

( ) 6. 下列關於 Java 的敘述何者錯誤？

    A. 可攜性高   B. Java 和 C++ 一樣能夠處理指標

    C. 屬於物件導向式語言   D. Java 程式的執行速度通常比 C 程式慢

( ) 7. 下列哪個程式語言不適合用來從事網頁設計？

    A. 組合語言   B. HTML   C. PHP   D. CSS

( ) 8. 下列何者不是物件導向式程式語言？

    A. C#   B. Python   C. C   D. Java

( ) 9. 下列何者最適合用來存放一連串具有相同型別的資料？

    A. 陣列   B. 字串   C. 浮點數   D. 結構

( ) 10. 下列何者是正確的程式設計過程？

    A. 設計演算法、定義問題、撰寫程式、測試與偵錯、維護與更新

    B. 定義問題、設計演算法、撰寫程式、測試與偵錯、維護與更新

    C. 定義問題、撰寫程式、設計演算法、測試與偵錯、維護與更新

    D. 設計演算法、定義問題、撰寫程式、維護與更新、測試與偵錯

(　　) 11. 下列何者不屬於迴圈控制結構？

A. if　　　　　　B. for　　　　　　C. do　　　　　　D. while

(　　) 12. 在進行網頁設計時，下列何者不屬於伺服器端 Script ？

A. ASP　　　　　B. CGI　　　　　C. PHP　　　　　D. JavaScript

(　　) 13. 為了降低維護程式的困難度，下列何者錯誤？

A. 加入註解　　　　　　　　　　B. 撰寫說明文件
C. 活用小技巧　　　　　　　　　D. 遵守程式碼撰寫慣例

(　　) 14. 下列何者是正確的程式執行過程？

A. 編譯、編輯、偵錯、連結 / 載入　B. 編輯、編譯、連結 / 載入、偵錯
C. 編輯、連結 / 載入、編譯、偵錯　D. 編輯、編譯、偵錯、連結 / 載入

(　　) 15. 下列哪個程式語言是以直譯方式執行？

A. C#　　　　　　B. FORTRAN　　C. C　　　　　　D. Python

二、練習題

1. 簡單說明「機器相關」、「可攜性」、「跨平台」的意義。

2. 簡單比較低階語言與高階語言的優缺點。

3. 分別舉出三種屬於命令式、函數式及物件導向式程式語言。

4. 針對下列程式碼描繪流程圖（此為 Java 語法）：

```
if (score >= 60) System.out.println(" 及格！ ");
else System.out.println(" 不及格！ ");
```

5. 寫出下列程式碼的執行結果會顯示什麼？（此為 Java 語法）

```
int sum = 0;
for (int i = 2; i <= 10; i+=2) sum = sum + i;
System.out.println("2 到 10 之間所有偶數的總和為 " + sum);
```

6. 針對下列程式碼描繪流程圖（此為 Java 語法）：

```
do
  System.out.println(++i);
while (i < 10);
```

Foundations of
Computer Science

10

演算法

10-1 認識演算法

演算法 (algorithm) 是用來解決某個問題或完成某件工作的一連串步驟,生活中隨處可見各種演算法,例如食譜是用來烹煮美食的演算法,樂譜是用來演奏歌曲的演算法,而圖 10.1 是用來折紙鶴的演算法。

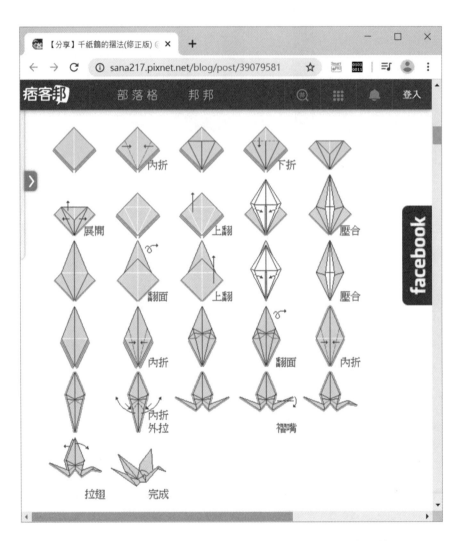

▲ 圖 10.1 折紙鶴的演算法 (圖片來源:SANA 的網誌)

以資訊科學的角度來說,演算法是一群明確、可執行且有順序的步驟集合,目的是要解決某個問題或完成某件工作。在電腦尚未問世之前,演算法就是數學家重要的研究主題,知名的歐幾里德演算法即為一例 (圖 10.2)。

輸入：兩個正整數

輸出：兩個正整數的最大公因數

程序：

> 步驟 1：將 M 設定為較大數，N 設定為較小數。
>
> 步驟 2：將 M 除以 N，R 設定為餘數。
>
> 步驟 3：若 R 等於 0，就得到最大公因數為 N，否則將 M 設定為 N，N 設定為 R，然後重複步驟 2。

▲ 圖 10.2 歐幾里德演算法可以求出兩個正整數的最大公因數

演算法必須符合下列五個條件：

- 輸入 (input)：這是外界所提供的資料，可能沒有，也可能有多個。

- 輸出 (output)：這是演算法所產生的結果，至少有一個。

- 明確性 (definiteness)：演算法的每個步驟均須明確的定義，例如「將油加熱至中溫」就不具有明確性，因為每個人對於中溫究竟是幾度有不同的看法，而「將油加熱至攝氏 100 度」就具有明確性，因為攝氏 100 度是客觀的定義。

- 有效性 (effectiveness)：演算法所要求執行的動作必須符合電腦的能力，例如要求列出所有自然數就是超出電腦的能力，因為自然數有無限多個。

- 有限性 (finiteness)：演算法最後一定會停止執行，不能無限期執行。

在找到解決問題的演算法後，日後若要解決類似的問題，只要執行演算法的步驟集合即可，無須重新探究演算法所隱含的原理，換言之，解決問題的智慧已經被嵌入演算法，例如我們可以直接使用長除法求取兩個正整數的最大公因數，無須重新探究這背後所隱含的原理。

對電腦來說，光有演算法是不夠的，因為演算法只是通用的步驟集合，無法在電腦上執行，必須將演算法所定義的步驟轉換成程式才行。舉例來說，假設我們要構思一個將攝氏溫度轉換成華氏溫度的演算法，經過仔細推敲後，得到演算法為「華氏溫度等於攝氏溫度乘以 1.8 再加上 32」，轉換成 C 語言所撰寫的程式則為 $F = C * 1.8 + 32;$。

10-2 構思演算法

演算法這門學問最大的挑戰在於如何構思演算法,也就是想出問題的解法,在瞭解演算法如何被構思出來的同時,就等於瞭解問題如何被解決的過程。然此種能力不見得可以透過學習或培育來獲得,有時會像藝術創作般的需要靈感,而且一味地訓練解題者一些廣為人知的演算法,可能會扼殺了其寶貴的創意。

曾經有位數學家 G. Polya 在 1945 年針對如何解決數學問題,提出了下列四個階段,即使時光變遷 70 年,這項理論只要稍微修改用字遣詞,就能成為資訊科學領域中解決問題的基本原則:

🔘 階段一:分析問題 (包括有無輸入資料?有無條件限制?…)。

🔘 階段二:想出解決問題的演算法 (您可以試著尋找有無類似的問題?若有的話,是否已經有解法?若一時想不出解法,您可以試著縮小問題的範圍或修改問題的輸入資料,看能否想出解法)。

🔘 階段三:擬定演算法的步驟集合並轉換成程式。

🔘 階段四:評估該程式的精確度及用來解決其它類似問題的潛力。

至於如何在階段二中想出解決問題的演算法,常見的有下列幾種方法:

🔘 類推法:這是先研究一些簡單且類似的問題,找到解法後,再試著套用到目前的問題。

🔘 反推法 (backward):這是從問題的輸出反推出解法,例如我們可以拆開摺好的紙鶴,進而反推出紙鶴的摺法 (圖 10.3)。

🔘 循序漸進法 (stepwise refinement):這是將問題分成數個比較容易解決的子問題,一一解決子問題後,就能組合出子問題的解答,進而解決問題,屬於「由上而下法」(top-down)。在過去,由上而下法是主流,但近年來,由於人們傾向使用現成的軟體元件組合出所要的軟體,使得「由下而上法」(bottom-up) 日益受到重視。

🔘 嘗試錯誤法 (trial and error):這是在完全瞭解問題之前,就試著提出解法,即使該解法錯誤,亦能藉此瞭解問題的細節,進而發掘其它更有可能的解法。雖然嘗試錯誤法的確能夠解決問題,但我們並不鼓勵您這麼做,尤其是在開發大型系統的時候,這將會浪費許多寶貴的資源。

原則上，前述幾種方法只是供您做參考，不見得能夠解決所有問題，尤其是沒有規則可循的問題，有些問題甚至是在人們試著解決其它問題時，一時靈感湧現而找到解法，此種介於「有意識地想要解決一個問題」到「一時靈感湧現而找到解法」之間稱為潛蘊期 (incubation period)。

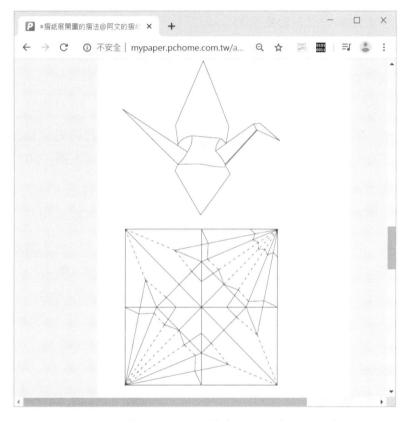

▲ 圖 10.3 紙鶴展開圖 (圖片來源：阿文的摺紙樂園)

隨堂練習

(1) 日本有個古老的傳說，「摺一千隻紙鶴掛在窗前，當微風徐徐吹過時，許下心願就會實現」，請根據圖 10.1 摺紙鶴的演算法，摺出一隻紙鶴。

(2) 試以前一題摺出的紙鶴及反推法，找出另一種摺紙鶴的演算法，並據此摺出另一隻紙鶴 (提示：您可以參考圖 10.3)。

下面是一個例子，它將示範如何使用類推法找出 n 個正整數中的最大數：

1. 首先，研究一個簡單且類似的問題，例如找出 25、30、18、7、10 等五個正整數中的最大數，其過程如下：

   步驟 1：輸入第一個正整數（25），由於尚未輸入其它正整數，所以將最大數設定為第一個正整數（25）。

   步驟 2：輸入第二個正整數（30），若它大於最大數，就將最大數設定為第二個正整數，否則不改變最大數，此處是將最大數設定為第二個正整數（30）。

   步驟 3：輸入第三個正整數（18），若它大於最大數，就將最大數設定為第三個正整數，否則不改變最大數，此處是不改變最大數（30）。

   步驟 4：輸入第四個正整數（7），若它大於最大數，就將最大數設定為第四個正整數，否則不改變最大數，此處是不改變最大數（30）。

   步驟 5：輸入第五個正整數（10），若它大於最大數，就將最大數設定為第五個正整數，否則不改變最大數，此處是不改變最大數（30）。

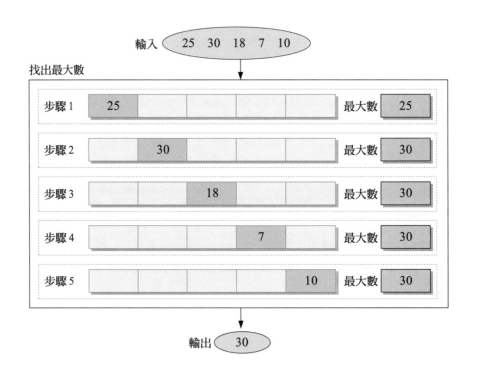

2. 接著，整合前述步驟與示意圖，得到如下：

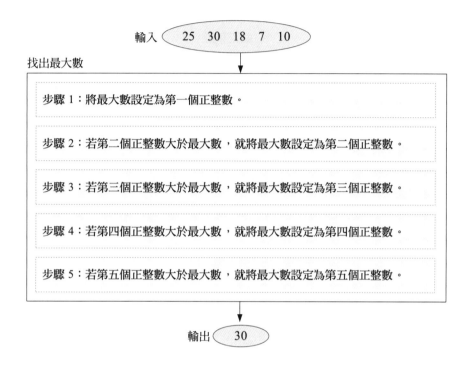

3. 繼續，試著統一步驟 1. 和其它步驟的動作，得到如下：

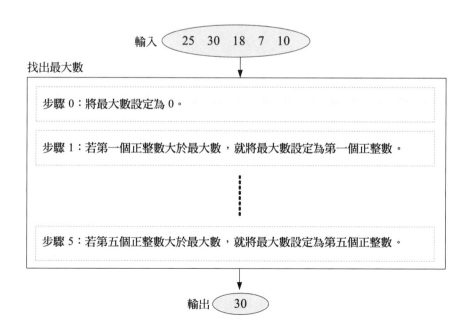

4. 再來，進行一般化，推廣到找出 n 個正整數中的最大數，得到如下：

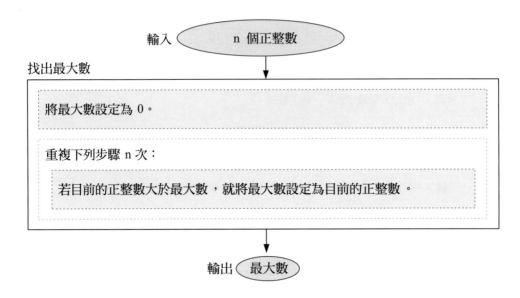

5. 最後，選擇一種程式語言將解法撰寫成程式，得到如下（此處使用 C 語言）：

```c
int find_largest(int list[], int n)
{
  int largest, i;
  largest = 0;                          /* 設定最大數的初始值為 0 */
  for(i = 0; i < n; i++)                /* 使用 for 迴圈找出最大數 */
    if (list[i] > largest) largest = list[i];
  return(largest);
}
```

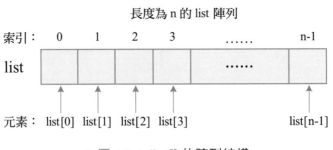

▲ 圖 10.4 list[] 的陣列結構

10-3　演算法的結構

演算法通常是由下列三種結構所組成：

- ✅ **序列**（sequence）：序列結構包含一連串指令，而這些指令可以是簡單的指派動作或另外兩種結構的指令。

- ✅ **決策**（decision）：有時要解決問題可能無法經由一連串指令，而是必須測試某個條件，若該條件成立，就執行某組指令，否則執行另一組指令，大部分的程式語言都會提供類似 if-then-else 的決策結構。

- ✅ **重複**（repetition）：有時要解決問題可能得重複執行相同的一連串指令，大部分的程式語言都會提供類似 while 的重複結構。

```
執行指令1
執行指令2
…
執行指令 n
```

(a) 序列結構

```
if(條件成立)
  then
      執行某組指令

  else
      執行另一組指令
```

(b) 決策結構

```
while(條件成立)

      執行某組指令
```

(c) 重複結構

▲ 圖 10.5

10-4 演算法的表示方式

在構思出演算法後,我們必須使用容易理解的方式將它表示出來,常見的有「流程圖」和「虛擬碼」兩種。

10-4-1 流程圖

流程圖(flowchart)是以圖形符號表示演算法,它隱藏了演算法的細節,換從整體的角度展現解決問題的過程。表 10.1 是一些常見的流程圖符號,而圖 10.6 是使用流程圖表示圖 10.5 的序列、決策及重複等三種結構。

▼ 表 10.1 常見的流程圖符號

符號	意義	符號	意義
	開始 / 結束		處理程序或運算
	決策判斷		輸入 / 輸出
	印表機輸出		人工輸入
	磁碟		直接存取儲存裝置
	儲存資料		流程方向

▼ 圖 10.6

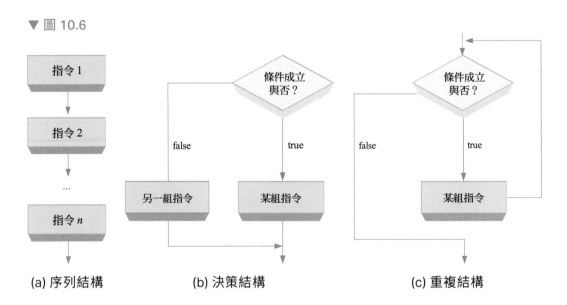

(a) 序列結構   (b) 決策結構   (c) 重複結構

我們可以使用流程圖表示第 10-2 節的「找出 n 個正整數中的最大數」演算法，
結果如圖 10.7。

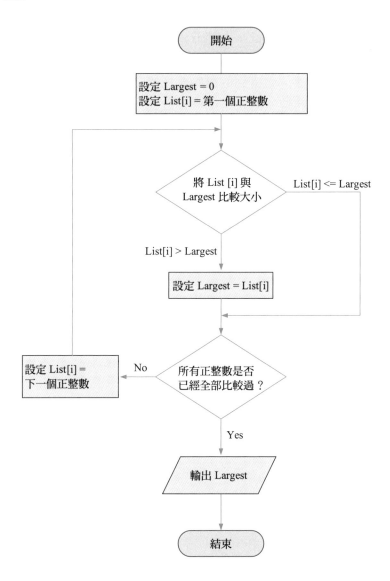

▲ 圖 10.7 使用流程圖表示「找出 n 個正整數中的最大數」演算法

10-4-2 虛擬碼

虛擬碼（pseudocode）通常是以一般的口語敘述加上「決策」、「重複」等結構敘述，由於沒有固定的語法，因此，大部分人傾向使用將來想要撰寫程式的程式語言做為虛擬碼，同時因為虛擬碼不是真正要在電腦上執行，所以只要看得懂就行了，無須遵循嚴格的語法。虛擬碼的優點是比真正的程式容易理解且容易撰寫，缺點則是不夠精準，屆時還是得花時間轉換成程式。

圖 10.8 是使用虛擬碼表示圖 10.5 的序列、決策及重複等三種結構。

▼ 圖 10.8

instruction 1	if (condition)	while (condition)
instruction 2	then	one set of instructions
...	one set of instructions	end while
instruction *n*	else	
	another set of instructions	

    (a) 序列結構   (b) 決策結構   (c) 重複結構

下面是使用虛擬碼表示第 10-2 節的「找出 n 個正整數中的最大數」演算法。

```
Algorithm: Find Largest
Input: A list of positive integers
Return: The largest integer
1.  set Largest to 0
2.  while (there are more integers)
        if (current integer is larger than Largest)
        then
            set Largest to current integer
        end if
    end while
3.  return Largest
End Find Largest
```

10-5 迭代與遞迴

在我們構思演算法時,除了歸納出問題的解法,還會盡量設法以重複的方式來表示,一來是比較簡潔,二來是執行重複的動作原本就是電腦的專長,至於重複的方式則有「迭代」與「遞迴」兩種。

迭代

迭代(iteration)是以迴圈(loop)的方式重複執行某組指令,舉例來說,假設要計算 n!(n 階乘),其公式定義如下:

> 當 n = 0 時,f(n) = n! = 0! = 1
> 當 n > 0 時,f(n) = n! = n * (n - 1) * ⋯ * 3 * 2 * 1

我們可以使用迭代的方式將計算 n! 的演算法撰寫成如下程式:

```
int factorial(int n)
{
    int result = 1;
    if (n == 0) return 1;          /* 當 n = 0 時,f(n)= n! = 0! = 1 */
    while (n > 0){                  /* 當 n > 0 時,f(n)= n! = n * (n - 1) * ⋯ * 3 * 2 * 1 */
        result = result * n;
        n = n - 1;
    }
    return result;
}
```

遞迴

許多演算法在因素少或範圍小的時候,都會比較容易解決,使用人腦就能想出解法,可是一旦因素變多或範圍變大,人腦就無法負荷,例如人腦可以輕鬆走出一個 3×3 的迷宮,可是一旦變成 10×10 甚至更大的迷宮,就會變得很吃力,此時,我們可以試著將問題分割成多個小範圍的問題,個別解決這些小問題,會比一次解決一個大問題來得容易,這種解決問題的方式叫做個個擊破(divide and conquer),其所對應的演算法撰寫方式就是遞迴(recursive)。

不過，遞迴演算法不一定適合所有能夠以個個擊破方式來解決的問題，先決條件是分割後的小問題其特質與解法必須和原來的大問題相同才行，典型的例子有 n!（n 階乘）、費伯納西數列、兩個自然數的最大公因數等。

同樣的，我們還是以計算 n!（n 階乘）為例，其公式定義如下：

當 n = 0 時，f(n) = n! = 0! = 1
當 n > 0 時，f(n) = n! = n * f(n - 1)

我們可以使用遞迴的方式將計算 n! 的演算法撰寫成如下程式：

```
int factorial(int n)
{
  if (n == 0) return 1;                    /* 當 n = 0 時，f(n) = n! = 0! = 1 */
  if (n > 0) return(n * factorial(n - 1)); /* 當 n > 0 時，f(n) = n! = n * f(n - 1) */
}
```

這個程式的 factorial( ) 函數屬於遞迴函數（recursive function），也就是呼叫自己的函數。任何遞迴函數都必須有終止條件（terminating condition），一旦終止條件成立，就會計算結果，不再呼叫自己，例如 factorial(n) 的終止條件為 n 等於 0。

此外，遞迴函數的呼叫方式是一層層的巢狀結構，等到最內層的終止條件成立時，再回到上一層繼續執行，而等到上一層結束執行後，再回到上上一層繼續執行，直到回到最上層。下面是以 n = 3 為例，模擬 factorial(3) 的執行過程（圖 10.9）：

1. n = 3，執行到 3 * factorial(2) 時，呼叫 factorial() 計算 n = 2 的結果。

2. n = 2，執行到 2 * factorial(1) 時，呼叫 factorial() 計算 n = 1 的結果。

3. n = 1，執行到 1 * factorial(0) 時，呼叫 factorial() 計算 n = 0 的結果。

4. n = 0，遞迴函數的終止條件成立，直接傳回 1，得到 factorial(0) 為 1。

5. 回到 n = 1，計算 1 * factorial(0) 的結果 1 * 1 = 1，得到 factorial(1) 為 1。

6. 回到 n = 2，計算 2 * factorial(1) 的結果 2 * 1 = 2，得到 factorial(2) 為 2。

7. 回到 n = 3，計算 3 * factorial(2) 的結果 3 * 2 = 6，得到 factorial(3) 為 6。

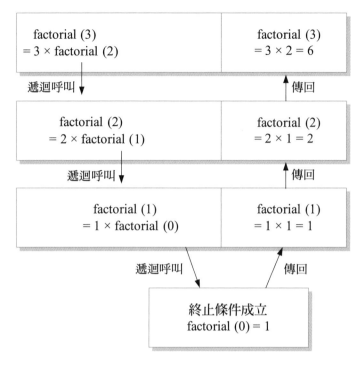

▲ 圖 10.9 以 n = 3 為例，模擬 factorial(3) 的執行過程

除了呼叫自己的函數，若函數 f1() 呼叫函數 f2()，而函數 f2() 又在某種情況下呼叫函數 f1()，則函數 f1() 也可以算是一個遞迴函數。遞迴函數通常可以被諸如 for、while、do 等迴圈所取代，雖然遞迴函數的效率比迴圈略遜一籌，因為多了額外的函數呼叫，但是遞迴函數的邏輯性、可讀性及彈性均比迴圈來得好，所以在很多時候，尤其是要撰寫遞迴演算法，遞迴函數還是會被用來取代迴圈。

比方說，在 n!（n 階乘）的例子中，您或許會覺得使用迭代的方式比遞迴的方式來得直覺，這主要是因為人類筆算與電腦計算的差異，當我們以紙筆計算遞迴函數時，的確會比較繁複，但是對電腦來說，就沒有這樣的困擾。

最後，我們簡單歸納出遞迴演算法的四個條件：

- 遞迴函數的輸入和輸出必須定義清楚。

- 遞迴函數必須包含正確的指令並正確的呼叫自己。

- 遞迴函數的呼叫次數必須有限（即終止條件一定會在某個時候成立）。

- 當終止條件成立時，遞迴函數必須正確的計算結果。

10-6　演算法的技巧

演算法經常使用到的技巧有下列幾種：

- 暴力法（brute force）：這是解決問題最簡單也是最原始的技巧，其原理是逐一嘗試各種解法，例如要猜出 1 ~ 100 的某個數字，那麼只要將 1 ~ 100 的所有數字猜一遍，自然可以找到正確的數字。對於使用暴力法就能解決的小問題，我們當然無須設計複雜的演算法，可是一旦問題的因素變多或範圍變大，暴力法就會顯得很沒有效率。

- 個個擊破法（divide and conguer）：這是將問題分割成多個小範圍的問題，個別解決這些小問題，會比一次解決一個大問題來得容易，屬於由上而下法，例如下一節所介紹的二元搜尋，以及第 11 章所介紹的二元樹走訪。

- 動態規劃法（dynamic programming）：這是將現成的一些小問題的解法組合成問題的解法，屬於由下而上法，例如用來求取任意兩點之間最短距離的 Floyd-Warshall's Algorithm。

- 貪婪法（greedy method）：這是在重複的過程中，不斷取用最大值或最小值來進行處理的技巧，例如霍夫曼樹、最小成本擴張樹演算法（Kruskal's Algorithm、Prim's Algorithm、Sollin's Algorithm）。

- 回溯法（backtracking）：這是逐一嘗試各種解法，在嘗試的過程中若發現行不通，可以退回上一步驟，重新嘗試其它解法，以求取最佳解法，例如迷宮問題、八皇后問題、騎士問題等，其中八皇后問題是要在一個 8×8 的西洋棋盤上放置八個皇后，並令他們不會互相攻擊，下圖為解法之一（註：皇后可以攻擊同一行、同一列及對角線的棋子）。

Q							
				Q			
							Q
					Q		
		Q					
						Q	
	Q						
			Q				

▲ 圖 10.10　八皇后問題的解法之一

隨堂練習

(1) 舉出一個您熟悉的演算法實例，分析它是否符合輸入 (input)、輸出 (output)、明確性 (definiteness)、有效性 (effectiveness)、有限性 (finiteness) 等條件。

(2) 構思一個演算法，令它計算 n 個數字的總和，然後使用虛擬碼表示該演算法。

(3) 承上題，但改用流程圖表示該演算法。

(4) 構思一個演算法，令它解出猜數字遊戲，然後使用虛擬碼表示該演算法。遊戲規則是某甲在一張紙上面寫下一個介於 1 ~ 100 的數字，然後由某乙猜數字，而且某甲每次都要回答「猜中」、「再大一點」、「再小一點」其中一個答案，直到某乙猜中為止。

(5) 承上題，但改用流程圖表示該演算法。

(6) 撰寫一個遞迴函數，令它計算費伯納西 (Fibonacci) 數列的前 n 個數字 (0、1、1、2、3、5、8、13、21、34、55、…)，其公式定義如下：

當 n = 0 時，fibo(n) = fibo(0) = 0

當 n = 1 時，fibo(n) = fibo(1) = 1

當 n ≧ 2 時，fibo(n) = fibo(n - 1) + fibo(n - 2)

(7) 針對前述的八皇后問題想出其它解法一種。

10-7 搜尋演算法

搜尋（search）是在多筆資料中尋找符合條件的資料，而且搜尋演算法大致上可以分為下列兩種類型：

- 循序搜尋（sequential search）：又稱為線性搜尋（linear search），它會從頭開始，一筆一筆往下尋找符合條件的資料。下面是使用 C 語言撰寫的循序搜尋函數，參數分別為欲搜尋的資料 list[] 陣列、欲搜尋的資料個數 n 及欲搜尋的條件 key，若在 list[] 陣列內找到值等於 key 的資料，就傳回其索引，否則傳回 -1。

```c
int sequential_search(int list[], int n, int key)
{
 int i;
 for(i = 0; i < n; i++)
  if (list[i] == key)          /* 比對陣列內的資料是否等於欲搜尋的條件 */
    return i;                  /* 若找到符合條件的資料，就傳回其索引 */
 return -1;                    /* 若找不到符合條件的資料，就傳回 -1 */
}
```

下面是一個例子，假設欲搜尋的資料為 list[] = {54, 2, 40, 22, 17, 22, 60, 35}，欲搜尋的條件為 22，則函數呼叫可以寫成 sequential_search(list, 8, 22);，執行過程如圖 10.11，傳回值為 3，雖然 list[5] 的值也是 22，但在函數比對到 list[3] 時，就已經傳回 3，故傳回值為陣列內第一個符合條件之資料的索引。

▲ 圖 10.11 循序搜尋實例

- 非循序搜尋（nonsequential search）：非循序搜尋不會依照順序一筆一筆往下尋找符合條件的資料，常見的有二元搜尋、二元樹搜尋等。

二元搜尋（binary search）的原理是假設欲搜尋的資料已經事先排序，也就是根據資料的值由小到大排列，而在進行搜尋時，只要將搜尋的條件和位於中間的資料做比較，若搜尋的條件比較大，表示可能符合條件的資料是位於陣列的中間到後面，否則是位於陣列的前面到中間，此時，搜尋的範圍已經縮小一半；接著，以相同方式在可能的範圍內進行搜尋，直到找出符合條件的資料，然後傳回其索引，若找不到，就傳回 -1，顯然二元搜尋的平均比較次數比循序搜尋少。

下面是使用 C 語言撰寫的二元搜尋函數，參數分別為欲搜尋的資料 list[] 陣列、list[] 陣列的第一個索引、list[] 陣列的最後一個索引及欲搜尋的條件 key，若在 list[] 陣列內找到值等於 key 的資料，就傳回其索引，否則傳回 -1。

```c
/* 此巨集用來比較 x、y，若 x < y，傳回 -1；若 x == y，傳回 0；若 x > y，傳回 1*/
#define COMPARE(x, y)((x < y) ? -1 : (x == y) ? 0 : 1)


int binary_search(int list[], int left, int right, int key)
{
  int middle;
  /* 此 if 條件式用來確保陣列的第一個索引必須小於等於最後一個索引才會進行搜尋 */
  if (left <= right){
   /*middle 為陣列中間的索引 */
   middle = (left + right) / 2;
   /* 呼叫巨集比較陣列中間的資料和搜尋條件 */
   switch(COMPARE(list[middle], key)){
    /* 若傳回 -1，表示搜尋條件較大，就以遞迴呼叫在陣列的中間到後面進行搜尋 */
    case -1:
     return binary_search(list, middle + 1, right, key);
    /* 若傳回 0，表示符合搜尋條件，就傳回其索引 */
    case 0:
     return middle;
    /* 若傳回 1，表示搜尋條件較小，就以遞迴呼叫在陣列的前面到中間進行搜尋 */
    case 1:
     return binary_search(list, left, middle - 1, key);
   }
  }
  /* 若 if 條件式檢查到陣列的第一個索引大於最後一個索引，就傳回 -1，不再進行搜尋 */
  return -1;
}
```

10-8　排序演算法

排序（sort）是將多個資料由小到大或由大到小依序排列，例如成績排名、銷售排行榜等。排序的目的通常有兩個，其一是幫助搜尋，其二是在串列中進行比對。知名的排序演算法有插入排序（insertion sort）、氣泡排序 (bubble sort)、快速排序（quick sort）、合併排序（merge sort）、謝耳排序（shell sort）等。

10-8-1　插入排序

插入排序（insertion sort）有點像平常玩的撲克牌遊戲，很多人習慣在拿到一張新撲克牌時，就將這張牌依照花色、點數大小插入手上現有的撲克牌中，如此一來，等撲克牌發放完畢，手上的撲克牌也已經依照花色、點數大小排序好了。

同理，假設我們想將陣列內的資料由小到大排序，那麼可以將第一個資料視為第一張撲克牌，將第二個資料視為第二張撲克牌，若第二個資料比第一個資料大，順序就維持不變，否則將第一個資料往後移，然後將第一個資料空下來的位置讓給第二個資料，此時，第一、二個資料已經由小到大排序。

繼續，將第三個資料視為第三張撲克牌，若第三個資料比第二個資料大，順序就維持不變，否則將第二個資料往後移，然後和第一個資料比大小，若第三個資料比第一個資料大，就將第二個資料空下來的位置讓給第三個資料，否則將第一個資料往後移，然後將第一個資料空下來的位置讓給第三個資料，此時，第一、二、三個資料已經由小到大排序，接下來的第四、五…等資料的排序方式依此類推。

下面是使用 C 語言撰寫的插入排序函數，參數分別為欲排序的資料 list[] 陣列及欲排序的資料個數 n。

```
insertion_sort(int list[], int n)
{
  int i, j, next;
  for (i = 1; i < n; i++){            /* 從第二張撲克牌開始和其前面的撲克牌比大小 */
    next = list[i];                   /* next 就像每次拿到的新撲克牌 */
    for (j = i - 1; j >= 0 && next < list[j]; j--)  /* 第二個迴圈就像之前拿到且已經排序的撲克牌 */
      list[j + 1] = list[j];          /* 若新撲克牌比較小，就將之前的撲克牌往後移 */
    list[j + 1] = next;               /* 最後將空下來的位置讓給新撲克牌 */
  }
}
```

下面是一個例子，假設欲搜尋的資料為 list[] = {5, 4, 3, 2, 1}，則函數呼叫可以寫成 insertion_sort(list, 5);，執行過程如圖 10.12。

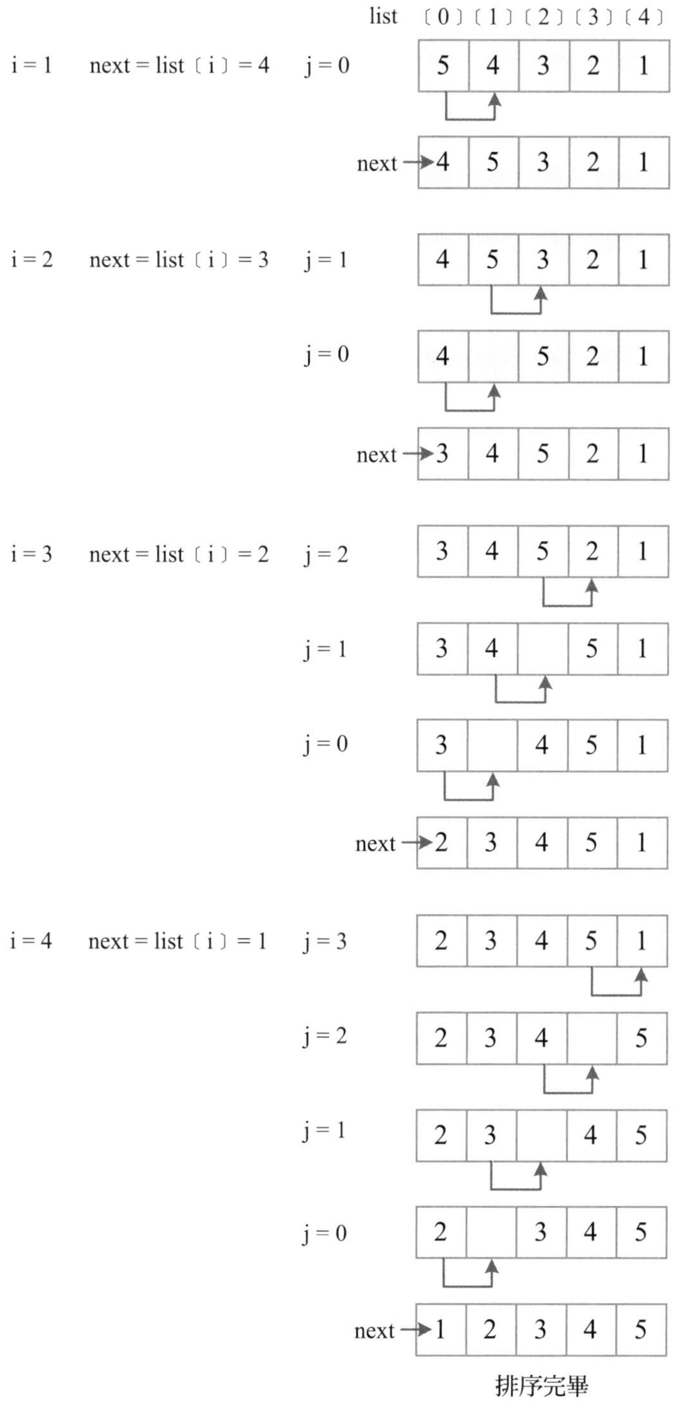

▲ 圖 10.12 插入排序實例

10-8-2 氣泡排序

氣泡排序（bubble sort）的原理是將相鄰資料兩兩比較來完成排序，若資料個數為 n，則比較的過程將分成 n - 1 個回合，第 i 個回合會將第 i 大的資料像「氣泡」般地浮現在從右邊數回來的第 i 個位置（由小到大排序）。

舉例來說，假設欲排序的資料為 list[] = {3, 5, 9, 4, 7}，我們希望將這些資料由小到大排序，那麼第一個回合的任務就是要將第一大的資料（9）浮現在從右邊數回來的第一個位置，則步驟如下：

1. 比較 list[0] 與 list[1]，list[0] 小於 list[1]，故不交換，得到 list[] = {3, 5, 9, 4, 7}。

2. 比較 list[1] 與 list[2]，list[1] 小於 list[2]，故不交換，得到 list[] = {3, 5, 9, 4, 7}。

3. 比較 list[2] 與 list[3]，list[2] 大於 list[3]，故交換，得到 list[] = {3, 5, 4, 9, 7}。

4. 比較 list[3] 與 list[4]，list[3] 大於 list[4]，故交換，得到 list[] = {3, 5, 4, 7, 9}。

至此，陣列內第一大的資料果然浮現在從右邊數回來的第一個位置，只要再仿照前述步驟進行第二～四個回合，將第二～四大的資料浮現在從右邊數回來的第二～四個位置，就能完成排序。

下面是使用 C 語言撰寫的氣泡排序函數，參數分別為欲排序的資料 list[] 陣列及欲排序的資料個數 n。

```
bubble_sort(int list[], int n)
{
  int i, j, flag, temp;
  for (i = n - 1; i >= 1; i--){      /* 相鄰資料兩兩比較的過程共 n - 1 回合 */
      flag = 0;                      /* flag 用來記錄有無發生交換，沒有的話，表示排序完畢 */
      for (j = 0; j <= i - 1; j++){  /* 內部迴圈用來進行每一回合的兩兩比較 */
          if (list[j] > list[j + 1]){  /* 若左邊的資料大於右邊的資料，就交換，flag 設定為 1*/
              temp = list[j];
              list[j] = list[j + 1];
              list[j + 1] = temp;
              flag = 1;
          }
      }
      if (flag = 0)                  /* 若 flag 仍為 0，表示沒有發生交換，已經排序完畢 */
          break;                     /* 排序完畢便強制離開外部迴圈 */
  }
}
```

下面是一個例子，假設欲排序的資料為 list[] = {5, 4, 3, 2, 1}，則函數呼叫可以
寫成 bubble_sort(list, 5);，執行過程如圖 10.13。

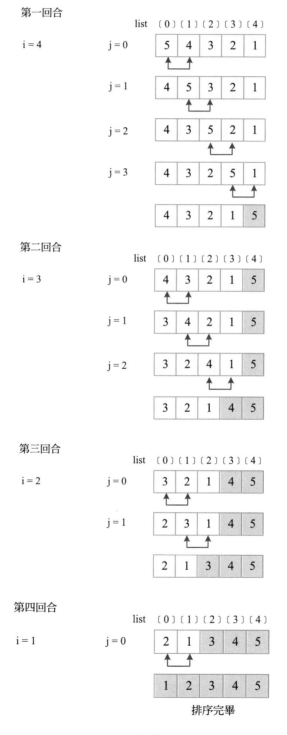

▲ 圖 10.13 氣泡排序實例

隨堂練習

(1) 第 10-7 節的二元搜尋函數 binary_search() 是使用遞迴的方式所撰寫，請以 while 迴圈改寫這個函數。

(2) 若要以循序搜尋從 {10, 20, 30, 40, 50, 60, 70, 80, 90, 100} 中找出 80，必須做過幾次比較？

(3) 承上題，但這次改採二元搜尋。

(4) 以紙筆模擬插入排序將 {15, 8, 20, 31, 47, 55} 由小到大排序的過程。

(5) 承上題，但這次改採氣泡排序。

提示：

(1)

```
int binary_search(int list[], int left, int right, int key)
{
    int middle;
    while(left <= right){
        middle = (left + right) / 2;
        switch(COMPARE(list[middle], key)){
            case -1:
                left = middle + 1;
                break;
            case 0:
                return middle;
            case 1:
                right = middle - 1;
        }
    }
    return -1;
}
```

10-9 演算法的效能分析

針對同一個問題所開發的演算法可能有數種,該如何判斷這些演算法的優劣呢?通常我們會從下列兩個方面來做分析:

- ✅ 時間複雜度(time complexity):演算法執行完畢所需的時間。
- ✅ 空間複雜度(space complexity):演算法執行完畢所需的記憶體空間。

其中時間複雜度又比空間複雜度來得重要,因為在資料量變大時,時間複雜度可能有極大的差異,而空間複雜度的差異通常不大,再加上現在的記憶體相當便宜,所以我們會比較著重演算法的時間複雜度。

10-9-1 時間複雜度

測量時間複雜度常見的方式是計算有幾個程式步驟 (program step) 會被執行,這種測量結果和電腦的執行速度無關,但和程式的輸入 / 輸出資料量有關,例如欲排序的資料愈多,執行的程式步驟就愈多,時間複雜度也愈高。

表 10.2 是一個例子,裡面有一個加總演算法,在分析這個演算法的程式步驟個數之前,我們定義了兩個名詞,其中 s/e(steps/execution)是每個敘述需要花費多少程式步驟,而頻率(frequency)是該敘述的執行次數,若是非執行類型的敘述(例如註解、宣告敘述),則其頻率為 0。

▼ 表 10.2 分析加總演算法的程式步驟個數

敘述	s/e	頻率	程式步驟個數
int sum(int list[], int n)	0	0	0
{	0	0	0
int i;	0	0	0
int total = 0;	1	1	1
for(i = 0; i < n; i++)	1	n + 1	n + 1
total = total + list[i];	1	n	n
return total;	1	1	1
}	0	0	0
總計			2n + 3

10-9-2 Big-Oh 符號

在分析演算法的時間複雜度時,我們習慣使用理論上限 O() (唸做 Big-Oh),來描述執行時間相對於問題大小的「成長速度」(rate of growth),例如時間複雜度 $2n + 3$ 可以寫成 O(n) (唸做 Big Oh of n),表示與整數個數 n 呈線性關係,因為是理論上限,所以演算法在最差情況下的表現也不會比 O(n) 更差。

O() 的定義如下:

f(n) = O(g(n)) 若且為若存在正的常數 c 和 n_0,對所有 n, $n \geq n_0$ 時,f(n) $\leq$ cg(n) 均成立

例如 $f(n) = 2n + 3 = O(n)$,因為存在正的常數 c = 3 和 n_0 = 3,對所有 n, $n \geq 3$ 時,f(n) $\leq$ 3n 均成立;又例如 $f(n) = 5n^2 + 2n = O(n^2)$,因為存在正的常數 c = 6 和 n_0 = 2,對所有 n, $n \geq 2$ 時,f(n) $\leq 6n^2$ 均成立。事實上,O() 的結果就是取時間複雜度的最高次項且不計其係數,表 10.3 是一些常見的時間複雜度等級。

▼ 表 10.3 常見的時間複雜度等級

時間複雜度等級	表示方式
Constant（常數）	$O(1)$
Logarithmic（對數）	$O(\log_2 n)$
Linear（線性）	$O(n)$
Log Linear（對數線性）	$O(n\log_2 n)$
Quadratic（平方）	$O(n^2)$
Cubic（立方）	$O(n^3)$
Exponential（指數）	$O(2^n)$
Factorial（階乘）	$O(n!)$

從表 10.4 可知,n 的值愈大,差異就愈明顯,其大小關係如下:

$O(1) < O(\log_2 n) < O(n) < O(n\log_2 n) < O(n^2) < O(n^3) < O(2^n) < O(n!)$

舉例來說,假設有三個功能相同的程式,時間複雜度為 O(n)、$O(n\log_2 n)$、$O(n^2)$,現在讓它們各自在一部每秒鐘能夠執行 100 萬個指令的電腦上處理 100 萬筆資料,那麼各需花費多少時間呢?答案是 1 秒、19.92 秒及 100 萬秒,在這些結果中,19.92 秒還算勉強能忍受,而 100 萬秒可就令人無法接受了,因此,演算法的時間複雜度不能大於 $O(n\log_2 n)$,否則就稱不上是實用,而時間複雜度為 $O(n^2)$ 的演算法則是非常不實用。

▼ 表 10.4 不同 n 值的時間複雜度 (註 : 對數底對於漸進符號只有常數倍之差，故 $\log_2 n$ 亦可寫成 log n，$n\log_2 n$ 亦可寫成 nlog n)

時間複雜度等級	n=1	n=2	n=4	n=8	n=16	n=32
1	1	1	1	1	1	1
$\log_2 n$	0	1	2	3	4	5
n	1	2	4	8	16	32
$n\log_2 n$	0	2	8	24	64	160
n^2	1	4	16	64	256	1024
n^3	1	8	64	512	4096	32768
2^n	2	4	16	256	65536	4294967296
n!	1	2	24	40326	20922789888000	26313×10^{33}

範例 以 O() 分析下列程式的時間複雜度。

    x++;

解答：x++; 敘述總共執行一次，時間複雜度為 O(1)。

範例 以 O() 分析下列程式的時間複雜度。

    for(i = 0; i < n; i++) x++;

解答：x++; 敘述總共執行 n 次，時間複雜度為 O(n)。

範例 以 O() 分析下列程式的時間複雜度。

    for(i = n; i > 0; i = i / 2) x++;

解答：迴圈的計數器 i 每執行一次就除以 2，因此，x++; 敘述總共執行 $\log_2 n + 1$ 次，時間複雜度為 $O(\log_2 n)$。

範例 以 O() 分析下列程式的時間複雜度。

    for(i = 0; i < n; i++)
        for(j = 0; j < n; j++)
            x++;

解答：外層迴圈執行 n 次，內層迴圈亦執行 n 次，因此，x++; 敘述總共執行 n^2 次，時間複雜度為 $O(n^2)$。

最後要說明的是在分析時間複雜度時，我們通常會針對最佳、最差及平均三種情況做討論，舉例來說，循序搜尋的時間複雜度分析如下 (假設有 n 個資料)：

- 最佳情況 (best case)：O(1)，第一個就找到資料，此時只做一次比較。

- 最差情況 (worst case)：O(n)，最後一個才找到資料，或者，找到最後還是沒有找到資料，此時已經做 n 次比較。

- 平均情況 (average case)：O(n)，找到資料平均需要做 (n + 1) / 2 次比較。

由於發生最佳情況的機率很低，我們通常不會特別強調，多數軟體最在乎的是平均情況，少數亦會考慮最差情況，因為任何軟體都不希望使用平常表現不錯，但有時表現特差的演算法，這會使軟體陷入無法使用的風險。

二元搜尋的時間複雜度分析如下 (假設有 n 個資料)：

- 最佳情況：O(1)，第一個就找到資料，此時只做一次比較。

- 最差情況：$O(\log_2 n)$，由於每次比較就會將搜尋範圍縮小一半，所以最多要做 $\log_2 n + 1$ 次比較，才能找到資料或確定沒有資料。

- 平均情況：$O(\log_2 n)$，找到資料的平均比較次數約是最差情況的一半。

插入排序的時間複雜度分析如下 (假設有 n 個資料)：

- 最佳情況：O(n)，當資料的順序剛好已經排序好時，只要進行 n - 1 次比較。

- 最差情況：$O(n^2)$，當資料的順序剛好相反時，第二個資料需要比較 1 次，第三個資料需要比較 2 次，…，第 n 個資料需要比較 n - 1 次，比較次數總共為 $1 + 2 + \cdots + (n - 1) = n(n - 1) / 2 = (n^2 - n) / 2$。

- 平均情況：$O(n^2)$，完成排序的平均比較次數約是最差情況的一半。

氣泡排序的時間複雜度分析如下 (假設有 n 個資料)：

- 最佳情況：O(n)，當資料的順序剛好已經排序好時，只要進行 n - 1 次比較。

- 最差情況：$O(n^2)$，當資料的順序剛好相反時，第二個資料需要比較 1 次，第三個資料需要比較 2 次，…，第 n 個資料需要比較 n - 1 次，比較次數總共為 $1 + 2 + \cdots + (n - 1) = n(n - 1) / 2 = (n^2 - n) / 2$。

- 平均情況：$O(n^2)$，完成排序的平均比較次數約是最差情況的一半。

- **演算法** (algorithm) 是用來解決某個問題或完成某件工作的一連串步驟,必須符合輸入、輸出、明確性、有效性、有限性等五個條件。

- 我們通常可以藉由類推法、反推法、循序漸進法、嘗試錯誤法等方法,想出解決問題的演算法。

- 演算法通常是由**序列** (sequence)、**決策** (decision)、**重複** (repetition) 等三種結構所組成。

- 演算法的表示方式主要有**流程圖** (flowchart) 和**虛擬碼** (pseudocode) 兩種,前者是以圖形符號表示演算法,而後者是以一般的口語敘述加上「決策」、「重複」等結構敘述來描述問題的解法。

- **迭代** (iteration) 是以**迴圈** (loop) 的方式重複執行某組指令。

- 將問題分割成多個小範圍的問題,個別解決這些小問題,會比一次解決一個大問題來得容易,這種解決問題的方式叫做**個個擊破** (divide and conquer),其所對應的演算法撰寫方式就是**遞迴** (recursive)。

- 演算法經常使用到的技巧有暴力法、個個擊破法、動態規劃法、貪婪法、回溯法等。

- **搜尋** (search) 是在多筆資料中尋找符合條件的資料,而且搜尋演算法大致上可以分為**循序搜尋** (sequential search) 與**非循序搜尋** (nonsequential search) 兩種類型,前者會從頭開始,一筆一筆往下尋找符合條件的資料,而後者不會依照順序一筆一筆往下尋找符合條件的資料,常見的有二元搜尋、二元樹搜尋等。

- **排序** (sort) 是將多個資料由小到大或由大到小依序排列,例如成績排名、銷售排行榜等。排序的目的通常有兩個,其一是幫助搜尋,其二是在串列中進行比對。知名的排序演算法有插入排序、氣泡排序、快速排序、合併排序、謝耳排序等。

- 通常我們會從**時間複雜度** (time complexity) 與**空間複雜度** (space complexity) 兩個方面來分析演算法的優劣,前者是演算法執行完畢所需的時間,而後者是演算法執行完畢所需的記憶體空間。

學習評量

1. 簡單說明何謂演算法並舉出一個實例。

2. 簡單說明演算法必須滿足哪五個條件？

3. $O(2^n)$、$O(n^{100})$、$O(n!)$ 和 $O(n^2 \log n)$ 的複雜度何者最高？

4. 分析氣泡排序的時間複雜度為何？

5. 構思一個演算法，令它計算兩個正整數的平均值，然後使用虛擬碼表示該演算法。

6. 試問，下列的步驟集合可以構成一個演算法嗎？說明其原因。

   步驟 1：從書包內拿一本書放在桌上。

   步驟 2：重複步驟 1。

7. 假設有 n 個英文字母（n ≥ 1），請使用遞迴的方式構思一個演算法，印出以這些英文字母任意排列且長度為 n 的所有可能字串組合。舉例來說，假設英文字母集合為 {a, b, c}，則所有可能字串組合為 {{a, b, c}, {a, c, b}, {b, a, c}, {b, c, a}, {c, a, b}, {c, b, a}} 等六種，換言之，n 個英文字母會有 n! 種排列組合。

8. 以紙筆模擬插入排序將 {35, 50, 15, 3, 28, 66} 由小到大排序的過程。

9. 以紙筆模擬氣泡排序將 {35, 50, 15, 3, 28, 66} 由小到大排序的過程。

10. 分析使用遞迴的方式計算 n! 的時間複雜度為何？

11. 分析使用迭代的方式計算費伯納西數列的時間複雜度為何？

12. 分析下列程式的 O() 為何？這個函數可以用來計算參數 x 的 n 次方。

```
long int power(unsigned int x, unsigned int n)
{
    if (n == 0) return 1;
    if (n == 1) return x;
    if (isEven(n)) return power(x * x, n /2);
    else return power(x * x, n /2) * x;
}
```

13. 分析下列多項式的 O() 為何並找出符合的常數 c 和 n_0：

   (1) $5n + 3$ (2) $6n^2 + 7n + 3$ (3) $2^n + n^2 + 5$

14. 撰寫一個可以根據正整數參數產生 Hailstones 數列的函數，其公式定義如下，當 n_i 等於 1 時，數列便停止：

$$n_{i+1} = \begin{cases} n_i/2 & \text{，當 } n_i \text{ 為偶數時} \\ 3n_i+1 & \text{，當 } n_i \text{ 為奇數時} \end{cases}$$

待函數撰寫完畢後，在 main() 程式中加以呼叫，令它根據 77 產生 Hailstones 數列並印出來。

15. 分析下列多項式的 O() 為何？

(1) $\sum_{i=1}^{n} i$ (2) $\sum_{i=1}^{n} i^2$ (3) $\sum_{i=1}^{n} 1$

(4) $n^3/\log_2 n + 2n + 5$ (5) $\log_2 2^{2^n}$

16. 比較 n^2、$(3/2)^n$、$4^{\log n}$ 等三個時間複雜度的成長速度（假設對數底為 2）。

17. 以 O() 分析下列迴圈的時間複雜度為何？

(1)

```
for(i = 1; i <= n; i++)
    for(j = 1; j <= i; j++)
        for(k = 1; k <= j; k++)
            x++;
```

(2)

```
for(i = 1; i < n; i *= 3)
    for(j = 0; j < n; j++)
        x++;
```

(3)

```
i = n;              /* 假設 n 為 2 的次方 */
while(i >= 1){
    j = i;
    while(j <= n)
        j *= 2;
    i /= 2;
}
```

Foundations of
Computer Science

11

資料結構

11-1　陣列

在介紹陣列之前，我們先來說明何謂資料結構 (data structure)，這是資訊科學領域中相當基礎的一門課程，通常學生在學過 C、C++、C#、Java 或 Python 等程式設計後，就會開始學習資料結構，此課程主要是探討陣列、串列、堆疊、佇列、樹、圖形等不同的資料結構，其資料在記憶體空間的儲存方式及存取方式，接著再搭配排序、搜尋等演算法 (algorithm)，然後轉換成程式 (program)，目的是讓學生所撰寫的程式擁有最佳的執行效能、占用最少的記憶體空間，進而具備開發大型程式的功力。

簡言之，「資料結構」是資料在記憶體空間的儲存方式及存取方式，「演算法」是運用資料結構來解決問題的方法，而資料結構 + 演算法 = 程式，只要選擇適當的資料結構，再搭配有效率的演算法，就會得到一個完美的程式。

陣列 (array) 是最常見的資料結構，它和程式語言中的變數一樣是用來存放資料，不同的是陣列雖然只有一個名稱，卻可以存放多個資料。陣列所存放的資料叫做元素 (element)，每個元素有各自的值 (value)。至於陣列是如何區分它所存放的元素呢？答案是透過索引 (index)，諸如 C、C++、Java 等程式語言預設是以索引 0 代表第 1 個元素，索引 1 代表第 2 個元素，…，索引 n - 1 代表第 n 個元素。

當陣列最多能夠存放 n 個元素時，表示它的長度 (length) 為 n，而且除了一維陣列 (one-dimension array)，多數程式語言亦支援多維陣列 (multi-dimension array)。

以 C 語言的 int A[5]; 敘述為例，這是宣告一個能夠存放五個整數的一維陣列，索引為 0、1、2、3、4，編譯程式一看到此敘述，就會在記憶體配置五個連續位址的區塊給陣列 A，而且每個區塊的大小剛好可以容納一個整數 (圖 11.1)。

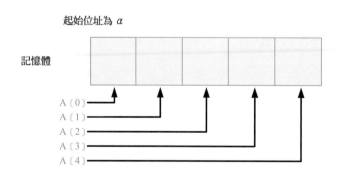

元素	位址
A[0]	α
A[1]	$\alpha + 1 \times$ sizeof(int)
A[2]	$\alpha + 2 \times$ sizeof(int)
A[3]	$\alpha + 3 \times$ sizeof(int)
A[4]	$\alpha + 4 \times$ sizeof(int)

▲ 圖 11.1　一維陣列的記憶體配置

除了一維陣列之外，二維陣列亦相當常見。若說一維陣列是呈線性的一度空間，那麼二維陣列就是呈平面的二度空間，而且任何平面的二維表格，都可以使用二維陣列來存放。例如圖 11.2 是一個 m 列、n 行的成績單，我們可以透過 C 語言的 int A[m][n]; 敘述，宣告一個 m×n 的二維陣列來存放該成績單。

	第 0 行	第 1 行	第 2 行	……	第 n - 1 行
第 0 列		國文	英文	……	數學
第 1 列	王小美	85	88	……	77
第 2 列	孫大偉	99	86	……	89
……	……	……	……	……	……
第 m - 1 列	張婷婷	75	92	……	86

▲ 圖 11.2 成績單

m×n 的二維陣列有兩個索引，第一個索引是從 0 到 m - 1，第二個索引是從 0 到 n - 1，總共可以存放 m×n 個元素，當我們要存取二維陣列時，就必須使用這兩個索引，以圖 11.2 的成績單為例，我們可以使用這兩個索引將它表示成如圖 11.3。

	第 0 行	第 1 行	第 2 行	……	第 n - 1 行
第 0 列	[0][0]	[0][1]	[0][2]	……	[0][n-1]
第 1 列	[1][0]	[1][1]	[1][2]	……	[1][n-1]
第 2 列	[2][0]	[2][1]	[2][2]	……	[2][n-1]
……	……	……	……	……	……
第 m - 1 列	[m-1][0]	[m-1][1]	[m-1][2]	……	[m-1][n-1]

▲ 圖 11.3 使用二維陣列存放成績單

由圖 11.3 可知，「王小美」是存放在二維陣列內索引為 [1][0] 的位置，而「王小美」的數學分數是存放在二維陣列內索引為 [1][n-1] 的位置；「張婷婷」是存放在二維陣列內索引為 [m-1][0] 的位置，而「張婷婷」的數學分數是存放在二維陣列內索引為 [m-1][n-1] 的位置，…，依此類推。

我們可以推廣至 n 維陣列，以 $A[upper_0][upper_1]\cdots[upper_{n-1}]$ 為例，這個 n 維陣列的元素個數為 $upper_0 \times upper_1 \times \cdots \times upper_{n-1}$，即 $\prod_{i=0}^{n-1} upper_i$。

下面是幾個不同維度的陣列，您可以比較看看，其中第一個敘述是宣告一個型別為 int 的一維陣列，索引為 0 ~ 2，總共可以存放 3 個元素；第二個敘述是宣告一個型別為 int 的二維陣列，索引為 0 ~ 1、0 ~ 2，總共可以存放 2×3 = 6 個元素；第三個敘述是宣告一個型別為 int 的三維陣列，索引為 0 ~ 1、0 ~ 1、0 ~ 2，總共可以存放 2×2×3 = 12 個元素。

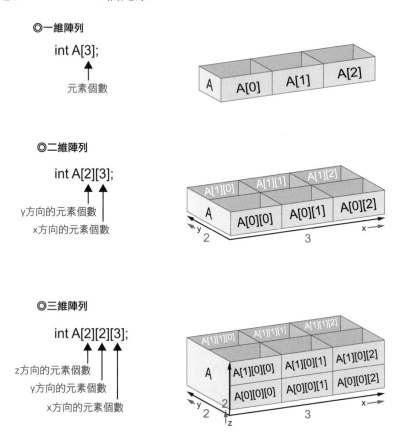

◎一維陣列

int A[3];

↑

元素個數

◎二維陣列

int A[2][3];

↑ ↑

y方向的元素個數

x方向的元素個數

◎三維陣列

int A[2][2][3];

↑ ↑ ↑

z方向的元素個數

y方向的元素個數

x方向的元素個數

我們也可以在宣告陣列的同時指派初始值，下面是一個例子。

int A[3] = {10, 20, 30};

元素	值
A[0]	10
A[1]	20
A[2]	30

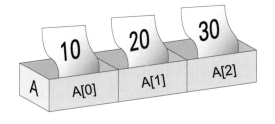

陣列的應用

陣列本身不僅是資料結構，更可以用來實作**抽象資料型別**（ADT，Abstract Data Type），包括多項式、矩陣、字串、串列、堆疊、佇列、樹、圖形等，以**多項式**為例，常見的實作方式有下列幾種：

☑ 使用陣列存放多項式 $c_nX^n + c_{n-1}X^{n-1} + \cdots + c_1X^1 + c_0X^0$，Polynomial[] = {n, c_n, c_{n-1}, $\cdots$, c_1, c_0}，其中 n 為最高冪次，c_n、c_{n-1}、$\cdots$、c_1、c_0 為係數。以 $8X^4 - 6X^2 + 3X^5 + 5$ 為例，我們先依照冪次由高至低排列寫出 $3X^5 + 8X^4 + 0X^3 - 6X^2 + 0X^1 + 5X^0$，於是得到 Polynomial[] = {5, 3, 8, 0, -6, 0, 5}，這種方式雖然簡單，但若碰到類似 $5X^{100} - 1$ 的多項式，將會浪費很多記憶體。

☑ 使用陣列存放多項式 $c_{m-1}X^{em-1} + \cdots + c_1X^{e1} + c_0X^{e0}$，Polynomial[] = {m, c_{m-1}, e_{m-1}, $\cdots$, c_1, e_1, c_0, e_0}，其中 m 為非零項的個數，c_{m-1}、$\cdots$、c_1、c_0 為非零項的係數，e_{m-1}、$\cdots$、e_1、e_0 為非零項的冪次，且 $e_{m-1} > \cdots > e_1 > e_0 \geq 0$。以 $8X^4 - 6X^2 + 3X^5 + 5$ 為例，我們先依照冪次由高至低排列寫出 $3X^5 + 8X^4 - 6X^2 + 5X^0$，於是得到 Polynomial[] = {4, 3, 5, 8, 4, -6, 2, 5, 0}，這種方式尤其適合存放類似 $5X^{100} - 1$ 的多項式。

☑ 定義如下結構表示非零項，然後使用陣列存放每個非零項，屆時若要存取第 i 個非零項的係數及冪次，可以寫成 Polynomial[i-1].coef、Polynomial[i-1].exp。

```
#define MAX_SIZE 100        /* 定義陣列最多可以存放 MAX_SIZE 個非零項 */
typedef struct{             /* 定義表示非零項的結構 */
  int coef;                 /* 非零項的係數 */
  int exp;                  /* 非零項的冪次 */
}NonZeroTerm;
NonZeroTerm Polynomial[MAX_SIZE];
```

以 $8X^4 - 6X^2 + 3X^5 + 5$ 為例，我們先依照冪次由高至低排列寫出 $3X^5 + 8X^4 - 6X^2 + 5X^0$，於是得到 Polynomial[] 的結果如下：

Polynomial	[0]	[1]	[2]	[3]
coef	3	8	-6	5
exp	5	4	2	0

陣列也可以用來存放稀疏矩陣（sparse matrix），只是表示非零項的結構要定義成如下，圖 11.4 是一個例子。

```
#define MAX_SIZE 100        /* 定義陣列最多可以存放 MAX_SIZE 個非零項 */
typedef struct{             /* 定義表示非零項的結構 */
   int row;                 /* 非零項位於第幾列 */
   int col;                 /* 非零項位於第幾行 */
   int value;               /* 非零項的值 */
}NonZeroTerm;
NonZeroTerm SparseMatrix[MAX_SIZE];
```

	col0	col1	col2	col3	col4
row0	0	1	0	0	2
row1	0	0	0	3	0
row2	4	0	5	0	0
row3	0	0	0	0	6

SparseMatrix	[0]	[1]	[2]	[3]	[4]	[5]
row	0	0	1	2	2	3
col	1	4	3	0	2	4
value	1	2	3	4	5	6

▲ 圖 11.4　使用陣列存放稀疏矩陣

隨堂練習

以前面定義的 NonZeroTerm 結構及 SparseMatrix 陣列存放下圖的稀疏矩陣。

	col0	col1	col2	col3
row0	12	0	0	0
row1	0	20	5	0
row2	0	0	0	0
row3	51	0	0	0
row4	14	0	0	63
row5	0	0	0	42

11-2 鏈結串列

鏈結串列（linked list）有單向（single linked list）與雙向（double linked list）之分，本節是以單向鏈結串列為主。在圖 11.5(a) 中，這個單向鏈結串列有四個節點（node），每個節點有兩個欄位（field），分別用來存放節點的資料（data）與指標（pointer），指向第一個節點的指標就是串列名稱，最後一個節點的指標指向 NULL，表示後面已經沒有其它節點。

若要在第二、三個節點中間插入一個新節點，可以這麼做（圖 11.5(b)）：

1. 配置記憶體給新節點。

2. 設定新節點的資料，例如設定為 100。

3. 令新節點的指標指向第三個節點。

4. 令第二個節點的指標由指向第三個節點改為指向新節點。

若要刪除第三個節點，可以這麼做（圖 11.5(c)）：

1. 令第二個節點的指標由指向第三個節點改為指向第四個節點。

2. 釋放第三個節點所占用的記憶體。

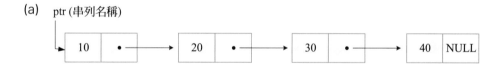

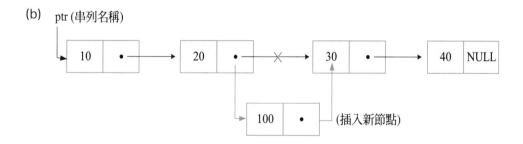

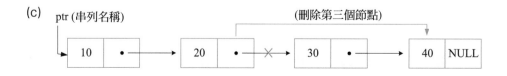

▲ 圖 11.5 (a) 單向鏈結串列 (b) 插入新節點 (c) 刪除節點

下面是使用 C 語言實作鏈結串列，其中首要的工作是定義節點的結構與初始化（假設節點的資料欄位為整數型別）：

```
/* 這個巨集用來判斷是否還有記憶體，若 ptr 為 NULL，表示記憶體不足，傳回值為 1*/
#define IS_FULL(ptr)(!(ptr))

typedef struct node{
  int data;                  /* 節點的資料欄位 */
  struct node *next;         /* 節點的指標欄位 */
}list_node;                  /* 定義 list_node 是串列的節點 */


typedef list_node *list_pointer;   /* 定義 list_pointer 是指向節點的指標 */


list_pointer ptr = NULL;           /* 初始狀態為空串列，故串列名稱 ptr 指向 NULL*/
```

接下來，我們可以撰寫用來插入新節點的 insert() 函數，這個函數有三個參數，分別是串列名稱、新節點要插入哪個節點的後面及新節點的資料：

```
insert(list_pointer *ptr, list_pointer node, int item)
{
  list_pointer tmp;
  tmp = (list_pointer)malloc(sizeof(list_node));   /* 配置記憶體給 tmp*/
  if (IS_FULL(tmp)){                               /* 若 tmp 為 NULL，就印出此訊息並返回 */
    printf(" 記憶體配置失敗！ ");
    return;
  }
  tmp->data = item;          /* 設定新節點的資料為第三個參數的值 */
  if (*ptr){                 /* 若 ptr 不是指向空串列 */
    tmp->next = node->next;  /* 令新節點的指標指向插入處之節點的下一個節點 */
    node->next = tmp;        /* 令插入處之節點的指標改為指向新節點 */
  }
  else{
    tmp->next = NULL;        /* 若 ptr 指向空串列，令新節點的指標指向 NULL*/
    *ptr = tmp;              /* 串列名稱 ptr 改為指向新節點 */
  }
}
```

舉例來說，假設鏈結串列的初始狀態如圖 11.6(a)，在依序呼叫 insert(&ptr, ptr, 100);、insert(&ptr, ptr, 200); 的結果將如圖 11.6(b)。

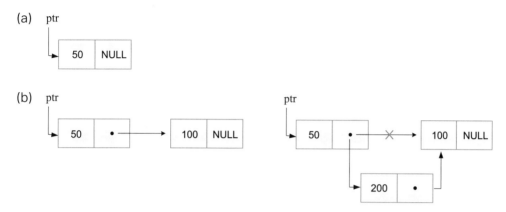

▲ 圖 11.6 (a) 鏈結串列的初始狀態 (b) 依序插入兩個新節點

最後，我們可以撰寫用來刪除節點的 delete() 函數，這個函數有三個參數，分別是串列名稱、要刪除之節點的前一個節點及要刪除的節點：

```
delete(list_pointer *ptr, list_pointer trail, list_pointer node)
{
  if (trail)                  /* 若 trail 非 NULL，表示要刪除的不是第一個節點 */
    trail->next = node->next;  /* 令 trail 的指標指向要刪除之節點的下一個節點 */
  else
    *ptr = (*ptr)->next;       /* 因為是刪除第一個節點，故串列名稱須指向下一個節點 */
  free(node);
}
```

圖 11.7 為呼叫 delete(&ptr, ptr, ptr->next) 刪除第二個節點的結果。

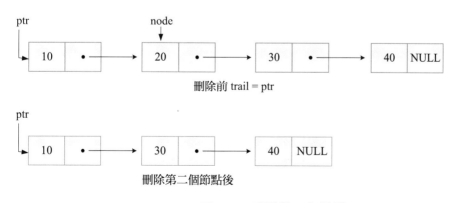

▲ 圖 11.7 刪除第二個節點

鏈結串列的應用

鏈結串列和陣列一樣可以用來實作堆疊、佇列、樹、圖形等抽象資料型別（圖 11.8），不同的是陣列屬於靜態資料結構，形狀與大小不會隨著時間改變，優點是容易管理、資料存取時間相同、可以直接存取資料（速度較快），缺點則是預先配置的記憶體可能不足或閒置，插入或刪除資料須搬動其它元素；反之，鏈結串列屬於動態資料結構，優點是動態記憶體配置、插入或刪除資料的效率較佳。

▼ 圖 11.8

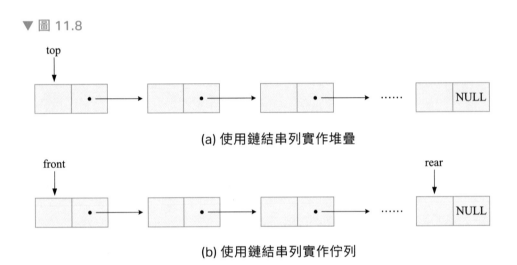

(a) 使用鏈結串列實作堆疊

(b) 使用鏈結串列實作佇列

若要使用鏈結串列實作多項式，可以定義如下結構表示非零項：

```
typedef struct node{
    int coef;              /* 非零項的係數 */
    int exp;               /* 非零項的冪次 */
    struct node *next;     /* 非零項的指標 */
}poly_node;                /* 定義 poly_node 是多項式的非零項 */
poly_node *f;              /* 宣告 f 是指向非零項的指標 */
```

以 $8X^4 - 6X^2 + 3X^5 + 5$ 為例，我們先依照冪次由高至低排列寫出 $3X^5 + 8X^4 - 6X^2 + 5X^0$，於是得到如圖 11.9 的結果。

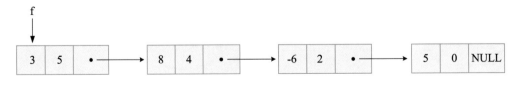

▲ 圖 11.9 使用鏈結串列實作多項式

11-3 堆疊

堆疊（stack）是一個串列，兩端分別稱為頂端（top）與底端（bottom），無論要新增或刪除資料，都必須從堆疊的頂端開始。舉例來說，假設堆疊 S = (d_0, d_1, …, d_{n-2}, d_{n-1})，其中 d_0 為底端，d_{n-1} 為頂端，若要新增資料 d_n，必須從堆疊的頂端開始，得到 S = (d_0, d_1, …, d_{n-2}, d_{n-1}, d_n)，這個動作稱為推入（push）；反之，若要刪除資料，必須從堆疊的頂端開始，得到 S = (d_0, d_1, …, d_{n-2})，這個動作稱為彈出（pop）。由於愈晚推入堆疊的資料愈早被彈出，故堆疊又稱為後進先出串列（LIFO list，Last-In-First-Out list）。

▼ 圖 11.10

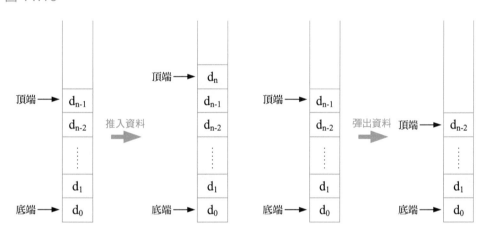

(a) 新增的資料被放入堆疊頂端　　　(b) 刪除的資料被從堆疊頂端移出

堆疊的應用

由於堆疊具有後進先出的特質，因此，凡是需要後進來先處理的情況，都可以使用堆疊。常見的應用有資料反轉（reversing，例如將字串 "abcde" 反轉為 "edcba"）、資料剖析（parsing，例如將運算式由中序表示法轉換為後序表示法）、回溯（backtracking，例如系統堆疊、遞迴、迷宮問題）等。

堆疊的實作

實作堆疊最簡單的方式是使用陣列，但我們通常無法掌握堆疊的實際大小，若陣列太小，可能會產生溢位，若陣列太大，可能會導致記憶體閒置不用，變通之道是改用鏈結串列實作堆疊，這麼做的優點是能夠更有彈性地使用記憶體，缺點則是推入、彈出等動作較為複雜，而且每個節點必須額外維持一個鏈結。

除了決定如何存放堆疊之外，一個完整的堆疊資料結構還要提供推入（push）、彈出（pop）、判斷堆疊已滿、判斷堆疊已空等運算的定義及函數。下面是使用 C 語言實作一個字元堆疊的 push() 及 pop() 函數：

```c
#define MAX_SIZE 100          /* 定義堆疊最多可以存放 MAX_SIZE 個資料 */
typedef struct stk{           /* 定義 stack 是堆疊資料結構 */
  char data[MAX_SIZE];        /* 存放堆疊的資料 */
  int top;                    /* 記錄堆疊的頂端 */
}stack;
stack S;                      /* 宣告一個堆疊 S*/

/* 這個函數會將參數 c 指定的資料推入堆疊 */
push(char c)
{
  if (S.top == (MAX_SIZE - 1)) printf (" 堆疊已滿！ ");
  else S.data[++S.top] = c;          /* 將 top 遞增 1，再將資料放入堆疊頂端 */
}

/* 這個函數會從堆疊彈出一個資料並存放在參數 c 指定的位址 */
pop(char *c)
{
  if (S.top == -1 ) printf (" 堆疊已空！ ");
  else *c = S.data[S.top--];         /* 將堆疊頂端的資料存放在參數 c，再將 top 遞減 1*/
}
```

📝 隨堂練習

假設堆疊 S = (A, B)，其中 A 為底端，B 為頂端，試問，在經過下面推入及彈出的動作後，堆疊的最終狀態為何？

	pop
	push C、D、E
B	pop
	pop
A	push F

🗨 資訊部落　　系統堆疊

系統堆疊（system stack）是程式在執行期間用來處理函數呼叫的結構，只要程式一呼叫函數，就會在系統堆疊內產生一個包含指標、返回位址與區域變數的記錄，其中指標（pointer）是指向呼叫該函數的程式，返回位址（return address）是該函數執行完畢後會返回程式的哪個敘述，區域變數（local variable）是在該函數內所宣告的變數。基本上，系統堆疊頂端的記錄就是目前正在執行的函數，而在該函數執行完畢後，就會從系統堆疊頂端刪除其記錄，然後返回呼叫該函數的程式。

以圖 11.11(a) 為例，當主程式 Main 開始執行時，系統堆疊內只有一個記錄，裡面包含指標、返回位址與 Main 的區域變數；在主程式 Main 呼叫函數 F1 後，系統堆疊頂端會新增一個記錄，如圖 11.11(b)，裡面包含指標、返回位址與 F1 的區域變數，其中指標是指向呼叫函數 F1 的程式，即主程式 Main，返回位址則是函數 F1 執行完畢後會返回主程式 Main 的哪個敘述。

若函數 F1 又呼叫另一個函數 F2，那麼系統堆疊頂端會再新增一個記錄，如圖 11.11(c)，裡面包含指標、返回位址與 F2 的區域變數，其中指標是指向呼叫函數 F2 的程式，即函數 F1，返回位址則是函數 F2 執行完畢後會返回函數 F1 的哪個敘述。

由於系統堆疊頂端的記錄為函數 F2，所以會優先執行函數 F2，完畢後再將其記錄從系統堆疊頂端刪除，此時，系統堆疊頂端的記錄變成函數 F1，於是繼續執行函數 F1，完畢後將其記錄從系統堆疊頂端刪除，待系統堆疊頂端的記錄變成主程式 Main，再接著將主程式執行完畢。

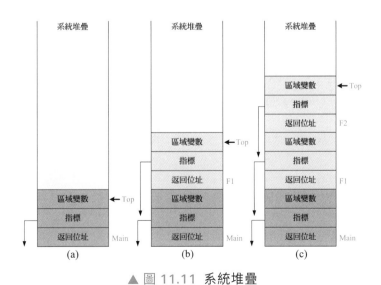

▲ 圖 11.11 系統堆疊

11-4 佇列

佇列（queue）是一個串列，兩端分別稱為前端（front）與後端（rear）。當要新增資料時，必須放入佇列的後端；當要刪除資料時，必須從佇列的前端開始。舉例來說，假設佇列 Q = (d_0, d_1, …, d_{n-2}, d_{n-1})，其中 d_{n-1} 為後端，d_0 為前端，若要新增資料 d_n，必須放入佇列的後端，得到 Q = (d_0, d_1, …, d_{n-2}, d_{n-1}, d_n)，這個動作稱為 enqueue 或新增（add）；反之，若要刪除資料，必須從佇列的前端開始，得到 Q = (d_1, …, d_{n-2}, d_{n-1})，這個動作稱為 dequeue 或刪除（delete）。由於愈早放入佇列的資料愈早被刪除，故佇列又稱為先進先出串列（FIFO list，First-In-First-Out list）。

▼ 圖 11.12

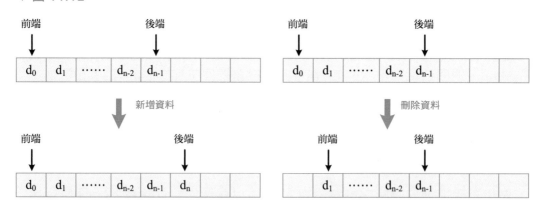

(a) 新增的資料被放入佇列後端　　　　　(b) 刪除的資料被從佇列前端移出

佇列的實作

佇列經常應用於工作排程（job scheduling），至於佇列的實作，同樣的，我們得先決定是要使用陣列還是鏈結串列來實作佇列，之後再提供相關運算的定義及函數，包括新增、刪除、判斷佇列已滿、判斷佇列已空等。下面是使用 C 語言實作一個字元佇列的 enqueue() 及 dequeue() 函數：

```
#define MAX_SIZE 6          /* 定義佇列最多可以存放 MAX_SIZE 個資料 */
typedef struct que{         /* 定義 queue 是佇列資料結構 */
    char data[MAX_SIZE];    /* 存放佇列的資料 */
    int front;              /* 記錄佇列的前端 */
    int rear;               /* 記錄佇列的後端 */
}queue;
queue Q;                    /* 宣告一個佇列 Q*/
Q.front = -1;               /* 變數 front 的初始值為 -1*/
Q.rear = -1;               /* 變數 rear 的初始值為 -1*/
```

```
enqueue(queue *Q, char c)
{
    if (Q->rear == (MAX_SIZE - 1)) printf(" 佇列已滿！ ");
    else Q->data[++Q->rear] = c; /* 將 rear 遞增 1，再將資料放入佇列後端 */
}

dequeue(queue *Q, char *c)
{
    if (Q->front == Q->rear) printf(" 佇列已空！ ");
    else *c = Q->data[++Q->front]; /* 將 front 遞增 1，再將佇列前端的資料存放在參數 c*/
}
```

假設佇列的最大長度為 6，我們依序新增 J1、J2、J3、J4 等工作，又依序刪除 J1、J2 等工作及新增 J5、J6、J7 等工作，則 front、rear 的值與佇列的內容如下：

說明	Q[0]	Q[1]	Q[2]	Q[3]	Q[4]	Q[5]	front	rear
一開始為空佇列，front 等於 rear							-1	-1
新增 J1	J1						-1	0
新增 J2	J1	J2					-1	1
新增 J3	J1	J2	J3				-1	2
新增 J4	J1	J2	J3	J4			-1	3
移除 J1		J2	J3	J4			0	3
移除 J2			J3	J4			1	3
新增 J5			J3	J4	J5		1	4
新增 J6			J3	J4	J5	J6	1	5
新增 J7	rear 的值超過佇列的最大長度，雖然佇列的前端仍有空位可以存放資料，卻會顯示 " 佇列已滿！ "。							

很明顯的，經過多次新增或刪除後，佇列的資料會逐漸往後端存放，待變數 rear 的值超過佇列的最大長度，就會被判斷為佇列已滿，但實際上，佇列的前端卻可能還有空位。為了解決這個問題，遂有人提出環狀佇列（circular queue）的概念，也就是將第一個資料和最後一個資料視為連在一起，此時，變數 front、rear 的初始值均為 0，front 指向佇列前端第一個資料逆時針方向的下一個位置，rear 指向佇列後端最後一個資料的位置，而且為了判斷佇列已滿或已空，必須保留一個空位不用，即最大長度為 MAX_SIZE 的環狀佇列最多只能存放 MAX_SIZE - 1 個資料。

此時，enqueue() 及 dequeue() 函數必須改寫成如下，以適用於環狀佇列：

```
Q.front = 0;                                    /* 變數 front 的初始值為 0*/
Q.rear = 0;                                     /* 變數 rear 的初始值為 0*/
enqueue(queue *Q, char c)
{
 /* 檢查 rear 往順時針方向移動一個位置是否會碰到 front，是的話，表示佇列已滿 */
 if ((Q->rear + 1) % MAX_SIZE == Q->front) printf(" 佇列已滿！ ");
 else{
   Q->rear = (Q->rear + 1) % MAX_SIZE;          /* 將 rear 往順時針方向移動一個位置 */
   Q->data[Q->rear] = c;                        /* 將資料放入佇列後端 */
 }
}

dequeue(queue *Q, char *c)
{
 if (Q->front == Q->rear) printf(" 佇列已空！ ");
 else{
   Q->front = (Q->front + 1) % MAX_SIZE;        /* 將 front 往順時針方向移動一個位置 */
   *c = Q->data[Q->front];                      /* 將佇列前端的資料存放在參數 c*/
 }
}
```

前面的例子改成環狀佇列後，front、rear 的值與環狀佇列的內容如下：

說明	Q[0]	Q[1]	Q[2]	Q[3]	Q[4]	Q[5]	front	rear
一開始為空佇列，front 等於 rear							0	0
新增 J1		J1					0	1
新增 J2		J1	J2				0	2
新增 J3		J1	J2	J3			0	3
新增 J4		J1	J2	J3	J4		0	4
移除 J1			J2	J3	J4		1	4
移除 J2				J3	J4		2	4
新增 J5				J3	J4	J5	2	5
新增 J6	J6			J3	J4	J5	2	0
新增 J7	J6	J7		J3	J4	J5	2	1

我們可以將這個例子描繪成如圖 11.13。

▼ 圖 11.13 環狀佇列

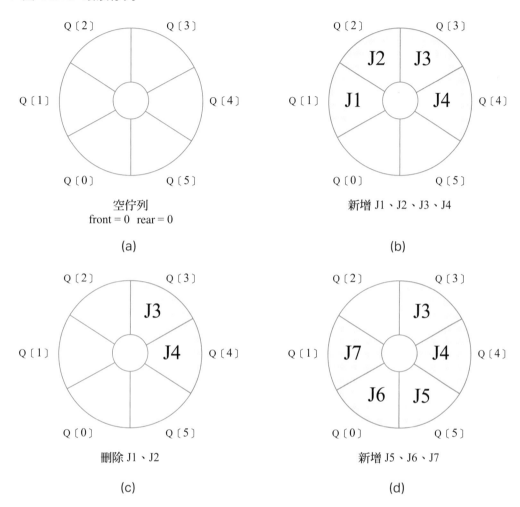

新增 J1、J2、J3、J4

(a)　　　　　　　　　　　　(b)

刪除 J1、J2　　　　　　　新增 J5、J6、J7

(c)　　　　　　　　　　　　(d)

📝 隨堂練習

假設環狀佇列的初始狀態如圖 11.13(d)，試問，在經過下面新增及刪除的動作後，front、rear 的值與環狀佇列的最終狀態為何？

dequeue
enqueue J8
dequeue
dequeue
enqueue J9

11-5 樹

樹（tree）是由一個或多個節點（node）所組成的有限集合，其特質如下：

- ✅ 有一個特殊節點，稱為樹根（root）。

- ✅ 其餘節點可以分為 n 個互斥集合 T_1、T_2、…、T_n（$n \geq 0$），而且每個集合也都是一棵樹，稱為樹根的子樹（subtree）。

樹狀結構適合用來存放具有分支關係的資料，例如族譜、機關企業的組織表、賽程表、事物的歸類分項等。我們以圖 11.14(a) 為例，說明樹的相關名詞：

- ✅ 節點有幾棵子樹稱為節點的分支度（degree of a node），例如 A 的分支度為 3，B 的分支度為 2。

- ✅ 分支度為零的節點稱為樹葉（leaf）或終端節點（terminal node），例如 E、K、G、L、N、I、J 均為樹葉；樹葉以外的節點則稱為非終端節點（nonterminal node），例如 A、B、C、D、F、H、M 均為非終端節點。

- ✅ 在樹的所有節點中，分支度最大者即為樹的分支度（degree of a tree），例如 A 和 C 的分支度最大，均為 3，故樹的分支度為 3。

- ✅ 從樹根開始，其階度（level）為 1，每往下一層的節點，其階度就遞增 1，例如 A 的階度為 1，B、C、D 的階度為 2。

- ✅ 某個節點的所有子樹的樹根均為其子節點（children），例如 G、H、I 為 C 的子節點；反之，若某甲為某乙的子節點，則某乙為某甲的父節點（parent），例如 C 為 G、H、I 的父節點。

- ✅ 父節點相同的節點稱為兄弟（sibling），例如 G、H、I 為兄弟。

- ✅ 從樹根往下到某個節點之前所經過的所有節點均為該節點的祖先（ancestor），而該節點則為子孫（descendant），例如 A、B 均為 E 的祖先，而 E 為 A、B 的子孫。

- ✅ 一棵樹的最大階度稱為高度（height）或深度（depth），例如圖 11.14(a) 的樹，其高度或深度為 5。

- ✅ 樹林（forest）是由 n 棵互斥樹所組成的集合，事實上，樹林和樹類似，只要將樹的樹根去掉，剩下的便是樹林，例如圖 11.14(a) 的樹若去掉 A，就會變成一個包含三棵樹的樹林，其樹根分別為 B、C、D。

▼ 圖 11.14

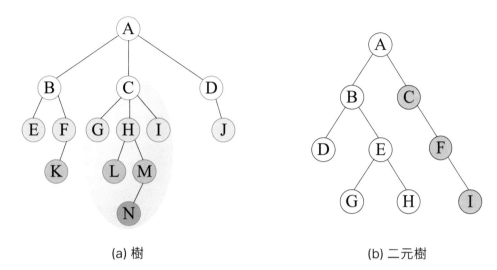

(a) 樹　　　　　　　　　　　　　(b) 二元樹

11-5-1 二元樹

二元樹（binary tree）是每個節點最多有兩個子節點的樹，如圖 11.14(b)，節點的左邊稱為左子樹（left child），節點的右邊稱為右子樹（right child）。由於二元樹第 i 階的節點最多有 2^{i-1} 個，因此，對高度為 h 的二元樹來說，全部存滿的話，總共有 $2^0 + 2^1 + \cdots + 2^{h-1} = 2^h - 1$ 個節點。

二元樹和樹的差別如下：

☑　二元樹可以是空集合，樹則必須至少有一個樹根，不可以是空集合。

☑　二元樹的節點的分支度為 $0 \le d \le 2$，而樹的非終端節點的分支度為 $d \ne 0$。

☑　二元樹會以左右子樹或左右節點來區分順序，樹則無順序之分。

我們可以使用陣列存放二元樹，然後依照二元樹的高度由上至下、由左至右，第一個位置存放第一階的節點，也就是樹根，第二個位置存放第二階的左節點，第三個位置存放第二階的右節點，第四 ~ 七個位置存放第三階由左到右的節點，…，依此類推，例如圖 11.14(b) 的二元樹可以表示成如圖 11.15，其中 -- 表示缺的節點。

[0]	[1]	[2]	[3]	[4]	[5]	[6]	[7]	[8]	[9]	[10]	[11]	[12]
A	B	C	D	E	--	F	--	--	G	H	--	I

▲ 圖 11.15　使用陣列存放圖 11.14(b) 的二元樹

當二元樹呈現完整或左右平衡（樹根的兩個子樹高度相同）時，前述方式就比較不會浪費記憶體（圖 11.16(a)）；反之，當二元樹呈現稀疏或左右不平衡時，前述方式就比較浪費記憶體（圖 11.16(b)）。

我們將全部存滿的二元樹稱為**完滿二元樹**（full binary tree），如圖 11.16(a)，而向左或向右傾斜的二元樹則稱為**傾斜二元樹**（skewed binary tree），如圖 11.16(b)。對節點個數為 n 的完滿二元樹來說，它的高度為 $\log_2 n$。

▼ 圖 11.16

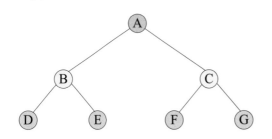

[0]	[1]	[2]	[3]	[4]	[5]	[6]
A	B	C	D	E	F	G

(a) 左右平衡的二元樹較不浪費記憶體

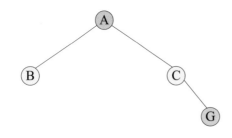

[0]	[1]	[2]	[3]	[4]	[5]	[6]
A	B	C	--	--	--	G

(b) 左右不平衡的二元樹較浪費記憶體

除了簡單明瞭之外，使用陣列存放二元樹還有一個優點，就是可以快速找出任意節點的父節點、左右子節點及兄弟節點存放在哪個位置。以圖 11.16(a) 為例，已知節點 C 在索引為 2 的位置，則其父節點在索引為 $\lfloor (2 - 1)/2 \rfloor = 0$ 的位置（即節點 A），左子節點在索引為 $2 \times 2 + 1 = 5$ 的位置（即節點 F），右子節點在索引為 $2 \times 2 + 2 = 6$ 的位置（即節點 G），而當節點的索引為奇數時，其兄弟節點是在加 1 的位置，當節點的索引為偶數時，其兄弟節點是在減 1 的位置。

我們也可以使用鏈結串列存放二元樹，每個節點的結構如圖 11.17，其中 data 欄位用來存放節點的資料，lchild 欄位用來指向節點的左子樹，rchild 欄位用來指向節點的右子樹，有了此節點結構後，我們可以將圖 11.14(b) 的二元樹表示成如圖 11.18。

```
typedef struct node{
    struct node *lchild;              /* 節點的左鏈結欄位 */
    char data;                        /* 節點的資料欄位 */
    struct node *rchild;              /* 節點的右鏈結欄位 */
}tree_node;                           /* 定義 tree_node 是二元樹的節點 */
typedef tree_node *tree_pointer;      /* 定義 tree_pointer 是指向節點的指標 */
```

▲ 圖 11.17　二元樹的節點結構

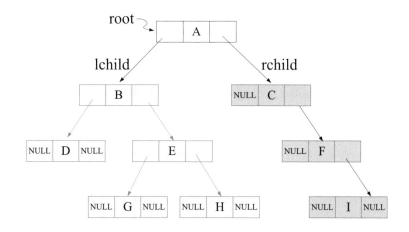

▲ 圖 11.18　使用鏈結串列存放圖 11.14(b) 的二元樹

除了決定如何存放二元樹之外，一個完整的二元樹資料結構還要提供新增 / 刪除節點、複製、走訪等運算的定義及函數，其中走訪（traversal）是將二元樹的每個節點都拜訪一次，而且僅限一次，至於走訪的方式則有中序、前序與後序三種。

中序走訪

中序走訪（inorder traversal）是先以中序走訪的方式拜訪樹根的左子樹，接著拜訪樹根，最後再以中序走訪的方式拜訪樹根的右子樹，左右子樹均據此定義遞迴地走訪下去。

```
inorder(tree_pointer root)
{
  if (root){
    inorder(root->lchild);
    printf("%d ", root->data);
    inorder(root->rchild);
  }
}
```

以圖 11.14(b) 的二元樹為例，該樹的樹根為 A，故先以中序走訪的方式拜訪 A 的左子樹，於是碰到 B，故又以中序走訪的方式拜訪 B 的左子樹，此時碰到 D，原應再以中序走訪的方式拜訪 D 的左子樹，但 D 的左子樹為 NULL，於是回到 D，印出其資料，然後以中序走訪的方式拜訪 D 的右子樹，但 D 的右子樹亦為 NULL，於是回到 B，印出其資料，繼續以中序走訪的方式拜訪 B 的右子樹而抵達 E。

同理，以中序走訪的方式拜訪 E 的左子樹，此時碰到 G，原應再以中序走訪的方式拜訪 G 的左子樹，但 G 的左子樹為 NULL，於是回到 G，印出其資料，然後以中序走訪的方式拜訪 G 的右子樹，但 G 的右子樹亦為 NULL，於是回到 E，印出其資料，…，依此類推，最後得到中序走訪的結果為 DBGEHACFI。

前序走訪

前序走訪（preorder traversal）是先拜訪樹根，接著以前序走訪的方式拜訪樹根的左子樹，最後再以前序走訪的方式拜訪樹根的右子樹，左右子樹均據此定義遞迴地走訪下去。

```
preorder(tree_pointer root)
{
  if (root){
    printf("%d ", root->data);
    preorder(root->lchild);
    preorder(root->rchild);
  }
}
```

以圖 11.14(b) 的二元樹為例，該樹的樹根為 A，故先拜訪樹根 A，印出其資料，然後以前序走訪的方式拜訪 A 的左子樹，於是碰到 B，故先拜訪樹根 B，印出其資料，然後又以前序走訪的方式拜訪 B 的左子樹，此時碰到 D，故先拜訪樹根

D，印出其資料，原應再以前序走訪的方式拜訪 D 的左子樹，但 D 的左子樹為 NULL，於是回到 D，繼續以前序走訪的方式拜訪 D 的右子樹，但 D 的右子樹亦為 NULL，於是回到 B，接著以前序走訪的方式拜訪 B 的右子樹而抵達 E。

同理，先拜訪樹根 E，印出其資料，然後以前序走訪的方式拜訪 E 的左子樹，此時碰到 G，故先拜訪樹根 G，印出其資料，原應再以前序走訪的方式拜訪 G 的左子樹，但 G 的左子樹為 NULL，於是回到 G，繼續以前序走訪的方式拜訪 G 的右子樹，但 G 的右子樹亦為 NULL，於是回到 E，接著以前序走訪的方式拜訪 E 的右子樹而抵達 H，…，依此類推，最後得到前序走訪的結果為 ABDEGHCFI。

後序走訪

後序走訪（postorder traversal）是先以後序走訪的方式拜訪樹根的左子樹，接著以後序走訪的方式拜訪樹根的右子樹，最後再拜訪樹根，左右子樹均據此定義遞迴地走訪下去。

```
postorder(tree_pointer root)
{
  if (root){
    postorder(root->lchild);
    postorder(root->rchild);
    printf("%d", root->data);
  }
}
```

以圖 11.14(b) 的二元樹為例，該樹的樹根為 A，故先以後序走訪的方式拜訪 A 的左子樹，於是碰到 B，故又以後序走訪的方式拜訪 B 的左子樹，此時碰到 D，原應再以後序走訪的方式拜訪 D 的左子樹，但 D 的左子樹為 NULL，於是回到 D，然後以後序走訪的方式拜訪 D 的右子樹，但 D 的右子樹亦為 NULL，於是又回到 D，印出其資料，繼續以後序走訪的方式拜訪 B 的右子樹而抵達 E。

同理，以後序走訪的方式拜訪 E 的左子樹，此時碰到 G，原應再以後序走訪的方式拜訪 G 的左子樹，但 G 的左子樹為 NULL，於是回到 G，然後以後序走訪的方式拜訪 G 的右子樹，但 G 的右子樹亦為 NULL，於是又回到 G，印出其資料，接著以後序走訪的方式拜訪 E 的右子樹，此時碰到 H，原應再以後序走訪的方式拜訪 H 的左子樹，但 H 的左子樹為 NULL，於是回到 H，然後以後序走訪的方式拜訪 H 的右子樹，但 H 的右子樹亦為 NULL，於是又回到 H，印出其資料，…，依此類推，最後得到後序走訪的結果為 DGHEBIFCA。

11-5-2 二元搜尋樹

二元搜尋樹（binary search tree）是一種形式特殊的二元樹，它必須滿足下列條件：

✅ 每個節點包含唯一的鍵值（key）。

✅ 左右子樹亦為二元搜尋樹。

✅ 左子樹的鍵值必須小於其樹根的鍵值。

✅ 右子樹的鍵值必須大於其樹根的鍵值。

舉例來說，圖 11.19 是將數字串列（25, 30, 24, 58, 45, 26, 12, 14）建構為二元搜尋樹的過程。

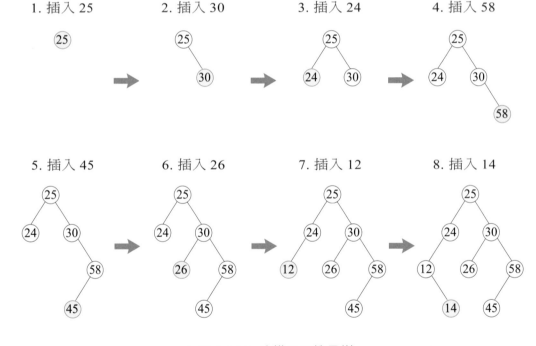

▲ 圖 11.19 建構二元搜尋樹

建構二元搜尋樹的過程其實很簡單，就是一一插入節點，但若要刪除節點，該怎麼辦呢？這有兩種情況，若該節點為二元搜尋樹的終端節點，直接刪除該節點即可；反之，若該節點為二元搜尋樹的非終端節點，那麼除了刪除該節點，還要以該節點的左子樹中最大節點或右子樹中最小節點填入其位置，例如圖 11.20 是在二元搜尋樹刪除節點 25 並填入左子樹中最大節點 24 的結果。

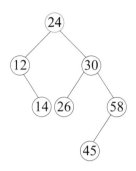

▲ 圖 11.20 刪除節點 25 的結果

由於二元搜尋樹的中序走訪結果剛好會使得資料由小到大排列，例如圖 11.19 的中序走訪結果為（12, 14, 24, 25, 26, 30, 45, 58），因此，只要將資料整理成二元搜尋樹，就能快速找到資料。

11-5-3 堆積

在說明何謂堆積（heap）之前，我們先來定義兩個名詞：

- 完滿二元樹（full binary tree）：高度為 h 且節點個數為 $2^h - 1$ 的二元樹，也就是全部存滿的二元樹。圖 11.21(a) 是高度為 4 且節點數為 15 的完滿二元樹，節點編號依序為 1 ~ 15。

- 完整二元樹（complete binary tree）：高度為 h、節點個數為 n 且節點順序對應至高度為 h 之完滿二元樹的節點編號 1 ~ n。圖 11.21(b) 是高度為 4、節點個數為 12 的完整二元樹，節點順序對應至高度為 4 之完滿二元樹的節點編號 1 ~ 12。

▼ 圖 11.21

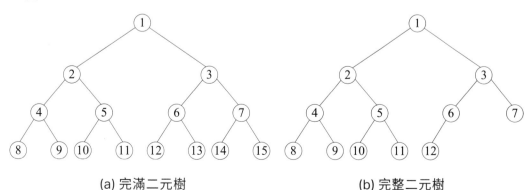

(a) 完滿二元樹   (b) 完整二元樹

堆積有下列兩種：

✓ 最大堆積（max heap）：這是一種形式特殊的完整二元樹，每個內部節點的鍵值一律大於等於其子節點的鍵值，圖 11.22(a) 為最大堆積。

✓ 最小堆積（min heap）：這是一種形式特殊的完整二元樹，每個內部節點的鍵值一律小於等於其子節點的鍵值，圖 11.22(b) 為最小堆積。

▼ 圖 11.22

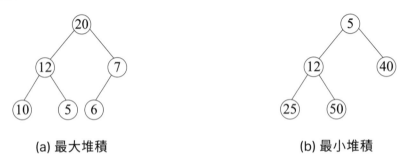

(a) 最大堆積　　　　　　　　　　(b) 最小堆積

我們可以在堆積中插入節點，例如在圖 11.22(a) 的最大堆積中插入 25：

1. 在最大堆積的後面插入一個空節點存放 25，使之保持完整二元樹的形式。

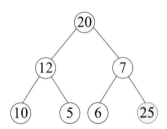

2. 由於 25 比其父節點 7 大，不符合最大堆積的定義，故將兩者交換。

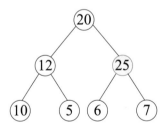

3. 由於 25 比其父節點 20 大，不符合最大堆積的定義，故將兩者交換。

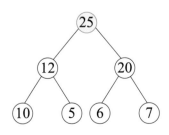

我們可以在堆積中刪除節點，例如在圖 11.22(a) 的最大堆積中刪除一個節點：

1. 在最堆積中刪除節點通常是從樹根開始（即鍵值最大的節點），故刪除樹根。

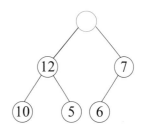

2. 將最後一個節點移到樹根，使之保持完整二元樹的形式。

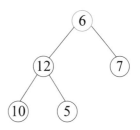

3. 由於 6 比其大子節點 12 小，不符合最大堆積的定義，故將兩者交換。

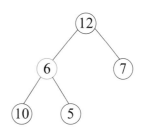

4. 由於 6 比其大子節點 10 小，不符合最大堆積的定義，故將兩者交換。

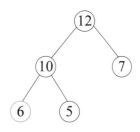

堆積可以用來實作優先佇列（priority queue），也就是佇列的每個元素有不同的優先權（鍵值），若要取出優先權（鍵值）最大的元素，可以使用最大堆積，若要取出優先權（鍵值）最小的元素，可以使用最小堆積。無論在堆積中插入節點或刪除節點，時間複雜度均為 O(h) 或 $O(\log_2 n)$，其中 h 為堆積的高度，n 為堆積的節點個數。

11-5-4 運算式樹

運算式樹 (expression tree) 指的是滿足下列條件的二元樹，只要將運算式建構為運算式樹，其前序走訪結果即為運算式的前序表示法，而其後序走訪結果則為運算式的後序表示法：

✅ 終端節點為運算元 (operand)，非終端節點為運算子 (operator)。

✅ 子樹為子運算式且其樹根為運算子。

舉例來說，我們可以依照如下步驟將運算式 A * (B + C) - D 建構為運算式樹，然後據此找出其前序表示法與後序表示法：

1. 依照運算子的優先順序和結合性，將運算式加上括號，例如 A * (B + C) - D 加上括號後為 ((A * (B + C)) - D)。

2. 由最內層的括號 (B + C) 開始建構運算式樹，左子樹為左邊的運算元，右子樹為右邊的運算元，樹根為運算子，得到如圖 11.23(a)；同理，往外延伸到第二層的括號 (A * (B + C))，得到如圖 11.23(b)；同理，往外延伸到最外層的括號 ((A * (B + C)) - D)，得到如圖 11.23(c)。

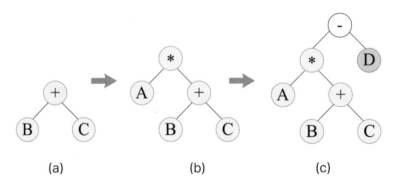

(a)   (b)   (c)

▲ 圖 11.23 運算式樹

3. 前序表示法為運算式樹的前序走訪結果，即 -*A+BCD；後序表示法為運算式樹的後序走訪結果，即 ABC+*D-。

對電腦來說，前序及後序表示法均比中序表示法佳，因為無須考量左右結合性與優先順序，只要掃描一次即可求得結果，而後序表示法又比前序表示法佳，因為它只要使用一個堆疊。

11-5-5　霍夫曼樹

霍夫曼編碼 (Huffman coding) 是一種變動長度的編碼技術，符號的編碼長度與出現頻率成反比，屬於**頻率相關編碼** (frequency dependent encoding)，換言之，出現頻率愈高的符號，編碼長度就愈短，出現頻率愈低的符號，編碼長度就愈長，如此便能將編碼的平均長度縮到最短。

霍夫曼編碼的步驟如下：

1. 找出所有符號的出現頻率。

2. 將頻率最低的兩者相加得出另一個頻率。

3. 重複步驟 2.，持續將頻率最低的兩者相加，直到剩下一個頻率為止。

4. 根據合併的關係配置 0 與 1 (節點的左邊配置 0，節點的右邊配置 1)，進而形成一棵編碼樹，我們將此編碼樹稱為**霍夫曼樹** (Huffman tree)。

舉例來說，假設 A、B、C、D、E 等五個符號的出現頻率為 0.18、0.20、0.35、0.15、0.12，那麼我們可以依照前述步驟建構如圖 11.24 的霍夫曼樹，此時，A、B、C、D、E 等五個符號將分別被編碼為 00、01、11、101、100。由於我們在第 3-11-2 節已經逐步示範過建構霍夫曼樹的過程，此處就不再重複講解，有需要的讀者請自行參考。

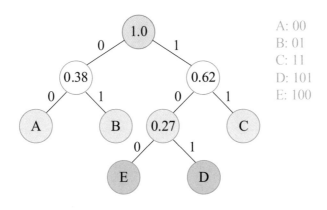

A: 00
B: 01
C: 11
D: 101
E: 100

▲ 圖 11.24　霍夫曼樹

📝 **隨堂練習**

1. 針對下圖的二元樹回答下列問題:

   (1) 畫出該二元樹的陣列表示方式與鏈結串列表示方式。

   (2) 寫出該二元樹的中序、前序與後序走訪結果。

   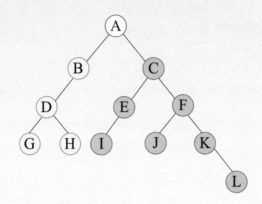

2. 假設有一個數字串列為（4, 2, 6, 5, 1, 7, 3, 8），請回答下列問題:

   (1) 將這個數字串列建構為二元搜尋樹。

   (2) 寫出該二元搜尋樹的後序走訪結果。

   (3) 寫出該二元搜尋樹包含幾個樹葉與高度。

3. 假設有一個數字串列為（3, 5, 10, 8, 6, 12, 7），請回答下列問題:

   (1) 將這個數字串列建構為最大堆積,然後刪除一個節點。

   (2) 將這個數字串列建構為最小堆積,然後刪除一個節點。

4. 分析在二元搜尋樹插入與刪除節點的時間複雜度,假設節點個數為 n。

5. 根據第 11-5-5 節所建構的霍夫曼樹將 1111101000101100101 進行解碼。

6. 假設訊息為 ADFBBACGEECADFGACEDCCEEGFFBACDABBCAA,請回答下列問題:

   (1) 畫出霍夫曼樹並寫下各個字母的編碼。

   (2) 若要將此訊息編碼,需要多少位元?

- **陣列** (array) 是最常見的資料結構，它和程式語言中的變數一樣是用來存放資料，不同的是陣列雖然只有一個名稱，卻可以存放多個資料。當陣列最多能夠存放 n 個元素時，表示它的**長度** (length) 為 n，而且除了一維陣列 (one-dimension array)，多數程式語言亦支援**多維陣列** (multi-dimension array)。

- **鏈結串列** (linked list) 和陣列一樣可以用來實作多項式、堆疊、佇列、樹、圖形等**抽象資料型別** (ADT，Abstract Data Type)，不同的是陣列屬於靜態資料結構，形狀與大小不會隨著時間改變，而鏈結串列屬於動態資料結構。

- **堆疊** (stack) 又稱為**後進先出串列** (LIFO list)，經常應用於資料反轉、資料剖析、回溯等。

- **佇列** (queue) 又稱為**先進先出串列** (FIFO list)，經常應用於工作排程。

- **樹** (tree) 是由一個或多個節點 (node) 所組成的有限集合，其中有一個特殊節點，稱為**樹根** (root)，其餘節點可以分為 n 個互斥集合 T_1、T_2、…、T_n (n ≥ 0)，而且每個集合也都是一棵樹，稱為樹根的**子樹** (subtree)。

- **二元樹** (binary tree) 是每個節點最多有兩個子節點的樹，第 i 階的節點最多有 2^{i-1} 個，高度為 h 的二元樹最多有 $2^0 + 2^1 + \cdots + 2^{h-1} = 2^h - 1$ 個節點。

- **二元樹的走訪** (traversal) 是將二元樹的每個節點都拜訪一次，而且僅限一次，有**中序走訪** (inorder traversal)、**前序走訪** (preorder traversal) 與**後序走訪** (postorder traversal) 等方式。

- **二元搜尋樹** (binary search tree) 是一種形式特殊的二元樹，它必須滿足後述條件：每個節點包含唯一的鍵值；左右子樹亦為二元搜尋樹；左子樹的鍵值必須小於其樹根的鍵值；右子樹的鍵值必須大於其樹根的鍵值。

- **完滿二元樹** (full binary tree) 是高度為 h 且節點個數為 $2^h - 1$ 的二元樹；**完整二元樹** (complete binary tree) 是高度為 h、節點個數為 n 且節點順序對應至高度為 h 之完滿二元樹的節點編號 1 ~ n 的二元樹。

- **最大堆積** (max heap) 是一種形式特殊的完整二元樹，每個內部節點的鍵值一律大於等於其子節點的鍵值；**最小堆積** (min heap) 是一種形式特殊的完整二元樹，每個內部節點的鍵值一律小於等於其子節點的鍵值。

- **運算式樹** (expression tree) 是滿足後述條件的二元樹：終端節點為**運算元** (operand)，非終端節點為**運算子** (operator)；子樹為子運算式且其樹根為運算子。

1. 假設堆疊 S =（A, B, C, D, E），其中 E 為頂端，A 為底端，試問，在經過下面推入及彈出的動作後，堆疊的最終狀態為何？

pop	pop	push F	push G	push H	pop

2. 假設堆疊 S =（A, B, C），其中 C 為頂端，A 為底端，試問，在經過下面推入及彈出的動作後，堆疊的最終狀態為何？

pop	push D	push E	pop	push F

3. 假設主程式 Main 呼叫了函數 A，而函數 A 呼叫了函數 B，待函數 B 執行完畢後，函數 A 又接著呼叫函數 C，待函數 C 執行完畢後，函數 A 才算執行完畢得以返回主程式 Main，試描繪系統堆疊內的變化。

4. 將（A + B）＊5 +（15 ＊C + 2）/ 7 + 6 由中序表示法轉換成後序表示法。

5. 將（8 + 2 ＊5）/（1 + 3 ＊2 - 4）由中序表示法轉換成後序表示法。

6. 將（（A + B）＊C + D）/（E + F + G）由中序表示法轉換成前序表示法。

7. 將 A / B - C + D ＊E - A ＊C 由中序表示法轉換成後序表示法。

8. 求出下列前序運算式的值（A = 3、B = 8、C = 3、D = 9、E = 3）：

（1）- 2 + ＊/ 4 2 3 7

（2）+＊A-BC/DC

9. 假設環狀佇列的初始狀態為如下圖的空佇列，試問，在經過下面新增及刪除的動作後，front、rear 的值與環狀佇列的最終狀態為何？

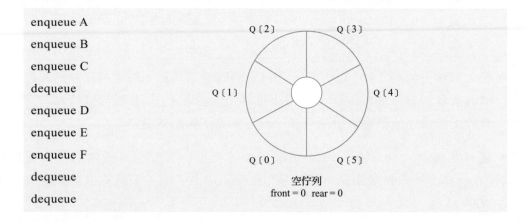

10. 假設環狀佇列的初始狀態為如下圖,試問,在經過下面新增及刪除的動作後,front、rear 的值與環狀佇列的最終狀態為何?

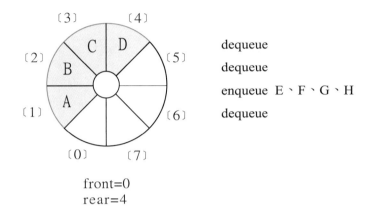

dequeue
dequeue
enqueue E、F、G、H
dequeue

front=0
rear=4

11. 請根據第 11-2 節所定義的 list_node、list_pointer 結構,撰寫一個函數建立包含兩個節點的鏈結串列,而且這兩個節點的資料為 100、1000,第一個節點的指標指向第二個節點,第二個節點的指標指向 NULL,如下圖。

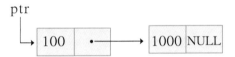

12. 我們可以從前序走訪結果或後序走訪結果推斷出唯一的二元樹嗎?簡單說明其原因。

13. 寫出下列二元樹的前序、中序與後序走訪結果。

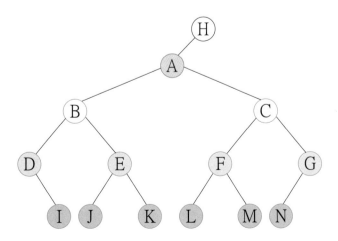

14. 將 a / b ** c * d - e 描繪成運算式樹。

15. 假設有一個數字串列為 14, 15, 5, 9, 8, 19, 2, 6, 16, 4, 20, 17, 10, 13, 7，請回答下列問題：

    （1）將這個數字串列建構為二元搜尋樹。

    （2）寫出該二元搜尋樹的後序走訪結果。

    （3）寫出該二元搜尋樹包含幾個樹葉與深度。

16. 寫出堆疊、佇列、樹等資料結構的應用各兩種。

17. 假設有棵二元樹的中序走訪結果為 AIBHCGDFE，後序走訪結果為 ABICHDGEF，試問，其前序走訪結果為何？

18. 假設有棵二元樹的深度為 k，試問，它最多包含幾個節點？

19. （1）求出後序運算式 AB*CD+-A/ 的值，其中 A = 2、B = 3、C = 4、D = 5。

    （2）將運算式 /*+ABC/D-EF 由前序表示法轉換成中序表示法。

20. 假設二元樹的前序走訪結果為 ABCDE，中序走訪結果為 CBDAE，試描繪該二元樹。

21. 假設二元樹的後序走訪結果為 HAIECJDKFBG，中序走訪結果為 HACEIGJDBKF，試描繪該二元樹。

22. 假設有下列 10 筆資料，讀取頻率均不同，試建立一棵霍夫曼樹使其平均搜尋次數最少。

資料	a	b	c	d	e	f	g	h	k	m
機率	0.12	0.07	0.04	0.21	0.06	0.08	0.05	0.03	0.25	0.09

23. 假設有棵樹如下，請回答下列問題：

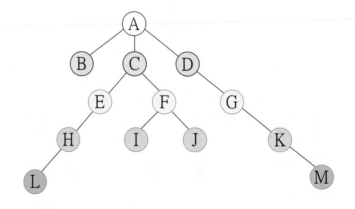

(1) 寫出該樹的深度。

(2) 寫出節點 B、H 的階度。

(3) 寫出該樹的終端節點。

(4) 寫出節點 A、K 的分支度。

(5) 寫出節點 C 的兄弟節點與子節點。

24. 將 (A - B) / (C * D + E) 描繪成運算式樹。

25. 假設字母 A、B、C、D 的出現頻率分別為 0.5、0.25、0.125、0.125，試問，
若以霍夫曼編碼，每個字母的長度平均為幾個位元？

26. 假設有棵樹如下，請回答下列問題：

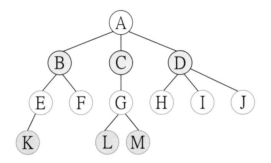

(1) 寫出該樹的根節點。

(2) 寫出該樹的樹葉節點。

(3) 寫出節點 D 的階度。

(4) 寫出該樹的前序走訪結果。

(5) 寫出該樹的後序走訪結果。

27. 解釋何謂二元搜尋樹 (binary search tree)、完整二元樹 (complete binary
tree)、最大堆積 (max heap)，並分別舉出一棵高度為 3 的樹。

28. 假設使用陣列來實作最大堆積，下列敘述何者錯誤？

(A) 尋找一個節點的子節點的時間複雜度為 O(1)

(B) 尋找一個節點的父節點的時間複雜度為 O(1)

(C) 節點的分支度 (degree) 為 0 或 2

(D) 新增一個數值到包含 n 個節點的最大堆積的時間複雜度為 O(log n)

Foundations of
Computer Science

12

CHAPTER

資料庫、資料倉儲與大數據

12-1 資料庫的基本概念

在介紹資料庫之前，我們先來釐清下列幾個名詞的意義：

- 資料 (data)：資料是尚未處理的文字、圖形、聲音、視訊等，例如以鍵盤所輸入的文字、以數位相機所拍攝的照片、以麥克風所錄製的聲音等。

- 資訊 (information)：資訊是已經處理的文字、圖形、聲音、視訊等，例如以數位相機所拍攝的照片經過影像處理並題字，然後列印出來，該列印稿就是屬於資訊。

- 資料庫 (database)：資料庫是一組相關資料的集合，這些資料之間可能具有某些關聯，允許使用者從不同的觀點來加以存取，例如學校的選課系統、公司的進銷存系統、圖書館的圖書目錄、醫療院所的病歷系統等。

在過去，資料庫是用來儲存資料的工具，企業可以利用資料庫來記錄日常交易，時至今日，資料庫的功能已經不只於此，企業可以結合資料倉儲、資料探勘、大數據分析等技術，分析出潛在的有價值的資訊，協助管理者進行商業決策，甚至資料庫還可以成為企業的產品，例如拍賣網站是在使用者與資料庫之間提供一個介面，令伺服器根據使用者輸入的關鍵字到資料庫進行搜尋，然後將找到的產品顯示在網頁上。

(a)

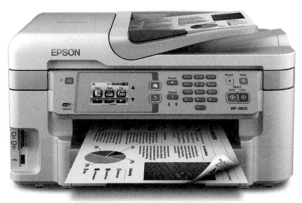

(b)

▲ 圖 12.1 (a) 數位攝影機所拍攝的影片屬於資料 (圖片來源：SONY)
(b) 印表機的列印稿屬於資訊 (圖片來源：EPSON)

12-1-1 資料的階層架構

早期人們是透過紙張表格和檔案櫃來管理資料，所有資料都是由字母、數字、符號等字元所組成，而在電腦普及後，資料管理的概念亦隨之改變，因為在電腦世界中，資料不再是單純的字元，而是包含如圖 12.2 的階層架構。

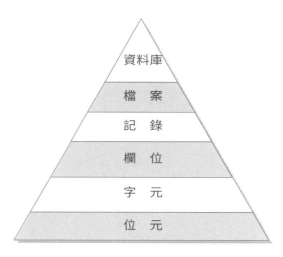

▲ 圖 12.2 資料的階層架構

✅ 位元 (bit)：位元是電腦的資料基本單位。

✅ 字元 (character)：字元是使用一個位元組來表示的資料，例如英文字母、阿拉伯數字、符號等。

✅ 欄位 (field)：欄位是使用者存取資料的最小單位，由一個或多個字元所組成。欄位均有唯一的欄位名稱 (field name) 做為識別，欄位大小 (field size) 則是欄位最多可以包含幾個字元。由於欄位是用來存放資料，所以不同的資料會有不同的資料類型 (data type)，例如文字、數字、貨幣、日期 / 時間、備忘、是 / 否、自動編號、超連結、物件等。

✅ 記錄 (record)：記錄是由一個或多個欄位所組成，以圖 12.3(a) 為例，該資料表共有 9 筆記錄，每筆記錄各有 7 個欄位，欄位名稱為「識別碼」、「姓氏」、「名字」、「電子郵件地址」、「商務電話」、「公司」、「職稱」，而圖 12.3(b) 則是各個欄位的欄位內容，包括欄位名稱、資料類型、欄位大小、驗證規則等。每筆記錄內可能有一個唯一的欄位做為識別，例如圖 12.3(a) 的「識別碼」欄位是唯一的，可以用來識別所有記錄，該欄位稱為主鍵 (primary key) 或鍵欄位 (key field)。

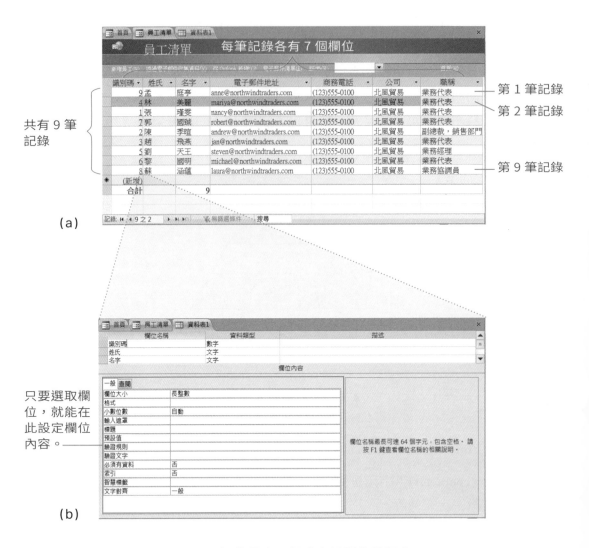

▲ 圖 12.3 (a) 記錄是由一個或多個欄位所組成
(b) 每個欄位有各自的欄位內容

- ✅ 檔案 (file)：檔案又分成資料檔案 (data file) 與程式檔案 (program file)，前者是一個或多個記錄的集合，而後者是用來開啟資料檔案的程式。

- ✅ 資料庫 (database)：資料庫是一個或多個資料檔案的集合，適合用來存放格式固定與邏輯相關的資料，以進行自動化管理、快速查詢及統計，例如選課資料、客戶資料、訂單資料等。

12-1-2 資料庫的架構

ANSI/SPARC 將資料庫的架構定義成如圖 12.4 的三個層次：

✅ 內部層 (internal level)：包含一個內部綱要 (internal schema)，用來描述資料的實際儲存結構。

✅ 概念層 (conceptual level)：包含一個概念綱要 (conceptual schema)，用來描述整個資料庫的結構，例如欄位名稱、資料類型、資料之間的關聯等。

✅ 外部層 (external level)：外部層直接面對使用者，又稱為視界層 (view level)，包含多個外部綱要 (external schema)，用來描述某個使用者所需要的部分資料庫。

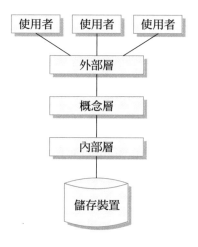

▲ 圖 12.4 資料庫的架構

12-1-3 DBMS 與資料庫系統

DBMS (DataBase Management System，資料庫管理系統) 是用來操作與管理資料庫的軟體，例如 Microsoft Access、SQL Server、Oracle Database、IBM DB2、MySQL、MariaDB 等。透過 DBMS，使用者可以對資料進行定義、建立、處理與共享，其中定義 (defining) 是指明資料類型、結構及相關限制，建立 (constructing) 是輸入並儲存資料，處理 (manipulating) 是包括查詢、新增、更新、刪除等動作，而共享 (sharing) 是讓多個使用者同時存取資料庫。

至於資料庫系統 (database system) 則是資料庫與 DBMS 的組合，目的是以電腦化方式將資料集中管理與控制，主要包含下列四個成員 (圖 12.5)：

- 硬體 (hardware)：這是用來存取資料的電腦系統。

- 軟體 (software)：包括 DBMS 和建置在 DBMS 上的應用程式，用來查詢、新增、更新或刪除資料。

- 資料 (data)：這是讓使用者存取的資料。

- 使用者 (user)：這是存取資料的人，又分為下列幾種類型：

    ◆ 終端使用者 (end user)：資料庫主要就是讓終端使用者使用，以進行查詢或產生報表，滿足其需求。

    ◆ 應用程式設計師 (application programmer)：負責確認終端使用者的需求，並撰寫應用程式讓終端使用者存取資料庫。

    ◆ 資料庫管理師 (DBA，DataBase Administrator)：負責管理與維護資料庫，並協助終端使用者取得所需要的軟硬體資源。

    ◆ 資料庫設計師 (database designer)：負責確認有哪些資料要儲存在資料庫，並定義適當的結構來儲存資料。

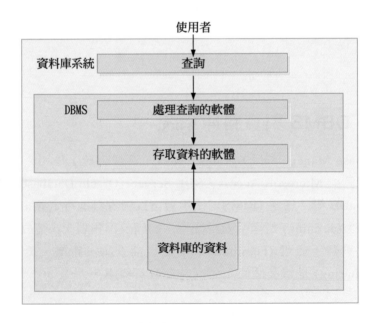

▲ 圖 12.5 資料庫系統 (圖片參考：Database Systems/Ramez Elmasri)

12-1-4 DBMS 的功能

生活中有許多事物可以透過 DBMS 來做管理，例如選課資料、客戶資料、銀行帳戶資料等，只要儲存在資料庫，就可以透過 DBMS 的查詢、報表等功能進行處理，而且 DBMS 還具有維護資料、保護資料安全性及完整性的功能。

下面是一個例子，這是一個關聯式資料庫 (relational database)，也就是資料庫內包含數個資料表 (table)，而且資料表之間會有共通的欄位，使資料表之間產生關聯。假設關聯式資料庫內有如下的四個資料表，名稱為「學生資料」、「國文成績」、「數學成績」、「英文成績」，其中「座號」欄位為共通的欄位。

座號	姓名	出生年月日	通訊地址
11	小丸子	2000/1/1	台北市羅斯福路三段 9 號 9 樓
12	花輪	2001/5/6	台北市師大路 20 號 3 樓
13	藤木	2000/12/20	台北市溫州街 42 巷 7 號之 1
14	小玉	2001/3/17	台北市龍泉街 3 巷 12 弄 28 號
15	丸尾	2000/8/11	台北市金門街 100 號 5 樓

座號	國文分數
11	80
12	95
13	88
14	98
15	93

座號	數學分數
11	75
12	100
13	90
14	92
15	97

座號	英文分數
11	82
12	97
13	85
14	88
15	100

有了這些資料表，我們就可以使用 DBMS 進行查詢，例如座號 15 的學生叫什麼、英文分數高於 90 的有哪幾位、將數學分數由高至低排列等。此外，透過共通的欄位還可以產生新的資料表，例如結合「學生資料」、「國文成績」、「數學成績」、「英文成績」等資料表，進而產生如下的「總分」資料表。

座號	姓名	總分	通訊地址
11	小丸子	237	台北市羅斯福路三段 9 號 9 樓
12	花輪	292	台北市師大路 20 號 3 樓
13	藤木	263	台北市溫州街 42 巷 7 號之 1
14	小玉	278	台北市龍泉街 3 巷 12 弄 28 號
15	丸尾	290	台北市金門街 100 號 5 樓

資料字典

每個資料庫都有一個**資料字典** (data dictionary)，又稱為**目錄** (catalog)，用來存放資料庫內的檔案資訊，包括各個檔案的名稱、和其它檔案之間的關聯、所存放的記錄筆數、每筆記錄的欄位內容 (欄位名稱、資料類型、欄位大小、格式、驗證規則等)，圖 12.6 是資料字典的一部分，裡面包含每筆記錄的欄位內容。

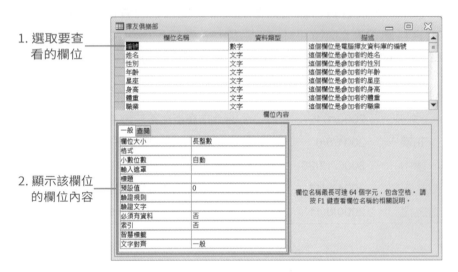

1. 選取要查看的欄位

2. 顯示該欄位的欄位內容

▲ 圖 12.6 資料字典

資料維護

資料維護 (data maintenance) 有下列三種基本動作：

- **新增記錄** (insert record)：當有新的資料產生時，我們必須將它加入資料庫成為一筆新的記錄。

- **更新記錄** (update record)：當現有的資料逾期或錯誤時，我們必須將它在資料庫內的記錄予以更新。

- **刪除記錄** (delete record)：當現有的資料不再需要時，我們必須將它在資料庫內的記錄予以刪除。

DBMS 通常會提供數種資料維護的方式，例如終端使用者可以透過自然語言、表單或圖形介面來進行，而應用程式設計師可以透過程式語言介面來進行。

資料擷取

資料擷取 (data retrival) 是從資料庫內取得記錄，主要有下列兩種形式：

☑ 查詢 (query)：查詢是在 DBMS 中設定條件，以從資料庫內取得符合條件的記錄，例如國文分數高於 90 者的座號。不同的 DBMS 有不同的查詢語言 (query language)，而多數關聯式資料庫均支援一種叫做 SQL (Structured Query Language) 的結構化查詢語言，以進行資料擷取與資料維護。

除了查詢語言，有些 DBMS 亦提供範例式查詢 (QBE，Query By Example)，這是一種圖形介面，使用者可以從中指定要查詢的條件，例如圖 12.7(a) 的查詢是要找出國文分數高於 90 者的座號、姓名及國文分數。

☑ 報表 (report)：報表是將資料庫內的記錄或查詢結果依照指定的格式顯示出來，例如圖 12.7(b) 是將圖 12.7(a) 的查詢結果顯示成報表。

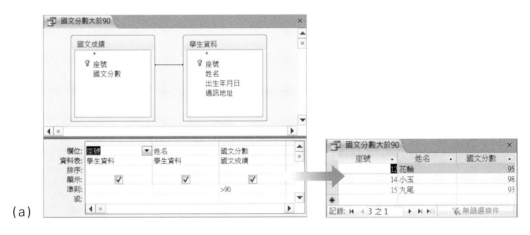

▲ 圖 12.7 (a) 範例式查詢 (b) 將 (a) 的查詢結果顯示成報表

資料完整性

資料完整性 (data integrity) 指的是資料的有效性、可靠度及精確度，而完整性限制 (integrity constraint) 則是資料為了維持完整性所必須遵循的規則。目前 DBMS 都會提供「驗證規則」功能讓使用者設定各個欄位的完整性限制，比方說，我們可以設定員工的薪資欄位為數字，一旦輸入非數字，將會出現錯誤訊息；又比方說，我們可以設定員工的姓名欄位必須有資料，一旦這個欄位空白，將會出現錯誤訊息。

資料安全性

資料安全性 (data security) 是一個不容忽視的重要課題，特別是當資料庫有著機密的資料時，例如金融交易明細、信用卡卡號、密碼等。為此，DBMS 提供了「使用者驗證」及「存取權限」功能，使用者必須輸入經過授權的帳號與密碼，才能存取資料庫，而且還可以設定使用者的存取權限，限制使用者只能存取某些欄位，或對於某些欄位只具有唯讀的存取權限。

資料備份與還原

除了安全性之外，資料也有可能因為管理不善、硬體損壞、斷電、水災、火災、地震等意外，遭到損毀或遺失，所以定期進行備份 (backup) 便顯得格外重要，一旦資料損毀或遺失，可以利用先前的備份進行還原 (restore)。至於備份的工具則相當多元，包括伺服器 (server)、磁碟陣列 (RAID)、儲存區域網路 (storage area network)、光碟櫃 (optical disk library) 等。

資料同步控制

由於資料庫通常允許多位使用者同時存取，所以 DBMS 必須負起資料同步控制 (data concurrency control) 的責任，避免多位使用者同時變更或刪除資料，導致資料錯誤。常見的解決之道是工作排程 (job scheduling) 結合鎖定協定 (locking protocol)，這個協定提供了共用鎖定 (shared lock) 與排他鎖定 (exclusive lock) 兩種狀態，當使用者要查看但不變更或刪除資料時，資料會設定為共用鎖定，當使用者要查看並變更或刪除資料時，資料會設定為排他鎖定，待存取完畢後，再移除其鎖定。請注意，若資料設定為共用鎖定，表示其它使用者可以查看但不能變更或刪除該資料，若資料設定為排他鎖定，表示其它使用者不能存取該資料。

乍聽之下，工作排程結合鎖定協定似乎相當妥善，事實上卻可能發生死結 (deadlock)，比方說，某甲需要存取資料 1 和資料 2 來完成交易 (transaction)，而且他已經將資料 1 設定為排他鎖定並準備要對資料 2 進行排他鎖定，未料在此同時，某乙也同樣需要資料 1 和資料 2 來完成交易，而且他已經將資料 2 設定為排他鎖定並準備要對資料 1 進行排他鎖定，於是發生死結，因為某甲在完成交易之前不會解除對資料 1 的排他鎖定，而某乙在完成交易之前也不會解除對資料 2 的排他鎖定，雙方便陷入無窮盡的互相等待。

為了避免死結，我們可以賦予較舊的交易較高的優先權，也就是當兩個交易發生存取衝突時，較新的交易必須中斷重新開始，讓較舊的交易優先存取資料，這叫做敬老協定 (wound-wait protocol)。

交易完成與回轉

當資料庫的交易頻繁、軟硬體發生錯誤或人為操作不當時，可能會發生不一致 (inconsistent)，此時，DBMS 除了要設法讓資料庫維持運作之外，還要設法排除錯誤。常見的解決之道是將每筆交易的內容、步驟、開始時間及完成時間記錄於日誌 (log)，一旦發現因為錯誤導致尚未完成的交易，就根據日誌的記錄回轉 (roll back) 到交易尚未開始前的狀態。

在敬老協定中，當兩個交易發生存取衝突時，較新的交易之所以能夠中斷重新開始，憑藉的就是根據日誌的記錄回轉到該交易尚未開始前的狀態。當某個交易被迫回轉時，可能連帶地導致其它交易也被迫回轉，形成串級回轉 (cascading rollback)。

12-1-5 資料庫管理系統 (DBMS) V.S. 檔案處理系統

早期許多組織是使用**檔案處理系統** (file processing system) 來存放與管理資料，這種方式雖然設計較簡單、存取速度較快、開發成本較低，卻有著資料重複、不易共享、格式不統一、資料與應用程式高度相依、無法建立關聯等問題，因為組織內不同部門可能擁有各自的資料檔案，而這些資料檔案的格式是針對各個部門經常使用的應用程式所制定。

反之，**資料庫管理系統** (DBMS) 則有下列優點：

- **減少資料重複**：DBMS 可以有效整合各個資料表之間的關聯，減少重複的資料表，例如只要維持「國文成績」、「數學成績」、「英文成績」等三個資料表，就可以算出總分，而不必再維持一個「總分」資料表。

- **資料共享並維持一致性**：DBMS 允許多個使用者同時存取資料庫，並維持資料庫的一致性，例如火車票預售系統可以被多個使用者同時存取，但在使用者劃下某個座位後，該座位就不能再預售給其它使用者。

- **資料獨立** (data independence)：傳統的檔案處理系統是將資料檔案的結構嵌入存取程式，一旦資料檔案的結構有變動，所有存取資料檔案的程式都必須修改；反之，DBMS 的存取程式並不會受到資料檔案的結構變動而必須修改，因為資料檔案的結構是存放在 DBMS 的資料字典。

- **提供不同的觀點** (perspective) **或不同的視界** (view) **來檢視資料**：DBMS 可以根據現有的資料表與使用者實際的需求產生新的資料表，例如結合「國文成績」、「數學成績」、「英文成績」等三個資料表可以產生「總分」資料表。

- **提供多重使用者介面**：DBMS 可以針對同一個資料庫提供不同的介面給使用者，例如一般使用者可以透過自然語言、表單或圖形介面來存取資料庫，而應用程式設計師可以透過程式語言介面來存取資料庫。

- **確保安全性**：DBMS 可以針對不同的使用者設定存取權限，例如某甲只能讀取資料庫的內容，但不能進行更新，而某乙只能查詢特定資料庫的內容，但不能查詢其它資料庫的內容。

- **完整性限制**：DBMS 可以針對不同性質的資料庫欄位設定限制，保持資料的正確性與一致性，例如數學分數應該是介於 0 到 100 之間的整數、學生的姓名欄位不能是空白的。

雖然 DBMS 的優點相當多，但它並不是沒有缺點，例如：

- 初期投資成本較高，包括添購軟硬體及教育訓練的費用。

- 定義及處理資料的時間較長。

- 為了提供安全性、資料共享、維持一致性、完整性限制等功能，可能會浪費資源。

- 若缺乏良好管理，可能會危及資料的安全性與正確性。

- 長期管理不易，資訊部門的負擔愈來愈沉重，因為系統往往會日趨複雜。

- 一旦系統停擺，可能會導致組織癱瘓。

正因為使用 DBMS 要負擔不少額外的成本，所以並不是每種情況都適合使用 DBMS，比方說，若資料和應用程式都很簡單且不會變動，或是不需要讓多個使用者同時存取資料庫，那麼使用檔案管理系統可能會比 DBMS 來得適合。

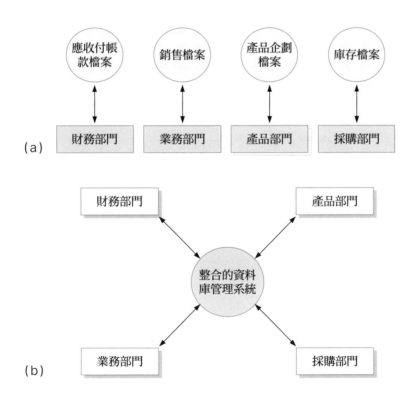

▲ 圖 12.8 (a) 檔案處理系統 (b) 資料庫管理系統

12-2 資料庫模式

資料庫模式 (database model) 指的是資料庫存放資料所必須遵循的規則與標準，資料庫通常是根據特定的資料庫模式所設計，例如階層式、網狀式、關聯式、物件導向式等，有些資料庫則是結合了關聯式與物件導向式的特點，屬於物件關聯式，另外還有 NoSQL 資料庫泛指非關聯式資料庫。

12-2-1 階層式資料庫

階層式資料庫 (hierarchical database) 是以樹狀結構的形式呈現，每個實體都只有一個父節點，但可以有多個子節點，就像父親與子女的關係一樣。以圖 12.9 為例，Department 節點只有一個父節點 Company，但有兩個子節點 Employee 和 Job。階層式資料庫的優點如下：

✅ 適合存放一對多關係的資料。

✅ 當資料具有階層關係時，資料庫將很容易建立、搜尋與維護。

缺點則如下：

✅ 不適合存放多對多關係的資料。

✅ 必須透過父節點才能存取子節點，容易導致父節點成為存取的瓶頸。

✅ 一旦刪除父節點將連帶地刪除其子節點。

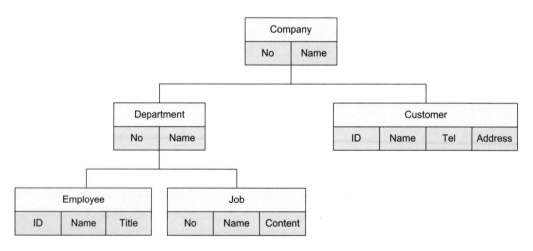

▲ 圖 12.9 階層式資料庫

12-2-2 網狀式資料庫

網狀式資料庫 (network database) 是根據 CODASYL DBTG (COmputer DAta SYstems Language DataBase Task Group) 提出的網狀模式所設計，以有向圖形結構的形式呈現，每個實體可以有多個子節點，也可以有多個父節點，同時使用存取路徑表示資料之間的鏈結。

以圖 12.10 為例，裡面總共有三個節點 Production、Store、Manufacturer 和兩個鏈結 S-P、M-P，其中 Production 節點有兩個父節點 Store 和 Manufacturer，而鏈結 S-P 指的是節點 Store 鏈結到節點 Production，代表商店與商品之間的銷售關係，鏈結 M-P 指的則是節點 Manufacturer 鏈結到節點 Production，代表製造廠商與商品之間的生產關係。

網狀式資料庫的優點如下：

✅ 突破階層式資料庫的限制，可以用來存放多對多關係的資料，彈性較大。

缺點則如下：

✅ 複雜度增加，造成應用程式設計師的負擔。

✅ 資料庫進行變更時容易發生錯誤。

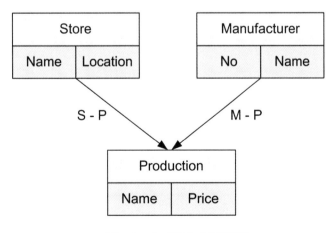

▲ 圖 12.10 網狀式資料庫

12-2-3 關聯式資料庫

關聯式資料庫 (RDB，Relational DataBase) 是以由列與行所構成的資料表 (table) 來存放資料，每個橫列稱為記錄 (record) 或實體 (entity)，代表真實世界中的一個物件，例如公司的員工、部門或專案；而每個直行稱為欄位 (field) 或屬性 (attribute)，代表實體的特徵，例如員工的編號、姓名或職稱。

不同的資料表之間會有共通的欄位，使資料表之間產生關聯 (relation)，代表不同實體之間的關聯性，故資料表又稱為關聯表 (relation table)。圖 12.11 是一個關聯式資料庫，裡面有 Company、Department、Employee、Project 等四個資料表，其中虛線指示的部分為共通的欄位。

關聯式資料庫管理系統稱為 RDBMS (Relational DBMS)，例如 Microsoft Access、SQL Server、Oracle Database、IBM DB2、MySQL、MariaDB 等，這些 RDBMS 均支援一種叫做 SQL (Structured Query Language) 的結構化查詢語言，以進行資料擷取與資料維護。SQL 是由 IBM 公司所提出，後來美國國家標準協會 (ANSI) 與國際標準組織 (ISO) 以 IBM SQL 為基礎，制定了一套標準的關聯式資料庫查詢語言叫做 ANSI SQL。

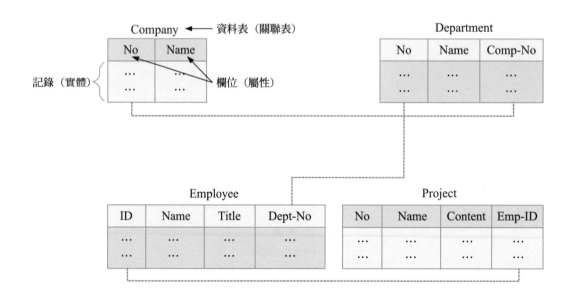

▲ 圖 12.11 關聯式資料庫

12-2-4 物件導向式資料庫

階層式和網狀式資料庫屬於早期的資料庫系統，大約在 1960 年代中期到 1980 年代，接著在 1970 年代晚期發展出關聯式資料庫並成為主流。之後到了 1980 年代物件導向式程式語言誕生，加上多媒體、地理資訊、科學實驗、工程設計等特殊領域需要儲存新類型且結構複雜的資料，遂發展出物件導向式資料庫 (OODB，Object-Oriented DataBase)，又稱為物件資料庫 (ODB，Object DataBase)。

物件導向式資料庫是以物件來存放資料，而物件包含資料與用來處理資料的動作，優點是存取資料的速度較快，能夠存放更多類型的資料，包括文字、圖形、聲音、影像、空間資訊、即時資訊等，例如地理資訊系統 (GIS，Geographical Information System) 可以存放地圖與空間資訊，應用於環境科學、都市計畫、交通運輸、GPS 導航等方面。

物件導向式資料庫管理系統稱為 OODBMS (Object-Oriented DBMS) 或 ODBMS (Object DBMS)，例如 Objectivity, Inc. 的 Objectivity、Progress Software 的 ObjectStore、Versant Object Database 等，這些 OODBMS 所支援的是一種類似 SQL 的查詢語言叫做 OQL (Object Query Language)。

12-2-5 NoSQL 資料庫

NoSQL 資料庫泛指非關聯式資料庫，和關聯式資料庫主要的差別在於不使用 SQL 查詢語言，不使用固定欄位或格式存放資料，能夠彈性增加或縮減所管理的資料量，適合用來管理大型分散式系統的資料，能夠針對圖像、影音、網站、社群媒體等不同形式的資料進行快速檢索。

隨著雲端運算與大數據分析的興起，關聯式資料庫對於儲存巨量資料和新類型的資料逐漸顯得捉襟見肘，於是發展出數種 NoSQL 資料庫，例如 SimpleDB、MongoDB、Apache Cassandra、Google BigTable 等，其中 Amazon Web Services 的 SimpleDB 是一種可用性高、靈活且可擴展的 NoSQL 資料存放區，提供了在雲端進行資料檢索與查詢的核心資料庫功能，大幅減少管理人員的負擔，而且是按儲存資料和發出要求實際使用的資源付費，成本比自行建置資料庫管理系統來得低，適合中小企業或以網站為營運模式的新創公司。

12-3 資料倉儲

資料倉儲 (data warehouse) 是美國電腦科學家 William H. Inmon 於 1990 年所提出的一種資料儲存理論，目的是從多種資料來源擷取資料，然後透過特殊的資料儲存架構，分析出潛在的有價值的資訊，進而支援企業的決策支援系統，協助管理者進行商業決策，建構商業智慧，快速回應外在環境的變動。

資料倉儲的資料來源可能是企業內的線上交易處理 (OLTP，OnLine Transaction Processing) 長年所累積的大量資料，也可能是從外部蒐集而來的經濟統計數據、民眾消費習慣及未來發展趨勢等。資料倉儲可以在資料產生的同時就進行蒐集，也可以在指定的週期進行蒐集，例如各個營業據點在每天、每週或每月的營業金額與銷售明細。

另外有些較小型的資料倉儲專案叫做資料超市 (data mart)，這是資料倉儲的子集合，用來支援企業內的某些部門，而不是整個企業，所以其軟硬體需求、建構時間、成本及複雜度，都比資料倉儲來得精簡。

資料倉儲的資料具有下列幾個特點：

- 主題導向 (subject-oriented)：資料倉儲的資料模型設計著重於將資料依照意義歸類至相同的主題，也就是將與特定主題相關的資料集中在一起。

- 整合性 (integrated)：資料倉儲的資料是從不同的來源整合而來，並維持一致的條理。

- 時間變動性 (time-variant)：資料倉儲著重於隨著時間變化的動態資料，例如每週、每月或每年的營收變化，因而累積了許多歷史性資料。

- 非揮發性 (nonvolatile)：資料一旦存入資料倉儲，就會被保存下來，即使資料有錯誤，也不會被取代或刪除。

雖然資料倉儲也存放了大量資料，但它和我們在前幾節所介紹的資料庫卻不盡相同，傳統資料庫著重於處理單一時間的單一資料，而資料倉儲著重於分析某段時間的整合性資料所呈現出來的走向與趨勢。資料倉儲通常包含企業內的作業性資料、歷史性資料及外部資料，然後透過特殊的分析工具，發掘出潛在的有價值的資訊，所以資料倉儲並不是單一的產品或服務，而是包含多項技術及工具的資料儲存架構。

資料倉儲可以做為「資料探勘」和「線上分析處理」等分析工具的資料來源，而且資料倉儲中的資料必須經過篩選與轉換，分析工具才能得到正確的分析結果。

資料探勘

資料探勘 (data mining) 是資料倉儲的重要應用之一，又稱為資料採礦或資料挖掘，通常是結合了資料庫、統計學、企業智慧、機器學習、專家系統、財務管理等多種技術，針對大量資料進行分析與統計，發掘出潛在的有價值的資訊，以建立有效的模型與規則。

企業可以透過資料探勘發掘出隱藏於企業的趨勢、環境、問題、活動模型、資料特徵等。舉例來說，發熱衣製造廠商可以透過資料探勘取得曾經購買發熱衣的客戶名單，然後銷售部門藉此傳送發熱衣的促銷資訊給這些潛在客戶，進而提升銷售業績與客戶滿意度。

若將資料探勘應用至全球資訊網，則成了網路探勘 (Web mining)，包含網站內容探勘、網站架構探勘和網站使用度探勘。以「網站使用度探勘」為例，它可以發掘使用者瀏覽過哪些網頁？瀏覽多久時間？從開始瀏覽到購物結帳之間的瀏覽路徑為何？這些資訊可以用來瞭解客戶的消費行為、評估網站的效率，並做為個人化服務或推薦商品的基礎。

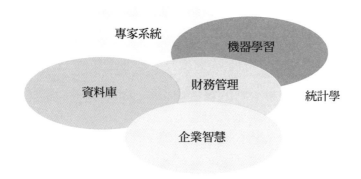

▲ 圖 12.12　資料探勘結合了多種技術

線上分析處理 (OLAP)

線上分析處理 (OLAP，OnLine Analytical Processing) 可以針對大量資料進行分析與統計，提供整合性資訊協助使用者進行決策，它和資料探勘同樣屬於分析工具，不同的是 OLAP 提供多維度的觀點，可以有效率地針對資料進行複雜的查詢，查詢條件是由使用者預先設定，而資料探勘則可以由資訊系統主動發掘尚未被察覺的潛在資訊。

12-4　大數據

大數據的特點

過去人們所蒐集到的資料大多屬於交易資料，可以使用固定格式來存放，但隨著網際網路與物聯網的興起，來自網路伺服器、社群媒體、企業營運數據或各種感測器的資料呈現爆炸性的成長，遠超過傳統的關聯式資料庫或資料倉儲所能處理的範圍，於是出現**大數據** (big data) 一詞，又稱為**巨量資料**、**海量資料**，指的是資料量巨大到無法在一定時間內以人工或常規軟體進行擷取、處理、分析與整合。

大數據有四個主要的特點，稱為 **4V**：

✓ Volume（容量）指的是資料量巨大，目前沒有明確的容量定義，單位可能從 TB 到 PB 或 EB 以上。

✓ Variety（多樣性）指的是資料類型多元，包括結構化、非結構化與半結構化資料，其中**結構化資料**具有固定格式，例如客戶資料、交易記錄、產品目錄等；**非結構化資料**沒有固定格式，例如文字、圖像、影音、電子郵件、網頁、社群媒體的貼文等；**半結構化資料**介於兩者之間，沒有固定格式，通常是文字，用於資料交換，例如 XML、JSON、CSV 等格式。

✓ Velocity（速度）指的是資料的生成速度及處理速度極快。

✓ Veracity（真實性）指的是資料的真實性，例如資料是否有造假或誤植、資料是否夠準確、資料是否有異常值等。

大數據分析的技術

大數據分析所涉及的技術包括：

✓ **資料蒐集**：從資料來源蒐集資料，例如透過企業內部系統蒐集客戶的活動記錄；透過物聯網的感測器蒐集溫度、濕度、交通流量、空氣汙染物等數據；透過穿戴式裝置上傳使用者的健康或運動數據；使用 Google Form、SurveyCake 等工具製作問卷並針對結果進行統計分析；使用網路爬蟲 (Web Crawler) 工具解析網頁並自動抓取網頁中的資料，以應用到搜尋引擎、市場調查、社群媒體分析、網路監控等。

✓ **資料儲存**：大數據分析通常是使用分散式檔案系統，藉由分割資料與備份儲存來克服記憶體不夠大的問題，例如 Apache Hadoop 是一個能夠儲存並管

理大數據的雲端平台，由 Apache 軟體基金會使用 Java 語言所發展的開放原始碼軟體框架，使用 HDFS (Hadoop Distributed File System) 分散式檔案系統將巨量資料分割成多個小份的區塊，然後製作多個備份分散儲存在叢集的電腦節點，即使有部分資料損毀，也可以利用其它節點的備份還原完整的資料。

✓ **資料分析**：使用 Hadoop MapReduce、Apache Spark 等大數據分析工具對資料進行分析與挖掘，找出有價值的資訊，其中 Hadoop MapReduce 屬於 Apache Hadoo 框架的運算模組，它會先將資料分析的工作進行拆解，然後分散到多個電腦節點平行處理，再將各個節點運算出來的結果傳送回來做整合，例如 Google 的搜尋引擎就是典型的大數據應用，它會根據使用者輸入的關鍵字，從全球資訊網的巨量資料中找出最相近的結果，而知名的拍賣網站 eBay 也是使用 Hadoop 來分析買家與賣家的交易行為。

✓ **資料視覺化**：資料分析的結果可以搭配 Tableau、Looker Studio、Power BI 等視覺化工具轉換成圖表，讓使用者更容易閱讀與理解，其中 Tableau 支援多種資料來源，包括電腦上的文字檔或試算表、企業伺服器上的關聯式資料庫或大數據、Web 上的公共領域資料 (例如美國人口普查局資料)、雲端資料庫 (例如 Google Analytics 網站流量統計服務、Amazon Redshift 亞馬遜資料倉儲服務…)，可以將資料分析的結果轉換成地圖或折線圖、散點圖、標靶圖、橫條圖、長條圖、圓形圖、樹狀圖等圖表。

(a)

(b)

▲ 圖 12.13 (a) Apache Hadoop 提供了大數據分析的關鍵技術
(b) Tableau 視覺化分析平台

大數據分析的應用

大數據分析已經廣泛應用到交通運輸、金融經濟、搜尋引擎、科學研究、能源探勘、軍事偵察、犯罪防治、醫療照護、電信通訊、生產製造、電子商務、社群媒體、物聯網、智慧物聯網、天文學、大氣學、生物學、社會學等領域。

舉例來說，傳統的汽車保險是依照年齡與性別去計算費率，年輕的男性往往被認為愛開快車而得付出較高的保費，但美國的進步保險公司利用物聯網和大數據分析的概念推出新型的汽車保險，透過在汽車安裝感測器，將開車時間、速度、急踩剎車次數等資料上傳到雲端做分析，安全駕駛的保費較低，危險駕駛的保費較高，讓費率合理化，不僅提升了保險業績，更降低了理賠成本。

其它應用實例還有很多，例如：

- Google 透過分析流量與搜尋關鍵字，來改善搜尋結果和提升廣告收益。

- Facebook 透過分析使用者的行為數據，來改善操作體驗和提升廣告收益。

- Amazon 透過分析消費者的瀏覽過程與購買記錄，來改善產品推薦和制定價格策略。

- Netflix 透過分析使用者的觀看記錄與影片類型，來改善影片推薦和決定製作哪種影片。

- Uber 透過分析司機與乘客的行為數據，來改善車輛調度和提升營運績效。

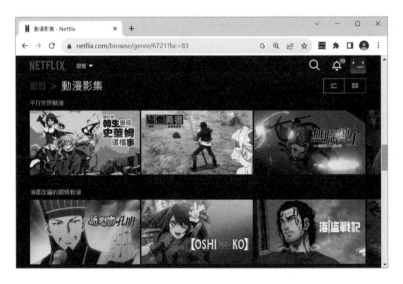

▲ 圖 12.14 Netflix 會分析使用者的觀看時間、觀看記錄和評論來推薦影片

- 資料的階層架構由下至上依序為位元、字元、欄位、記錄、檔案、資料庫,其中**資料庫** (database) 是一組相關資料的集合。

- **DBMS** (DataBase Management System) 是用來操作與管理資料庫的軟體,透過 DBMS,使用者可以對資料進行定義、建立、處理與共享。

- **資料庫系統** (database system) 是資料庫與 DBMS 的組合,目的是以電腦化方式將資料集中管理與控制,主要包含硬體、軟體、資料、使用者等四個成員。

- 每個資料庫都有一個**資料字典**,用來存放資料庫內的檔案資訊。

- **資料維護**有新增記錄、更新記錄、刪除記錄等基本動作,而**資料擷取**則是從資料庫內取得記錄,主要有查詢和報表兩種形式。

- **資料完整性** (data integrity) 指的是資料的有效性、可靠度及精確度,而**完整性限制** (integrity constraint) 則是資料為了維持完整性所必須遵循的規則。

- DBMS 提供了「使用者驗證」及「存取權限」功能,以確保**資料安全性**。此外,DBMS 亦必須負起**資料同步控制**的責任。

- **檔案處理系統** (file processing system) 的優點是設計較簡單、存取速度較快、開發成本較低;缺點則是資料重複、不易共享、格式不統一、資料與應用程式高度相依、無法建立關聯等。

- **資料庫管理系統** (DBMS) 的優點是減少資料重複、資料共享並維持一致性、資料獨立、提供不同的觀點或不同的視界來檢視資料、提供多重使用者介面、確保安全性、完整性限制;缺點則是初期投資成本較高、定義及處理資料的時間較長、容易浪費資源、長期管理不易、一旦系統停擺可能會導致組織癱瘓等。

- **資料庫模式** (database model) 指的是資料庫存放資料所必須遵循的規則與標準,例如**階層式**、**網狀式**、**關聯式**、**物件導向式**、**物件關聯式**等,另外還有 **NoSQL** 資料庫泛指非關聯式資料庫。

- **資料倉儲** (data warehouse) 是一種資料儲存理論,目的是從多種資料來源擷取資料,然後透過特殊的資料儲存架構,分析出潛在的有價值的資訊。

- **大數據**、**巨量資料**、**海量資料** (big data) 一詞指的是資料量巨大到無法在一定時間內以人工或常規軟體進行擷取、處理、分析與整合,主要的特點有 **Volume**(容量)、**Variety**(多樣性)、**Velocity**(速度)、**Veracity**(真實性),稱為 **4V**。

(   ) 1. 下列何者不適合以資料庫管理系統來處理？

    A. 選課系統　　　B. 進銷存系統　　　C. 簡報　　　D. 病歷系統

(   ) 2. 下列何者不是資料庫管理系統？

    A. Access　　　B. IBM DB2　　　C. SQL Server　　　D. ChatGPT

(   ) 3. 下列何者不是資料庫管理系統的優點？

    A. 初期投資成本較低　　　　　　　B. 資料獨立

    C. 維持資料的一致性　　　　　　　D. 提供不同的視界

(   ) 4. 在資料的階層架構中，下列哪個敘述錯誤？

    A. 用來識別記錄的欄位稱為主鍵　　B. 記錄是由一個或多個欄位所組成

    C. 資料庫是資料檔案的集合　　　　D. 使用者存取資料的單位為位元

(   ) 5. 在資料庫的交易處理中，若沒有使用資料同步控制 (data concurrency control)，下列哪個錯誤不會發生？

    A. 更新遺失　　　　　　　　　　　B. 讀取到被刪除的資料

    C. 資料被鎖定　　　　　　　　　　D. 資料加總錯誤

(   ) 6. 以學生基本資料為例，下列何者最適合做為主鍵欄位？

    A. 姓名　　　B. 生日　　　C. 學號　　　D. 性別

(   ) 7. 在 ANSI/SPARC 定義的資料庫架構中，下列哪個層次負責描述整個資料庫的結構？

    A. 外部層　　　B. 概念層　　　C. 內部層　　　D. 視界層

(   ) 8. 下列何者是一個能夠儲存並管理大數據的雲端平台？

    A. MySQL　　　B. Objectivity　　　C. Access　　　D. Hadoop

(   ) 9. 下列何者屬於 NoSQL 非關聯式資料庫？

    A. MySQL　　　B. SimpleDB　　　C Access　　　D. MariaDB

(   ) 10. 關聯式資料庫的查詢語言叫做什麼？

    A. OQL　　　B. SQL　　　C. RQL　　　D. MySQL

(   ) 11. 假設在學生資料庫中，有學號、生日、年紀、性別、住址等欄位，試問，下列哪個欄位屬於衍生性欄位？

    A. 生日　　　B. 年紀　　　C. 性別　　　D. 住址

(   ) 12. 假設在銀行資料庫中，每位客戶至少有一個以上的帳戶，那麼客戶與帳戶之間的關係屬於下列何者？

      A. 一對多   B. 多對多   C. 一對一   D. 多對一

(   ) 13. 下列哪種技術可以幫助網站分析顧客的消費行為？

      A. 網路探勘   B. 管理資訊系統   C. 語音辨識   D. 專家系統

(   ) 14. 下列哪種使用者負責管理與維護資料庫？

      A. 終端使用者   B. 應用程式設計師
      C. 資料庫管理師   D. 資料庫設計師

(   ) 15. 假設學生資料表包含（學號、姓名、名次）等欄位，若將此資料表劃分為兩個資料表甲和乙，那麼下列哪個分割方式不會造成資料遺失，其中畫底線者表示為主鍵？

      A. 甲 (學號、名次)、乙 (姓名、名次)
      B. 甲 (學號、名次)、乙 (學號、姓名)
      C. 甲 (學號、姓名)、乙 (姓名、名次)
      D. 甲 (學號、名次)、乙 (名次、學號)

(   ) 16. 下列關於關聯式資料庫的敘述何者正確？

      A. 一個關聯式資料庫可以包含多個資料表 (table)
      B. SQL Server 和 Google BigTable 均屬於關聯式資料庫
      C. 資料表之間可以透過 INSERT 指令合併成一個資料表
      D. 資料表中不同列的相同欄位可以儲存不同類型的資料

(   ) 17. 下列存取資料庫的行為，何者合乎資訊倫理？

      A. 進入學校教務系統修改自己的英文成績
      B. 在圖書館的資訊系統查詢計算機概論書單
      C. 利用職務上臨時給的帳號讀取與工作無關的機密資料
      D. 入侵學校網站修改網頁上的錯字

二、簡答題

1. 簡單說明常見的資料庫模式有哪些？

2. 簡單說明何謂 DBMS ？比較 DBMS 與檔案管理系統的優缺點。

3. 簡單說明何謂關聯式資料庫？

4. 簡單說明何謂資料倉儲？

5. 簡單說明何謂大數據？主要有哪些特點？

Foundations of
Computer Science

13

資訊安全

13-1 OSI 安全架構

資訊科技的快速發展為人們帶來前所未見的便利，卻也伴隨著資訊安全 (Information Security) 的隱憂，如何確保資訊安全，免於被偷窺、竊取、竄改、損毀或非法使用，遂成為組織與個人不可忽視的重要課題。

根據 BS 7799 對於資訊安全管理系統 (ISMS，Information Security Management System) 的定義，「對組織來說，資訊是一種資產，和其它重要的營運資產一樣有價值，所以要持續受到適當保護，而資訊安全可以保護資訊不受威脅，確保組織持續營運，將營運損失降到最低，得到最大的投資報酬率與商機」。為了有效評估組織的資訊安全需求，ITU-T 制定了 X.800 OSI 安全架構 (X.800，Security Architecture for OSI) 建議書，其重點包含安全攻擊、安全服務與安全機制。

註 [1]：BS 7799 是英國標準協會 (BSI，British Standards Institution) 所制定的資訊安全管理標準，包含 BS 7799 Part 1 (Code of Practice for Information Security Management，資訊安全管理實施細則) 和 BS 7799 Part 2 (Information Security Management Systems Requirements，資訊安全管理系統規範) 兩個部分。

註 [2]：ITU-T (International Telecommunication Union-Telecommunication Standardization Sector，國際電信聯盟電信標準化部門) 是 ITU 所成立的部門，致力於發展電信通訊領域與 OSI (Open System Interconnection) 標準，並將這類標準稱為建議書 (recommendation)。

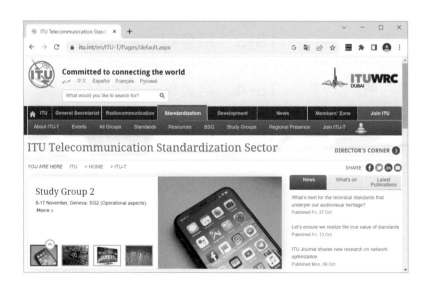

▲ 圖 13.1 ITU-T 官方網站 (https://www.itu.int/en/ITU-T/Pages/default.aspx)

13-1-1 安全攻擊

安全攻擊 (security attacks) 泛指任何洩漏組織資訊的行為，X.800 將安全攻擊分為下列兩種：

- 主動式攻擊 (active attacks)：主動式攻擊會企圖變更系統的資訊或影響系統的運作，例如攔截甲方透過網路傳送給乙方的訊息，然後加以竄改，再傳送給乙方 (圖 13.2(a))；或者，發送大量要求服務的訊息給伺服器，導致伺服器的效能降低甚至癱瘓，也就是所謂的「阻斷服務攻擊」。

- 被動式攻擊 (passive attacks)：被動式攻擊會企圖瞭解系統的資訊，但不會影響系統的運作，例如偷窺甲方透過網路傳送給乙方的訊息，但不會加以竄改 (圖 13.2(b))。正因為被動式攻擊不會變更系統的資訊，所以它並不容易偵測，重要的是預防資訊外洩，例如加密，我們會在第 13-5 節介紹加密的原理與應用。

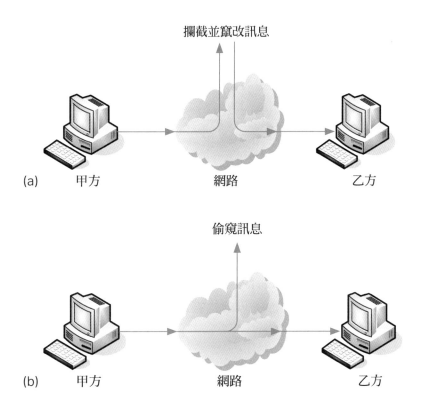

▲ 圖 13.2 (a) 竄改甲方透過網路傳送給乙方的訊息屬於主動式攻擊
(b) 偷窺甲方透過網路傳送給乙方的訊息屬於被動式攻擊

13-1-2 安全服務

安全服務 (security services) 泛指用來加強資訊安全的服務，X.800 將安全服務分為下列五個類別：

- 認證 (authentication)：系統必須確認通訊雙方的身分，不能讓第三者偽裝成任一方去欺騙另一方。

- 存取控制 (access control)：系統必須控制哪些人能夠存取資訊，以及他們能夠在哪些情況下存取哪些資訊。

- 保密性 (confidentiality)：系統必須確保資訊不會外洩，包括不被竊聽和不被監控流量。

- 完整性 (integrity)：系統必須確保收訊端收到的資訊和發訊端送出的資訊相同，沒有遭到破壞或竄改。

- 不可否認性 (nonrepudiation)：系統必須防止通訊雙方否認資訊，也就是發訊端要能夠證明收訊端真的有收到資訊，而收訊端要能夠證明發訊端真的有送出資訊。

此外，X.800 還定義了一個與安全服務相關的系統特性，稱為可用性 (availability)，這指的是系統必須維持可用的狀態，不能因為遭到攻擊，就失去可用性。

13-1-3 安全機制

安全機制 (security mechanisms) 泛指用來預防或偵測安全攻擊，以及復原安全攻擊的機制，X.800 將安全機制分為下列兩種，我們會在本章後續的內容中做進一步的討論：

- 特定安全機制 (specific security mechanisms)：這指的是可以合併到適當通訊協定的安全機制，例如加密、數位簽章、存取控制、資訊完整性、認證交換等。

- 一般安全機制 (pervasive security mechanisms)：這指的是沒有針對特定通訊協定的安全機制，例如事件偵測、安全稽核追蹤、安全復原、安全標籤等。

13-2 網路帶來的安全威脅

在網路問世之前，資訊安全就已經深受重視，這點從人們持續研究密碼學不難看出，只是網路的出現，加快了資訊流動的速度，也為資訊安全帶來嚴峻的考驗，例如層出不窮的駭客入侵事件、電腦病毒、勒索軟體、網路釣魚、身分盜用、網站非法販賣會員個人資料、電子商務交易安全、無線網路與行動通訊安全等。

常見的網路安全問題首推駭客入侵與電腦病毒肆虐，所謂駭客 (hacker) 指的是未經授權而擅自存取他人電腦的人。在過去，駭客可能純粹是為了愛現、無聊、好奇或惡作劇而去入侵他人電腦，然後任意塗抹其網站或寫些駭客特有的笑話。

不過，到了目前，駭客活動已經不再侷限於入侵他人電腦，而是擴大到竊取資料、摧毀網站或電腦系統的網路暴力行為，甚至有國家刻意吸納駭客集結成網軍 (cyber army)，發動網路戰爭攻擊國防部、警政署、政府組織、電力公司、金融機構、航空公司等單位的電腦系統，或利用網軍操縱社群媒體，製造假新聞帶風向。

為了防止駭客入侵，有愈來愈多組織在聘請專人為其設計安全系統之際，會另外聘請白帽駭客 (white-hat hacker)，這是一批受過專業訓練的電腦專家，他們會嘗試以駭客慣用的各種手法入侵組織的電腦系統，發掘其中的漏洞，然後加以防堵。

除了駭客之外，電腦病毒 (computer virus) 所帶來的威脅亦不遑多讓，一開始，電腦病毒的攻擊目標是用戶端的電腦，例如在 1987 ～ 1993 年期間，當時的作業系統是 MS-DOS，而電腦病毒的攻擊目標主要是開機磁區和硬碟。

接著到了 1993 ～ 1995 年期間，當時的作業系統是著重於資料分享的 Windows 3.x，而電腦病毒的攻擊目標遂隨著區域網路的發展，擴張到伺服器端的電腦；之後來到 1995 年，這是網際網路開始風行的時代，當時的作業系統是 Windows 95，電腦病毒的攻擊目標便透過網際網路，進一步延伸到對外開放的伺服器 (例如 FTP、BBS)、電子郵件及網站。

發展迄今，電腦病毒更是對組織與個人造成空前的衝擊，此時，電腦病毒已經演變成一個全面性的泛稱，涵蓋了「電腦病毒 / 電腦蠕蟲 / 特洛伊木馬」、「間諜軟體」、「網路釣魚」、「垃圾郵件」、「勒索軟體」等不同類型的惡意程式 (malware)。

根據統計，在過去二十幾年間，惡意程式所造成的損失已經高達數十億美元。隨著無線通訊技術的蓬勃發展與物聯網的應用日趨多元，惡意程式的影響層面更是與日俱增，手機、智慧家電、物聯網、車聯網、自駕車、無人機等都可能成為駭客攻擊的目標，甚至被駭客用來做為攻擊其它人的跳板裝置，癱瘓整個網路。

13-3　惡意程式與防範之道

惡意程式 (malware) 泛指不懷好意的程式碼，表 13.1 是一些常見的惡意程式類型。有些惡意程式需要宿主程式，也就是依附於其它檔案或程式，無法獨立存在，例如電腦病毒、特洛伊木馬、後門；有些惡意程式則可以獨立存在，例如電腦蠕蟲、殭屍程式。

此外，我們也可以根據能否「自我複製」來分類，例如電腦病毒、電腦蠕蟲屬於會自我複製的惡意程式，而特洛伊木馬、後門屬於不會自我複製的惡意程式。

▼ 表 13.1 常見的惡意程式類型

類型	說明
電腦病毒 (virus)	這是一種會自我複製、依附於開機磁區或其它檔案的程式，通常會潛伏在電腦中伺機感染更多檔案，等到電腦符合特定時間或特定條件才會發作。
電腦蠕蟲 (worm)	這是會透過網路自我複製到其它電腦的程式。
特洛伊木馬 (trojan horse)	「特洛伊木馬」會偽裝成看似無害的軟體，在使用者下載並執行該軟體後，就會植入電腦並取得控制權，伺機進行惡意行為。
後門 (back door)	「後門」是程式設計人員留在程式中的秘密入口，用來在除錯階段獲得特殊權限或迴避認證程序，若後門忘記關閉，就會對電腦造成威脅。另一種「後門」則是攻擊者透過特洛伊木馬所植入，藉以遙控受害的電腦，例如開啟通訊埠或關閉防火牆。
間諜軟體 (spyware)	間諜軟體通常是透過「特洛伊木馬」、「後門」或在使用者下載程式的同時一起下載到電腦，並在不知不覺的情況下安裝或執行某些工作，進而監看、記錄並回報使用者的資訊。
網路釣魚 (phishing)	這是誘騙使用者透過網頁、電子郵件、即時通訊或簡訊提供其資訊的手段。
垃圾郵件 (span)	這種電子郵件具有未經使用者的同意、與使用者的需求不相干、以不當的方式取得電子郵件地址、廣告性質、散布的數量龐大等特性，最常見的就是網路釣魚郵件和各種廣告。
勒索軟體 (ransomware)	又稱為「勒索病毒」或「綁架病毒」，一旦入侵電腦，就會將電腦鎖起來或是將硬碟上的某些檔案加密，然後出現畫面要求受害者支付贖金。
殭屍程式 (zombie)	這是會命令受感染的電腦對其它電腦發動攻擊的程式。

13-3-1 電腦病毒 / 電腦蠕蟲 / 特洛伊木馬

電腦病毒 (virus) 是一種會自我複製、依附於開機磁區或其它檔案的程式，當使用者以受感染的光碟或隨身碟開機、執行受感染的檔案或開啟受感染的電子郵件時，電腦病毒就會散播到使用者的電腦，然後以相同的方式散播出去。

電腦病毒在入侵電腦的當下通常不會立刻發作，而是潛伏在電腦中伺機感染更多檔案，等到電腦符合特定時間或特定條件才會發作，例如米開朗基羅病毒會在 3 月 6 日發作，破壞硬碟的資料，而 Bloody (天安門) 病毒會在 6 月 4 日發作，在螢幕上顯示「Bloody! Jue. 4 1989」訊息。

除了電腦病毒之外，還有電腦蠕蟲和特洛伊木馬，其中電腦蠕蟲 (worm) 是會透過網路自我複製到其它電腦的程式。由於電腦蠕蟲是獨立的程式，而且會主動經由電子郵件的通訊錄或網路的 IP 位址大量散播，所以其危害程度比起電腦病毒是有過之而無不及。

諸如 NIMDA (寧達)、SoBig (老大)、Blaster (疾風)、VBS_LOVELETTER (愛之信)、CodeRed (紅色警戒)、Slammer (SQL 警戒)、WORM_LOVEGATE.C (愛之門)、Sasser (殺手)、BAGLE (培果)、MYDOOM (悲慘世界)、NETSKY (天網) 等，均是惡名昭彰且釀成慘重災情的電腦蠕蟲，其中 NIMDA (寧達) 會經由 Windows 的安全漏洞爬進使用者的電腦，即便使用者只有連線上網，沒有傳輸檔案或瀏覽網頁等動作，它還是會主動爬進使用者的電腦並伺機散播。

至於特洛伊木馬 (trojan horse) 一詞源自希臘神話的木馬屠城記，雖然不會自我複製，但會偽裝成看似無害的軟體，在使用者下載並執行該軟體後，就會植入電腦並取得控制權，伺機進行刪除檔案、竊取資料、監視活動等惡意行為，甚至以該電腦做為跳板，攻擊其它電腦，例如 Back Orifice 是會入侵電腦竊取資料的特洛伊木馬。由於特洛伊木馬不像電腦病毒會感染其它檔案，所以不需要使用防毒軟體進行清除，直接刪除受感染的軟體即可。

早期電腦病毒、電腦蠕蟲和特洛伊木馬是互不相干的，但近年來單一類型的惡意程式已經愈來愈少，為了造成更大的破壞力，大部分是以「電腦病毒」加「電腦蠕蟲」或「特洛伊木馬」加「電腦蠕蟲」的類型存在，而且前者所佔的比例較高，例如 Melissa (梅莉莎) 是屬於「電腦病毒」加「電腦蠕蟲」，它不僅會感染 Microsoft Word 的 Normal.dot 檔案 (此為電腦病毒特性)，還會透過 Microsoft Outlook 電子郵件大量散播 (此為電腦蠕蟲特性)。

電腦中毒的症狀

由於設計電腦病毒者的動機不同，電腦中毒後的症狀亦不相同，常見的如下：

- ✅ 在沒有不正常斷電的情況下，突然自動關機、重新開機或無故當機。

- ✅ 檔案無法讀取、無法執行、被刪除、被加密或遭到破壞。

- ✅ 電腦或網路變得很慢很卡，因為電腦病毒潛藏在電腦中監視您的活動，以竊取加密貨幣或帳號、密碼等資料，或利用電腦偷偷挖礦，或將電腦當作攻擊其它伺服器的跳板，使電腦成為「殭屍網路」的一員。

- ✅ 電腦在開機時自動載入不明軟體，接著立刻消失，但您最近並未安裝任何軟體，那麼極有可能是電腦病毒將自己加入開機自動載入清單。

- ✅ 朋友抱怨您寄來奇怪的電子郵件或訊息，因為電腦病毒會透過通訊錄傳送電子郵件或訊息給您的朋友，並將自己夾帶在裡面，誘騙受害者點按，以伺機散播到更多電腦。

- ✅ 瀏覽器出現不知名的工具列、附加元件或彈出奇怪的視窗，此時，瀏覽器可能已經被入侵，它們會監視網路流量，從中竊取帳號、密碼、信用卡卡號、身分證字號等資料。

手機中毒的症狀

隨著智慧型手機成為人手一機的配備後，愈來愈多不法集團將攻擊目標鎖定在手機，同樣的，手機中毒後的症狀亦不相同，常見的如下：

- ✅ 突然斷線。

- ✅ 無法撥打電話。

- ✅ 無法收發電子郵件或即時訊息。

- ✅ 出現沒安裝的 App。

- ✅ 已安裝的 App 當掉或無法執行。

- ✅ 不預期的開關機。

- ✅ 彈出視窗變多，可能是某些 App 夾帶廣告軟體。

- ✅ 手機很快就沒電或容易發燙，可能是感染挖礦病毒。

- ✅ 手機帳單暴增，可能是被偷偷訂閱服務。

電腦病毒的感染途徑

除了傳統的光碟、隨身碟或檔案伺服器之外，許多電腦病毒都是透過網際網路快速蔓延，常見的感染途徑如下：

- 透過網路自動向外散播：在過去，電腦病毒必須先以某種方式入侵電腦，伺機感染開機磁區或其它檔案，等到電腦符合特定時間或特定條件才會發作，例如 Friday the 13th（黑色星期五）病毒會在 13 號星期五發作，刪除正在執行的程式。然 ExploreZip（探險蟲）終結了這項迷思，它會從受感染的電腦透過網路自動向外散播，覆蓋區域網路上遠端電腦的重要檔案。

- 透過電子郵件自動向外散播：知名的 Melissa（梅莉莎）病毒堪稱此種感染途徑的始祖，它會將帶有電腦病毒的附加檔案藉由 Microsoft Outlook 通訊錄中的電子郵件地址自動寄出，造成郵件伺服器在短時間內因電子郵件暴增而變得緩慢甚至當機。

  在過去，我們以為只要不開啟或執行電子郵件的附加檔案，就不會被感染。然 VBS_BUBBLEBOY（泡泡男孩）終結了這項迷思，它以電子郵件的形式在網路上散播，主旨為「BubbleBoy is back!」，即便使用者沒有開啟或執行電子郵件的附加檔案，只在預覽窗格中觀看電子郵件，泡泡男孩就會開始執行，然後搜尋通訊錄，將同樣的電子郵件藉由通訊錄中的電子郵件地址自動寄出。

- 透過即時通訊自動向外散播：隨著即時通訊軟體的快速普及，開始有電腦病毒透過聯絡人清單大量散播，例如 WORM_RODOK.A 會透過即時通訊軟體的聯絡人清單傳送網址，誘騙使用者下載並執行病毒程式。

- 透過部落格或社群網站進行散播：由於部落格或社群網站允許使用者在貼文中夾帶程式碼或超連結，遂成為電腦病毒的另一種散播管道，例如駭客在臉書的限時動態貼文誘騙使用者點按超連結觀看影片，一旦使用者允許下載播放程式的擴充功能，就會被植入特洛伊木馬，伺機竊取帳號、密碼或比特幣、以太幣等加密貨幣。

- 偽裝成吸引人的檔案誘騙下載：有些電腦病毒會偽裝成熱門影片、圖片、音樂、遊戲、最新版軟體甚至是防毒軟體，誘騙使用者將藏有電腦病毒的檔案下載到自己的電腦。例如 Transmission 下載軟體被植入 KeyRanger 病毒，一旦安裝該軟體，硬碟會被加密，必須向駭客支付贖金才能解密，而預防此類「綁架病毒」或「勒索軟體」最好的方法就是定期備份資料，萬一受感染，只要回復之前備份的資料即可。

電腦病毒的防範之道

為了避免中毒,建議您留意下列原則:

- ✅ 安裝防毒軟體並持續更新病毒碼。

- ✅ 安裝 IP 路由器或防火牆。

- ✅ 持續更新作業系統、瀏覽器、即時通訊與電子郵件軟體。

- ✅ 定期利用雲端硬碟或光碟、隨身碟、行動硬碟等外部的儲存裝置備份資料。

- ✅ 勿使用來路不明的光碟、隨身碟或行動硬碟開機。

- ✅ 勿使用來路不明的 Wi-Fi,避免被植入木馬。

- ✅ 勿使用公共場所的 USB 充電孔,避免被竊取資料。

- ✅ 勿隨意點取即時通訊、簡訊或電子郵件中夾帶的網址。

- ✅ 勿隨意下載軟體、影片、圖片、音樂、遊戲等檔案。

- ✅ 勿隨意點取網站的彈出式廣告或贊助廣告,慎選瀏覽的網站。

- ✅ 勿開啟或執行盜版軟體、來路不明的檔案、程式或電子郵件,尤其是在開啟電子郵件的附加檔案之前,必須開啟防毒軟體的即時掃描功能。

- ✅ 在其它電腦使用過的隨身碟、行動硬碟等外部的儲存裝置必須先掃毒,才能在自己電腦使用。

- ✅ 製作緊急救援光碟,該光碟可以用來開機並掃描電腦病毒。

▲ 圖 13.3 在點取即時通訊或簡訊中夾帶的網址之前請務必三思

🗨 資訊部落　　手機病毒

第一隻手機病毒 Timofonica 於 2000 年 6 月在西班牙誕生，它發送了許多垃圾簡訊給西班牙電信公司 Telefonica 的用戶，所幸該公司迅速處理，才不致於釀成重大災情。此後雖然各地陸續傳出手機病毒所引發的損害，但和電腦病毒比起來，這些損害顯然輕微多了。

不過，隨著智慧型手機和行動裝置的普及，手機病毒所帶來的威脅已經不容小覷，這些裝置因為具備上網功能，再加上多數使用 Google Android 或 Apple iOS，作業系統的種類變少，病毒程式相對容易撰寫，遂成為有利於手機病毒四處散播的新管道。

傳統手機病毒的散播方式通常是透過簡訊和藍牙傳輸，而智慧型手機病毒的散播方式首推使用者自行下載的 App，裡面可能包含惡意程式，其次是手機上網瀏覽的網頁可能包含惡意程式，最後是使用者隨意點取簡訊、即時通訊或電子郵件中夾帶的網址，而遭到植入特洛伊木馬等惡意程式。

手機病毒所帶來的威脅主要是以妨礙手機正常運作、竊取資料、造成帳單暴增或金錢損失為大宗，例如有些手機病毒會暗藏在簡訊中，在開啟簡訊後，就會安裝側錄程式，將通話內容傳送給特定人士；另外有些手機病毒會將檔案加密並要求支付贖金，才會提供解密的私鑰，如同手機版的擄人勒索；還有些手機病毒會造成手機不斷向外發送垃圾郵件或撥打電話，損毀 SIM 卡與記憶卡，不斷開機與關機，甚至從手機錢包中偷錢，例如偽裝成金融機構的 App，一旦下載，就會安裝木馬程式，竊取裝置資訊，攔截簡訊的驗證碼，進而偷走銀行帳號裡面的錢。

手機病毒的防範之道除了安裝防毒軟體，更重要的是提高警覺，包括非必須時不要開啟藍牙傳輸、不要安裝來路不明的程式、不要隨意點取簡訊、即時通訊或電子郵件中夾帶的網址、手機不要越獄、不要使用來路不明的免費 Wi-Fi、不要使用公共場所的 USB 充電孔等。

▶ 圖 13.4 智慧型手機的普及，儼然成為資訊安全的新隱憂 (圖片來源：Sony)

13-3-2 間諜軟體

間諜軟體 (spyware) 通常是透過「特洛伊木馬」、「後門」或在使用者下載程式的同時一起下載到電腦,並在不知不覺的情況下安裝或執行某些工作,進而監看、記錄並回報使用者的資訊,然後將蒐集到的資訊販售給廣告商或其它不法集團。

有些間諜軟體甚至會重設瀏覽器的首頁、變更搜尋路徑或占用大量系統資源,導致電腦的執行效率變差或網路速度變慢。

間諜軟體通常是由下列程式所組成:

✅ **鍵盤側錄程式**:這個程式可以監視使用者透過鍵盤所按下的每個按鍵,然後儲存於隱藏的檔案,再伺機傳送給攻擊者。

✅ **螢幕擷取程式**:由於鍵盤側錄程式看不到畫面,以致於無法完全掌控使用者的活動,此時只要搭配螢幕擷取程式,就可以擷取使用者的螢幕畫面,進而竊取重要的資料,例如銀行帳號與密碼、身分證字號、信用卡卡號、有效期限、驗證碼等。

✅ **事件記錄程式**:這個程式可以追蹤使用者在電腦上曾經從事過哪些活動,例如瀏覽過哪些網站、購買過哪些商品、傳送過哪些即時訊息、填寫過哪些資料等。

另外還有令人困擾的**廣告軟體** (adware),它和間諜軟體有著某種程度的關聯性,通常會根據間諜軟體蒐集到的個人資訊,在未取得使用者同意的情況下,擅自產生與使用者偏好相關的彈出式廣告或超連結。

間諜軟體的防範之道

為了避免被植入間諜軟體,建議您留意下列原則:

✅ 安裝防間諜軟體並持續更新 (防毒軟體通常兼具這項功能)。

✅ 持續更新作業系統、瀏覽器、即時通訊與電子郵件軟體。

✅ 在下載、儲存與安裝程式的同時,必須提高警覺並仔細閱讀授權合約,勿隨意下載、儲存與安裝來路不明的程式。

✅ 慎選瀏覽的網站,尤其要小心免費的軟體下載、音樂下載、影片下載或成人內容網站。

13-3-3 網路釣魚

網路釣魚 (phishing) 是誘騙使用者透過網頁、電子郵件、即時通訊或簡訊提供其資訊的手段,最常見的就是透過偽造幾可亂真的網頁、電子郵件、即時通訊或簡訊、誇大不實的廣告、網路交友或其它網路詐騙行為,竊取使用者的資訊,例如信用卡卡號、銀行帳號與密碼、遊戲帳號與密碼、營業秘密等,您可以將它視為網路版的詐騙集團。

除了網路釣魚之外,還有另一種更高明的手段叫做網址嫁接 (pharming),它不會直接誘騙使用者的資訊,而是透過網域名稱伺服器 (DNS) 將合法的網站重新導向到看似原網站的錯誤 IP 位址,然後以偽造的網頁蒐集使用者的資訊 (圖 13.5)。

網路釣魚的防範之道

為了避免落入網路釣魚與網址嫁接的陷阱,建議您留意下列原則:

- ✅ 安裝防網路釣魚與網址嫁接軟體並持續更新 (防毒軟體通常兼具這些功能)。
- ✅ 持續更新作業系統、瀏覽器、即時通訊與電子郵件軟體。
- ✅ 合法公司通常不會以即時通訊或簡訊要求隱私資訊,一旦遇到類似的情況,務必提高警覺。
- ✅ 拒絕來路不明的即時通訊或簡訊,尤其是不要向陌生人洩漏隱私資訊。
- ✅ 在網頁上填寫重要資訊時,務必確認網址與內容均正確。

▲ 圖 13.5 網路釣魚郵件

13-3-4 垃圾郵件

垃圾郵件 (span) 指的是具有下列特性的電子郵件,例如網路釣魚郵件和各種廣告:

✅ 未經使用者的同意或與使用者的需求不相干。

✅ 以不當的方式取得電子郵件地址,且散布的數量龐大。

✅ 廣告性質,例如情色廣告、盜版軟體廣告、商品廣告、釣魚網站等。

若您經常收到來自陌生人、「收件者」或「副本」欄位沒有您的名稱或主旨用詞粗糙的電子郵件,表示您可能已經被垃圾郵件鎖定,此時,您可以封鎖來自該寄件者或該寄件者網域的電子郵件,也可以向提供電子郵件服務的廠商回報。

垃圾郵件的防範之道

為了避免被垃圾郵件鎖定,建議您留意下列原則:

✅ 安裝防垃圾郵件軟體並持續更新 (防毒軟體通常兼具這項功能)。

✅ 持續更新電子郵件軟體。

✅ 不要隨意公開自己的電子郵件地址。

✅ 根據用途使用不同的電子郵件地址,例如比較重要或涉及隱私的地址只給認識的人,比較不重要的地址可以給廠商、店家或不熟的人。

✅ 不要開啟來路不明且疑似為垃圾郵件的電子郵件。

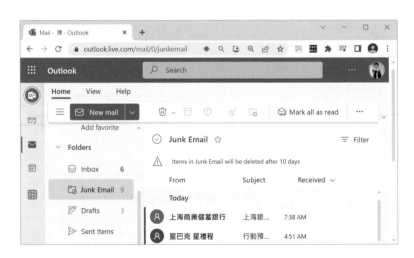

▲ 圖 13.6 電子郵件程式會自動過濾疑似垃圾郵件或網路釣魚郵件,但有時可能會誤判,建議定期檢查 [垃圾郵件] 資料夾,避免遺漏正常的郵件

13-3-5　勒索軟體

勒索軟體 (ransomware) 又稱為「勒索病毒」或「綁架病毒」，和其它電腦病毒最大的差異在於做案的手法就像綁架勒索一樣，一旦入侵電腦，就會將電腦鎖起來或是將硬碟上的某些檔案加密，然後出現畫面要求受害者支付贖金，若不從的話，就摧毀解密金鑰，檔案再也無法解密。

勒索軟體通常是透過特洛伊木馬、網路釣魚或惡意網址誘騙受害者點取並下載到自己電腦，而新一代的勒索病毒更進化到具有電腦蠕蟲的特性，以曾經聲名大噪的 WannaCry 為例，它會利用微軟作業系統的 SMB 漏洞主動感染尚未修復此漏洞的電腦，一旦入侵電腦，除了將檔案加密要求支付贖金，還會往外入侵更多電腦。

勒索軟體的防範之道

勒索病毒的防範之道和電腦病毒相同，比較重要的如下：

- ✅ 安裝防毒軟體並持續更新病毒碼。
- ✅ 持續更新作業系統、瀏覽器、即時通訊與電子郵件軟體。
- ✅ 定期利用雲端硬碟或外部的儲存裝置備份資料。
- ✅ 勿隨意點取即時通訊、簡訊或電子郵件中夾帶的網址。
- ✅ 勿隨意點取網站的彈出式廣告或贊助廣告。
- ✅ 勿隨意下載軟體、影片、圖片、音樂、遊戲等檔案。
- ✅ 慎選瀏覽的網站，避免遭到誘騙或被植入惡意程式。

▲ 圖 13.7 勒索軟體 WannaCry 要求支付贖金的畫面（3 天內支付等值 300 美元的比特幣，超過 3 天就加倍至 600 美元，超過 7 天則摧毀解密金鑰）

13-4 常見的安全攻擊手法

根據 CERT/CC (Computer Emergency Response Team Coordination Center，電腦緊急應變小組及協調中心) 長期追蹤統計，發現網路與電腦系統的攻擊數量不僅與日俱增，而且手法愈來愈複雜，所造成的危害也更大，下面是一些常見的安全攻擊手法：

- 惡意程式攻擊：泛指不懷好意的程式碼，例如前一節所介紹的電腦病毒、電腦蠕蟲、特洛伊木馬、後門、間諜軟體、網路釣魚、垃圾郵件、勒索軟體、殭屍程式等。

- 暴力攻擊 (brute force attack)：這種攻擊手法很常見，目的是要破解密碼，而破解密碼的方式有好幾種，例如直接監控網路、窮舉攻擊或字典攻擊，其中窮舉攻擊會逐一嘗試所有文數字的組合，而字典攻擊是預先定義一個常用單字檔案，然後逐一嘗試這些常用單字的組合。

- 阻斷服務攻擊 (DoS attack，Denial of Service attack)、分散式阻斷服務攻擊 (DDoS attack，Distributed DoS attack)：DoS 的攻擊者會對網站或網路伺服器發送大量要求，導致它們收到太多要求超過負荷，而無法提供正常服務，諸如 Netflix、Spotify、YAHOO!、Amazon、CNN.com 等知名網站均曾遭到 DoS 而癱瘓。

  DDoS 的破壞力比 DoS 更強大，攻擊者會先透過網路把殭屍程式植入大量電腦，然後同時啟動這些被控制的電腦，對網站或網路伺服器發送干擾指令，進行遠端攻擊。

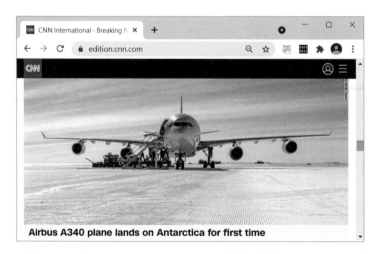

▲ 圖 13.8 諸如 CNN.com 等知名網站均曾遭到 DoS 而癱瘓

- 偽裝攻擊 (spoofing attack)：攻擊者偽裝成可信任的網站或網路伺服器，或發送冒名的電子郵件，誘騙他人連結到惡意網站，進而伺機竊取登入資訊或重要資訊。

- 利用漏洞入侵：所謂「漏洞」指的是軟體設計不當或設定不當，導致攻擊者利用漏洞取得電腦的控制權，因此，即時修正軟體漏洞是很重要的。

- 竊聽攻擊 (sniffing attack)：攻擊者利用程式監控網路上的資訊，然後從中加以攔截。隨著無線網路的盛行，竊聽變得更容易了，因為不需要實體掛線，而且多數人在使用無線網路時，並沒有將資訊加密。

- 點擊詐欺 (click fraud)：這指的是個人或電腦程式故意點擊搜尋引擎的線上廣告，但不是真的想要了解或購買產品，而是要增加競爭者的行銷成本，因為廣告商通常是根據點擊次數付費給搜尋引擎，惡意點擊次數愈高，所要付出的費用就愈高。

- 無線網路盜連：隨著無線網路的普及，盜連也日益嚴重，初階的盜連者可能只是透過行動裝置偷偷使用您的無線網路，而進階的盜連者可能透過您的無線網路入侵無線基地台，攔截使用者所送出的帳號與密碼，進而竊取重要資訊或做為攻擊他人的中繼站。

- 無線網路攻擊：常見的手法之一是竊聽攻擊，只要是在射頻範圍內的機具，都可以收到無線訊號。另一種手法稱為雙面惡魔 (evil twins)，駭客在公共場所設立一個看似值得信任的無線基地台，讓不知情的人透過該基地台上網，然後趁著他們登入網站或接收電子郵件時，竊取帳號、密碼、信用卡卡號等資訊。此外，駭客也可以對基地台使出阻斷服務攻擊，例如不斷地向基地台發送身分認證要求，導致認證伺服器過度忙碌，而無法回應使用者要求。

  Wi-Fi 最初採取的安全標準是 WEP (Wired Equivalent Privacy，有線等效加密)，但 WEP 容易被破解，後來改以安全性較高的 WPA (Wi-Fi Protected Access，Wi-Fi 保護存取)、WPA2、WPA3 取代 WEP。

- 社交工程 (social engineering)：人們經常以為安全攻擊是來自組織外部，卻忽略了組織內部的人員也可能成為安全隱憂。攻擊者可以利用面對面的交談、電話、電子郵件、即時通訊、臉書、IG、偷走沒有上鎖的筆電或手機、翻看資源回收筒、便條紙或碎紙機等社交操縱的方式，竊取合法使用者的帳號與密碼，然後入侵系統，或利用合法使用者暫時離開電腦卻忘了登出系統，伺機入侵系統。許多組織已經意識到這類社交工程的問題，轉而著手教育員工注意相關細節。

13-5 加密的原理與應用

加密 (encryption) 是網路與通訊安全最重要的技術之一，目的是資訊保密。常見的加密方式有「對稱式加密」(秘密金鑰) 與「非對稱式加密」(公開金鑰)，以下各小節有進一步的說明。

13-5-1 對稱式加密

對稱式加密 (symmetric encryption) 又稱為秘密金鑰 (secret key)，發訊端 (以下稱甲方) 與收訊端 (以下稱乙方) 必須協商一個不對外公開的秘密金鑰，甲方在將資訊傳送出去之前，先以秘密金鑰加密 (encryption)，而乙方在收到經過加密的資訊之後，就以秘密金鑰解密 (decryption)，如圖 13.9，我們將尚未加密的資訊稱為本文 (plaintext)，而經過加密的資訊稱為密文 (ciphertext)。

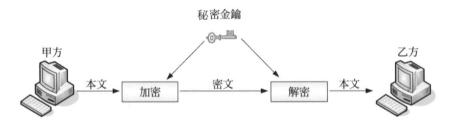

▲ 圖 13.9 對稱式加密

知名的對稱式加密演算法有 DES (Data Encryption Standard)、AES (Advanced Encryption Standard)、RC4 等。由於對稱式加密的安全性取決於秘密金鑰的保密程度，並不是演算法，因此，對稱式加密演算法是公開的，硬體製造廠商能夠發展出低成本的晶片來實作演算法，而使用者的責任就是確保秘密金鑰不外洩。

對稱式加密的優點是演算法容易取得、運算速度快且安全性高，缺點則如下：

- 每對使用者都必須協商各自的秘密金鑰，所以 N 個使用者共需要 N(N - 1) / 2 個秘密金鑰。

- 一旦秘密金鑰外洩，雙方必須重新協商新的秘密金鑰。

- 雖然能夠做到資訊保密，但無法做到來源證明。

13-5-2 非對稱式加密

非對稱式加密 (asymmetric encryption) 又稱為公開金鑰 (public key)，發訊端與收訊端各有一對公鑰 (public key) 和私鑰 (private key)，公鑰對外公開，私鑰不得外洩，每對公鑰和私鑰均是以特殊的數學公式計算出來，在將資訊以私鑰加密之後，必須使用對應的公鑰才能解密，而在將資訊以公鑰加密之後，必須使用對應的私鑰才能解密。

利用前述特點，非對稱式加密就能做到資訊保密。以圖 13.10(a) 為例，甲方在將資訊傳送出去之前，先以乙方的公鑰加密，而乙方在收到經過加密的資訊之後，就以乙方的私鑰解密，由於只有乙方才知道乙方的私鑰，所以也只有乙方能夠解密。

此外，非對稱式加密也能做到來源證明。以圖 13.10(b) 為例，甲方在將資訊傳送出去之前，先以甲方的私鑰加密，而乙方在收到經過加密的資訊之後，就以甲方的公鑰解密，由於只有使用甲方的公鑰才能解密，所以能夠證明資訊來源為甲方。

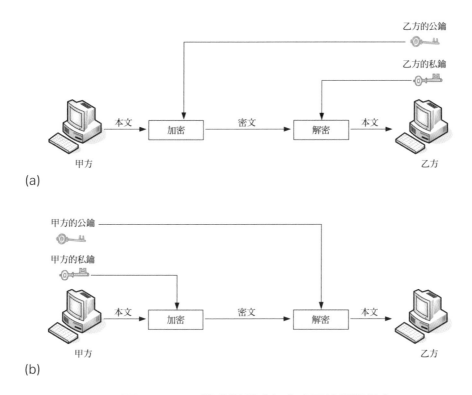

▲ 圖 13.10 (a) 將非對稱式加密應用於資訊保密
(b) 將非對稱式加密應用於來源證明

知名的非對稱式加密演算法有 RSA (依發明者 Rivest、Shamir、Adleman 來命名)、El Gamal 等,其中 **RSA** 是假設收訊端的公鑰和私鑰分別是一對數字 (n, d)、(n, e),發訊端將資訊以數學公式 $C = P^d \bmod n$ 加密,而收訊端將資訊以數學公式 $P = C^e \bmod n$ 解密,其中 P 為本文,C 為密文。

以圖 13.11 為例,本文為 6,公鑰為 (33, 7),私鑰為 (33, 3),密文為 $6^7 \bmod 33$,得到 30,而收訊端在收到 30 之後,進行解密 $30^3 \bmod 33$,便能得到本文為 6。

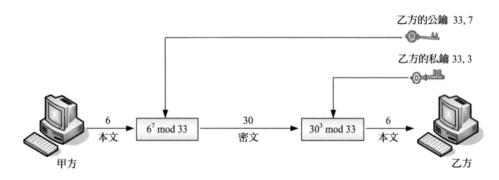

▲ 圖 13.11 RSA 演算法

為了防止公鑰和私鑰被竊聽者破解,RSA 演算法的發明者除了建議使用者選擇很大的數字之外,還要遵守下列原則:

- 選擇兩個很大的質數 p、q;

- 計算 n = p * q;

- 計算 z = (p - 1) * (q - 1),然後選擇一個小於 n 且和 z 互質的數字 d;

- 選擇一個滿足 (d * e) mod z = 1 的數字 e。

舉例來說,假設質數 p、q 分別為 11、3,那麼 n = p * q = 33,z = (p - 1) * (q - 1) = 10 * 2 = 20,接著選擇一個小於 33 且和 20 互質的數字 d,例如 7,繼續選擇一個滿足 (7 * e) mod 20 = 1 的數字 e,例如 3,最後得到公鑰為 (n, d) = (33, 7),私鑰為 (n, e) = (33, 3)。

非對稱式加密的優點如下,缺點則是運算複雜:

- N 個使用者只需要 2N 個金鑰,而且容易散播 (例如將公鑰公布於網站)。

- 能夠做到資訊保密和來源證明。

13-5-3 數位簽章

當非對稱式加密應用於來源證明時，發訊端以自己的私鑰將資訊加密所得到的密文就是所謂的數位簽章 (digital signature)，此時，發訊端所傳送的資訊是否保密已經不是重點，因為任何人都可以利用發訊端的公鑰將該資訊解密，重點是發訊端要讓收訊端確定該資訊真的是他所傳送的，因為沒有人知道發訊端的私鑰，自然就沒有人能夠偽裝成發訊端來傳送資訊。

數位簽章具有「不可否認性」，即便發訊端否認傳送過資訊，可是只要對照其私鑰和公鑰，就無所遁形；此外，數位簽章亦具有「完整性」，因為資訊若被竄改或損壞，在以發訊端的公鑰進行解密之後，將會是亂碼，而不是原來的資訊。

由於加密整份資訊需要花費較長時間，於是有人想出只針對資訊的某個區塊進行加密，該區塊稱為摘要 (digest)(圖 13.12)，其原理如下：

1. 將資訊做雜湊函數運算，得到一個長度為 128 位元或 160 位元的摘要，知名的雜湊函數有 MD5 (Message Digest 5) 和 SHA-1 (Secure Hash Algorithm)，其特點是 1 對 1 且不可逆，即資訊的摘要是唯一的且無法從摘要推算出資訊。

2. 發訊端以自己的私鑰將摘要加密，然後和資訊一起傳送出去。

3. 收訊端在收到資訊和經過加密的摘要之後，以發訊端的公鑰將摘要解密，同時將資訊做雜湊函數運算，只要兩者的結果相同，就能確認是由發訊端所傳送。

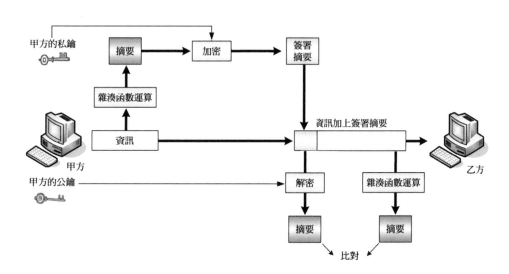

▲ 圖 13.12 針對資訊的某個區塊進行加密

13-5-4 數位憑證

既然公鑰是對外公開的,那麼使用者將自己的公鑰公布給大家知道似乎是理所當然,但實際情況卻不這麼理想,若有人冒名成某個使用者公布假造的公鑰,那麼其它人將無法分辨,而讓冒名者有機會偷窺原本要傳送給該使用者的資訊。

為了解決這個問題,遂發展出另一種機制,叫做**數位憑證** (DC,Digital Certificate),這是驗證使用者身分的工具,包含使用者身分識別與公鑰、憑證序號、有效期限、數位簽章演算法等資訊,透過數位憑證,就能確認使用者所公布的公鑰是真的。

數位憑證的格式與內容是遵循 ITU (國際電信聯盟) 所建議的 X.509 標準,而且數位憑證通常是由使用者的交易對象 (例如銀行) 或具有公信力的單位所發放,即所謂的**認證中心** (CA,Certificate Authority)。下面是幾個國內外的認證中心,其中有些會提供免費申請或試用,有些則只提供付費申請。

- ✅ VeriSign (https://www.verisign.com/)

- ✅ TWCA 台灣網路認證 (https://www.twca.com.tw/)

- ✅ 中華電信通用憑證管理中心 (https://publicca.hinet.net/index.htm)

- ✅ 網際威信 (https://www.hitrust.com.tw/)

▲ 圖 13.13 TWCA 提供了數位憑證的相關服務

💬 資訊部落　　X.509 數位憑證的應用

X.509 數位憑證已經廣泛應用於許多網路安全技術，例如：

- **PGP、S/MIME**：PGP 和 S/MIME 的目的都是提供安全的電子郵件服務，其中 **PGP** (Pretty Good Privacy) 是 Phil Zimmermann 以非對稱式加密演算法為基礎所提出，具備加密與認證的功能。在加密的方面，甲方在將電子郵件傳送出去之前，先以乙方的公鑰加密，而乙方在收到經過加密的電子郵件之後，就以乙方的私鑰解密，如此一來，只有乙方能夠將電子郵件解密；而在認證的方面，PGP 提供了數位簽章機制，甲方在將電子郵件傳送出去之前，先以甲方的私鑰加密，而乙方在收到經過加密的電子郵件之後，就以甲方的公鑰解密，如此一來，乙方便能確認該電子郵件的來源為甲方。

  至於 **S/MIME** (Security/Multipurpose Internet Mail Extensions) 則是安全版的 MIME，而 MIME 是傳送電子郵件的標準。S/MIME 也是以非對稱式加密演算法為基礎所提出，和 PGP 一樣具備加密與認證的功能。

- **SSL/TLS、SET**：**SSL** (Secure Sockets Layer) 是 Netscape 公司於 1994 年推出 Netscape Navigator 瀏覽器時所採取的安全協定，使用非對稱式加密演算法在網站伺服器與用戶端之間建立安全連線，目的是提供安全的網站服務，之後 IETF 將 SSL 標準化為 **TLS** (Transport Layer Security)；至於 **SET** (Secure Electronic Transaction) 則是要提供安全的線上付款服務，保護消費者與網路商店之間的信用卡或預付卡交易。

- **HTTPS、S-HTTP**：**HTTPS** (HyperText Transport Protocol Secure) 是安全版的 HTTP，它會在網站伺服器與用戶端之間建立安全連線，HTTPS 連線經常應用於線上付款與企業資訊系統的敏感資訊傳輸；至於 **S-HTTP** (Secure HTTP) 則是訊息加密的 HTTP，和建立安全連線的 HTTPS 不同。

- **IPSec**：前述的 PGP、S/MIME、HTTPS、S-HTTP 都是屬於應用層的安全機制，而 **IPsec** (Internet Protocol Security) 是屬於 IP 層的安全機制，提供了加密與認證的功能，安全傳輸能力跨越 LAN、WAN 及網際網路，諸如遠端登入、檔案傳輸、電子郵件、網頁瀏覽等分散式應用均涵蓋在其安全保護範圍內。

- **WEP、WPA、WPA2、WAP3**：這些是 Wi-Fi 無線網路用來加密與認證的安全標準，其中以 WPA3 的安全性最高。

資訊部落　公開金鑰基礎建設 (PKI)

公開金鑰基礎建設 (PKI，Public Key Infrastucture) 指的是用來建立、管理、儲存、分配與撤銷非對稱式加密數位憑證的一組軟硬體、人、政策與程序，目的是提供安全且有效率的方式來取得公開金鑰。PKI 包含了認證中心 (CA，Certificate Authority)、註冊中心 (RA，Registration Authority)、數位憑證 (DC，Digital Certificate) 和加密演算法等部分，其中認證中心負責發放、分配與撤銷數位憑證，而註冊中心則承擔了部分來自認證中心的工作，例如憑證申請人的身分審核。

台灣的數位憑證應用是以公部門為主，私部門則以金融業為首，常見的如下：

- 自然人憑證：這是一般民眾的網路身分證，可以透過網路使用電子化政府的各項服務，例如繳稅、繳罰款、申辦戶政等。

- 工商憑證：這是企業的網路身分證，提供企業便利且安全的線上作業申請，例如公司預查、抄錄與變更登記、線上政府標案、勞保局網路申報等。

- 醫療憑證：這是醫療院所的網路身分證，主要的應用為電子病例交換及醫療院所與衛生福利部的電子公文交換，並與健保卡整合。

- 金融憑證：這是金融機構的網路身分證，任何通過憑證政策管理中心 (PMA) 核可的銀行，其所發放給客戶的憑證均能互通。

資訊部落　電子簽章

電子簽章 (electronic signature) 和前面介紹的數位簽章不同，它所涵蓋的範圍較廣，除了數位簽章之外，諸如指紋、掌紋、臉部影像、視網膜、聲音、簽名筆跡等能夠辨識使用者的資料均包含在內。

台灣的電子簽章法於民國 91 年 4 月 1 日正式實施，目的在於突破過去法律對於書面及簽章相關規定的障礙，賦予符合一定程序做成之電子文件及電子簽章，具有取代實體書面及親自簽名蓋章相同的法律效力，並結合憑證機構的管理規範，使負責簽發憑證工作的憑證機構具備可信賴性，以保障消費者的權益。

有效的電子簽章必須依附於電子文件並與其關聯，用來辨識並確認電子簽署人的身分及電子文件真偽，例如使用者在撰寫電子郵件時所輸入的姓名並不是有效的電子簽章，因為無法確認電子簽署人的身分，其它人亦可輸入該姓名。

13-6 資訊安全措施

在本節中，我們將介紹常見的資訊安全措施，包括存取控制、備份與復原、防毒軟體、防火牆、代理人伺服器、入侵偵測系統等。不過，由於安全攻擊手法不斷翻新，因此，您還是得隨時留意相關資訊。

13-6-1 存取控制

存取控制 (access control) 指的是系統必須控制哪些人能夠存取資源，以及他們能夠在哪些情況下存取哪些資源，比方說，限制使用者無法安裝新的應用程式，以免引發盜版軟體的爭議，或者限制使用者無法刪除系統檔案，以免造成電腦當機或其它執行錯誤。

身分認證 (authentication) 是存取控制最重要的環節，使用者必須向系統證明自己的身分，才能獲得授權，進而具有讀寫、執行、刪除等存取系統的權限，而且系統還必須具有自動稽核的能力，才能記錄使用者的行為。身分認證通常可以透過「帳號與密碼」、「持有的物件」、「生物特徵」等方式來做鑑定。

帳號與密碼

管理人員可以根據一定的規則賦予使用者一組帳號與密碼，而且帳號 (account) 必須唯一，例如學號、身分證字號、員工編號等，至於密碼 (password) 則是由使用者自訂。為了安全起見，設定密碼時請留意下列事項：

- 不要使用既有的英文單字或容易聯想的密碼，例如電話號碼、生日、姓名等。
- 盡量不要將密碼寫在紙上。
- 大部分系統均不接受中文密碼，且會區分英文字母大小寫。
- 不同系統支援的密碼長度不一，通常為 6 ~ 12 個字元，愈長就愈安全。

除了使用者慎選密碼，管理人員也應該針對密碼實施相關的管制措施，例如：

- 強制要求使用者定期變更密碼。
- 限制指定時間內連續嘗試登入的次數，避免遭到暴力攻擊破解帳號與密碼。
- 保護密碼檔的安全，例如設定密碼檔的存取權限、慎選密碼檔的存放目錄。
- 取消離職員工或畢業學生的帳號與密碼。

持有的物件

持有的物件 (possessed object) 指的是使用者必須持有諸如鑰匙、磁卡、智慧卡、徽章等物件，才能進入辦公室、電腦室、開啟終端機或電腦等，其中智慧卡上面嵌有用來確認身分的晶片，然後透過辦公室或電腦室門口的偵測器，辨識使用者的身分，只有獲得許可的使用者才能進入。

持有的物件有時會結合個人認證號碼 (PIN，Personal Identification Number)，這是一組數字密碼，由管理人員或使用者設定，例如銀行會要求使用者為晶片卡或金融卡設定密碼，只有輸入正確的密碼，才能進行提款、轉帳等動作。

生物特徵

生物特徵 (biometrics) 指的是利用使用者的身體特徵來進行身分認證，例如指紋掃描器、掌紋辨識系統、臉部辨識系統、虹膜辨識系統、聲音辨識系統、簽名辨識系統等裝置可以透過指紋、掌紋、臉部影像、虹膜、聲音、簽名筆跡進行認證。目前指紋辨識與臉部辨識的應用已經相當普遍，例如電子鎖、手機解鎖、門禁管理、犯罪偵查、進出海關、刷臉支付等。

▲ 圖 13.14 男子透過臉部辨識功能解鎖手機 (圖片來源：shutterstock)

13-6-2 備份與復原

電腦系統最有價值的部分往往不是外在的硬體設備，而是儲存裝置內的資訊。雖然目前的儲存裝置已經相當耐用，但仍存在著損壞的風險，而且日益猖獗的駭客、病毒、無法預期的天災人禍也是資訊潛伏的威脅，因此，每個電腦系統都應該有一套完善的備份與復原策略。

預防電力中斷

無論是夏季供電吃緊、地震、火災、水災、颱風、雷擊等天然災害，或使用者不小心踢掉電源等情況，都有可能引起跳電或電力中斷，其中最直接的衝擊就是磁碟可能因此損毀。

為了保護磁碟上的系統與資料，使用者可以安裝不斷電系統 (UPS，Uninterruptible Power Supply)，該裝置可以在電網異常的時候 (例如停電、突波、欠壓、過壓…)，提供電器設備數十分鐘不等的電力，讓使用者有足夠的時間儲存正在進行的工作並正常關閉電腦，避免因為斷電造成資料遺失或業務損失。

▲ 圖 13.15 不斷電系統
(圖片來源：amazon.com)

災害復原方案

一套完善的災害復原方案 (disaster recovery plan) 必須包括下列四個部分：

- 緊急方案 (emergency plan)：這是在災害發生的當下，立刻要執行的動作，包括需要通報哪些機關組織 (例如消防局、警察局…) 及其聯絡電話、如何疏散人員、如何關閉硬體設備 (包括電腦系統、電源、瓦斯…) 等。

- 備份方案 (backup plan)：這是在緊急方案啟動之後，用來指示哪裡有備份資訊、備份裝置，以及使用步驟和所需時間。

- 復原方案 (recovery plan)：這是在備份方案啟動之後，用來指示執行復原的過程，不同的災害可能有不同的復原方案，視災害的性質而定。

- 測試方案 (test plan)：這是在復原方案完成之後，用來指示執行測試的過程，所有復原的資訊都應該重新經過測試，確認其正確性。

13-6-3 防毒軟體

防毒軟體是用來防治電腦病毒的軟體，目前的防毒軟體大都能防治電腦病毒 / 電腦蠕蟲 / 特洛伊木馬、間諜軟體、網路釣魚、垃圾郵件、勒索軟體等惡意程式，常見的有趨勢科技 PC-cillin、Norton 諾頓防毒、Kaspersky 卡巴斯基、ESET 防毒、Avira 小紅傘等。

在安裝防毒軟體後，該軟體會自動更新病毒定義檔、安全資訊、程式、資源等，以確保電腦、智慧型手機或平板電腦不會受到日新月異的惡意程式感染，並防範網路詐騙、保護社群隱私、密碼管理安全、安心網購交易等。

以趨勢科技的雲端防護技術為例，這是將持續增加的惡意程式、協助惡意程式入侵電腦的郵件伺服器，以及散播惡意程式的網站伺服器等資訊，儲存在雲端安全防護資料庫，使用者一連上網路，就能受到最新的病毒防護，達到「來自雲端（網路）的威脅，由雲端來解決」的目標。雲端防毒不僅能即時更新威脅資訊並主動攔截惡意程式，而且所占用的電腦資源也比傳統的防毒方式來得少，兼顧了安全與效能。

▲ 圖 13.16　面對層出不窮的網購詐騙案、LINE 或臉書帳號被盜、釣魚簡訊等資安威脅，趨勢科技 PC-cillin 採取 AI 智能防護技術讓防毒防詐一次到位

13-6-4 防火牆

防火牆 (firewall) 是一種用來分隔兩個不同網路的安全裝置,例如私人網路與網際網路 (圖 13.17),它會根據預先定義的規則過濾進出網路的封包,只有符合規則的封包才能通過,不符合規則的封包就予以丟棄,屬於「封包過濾型防火牆」。防火牆可以阻擋企圖透過網際網路進入私人網路的駭客或病毒、蠕蟲等惡意程式,也可以限制私人網路的使用者所能存取的服務,例如允許收發電子郵件,但不能使用 FTP 將資訊傳送到網際網路,或防止駭客利用私人網路的電腦攻擊他人的電腦。

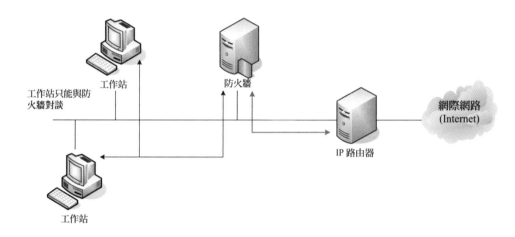

▲ 圖 13.17 防火牆

防火牆比較重要的功能包括使用者認證、網路位址轉換、稽核與預警、過濾垃圾郵件等,其中「稽核」(auditing) 指的是系統記錄功能,也就是記錄系統的內部活動及交易行為,然後定期分析系統記錄,一旦察覺有任何異常或遭到入侵破壞,就提出「預警」(alerting),讓管理人員得以進行補救動作。

防火牆又分為下列兩種:

- 硬體防火牆:這種防火牆本身包含記憶體、處理晶片等專用的硬體,所以效能較佳,但成本較高,而且因為其硬體有特製的規格,所以安全性亦較高。

- 軟體防火牆:這種防火牆是透過軟體技術來過濾封包,會占用作業系統的資源,所以效能較差,但成本較低,安全性則取決於其採取的軟體技術及作業系統,但由於一般的作業系統通常有安全漏洞,所以軟體防火牆的安全性往往比不上硬體防火牆。

13-6-5 代理人伺服器

代理人伺服器 (proxy server) 是在私人網路與網際網路之間擔任中介的角色，兩端的存取動作都必須透過代理人伺服器。當有網際網路的封包欲傳送至私人網路時，必須先傳送給代理人伺服器，它會檢查封包是要傳送給私人網路內的哪部電腦及相關的存取權限，確認無誤後才會傳送給該電腦，否則就將封包丟棄。

反之，當有私人網路的封包欲傳送至網際網路時，亦必須先傳送給代理人伺服器，它會將封包的標頭 (header) 改為自己的位址，再將封包傳送出去 (圖 13.18)。由於代理人伺服器完全隔斷私人網路與網際網路，故安全性比「封包過濾型防火牆」來得高。

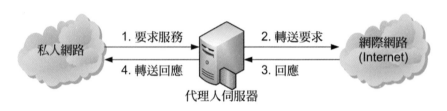

▲ 圖 13.18 代理人伺服器

13-6-6 入侵偵測系統

相較於防毒軟體、防火牆或代理人伺服器是被動阻擋網路攻擊，**入侵偵測系統** (IDS，Intrusion Detection System) 則是主動偵測網路攻擊，畢竟攻擊手法不斷翻新，而防毒軟體、防火牆或代理人伺服器往往無法立即更新，因此，除了靠它們築起第一道防線之外，最好再搭配入侵偵測系統做為第二道防線。

常用的入侵偵測方法如下：

- 異常統計偵測法 (statistical anomaly detection)：這是蒐集合法使用者的行為，然後加以統計，進而產生檢驗規則，再根據該規則檢驗系統是否出現異常行為。

- 規則偵測法 (rule-based detection)：這是預先定義一組規則，然後和使用者的行為做比對，以判斷該使用者是否符合入侵者的條件。

- 蜜罐 (honeypots)：這是一種誘捕攻擊者的系統，蜜罐內的資訊看起來似乎很重要，但其實都是假的資訊，合法使用者並不會去加以存取，一旦有人存取蜜罐，就會立刻通知管理人員採取適當的處理。

- X.800 OSI 安全架構建議書的重點包含安全攻擊、安全服務與安全機制，其中**安全攻擊**泛指任何洩漏組織資訊的行為；**安全服務**泛指用來加強資訊安全的服務，分為認證、存取控制、保密性、完整性、不可否認性等類別；**安全機制**泛指用來預防或偵測安全攻擊，以及復原安全攻擊的機制。

- **惡意程式** (malware) 泛指不懷好意的程式碼，例如電腦病毒、電腦蠕蟲、特洛伊木馬、後門、間諜軟體、網路釣魚、垃圾郵件、勒索軟體、殭屍程式等。

- 常見的安全攻擊手法有惡意程式攻擊、暴力攻擊、阻斷服務攻擊 (DoS)、分散式阻斷服務攻擊 (DDoS)、偽裝攻擊、利用漏洞入侵、竊聽攻擊、點擊詐欺、無線網路盜連、無線網路攻擊、社交工程等。

- **對稱式加密** (symmetric encryption) 的發訊端與收訊端必須協商一個不對外公開的秘密金鑰，發訊端在將資訊傳送出去之前，先以秘密金鑰加密，而收訊端在收到經過加密的資訊之後，就以秘密金鑰解密。

- **非對稱式加密** (asymmetric encryption) 的發訊端與收訊端各有一對公鑰和私鑰，公鑰對外公開，私鑰不得外洩，在將資訊以私鑰加密之後，必須使用對應的公鑰才能解密，而在將資訊以公鑰加密之後，必須使用對應的私鑰才能解密。

- 非對稱式加密可以應用於資訊保密與來源證明，當它應用於來源證明時，發訊端以自己的私鑰將資訊加密所得到的密文就是所謂的**數位簽章** (digital signature)。

- **數位憑證** (digital certificate) 是驗證使用者身分的工具，包含使用者身分識別與公鑰、憑證序號、有效期限、數位簽章演算法等資訊，透過數位憑證，就能確認使用者所公布的公鑰是真的。數位憑證的格式與內容是遵循 ITU 所建議的 **X.509** 標準。

- 常見的資訊安全措施有存取控制、備份與復原、防毒軟體、防火牆、代理人伺服器、入侵偵測系統等，其中**防火牆** (firewall) 可以用來分隔私人網路與網際網路，然後根據預先定義的規則過濾進出網路的封包；**代理人伺服器** (proxy server) 是在私人網路與網際網路之間擔任中介的角色，兩端的存取動作都必須透過代理人伺服器；**入侵偵測系統** (intrusion detection system) 則是會主動偵測網路攻擊。

一、選擇題

( ) 1. 下列何者不是網路所帶來的安全威脅？

A. 電腦病毒　　　　　　　　　B. 垃圾郵件

C. 間諜軟體　　　　　　　　　D. 金光黨

( ) 2. 下列何者應該不是電腦病毒的發作症狀？

A. 發出奇怪的聲音或訊息　　　B. USB 埠故障

C. 無故自動關機或重新開機　　D. 經常執行的程式突然無法執行

( ) 3. 下列何者是檔案加密的特性？

A. 用來保護資料不被偷窺　　　B. 用來防止電腦中毒

C. 用來提升電腦的效能　　　　D. 用來保護硬體不被損壞

( ) 4. 下列哪種安全攻擊手法的目的是要破解密碼？

A. 阻斷服務攻擊　　　　　　　B. 網路連線盜連

C. 社交工程　　　　　　　　　D. 暴力攻擊

( ) 5. 在使用對稱式加密的前提下，N 個使用者需要協商幾個秘密金鑰？

A. $N(N-1)/2$　　　　　　　　B. N^2

C. N　　　　　　　　　　　D. $2N$

( ) 6. 下列哪個安全服務類別會要求系統必須確保資訊不會外洩，包括不被
竊聽和不被監控流量？

A. 認證　　　　　　　　　　　B. 完整性

C. 保密性　　　　　　　　　　D. 不可否認性

( ) 7. 下列何者會傳染其它檔案？

A. 電腦病毒　　　　　　　　　B. 間諜軟體

C. 特洛伊木馬　　　　　　　　D. 垃圾郵件

( ) 8. 下列哪種手段會透過網域名稱伺服器 (DNS) 將合法的網站重新導向
到看似原網站的錯誤 IP 位址？

A. 間諜軟體　　　　　　　　　B. 網址嫁接

C. 網路釣魚　　　　　　　　　D. 僵屍程式

( ) 9. 下列哪種手段會誘騙使用者透過電子郵件或網站提供其資訊？

A. 電腦病毒　　　　　　　　　B. 勒索軟體

C. 特洛伊木馬　　　　　　　　D. 網路釣魚

(   ) 10. 下列何者會命令被感染的電腦對其它電腦發動攻擊？

         A. 間諜軟體   B. 殭屍程式

         C. 後門   D. 電腦蠕蟲

(   ) 11. 下列何者能夠主動偵測網路攻擊？

         A. 防毒軟體   B. 防火牆

         C. 入侵偵測系統   D. 代理人伺服器

(   ) 12. 下列關於密碼設定的說明何者錯誤？

         A. 不要使用諸如生日之類的密碼   B. 盡量不要將密碼寫在紙上

         C. 密碼的長度與安全性無關   D. 使用者應該定期變更密碼

(   ) 13. 下列何者是預防電腦病毒比較適當的方式？

         A. 不要執行來路不明的檔案   B. 不要接收電子郵件

         C. 不要使用即時通訊和臉書   D. 不要進行線上交易

(   ) 14. 在使用非對稱式加密的前提下，假設甲方要傳送一份只有乙方能夠解密的資訊，那麼甲方必須使用下列何者進行加密？

         A. 甲方的公鑰   B. 乙方的公鑰

         C. 甲方的私鑰   D. 乙方的私鑰

(   ) 15. 下列何者可以用來分隔私人網路與網際網路，然後根據預先定義的規則過濾進出網路的封包？

         A. 防毒軟體   B. 防火牆

         C. 入侵偵測系統   D. 代理人伺服器

二、簡答題

1. 簡單說明何謂電腦病毒？舉出三種電腦病毒的發作症狀與防範之道。

2. 我們可以隨意下載網路上的圖片、影片、音樂或程式嗎？簡單說明其中隱藏的安全威脅。

3. 簡單說明在網路攻擊中，DNS (Domain Name System) 伺服器為何經常成為被攻擊的對象？

4. 簡單說明對稱式加密的原理，以及其優缺點。

5. 名詞解釋：主動式攻擊、被動式攻擊、惡意程式、社交工程、暴力攻擊、勒索軟體、後門、電腦蠕蟲、特洛伊木馬、間諜軟體、網路釣魚、垃圾郵件、駭客、網址嫁接、防火牆、代理人伺服器、數位憑證、生物辨識裝置。

Foundations of
Computer Science

14

軟體工程

14-1　軟體生命週期

根據 Ian Sommerville 教授在 Software Engineering 一書中的定義，軟體工程 (software engineering) 是一門研究軟體開發知識的工程學科，目的是以有系統、有組織且合乎成本的方式開發出高品質的軟體。

很多人會將軟體 (software) 和電腦程式 (program) 劃上等號，但事實上，軟體除了包括電腦程式，還包括用來讓電腦程式正常運作的組態設定檔、說明文件及取得技術支援的管道等。

軟體工程一詞源自 1968 年一場名為「軟體危機」(software crisis) 的研討會，當時因為積體電路技術的出現，使得電腦硬體的執行速度大幅提升，進一步促使軟體的規模與複雜度跟著擴大。然非正規的軟體開發方法無法有效率地開發出大型軟體，隨之而來的是成本增加、時間延遲、不符合使用者的需求、軟體不可靠、不易使用與維護、品質低落等危機，此時需要的是新的技術與方法來開發大型軟體，而這正是軟體工程的目的。

軟體工程基本的觀念在於軟體生命週期 (software life cycle)，軟體和機械電子產品一樣有生命週期，不同的是軟體缺乏容忍度與度量方式，比方說，洗碗機在洗滌、沖水、烘乾的週期中可以接受一定範圍內的容忍度，軟體則無法接受，其執行結果只有正確與錯誤兩種；此外，機械電子產品有客觀的度量方式評估其效能與折舊，但類似的度量方式並不適用於軟體，因為軟體的品質難以量化。

圖 14.1 清楚描繪出軟體生命週期，在軟體分析師 (software analyst) 和程式設計師 (programmer) 完成開發階段 (development) 後，就會進入使用 (use) 與維護 (maintenance) 的循環階段，其中開發階段又包含分析 (analysis)、設計 (design)、建置 (implementation) 與測試 (testing) 等四個階段，而在軟體使用一段時間後，可能會因為使用者有新的需求、發現之前尚未偵測到的錯誤、執行效率不佳、政府法令或組織策略改變等因素，必須加以修改，而進入維護階段，待修改完畢後，又再度進入使用階段。

由於修改軟體並不容易，除了要研讀相關文件與程式碼，還要注意會不會引發更多問題，若修改現有的軟體比開發新的軟體更困難，那麼現有的軟體可能會被捨棄，轉而開發新的軟體。

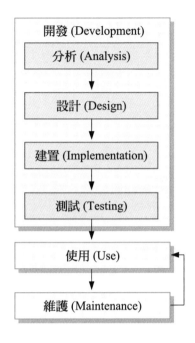

▲ 圖 14.1 軟體生命週期

資訊部落　軟體分析師 V.S. 程式設計師

軟體分析師 (software analyst) 有時亦稱為系統分析師 (system analyst)，他們會全程參與整個軟體開發過程，但其工作重點主要在於分析階段和設計階段，藉由訪談不同的使用者與管理者，瞭解組織的運作模式及需求，然後提出解決方案供管理者選擇，此處所謂的「使用者」指的是和軟體有接觸的人，包括組織的客戶或員工。

根據前述的工作性質，軟體分析師必須具備良好的溝通協調技巧、分析能力、組織規劃及創造力，畢竟我們不得不承認，開發一個大型軟體並不容易，尤其是在使用者與管理者無法明確描述需求時，往往會發生超出預算、時間延遲、不符合需求等問題。

至於程式設計師 (programmer) 和軟體分析師是不同的，他們負責在建置階段根據軟體分析師的設計撰寫程式，當然有不少軟體分析師是從程式設計師做起的。

14-2 傳統的軟體開發過程

傳統的軟體開發過程包含「分析」、「設計」、「建置」與「測試」等四個階段,以下有進一步的說明。

14-2-1 分析階段

分析 (analysis) 階段的目的是建議軟體該提供哪些服務,以及外界如何與軟體互動,其工作重點如下:

- 定義問題 (本質、範圍與目標):找出問題的本質並不容易,有時人們會被問題的表象所蒙蔽。比方說,當電腦的回應速度太慢時,人們經常會歸咎於電腦的等級不夠,然事實上,問題的本質卻可能是網路流量過大,正確的解決之道應該是將網路升級,而不是將電腦升級。

  找出問題的本質後,必須定義問題的範圍,想像修改後的軟體或新的軟體將是什麼樣子,以免使問題擴大,失去焦點,白白浪費時間與預算。

  定義問題的範圍後,便能掌握使用者的需求,也就是使用者期望新的軟體在何時做什麼、為何做及如何做,然後將這些需求做為問題的目標。

- 提出解決方案:問題定義完畢後,接下來是提出可能的解決方案及所需的時間與預算,例如內部自行研發、購買套裝軟體或外包等。

- 評估可行性:任何解決方案在提出之前,都必須符合技術上可行、作業上可行和經濟上可行,其中技術上可行 (technically feasible) 指的是解決方案能夠藉由現有的科技來完成;作業上可行 (operationally feasible) 指的是解決方案能夠藉由組織現有的資源來完成;經濟上可行 (economically feasible) 指的是解決方案的開發與運作成本必須符合組織的成本效益。

- 蒐集與分析現有的軟體:如何蒐集與現有的軟體相關的資料並沒有一定的標準,常見的方式有蒐集組織內的文件、觀察組織內的軟硬體使用情況、訪談、問卷調查、抽樣等。資料蒐集完畢後,還要選擇一種有效的方式來進行分析,例如資料流程圖 (data flow diagram) 是以邏輯圖形來表示資料流向。

- 訂定軟體的需求規格:最後是訂定軟體的需求規格,也就是確認使用者期望新的軟體在何時做什麼、為何做及如何做。

現在，我們來看個例子，假設快樂出版公司的直營門市有 20 家，為了因應實體書籍銷售衰退的趨勢，總經理希望精簡營運成本，提升服務品質，尤其是各個門市反應經常有缺貨現象造成客戶等待與抱怨。

為此，總經理成立一個專案小組，負責軟體改造，於是軟體分析師開始與出版公司的行政管理部、業務部、資訊部和門市部進行訪談，試圖找出問題，然後做出了下列建議：

✅ 問題的本質

　◆ 圖書的印量控制不佳，常有缺貨現象。

　◆ 門市人員沒有掌握存貨情況，往往在客戶欲選購時才發現存貨不足。

✅ 問題的範圍

　專案的範圍限定於使用電腦及相關技術開發一個出版公司與各個門市同步的庫存軟體。

✅ 問題的目標

　◆ 設定安全庫存量，自動通知加印，以避免缺貨現象。

　◆ 各個門市自動盤點存貨並統一記錄於庫存軟體，以配合補貨或調貨。

　◆ 庫存軟體必須容易操作且成本不能太高。

✅ 提出解決方案

　◆ 由出版公司內部的資訊部自行研發庫存軟體，研發時間預估約 12 個月，所需經費預估約 300 萬元，日後由資訊部負責保固。

　◆ 將庫存軟體外包給其它軟體廠商，研發時間預估約 8 個月，所需經費預估約 200 萬元，同時日後得簽署保固合約，每年預估約 25 萬元。

　◆ 選購現有的套裝軟體，然後請廠商另外提供或修改某些功能，研發時間預估約 6 個月，所需經費預估約 180 萬元，同時日後得簽署保固合約，每年預估約 20 萬元。

✅ 評估可行性

　這三個解決方案均能以現有的科技、出版公司現有的資源、可接受的成本來完成，符合技術上、作業上和經濟上的可行性。

✅ 蒐集與分析現有的軟體

我們使用如圖 14.2 的資料流程圖來分析蒐集到的資料，這是以邏輯圖形來表示資料流向，包括資料被傳送至何處、資料被儲存於何處，以及對資料所執行的處理程序，其中封閉矩形代表外部個體，開放矩形代表資料儲存，圓形代表處理程序，箭頭代表資料流向。

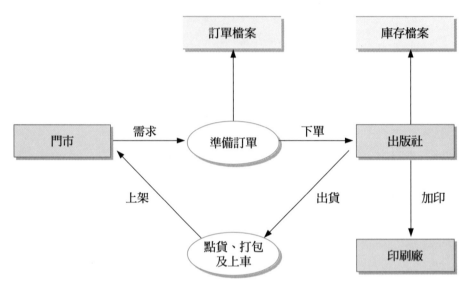

▲ 圖 14.2 資料流程圖

✅ 訂定軟體的需求規格

◆ 各個門市每日交易記錄均傳回總公司的主電腦，以準確控管倉庫與門市的存貨。

◆ 一旦倉庫與門市的存貨低於安全庫存量，自動發出加印請求。

◆ 建立自動補貨與調貨功能。

◆ 降低庫存管理成本 20 ~ 30%。

◆ 友善的使用者介面與說明文件，只要 2 ~ 3 小時的訓練課程，就能讓使用者順利上手。

14-2-2 設計階段

設計 (design) 階段的目的是針對軟體的需求規格發展一套詳細的建置計畫,該計畫將會在建置階段轉化為程式。相較於分析階段是建議軟體要提供哪些服務,設計階段則是決定軟體要如何提供這些服務。我們可以從下列幾個方面來發展軟體的建置計畫:

- ⊙ 輸出需求:首先要確定使用者需要何種輸出,包括輸出的格式與媒體。比方說,業務部人員可能需要將產品價格和特色輸出成報價單檔案,然後傳給客戶進行評估,而且上面必須有報價日期、頁碼、業務人員姓名等資訊。

- ⊙ 輸入需求:接下來要考慮需要何種輸入,才能達成使用者需要的輸出。比方說,業務部人員需要的產品價格從何而來,有可能是產品部透過鍵盤或條碼所輸入,然後儲存於電腦或雲端硬碟,也有可能是來自供應商的資料。除了確定需要何種輸入,還要設立輸入驗證程序,以檢查輸入的正確性。

- ⊙ 檔案與資料庫:確定輸出需求與輸入需求後,必須為資料規劃儲存方式,包括檔案結構與資料庫設計。

- ⊙ 流程圖:針對軟體的運作模式規劃流程圖,以表示其資料流向,表 14.1 是一些流程圖符號。

▼ 表 14.1 流程圖符號

符號	意義	符號	意義	符號	意義	符號	意義
▢	程序	▢	替代程序	◇	決策	▱	資料
▢	文件	▤	多重文件	◯	結束點	⬡	準備作業
▱	人工輸入	⬛	人工作業	◯	接點	⬠	換頁接點
⬟	卡片	⬛	打孔紙帶	⊗	匯合連接點	⊕	或
⋈	整理	◇	排序	⬭	儲存資料	◖	循序儲存裝置
⬭	磁碟	⬭	直接儲存裝置	⬠	顯示	⦦	通訊連線

🗨 資訊部落　　結構化分析及設計工具

軟體分析師可以透過下列幾種結構化分析及設計工具，來幫助管理者、使用者和程式設計師瞭解軟體的設計：

● 資料流程圖 (DFD，Data Flow Diagram)：用來表示軟體中的資料流向，包括資料被傳送至何處、資料被儲存於何處，以及對資料所執行的處理程序。

● 實體關係圖 (ERD，Entity Relationship Diagram)：用來表示所有實體在軟體中所扮演的角色，以圖 14.3 為例，軟體中有「學生」、「課程」、「老師」三個實體，「學生」和「課程」兩個實體之間的關係為「選修」，「老師」和「課程」兩個實體之間的關係為「教授」，由於一個「學生」可以選修多個「課程」（一對多），而一個「課程」也可以有多個「學生」選修（一對多），故「學生」到「課程」及「課程」到「學生」之間的連線均為雙箭頭。

同理，由於一個「老師」可以教授多個「課程」（一對多），故「老師」到「課程」之間的連線為雙箭頭，而一個「課程」只可以有一個「老師」教授（一對一），故「課程」到「老師」之間的連線為單箭頭。

▲ 圖 14.3　實體關係圖

● 資料字典 (data dictionary)：用來定義軟體中所有資料的類型，例如資料是文字還是數值？資料的範圍為何？資料的格式為何？資料儲存於何處（檔案、資料庫或其它）？程式的哪個模組會存取指定的資料？…。

資料字典可以加強使用者與軟體分析師之間的溝通，及早發現錯誤，以庫存軟體為例，最大存貨量會定義在資料字典中，若使用者輸入的存貨量比軟體允許的最大存貨量還大，便能及早發現並加以修改。

此外，資料字典可以提供軟體的一致性，比方說，行政管理部可能使用 Name 來表示員工的姓名，而製造部門也可能剛好使用 Name 來表示零件的名稱，經過資料字典一比對，便能及早發現並加以修改。

14-2-3 建置階段

建置 (implementation) 階段的目的是將軟體的建置計畫轉化為程式，其工作重點包括專案排程、撰寫程式、建立檔案與資料庫，其中專案排程指的是軟體分析師必須針對專案提出排程，以掌控時間與預算，常見的有甘特圖 (Gantt chart)(圖 14.4)，有需要的話，也可以使用專案管理工具，這種工具除了提供排程，通常還可以分配人力及資源、產生進度報表。

至於撰寫程式則是交由程式設計師來負責，有經驗的程式設計師會詳細繪製流程圖 (flow chart)、撰寫虛擬碼 (pseudocode) 與軟體文件 (document)，以利將來的使用與維護，其中軟體文件又分為下列幾種類型：

- 使用者文件 (user document)：這是描述軟體如何使用的文件，傾向於操作性，而非技術性。良好的使用者文件不僅可以幫助使用者快速上手，同時亦有助於行銷，大部分使用者文件會以手冊和線上說明的形式呈現。

- 系統文件 (system document)：這是描述軟體內部構造的文件，內容涵蓋軟體的開發過程，包括需求規格、流程圖、虛擬碼、程式註解、測試數據及測試方法、曾經發生的問題及如何解決等。良好的系統文件可以幫助程式設計師瞭解組成軟體的程式碼，讓修改與維護的工作更容易進行。有些軟體公司還會設計一套程式撰寫慣例要求程式設計師遵循，包括程式碼縮排格式、物件、類別、變數、程序或函數的命名規則等。

- 技術文件 (technical document)：這是描述軟體如何安裝與設定的文件，內容涵蓋參數設定、安裝更新與回報問題等，良好的技術文件可以幫助資訊人員管理軟體。

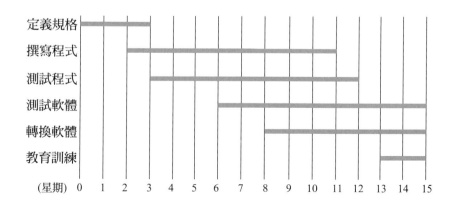

▲ 圖 14.4 甘特圖

14-2-4 測試階段

測試 (testing) 階段的目的是追求軟體的品質保證，其工作重點是針對軟體進行除錯與驗證。由於大型軟體通常是由多位程式設計師共同開發，因此，每位程式設計師都必須測試自己撰寫的程式，稱為單元測試 (unit testing)，之後再整合所有程式成為單一系統並做整體測試，稱為系統測試 (system testing)，確定無誤後，交給使用者試用與評估，針對評估結果做修改，稱為接受度測試 (acceptance testing)，直到使用者滿意為止。

軟體測試又分成下列兩種：

◉ 白箱測試 (white box testing)：白箱測試必須仰賴對軟體內部結構的認知，也就是從程式設計師的角度來進行，著重於程式的細節，常見的測試方法如下：

◆ 帕雷托法則 (Pareto principle，又稱為 80/20 法則、八二法則)：這是針對少部分模組進行充分測試，會比全面且平均地測試所有模組更容易發現錯誤，因為根據經驗，多數的軟體錯誤傾向於集中在少部分模組。

◆ 基本路徑測試 (basic path testing)：這是設計一組測試資料讓軟體的每個敘述都會被執行到。

◉ 黑箱測試 (black box testing)：黑箱測試無須仰賴對軟體內部結構的認知，也就是從使用者的角度來進行，著重於程式的功能，常見的測試方法如下：

◆ 邊界值分析 (boundary value analysis)：這是以軟體的邊界值進行測試，例如合法範圍的最大值和最小值。

◆ Beta 測試 (Beta testing)：這是在軟體正式推出之前，先提供前期版本 (也就是所謂的 Beta 版) 給使用者試用，然後針對試用結果進行修改，相同的測試若是在開發者端進行則稱為 Alpha 測試 (Alpha testing)。Beta 測試的好處是可以根據使用者回饋的意見進行修改，以貼近使用者的需求，並提高軟體的曝光率與知名度。

儘管目前發展出許多品質保證的技術，但不可否認的事實是無論經過多麼嚴密的測試，軟體還是會存在著錯誤，少數可能從來都沒被發覺，少數卻可能導致軟體運作產生錯誤，所以在軟體正式上線後，維護的工作仍舊不能掉以輕心。

資訊部落　軟體的使用與維護

在軟體開發完成後，就會進入使用與維護的階段，此時的工作重點如下：

● 軟體轉換：這是指如何停用現有的軟體，改用新的軟體，常見的方式如下：

　■ 直接轉換 (direct conversion)：立刻停用現有的軟體，全面改用新的軟體，雖然簡單快速，卻得冒風險，若新的軟體上線後發生之前沒有注意到的問題，將沒有其它軟體可以替代使用。

　■ 先導式轉換 (pilot conversion)：組織的一部分人先改用新的軟體，確定沒問題後，再全面改用新的軟體。

　■ 階段式轉換 (phased conversion)：分階段改用新的軟體，也就是先使用一部分功能，確定沒問題後，再使用另一部分功能，直到全面轉換過去。

　■ 平行轉換 (parallel conversion)：讓現有的軟體和新的軟體同時運作，確定沒問題後，再停用現有的軟體。這種方式最安全，但需要最多的時間與預算。

● 檔案與資料庫轉換：對於現有的檔案與資料庫，必須設法轉換成新的軟體所能存取的格式，最原始的方式是使用人工處理，重新輸入或掃描，較有效率的方式則是撰寫轉換程式。

● 設備轉換：安裝新的軟體可能需要更換主機或添購終端機、PC、光碟櫃、磁碟陣列等設備，所以必須在新的軟體上線之前，完成設備轉換。

● 教育訓練：對於新的軟體，使用者可能無法立刻上手，此時，軟體分析師可以製作使用者手冊或安排教育訓練課程，實際上機操作。

● 安全稽核：軟體必須提供一套安全稽核的機制，監控程式與資料的安全性與正確性，避免被未經授權的人擅加竄改。

● 軟體評估：組織必須針對新的軟體進行評估，包括是否符合使用者的需求和原先的規劃、有沒有超出時間或預算、實際運作是否正常等，有需要的話，可以進行修改。

● 軟體維護：從上線的那刻開始，維護的工作就不曾停止，組織必須編列人力與預算來維護軟體，相關的工作包括修改軟體原有的功能、增加新的功能或更正錯誤。

資訊部落　電腦輔助軟體工程 (CASE)

電腦輔助軟體工程 (CASE，Computer-Aided Software Engineering) 是使用電腦軟體將軟體開發的工作加以自動化，減少軟體分析師所要做的大量重複工作。CASE 工具分成前端和後端兩種，前端可以用來進行軟體開發早期的分析與設計工作，例如繪製資料流程圖、實體關係圖、資料字典、規格、螢幕及報表格式等，而後端可以用來幫助撰寫程式、測試與維護。

CASE 工具通常是由數個程式所組成，包括專案規劃工具（協助預估專案的成本、排程、人力及資源配置）、專案管理工具（協助監控專案的執行）、文件製作工具、介面設計工具、程式設計工具、程式產生器、雛形建立及模擬工具等。

資訊部落　軟體再造工程

軟體再造工程 (software reengineering) 指的是更新並改造老化的軟體，也就是從現有的軟體中擷取隱含的規格，然後據此產生新的結構化程式碼 (structured program code)，而不必從頭開發新的軟體。理論上，軟體再造工程可以降低軟體開發與維護成本，但需要額外的研究分析，以符合使用者的需求。

軟體再造工程包含下列三個步驟（圖 14.5）：

1. 逆向工程 (reverse engineering)：分析現有的軟體，包括原始程式碼、檔案與資料庫，然後擷取出隱含的設計和程式規格。

2. 修正規格：根據需求修正步驟 1. 擷取出的設計和程式規格。

3. 前向工程 (forward engineering)：根據步驟 2. 修正的設計和程式規格產生新的結構化程式碼。

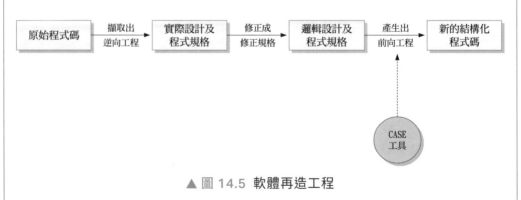

▲ 圖 14.5 軟體再造工程

14-3 軟體開發模式

由於不同的組織所要解決的問題不盡相同，使得軟體的規模與複雜度也相差甚遠，並因此發展出不同的軟體開發模式，例如瀑布模式 (waterfall model)、演進式開發 (evolutionary development)、元件式開發、開放原始碼發展模式等。

14-3-1 瀑布模式

瀑布模式 (waterfall model) 一詞首次出現在 Winston W. Royce 於 1970 年所發表的文章，這是軟體工程中最早提出來的軟體開發模式，它將軟體開發過程分為數個獨立的階段，每個階段都會產生一份或多份經過核准的文件，下一個階段必須等到上一個階段完成才能開始。

舉例來說，傳統的軟體開發過程就是屬於瀑布模式，它將分析、設計、建置、測試分為各自獨立的階段，在進入設計階段之前，必須先完成分析階段，而在進入建置階段之前，必須先完成設計階段，依此類推 (圖 14.6)。這種軟體開發過程所反映出來的是單一方向的思考模式，就像瀑布一般。

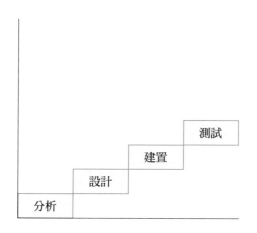

▲ 圖 14.6 瀑布模式

瀑布模式的優點是過程嚴謹，軟體分析師可以專注完成每個階段，不必往返不同階段嘗試錯誤，適合用來開發使用者的需求明確且開發過程不會經常變動的大型軟體。

缺點則是成本較高、時間較長且缺乏彈性，使用者必須等到開發後期才看得到軟體，屆時如有任何不滿意將不易修改，因此，對於那些缺乏結構或強調個人化導向的軟體，就不適合採取瀑布模式。

14-3-2 演進式開發

為了因應全球化及快速變遷的環境,愈來愈多組織希望能夠快速開發軟體,而瀑布模式並無法滿足這種需求,遂出現了演進式開發 (evolutionary development) 的概念,這是先開發一個初始版本給使用者試用,然後根據使用者的意見進行修改,不斷重複這個過程,直到開發出符合需求的軟體。

在這種軟體開發模式下,軟體的分析、設計、建置、測試等活動是交錯進行的,而且因為有使用者參與開發的過程,所以能夠更貼近使用者的需求。此外,演進式開發的基本類型又分為「增量式開發」與「拋棄式雛形」。

增量式開發

增量式開發 (incremental development) 是先找出使用者最明確的需求或優先權最高的需求,據此開發一個初始版本給使用者試用,然後依照使用者的其它需求新增功能,直到開發出符合需求的軟體 (圖 14.7)。

舉例來說,假設學校教務處要開發一套選課軟體,那麼剛開始可以先開發具有查詢功能的初始版本,試用無誤後,可以接著加上選課功能,試用無誤後,可以繼續加上友善的圖形化使用者介面,直到完成整個軟體。

由於增量式開發的初始版本最後會演變成正式上線的軟體,因此,在開發的過程中一樣必須秉持著對品質的要求,包括軟體的結構完善、可靠、安全及有效率,日後的使用與維護才會順利。

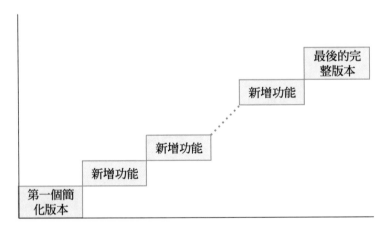

▲ 圖 14.7 增量式開發

拋棄式雛形

拋棄式雛形 (throwaway prototyping) 是快速開發一個低成本的實驗性軟體給使用者試用，稱為「雛形」，透過雛形來展示設計的概念、嘗試設計的選項並瞭解使用者的需求，然後以使用者滿意的雛形做為最終軟體的設計樣板，重新開發出符合需求的軟體。

拋棄式雛形的開發過程包含下列幾個步驟 (圖 14.8)：

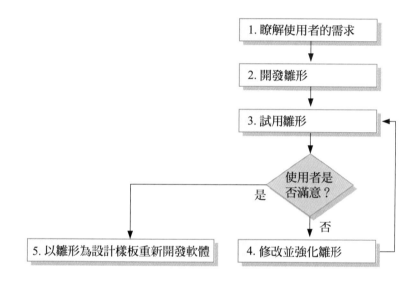

▲ 圖 14.8 拋棄式雛形的開發過程

1. 瞭解使用者的需求：透過文件、訪談、問卷調查、抽樣或觀察等方式，瞭解使用者期望新的軟體在何時做什麼、為何做及如何做。

2. 開發雛形：根據使用者的需求快速建立一個實驗性軟體。

3. 試用雛形：讓使用者針對步驟 2. 開發的實驗性軟體進行試用。

4. 修改並強化雛形：根據使用者的意見修改並強化雛形，完畢後重複步驟 3.、4.，直到使用者滿意為止。

5. 以雛形為設計樣板重新開發軟體：以使用者滿意的雛形做為最終軟體的設計樣板，重新開發出符合需求的軟體，至於雛形則會被拋棄不用。

有時軟體分析師可能迫於時間壓力，而將雛形直接當作正式上線的軟體交給使用者，但這樣的做法並不妥當，理由如下：

- 雛形經過一再的修改，可能會損害到軟體的結構。

- 雛形對於品質的要求較不嚴謹，往往只要求能夠執行，而忽略了可靠、安全及有效率。

- 為了快速修改雛形，可能會遺漏了相關的說明文件。

演進式開發的效率通常比瀑布模式好，因為隨著一次次的試用，會更貼近使用者的需求並改善軟體的易用性，而且開發成本還不見得會增加，雖然早期階段的成本會增加，因為要開發雛形，但是後面階段的成本則會減少，因為使用者要求修改的情況變少。

不過，演進式開發也有缺點，就是反覆的修改可能會損害到軟體的結構，造成日後變更與維護的工作益發困難，而且實際上仍有些軟體不適合採取演進式開發，例如開發團隊分散在不同地區的大型軟體或軟體必須依附於硬體的嵌入式系統。正因如此，演進式開發比較適合用來開發中小型軟體或使用者無法明確描述其需求的軟體，而瀑布模式比較適合用來開發大型軟體。

14-3-3 元件式開發

元件式開發 (component-based development) 是在 1990 年晚期興起的軟體開發模式，又稱為元件式軟體工程 (CBSE，Component-Based Software Engineering)，主要的概念是再利用，也就是利用現有的軟體元件來整合成所需的軟體，比方說，企業可以採購搜尋引擎、使用者認證機制、購物車、電子型錄等現有的軟體元件，來整合成企業所需的電子商務應用。

這種以再利用為基礎的軟體開發模式已經愈來愈廣泛，因為軟體的規模與複雜度愈來愈大，而使用者不僅比過去更倚賴軟體，同時也更注重軟體的開發速度，為了達成這些要求，重新實作每個軟體元件顯得緩不濟急，最好的辦法就是再利用。

元件式開發的優點是開發速度快、成本低；缺點則是現有的軟體元件不見得完全符合需求，使用者可能得有所妥協，再加上現有的軟體元件並不是自行開發的，若是有新版本，能否順利更新到目前上線的軟體也是個考驗。

14-3-4 開放原始碼發展模式

開放原始碼發展模式 (open source development model) 其實是演進式開發的一種變形，開放原始碼軟體的開發者在釋出軟體的同時會一併釋出原始碼及相關文件，其它人可以免費使用、修改與散布，無須取得授權，而且從開放原始碼軟體衍生出來的作品也是免費的。

開放原始碼軟體相當多，下面是一些例子：

- 作業系統：Linux、Android、FreeBSD、OpenBSD 等。

- 程式語言：Python、Java、PHP、Go、Perl、Ruby、Swift、Scratch 等。

- 網頁伺服器：Apache HTTP Server。

- 資料庫管理系統：MySQL、MariaDB。

- 其它：Mozilla Firefox（瀏覽器）、LibreOffice（辦公室自動化軟體）、Arduino（嵌入式硬體平台）、TensorFlow（機器學習框架）、Apache Hadoop（大數據處理框架）、Eclipse（整合開發環境）、Anaconda（整合開發環境）、Mozilla Thunderbird（電子郵件軟體）、OpenShot（影片編輯器）、Emacs（純文字編輯器）等。

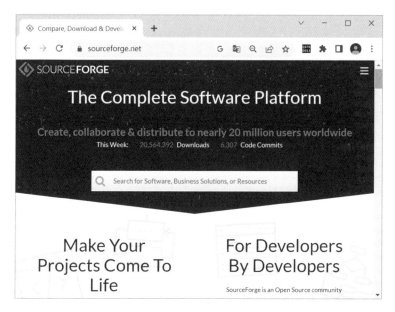

▲ 圖 14.9 您可以在 SourceForge 網站查看目前正在進行中的開放原始碼專案 (https://sourceforge.net/)

14-4 模組化

模組化 (modularity) 是將軟體分成數個容易理解、容易處理且互相溝通的單元，常見的模組化工具如下：

- 結構圖 (structure chart)：對程序性程式語言來說，模組指的是程序或函數，而結構圖則是用來表示程序或函數之間的關聯。以圖 14.10(a) 為例，矩形表示模組，箭頭表示模組之間的關聯，它的意義是學生可以連上教務處的網站，瀏覽課程資料，然後進行選課，ClassSelectingSite 程序會分別呼叫 ProcessStudentData、ProcessClassBrowsing、ProcessClassSelecting 等三個程序驗證學生資料、供學生瀏覽課程資料、處理學生的選課。

- 類別圖 (class chart)：對物件導向式程式語言來說，模組指的是類別或物件，而類別圖則是用來表示類別或物件之間的關聯。以圖 14.10(b) 為例，矩形表示模組，線條表示模組之間的關聯，它的意義同樣是學生可以連上教務處的網站，瀏覽課程資料，然後進行選課，Student 類別包含學生資料及相關的驗證方法，ClassCatalog 類別包含課程資料及相關的更新方法，ClassForm 類別包含選課表單及相關的選課方法。要注意的是 Student 類別和 ClassCatalog 類別之間存在著 n 對 1 的瀏覽關聯 (Browsing)，而 Student 類別和 Class Form 類別之間存在著 1 對 1 的填表關聯 (Filling)。

- UML (Unified Modeling Language，統一模型語言)：UML 是由 OMG (Object Management Group) 所提出，屬於工業標準語言，用來描述與建立軟體系統的架構，它就像建築物的藍圖，可以協助開發軟體與團隊溝通，軟體系統愈複雜，就愈需要使用 UML 規劃架構。

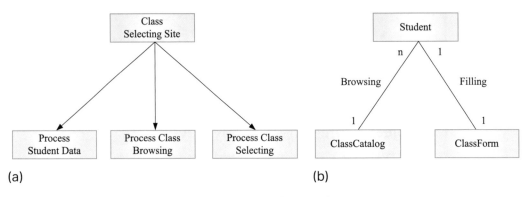

▲ 圖 14.10 (a) 結構圖 (b) 類別圖

14-4-1 耦合力

耦合力 (coupling) 指的是模組之間的關聯程度，耦合力愈低，關聯程度就愈低。對軟體設計來說，耦合力愈低愈好，表示模組之間的關聯程度愈低，一旦修改某個模組，不會連帶影響到其它模組，而且模組的重複使用性也較高。

耦合力又可以分為數種類型，例如：

- 資料耦合力 (data coupling)：這是指模組之間的資料共享，要降低資料耦合力，可以掌握一個原則，就是盡可能減少資料共享，將處理相同資料的模組集中在相同類別，有需要的話，可以藉由程序或函數的參數或類別內的成員來傳遞要共享的資料，圖 14.11 是我們針對圖 14.10(a) 的結構圖標示資料耦合力。

- 控制耦合力 (control coupling)：這是指控制權從一個模組轉移到另一個模組，就像程序或函數之間的轉移和返回，或要求執行某個類別內的方法。

- 全域耦合力 (global coupling)：這是指使用全域變數在程序、函數或類別之間傳遞資料，由於任何模組皆能存取全域變數，很容易發生某個模組的開發人員變更了全域變數的值，而另一個模組的開發人員卻在不知情的情況下引用了出乎意料的全域變數導致錯誤。

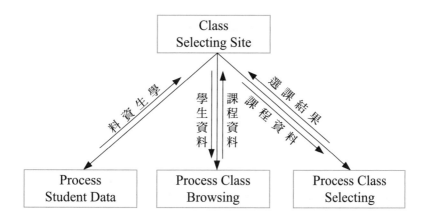

▲ 圖 14.11 在結構圖標示資料耦合

14-4-2 凝聚力

凝聚力 (cohesion) 指的是模組內功能的關聯程度，凝聚力愈高，關聯程度就愈高。對軟體設計來說，凝聚力愈高愈好，表示模組內的功能很基本且不可分割。

凝聚力又可以分為數種類型，層次由高至低如下：

✅ **功能凝聚力 (functional cohesion)**：模組的所有敘述是為了要完成單一工作，比方說，若一個選課系統模組只專注於選課的單一工作，那麼這個模組就具有高度功能凝聚力；反之，若一個選課系統模組不僅要負責選課，還要驗證學生資料，那麼這個模組的功能凝聚力就比較低。

　　程序性程式語言比較容易達到功能凝聚力，因為只要讓每個程序或函數負責單一工作即可；反之，物件導向式程式語言比較難達到功能凝聚力，因為類別內的方法是該類別所能執行的各種動作，不一定有關聯。

✅ **循序凝聚力 (sequential cohesion)**：模組的所有敘述是為了要完成兩個或多個緊密相關的工作，常見的是一個工作的輸出為另一個工作的輸入。比方說，模組的工作有兩個，其一是從產品的數量及售價計算淨價，其二是從淨價計算發票稅，然後外加上去成為總價。

✅ **溝通凝聚力 (communicational cohesion)**：模組的所有敘述是為了處理相同資料，比方說，模組的工作是調出庫存記錄，接著列印出來，然後統計有哪些產品的庫存不足必須追加。

✅ **程序凝聚力 (procedural cohesion)**：模組的所有敘述會隨著執行流程去處理沒有關聯的工作。

✅ **暫時凝聚力 (temporal cohesion)**：模組的所有敘述是會同時發生但沒有關聯的工作，比方說，變數或物件的初始化。

✅ **邏輯凝聚力 (logical cohesion)**：模組的所有敘述是為了處理類似的工作，比方說，模組的工作是處理軟體與使用者之間的介面，包括提供表單讓使用者輸入或查詢資料、回報錯誤、列印結果等，這些工作涵蓋的範圍較廣。

14-5 軟體工程素養與軟體所有權

14-5-1 道德規範與專業守則

一個稱職的軟體工程師除了發揮自己的專業技能之外，還要遵守法律與社會的道德規範，不能濫用專業技能去從事破壞或非法的行為。諸如 IEEE（註[1]）、ACM（註[2]）等組織均針對資訊專業人員制定相關的道德規範與專業守則，以下是 ACM 所提出的 ACM Code of Ethics and Professional Conduct（資料來源：https://www.acm.org/code-of-ethics）：

1 一般的道德規範

  1.1 造福社會與人類

  1.2 避免危害他人

  1.3 必須誠實及值得信賴

  1.4 必須公正沒有歧視

  1.5 尊重包括著作權與專利在內的所有權

  1.6 適當引用他人的智慧財產

  1.7 尊重他人的隱私

  1.8 尊重機密

2 更多的專業職責

  2.1 努力實現高品質、高效能並尊重專業工作的過程與產品

  2.2 獲得並維持專業能力

  2.3 了解並尊重專業工作相關的法令

  2.4 接受並提供適當的專業稽核

  2.5 對於電腦系統及其影響給予全面性的完整評估，包括其潛在的風險

  2.6 尊重契約、同意書及指派給您的職責

  2.7 改善大眾對於電腦化及其後果的了解

  2.8 只有在獲得授權時才能存取電腦及通訊資源

3　組織的領導權責

　　3.1　宣示身為組織成員對於社會的責任，並鼓勵接受這樣的責任

　　3.2　負責管理設計與建置資訊系統的人員和資源，以提供工作品質

　　3.3　了解並支援經適當授權使用組織內電腦及通訊資源的行為

　　3.4　確保使用者及會受到系統影響的人，在評估與設計系統需求時，有管道表達其需求，而且將來開發出來的系統必須經過驗證並確認符合這些需求

　　3.5　宣示並支持那些用來保護使用者及會受到系統影響的人其尊嚴的政策

　　3.6　提供機會讓組織成員學習關於系統的原理與限制

4　遵循這套規範

　　4.1　支持並發揚光大這套規範

　　4.2　如違反這套規範將視同違反 ACM 的會員規定

註 [1]：**IEEE** (Institute of Electrical and Electronics Engineers，電子電機工程師學會) 是一個全球性的電子電機專業技術組織，致力於提升電機工程、電子學、無線電、通訊、能源、資訊工程、太空技術等領域的理論與標準化發展，其網址為 https://www.ieee.org。IEEE 旗下又設立許多技術學會，例如電腦學會 (Computer Society)、機器人與自動化學會 (Robotics and Automation Society)、航太與電子系統學會 (Aerospace and Electronic Systems Society) 等。

註 [2]：**ACM** (Association for Computing Machinery，計算機學會) 是一個全球性的計算機專業技術組織，致力於推廣電腦圖學、多媒體、作業系統、軟體工程、人工智慧、程式語言等資訊科學應用，其網址為 https://www.acm.org。ACM 旗下又設立許多特別興趣小組 (SIG，Special Interest Group)，例如計算機結構小組 (SIGARCH，computer architecture)、計算機圖形與互動技術小組 (SIGGRAPH，computer graphics and interactive techniques) 等。

14-5-2　軟體所有權相關的法律

目前與軟體所有權最直接相關的當屬智慧財產權，而智慧財產權屬於無體財產權，這是一種抽象存在的權利，其具體表現須藉由相關法令呈現，例如著作權法、商標法、專利法、光碟管理條例、營業秘密法、積體電路電路布局保護法、植物品種及種苗法、公平交易法等，其中與軟體工程關係較為密切的有著作權法、專利法和營業秘密法。我們在第 6-2 節已經介紹過智慧財產權，所以本節僅針對軟體所有權的部分做說明。

著作權法

根據著作權法的規定，著作包括下列幾項，所以軟體也在著作權法的保護範圍內：

一、語文著作　　　　　　　　六、圖形著作

二、音樂著作　　　　　　　　七、視聽著作

三、戲劇、舞蹈著作　　　　　八、錄音著作

四、美術著作　　　　　　　　九、建築著作

五、攝影著作　　　　　　　　十、電腦程式著作

著作人係指創作著作之人，著作人於著作完成時即享有著作權，並受到著作權法的保護，無須經過法律程序加以申請。著作權包括著作人格權與著作財產權兩個部分，在使用他人著作時，除了不能侵犯其著作人格權，還必須得到著作財產權人的同意或授權。

著作財產權存續於著作人之生存期間及其死亡後五十年，共同著作則存續至最後死亡之著作人死亡後五十年，若著作於著作人死亡後四十年至五十年間首次公開發表者，那麼著作財產權之期間將自公開發表時起存續十年。

著作權法可以讓開發者在將軟體上市後，保護其所有權，防止軟體的全部或部分被重製、改作或散布，一旦所有權受到侵害，開發者可以透過法律訴訟爭取損害賠償。

然著作權法最初設立的時候是為了保護文學著作的所有權，而文學著作的價值在於想法的表現方式，並不是想法本身，使得著作權法傾向於保護軟體的外觀，而不是保護隱含其內的想法，一旦競爭對手使用過該軟體，就能沿用相同的想法設計另一個軟體，而不會違反著作權法。

之後法院注意到這個問題，並給予開發者更多的保護，最有名的例子是 Lotus 公司於 1987 年控告 Paperback Software 和 Mosaic 抄襲其知名軟體 Lotus 1-2-3 的外觀與感覺 (look and feel)，判決結果是 Lotus 公司勝訴。

不過，往後幾年類似的官司則不一定是原告勝訴，若被告能夠說服法院其軟體的外觀與感覺已經是一般大眾習慣的方式，那麼判決結果就可能不同了，例如蘋果公司控告微軟公司和惠普公司盜用麥金塔的多重視窗介面表現方式，判決結果是蘋果公司敗訴，而且從數起類似的訴訟中可以發現，諸如多重視窗介面或下拉式功能表等一般功能的特徵或顏色均不在著作權法的保護範圍內。

最後我們要討論下列幾個問題：

- 受雇人於職務上完成之著作，其著作權是屬於受雇人或雇用人？若雙方沒有在契約中約定，則以受雇人為著作人，享有著作人格權，而雇用人享有著作財產權。為了避免受雇人日後主張其著作人格權，影響雇用人對於著作的利用，多數雇用人會在契約中約定以雇用人為著作人，享有著作人格權與著作財產權。

- 受聘完成之著作，其著作權是屬於受聘人或出資人？若雙方沒有在契約中約定，則以受聘人為著作人，享有著作人格權與著作財產權，但出資人得利用該著作，例如出版、重製、公開展示等，但不得讓與及授權。

- 軟體附上「免責聲明」就不用對所可能引發的風險負責了嗎？雖然軟體大多會附上類似「使用軟體所引發的問題，XXX 公司一概不負責」的免責聲明，但只要使用者能夠證明是開發者的錯誤，法院就不會採信免責聲明。

- AI 創作是否受著作權法保護？最近有不少人使用 AI 工具生成文學、藝術、音樂、軟體等作品，例如使用 ChatGPT 生成短詩與小說、使用 Midjourney 生成圖像、使用 Github Copilot 生成程式碼等。不過，著作權法的立法目的在於保護「人」的著作權益，並沒有明文保護 AI 創作。

  原則上，我們可以從兩個方面來討論，若 AI 是輔助創作，在生成過程中有投入人為的創作意圖與創作參與，而 AI 只是被動接受人為的操作，那麼該創作就會受著作權法保護；反之，若 AI 是獨立創作，在生成過程中人只是下達簡單指令，沒有投入創作意圖與創作參與，那麼該創作就不受著作權法保護。

專利法

專利法除了和著作權法一樣可以保護開發者的產品與技術，不被他人抄襲或模仿，更可以將專利授權給他人，令其所發明的產品與技術被更廣泛的使用。

專利分為下列三種：

- 發明專利：「發明」係指利用自然法則之技術思想之創作，發明專利權期限自申請日起算二十年屆滿。可供產業上利用之發明，無下列情事之一，得依本法申請取得發明專利：

  ◆ 申請前已見於刊物者。

  ◆ 申請前已公開實施者。

  ◆ 申請前已為公眾所知悉者。

此外，下列各款不予發明專利：

◆ 動、植物及生產動、植物之主要生物學方法，但微生物學之生產方法不在此限。

◆ 人類或動物之診斷、治療或外科手術方法。

◆ 妨害公共秩序或善良風俗者。

✓ 新型專利：「新型」係指利用自然法則之技術思想，對物品之形狀、構造或組合之創作，新型專利權期限自申請日起算十年屆滿，有妨害公共秩序或善良風俗者，不予新型專利。

✓ 設計專利：「設計」係指對物品之全部或部分之形狀、花紋、色彩或其結合，透過視覺訴求之創作，設計專利權期限自申請日起算十五年屆滿。應用於物品之電腦圖像及圖形化使用者介面，亦得依本法申請設計專利。可供產業上利用之設計，無下列情事之一，得依本法申請取得設計專利：

◆ 申請前有相同或近似之設計，已見於刊物者。

◆ 申請前有相同或近似之設計，已公開實施者。

◆ 申請前已為公眾所知悉者。

由此可知，開發者可以為自己的軟體申請專利權，但諸如數學公式、物理學定律或一些自然定律等已為公眾所知悉者，則不能申請專利。

最後我們要討論下列幾個問題：

✓ 受雇人於職務上完成之發明、新型或設計，其專利權屬於受雇人或雇用人？若雙方沒有在契約中約定，則專利申請權及專利權屬於雇用人，但雇用人應支付受雇人適當的報酬，且受雇人享有姓名表示權。

✓ 受聘完成之發明、新型或設計，其專利權屬於受聘人或出資人？若雙方沒有在契約中約定，則專利申請權及專利權屬於受聘人，但出資人得實施其發明、新型或設計；反之，若雙方在契約中約定專利申請權及專利權屬於出資人，則受聘人享有姓名表示權。

此外，受雇人於非職務上完成之發明、新型或設計，其專利申請權及專利權屬於受雇人，若其發明、新型或設計係利用雇用人之資源或經驗者，則雇用人得於支付合理報酬後，於該事業實施其發明、新型或設計。在受雇人完成非職務上之發明、新型或設計後，應立即以書面通知雇用人，如有必要，並應告知創作之過程。雇用人於前項書面通知到達後六個月內，如未向受雇人表示反對，日後不得主張該發明、新型或設計為職務上之發明、新型或設計。

營業秘密法

相對於著作權法和專利法是用來保護公開之後的產品與技術，營業秘密法則是用來保護隱含在產品與技術背後的方法、技術、製程、配方、程式、設計或其它可用於生產、銷售或經營之資訊，避免這些資訊洩漏出去給競爭對手或社會大眾知道。為了保護營業秘密，企業通常會要求員工或客戶簽署保密協議。

根據營業秘密法的規定，有下列情形之一者，為侵害營業秘密，其中「不正當方法」係指竊盜、詐欺、脅迫、賄賂、擅自重製、違反保密義務、引誘他人違反其保密義務或其它類似方法：

一、以不正當方法取得營業秘密者。

二、知悉或因重大過失而不知其為前款之營業秘密，而取得、使用或洩漏者。

三、取得營業秘密後，知悉或因重大過失而不知其為第一款之營業秘密，而使用或洩漏者。

四、因法律行為取得營業秘密，而以不正當方法使用或洩漏者。

五、依法令有守營業秘密之義務，而使用或無故洩漏者。

至於營業秘密的歸屬，受雇人於職務上研究或開發之營業秘密，歸雇用人所有，但契約另有約定者，從其約定；受雇人於非職務上研究或開發之營業秘密，歸受雇人所有，若其營業秘密係利用雇用人之資源或經驗者，雇用人得於支付合理報酬後，於該事業使用其營業秘密。

此外，出資聘請他人從事研究或開發之營業秘密，其營業秘密的歸屬依契約之約定，契約未約定者，歸受聘人所有，但出資人得於業務上使用其營業秘密。

有別於專利權必須透過法律程序加以申請，營業秘密和著作權同樣屬於「創作完成保護」，無須經過法律程序加以申請，就能獲得保護，且專利權和著作權有保護期限，而營業秘密只要符合營業秘密法的保護要件，就能持續獲得保護。

舉例來說，假設甲、乙兩個公司屬於同業，甲公司的員工王大明竊取客戶名單轉賣給乙公司，那麼王大明與乙公司是否違反營業秘密法？由於客戶名單具有商業價值，而王大明是以竊取的「不正當方法」取得客戶名單，故王大明違反營業秘密法，至於乙公司是否違法呢？這得視乙公司對於王大明竊取的行為是否知情而定，若乙公司知情，那麼乙公司就是違法，若乙公司不知情，並在知情後立刻停止使用，這樣就不會違法。

- 軟體工程 (software engineering) 是一門研究軟體開發知識的工程學科，目的是以有系統、有組織且合乎成本的方式開發出高品質的軟體。

- 軟體生命週期包含開發 (development)、使用 (use) 與維護 (maintenance) 等階段，其中開發階段又包含下列四個階段：

  ▶ 分析 (analysis) 階段的目的是建議軟體該提供哪些服務，以及外界如何與軟體互動的工作，重點包括定義問題、提出解決方案、評估可行性、蒐集與分析現有的軟體、訂定軟體的需求規格。

  ▶ 設計 (design) 階段的目的是針對軟體的需求規格發展一套詳細的建置計畫。

  ▶ 建置 (implementation) 階段的目的是將軟體的建置計畫轉化為程式，其工作重點包括專案排程、撰寫程式、建立檔案與資料庫。

  ▶ 測試 (testing) 階段的目的是追求軟體的品質保證，其工作重點是針對軟體進行除錯與驗證。

- 資料流程圖用來表示軟體中的資料流向；實體關係圖用來表示所有實體在軟體中所扮演的角色；資料字典用來定義軟體中所有資料的類型。

- 軟體轉換指的是如何停用現有的軟體，改用新的軟體，常見的有直接轉換 (direct conversion)、引導式轉換 (pilot conversion)、階段式轉換 (phased conversion)、平行轉換 (parallel conversion) 等方式。

- 電腦輔助軟體工程 (CASE) 是使用電腦軟體將軟體開發的工作加以自動化，減少系統分析師所要做的大量重複工作。

- 軟體再造工程 (software reengineering) 指的是更新並改造老化軟體，包含逆向工程、修正規格、前向工程等步驟。

- 常見的軟體開發模式有瀑布模式 (waterfall model)、演進式開發 (evolutionary development)、元件式開發、開放原始碼發展模式等。

- 模組化 (modularity) 是將軟體分成數個容易理解、容易處理且互相溝通的單元，常見的模組化工具有結構圖、類別圖和 UML。

- 耦合力 (coupling) 指的是模組之間的關聯程度，耦合力愈低，關聯程度就愈低；凝聚力 (cohesion) 指的是模組內功能的關聯程度，凝聚力愈高，關聯程度就愈高。

- 目前與軟體所有權最直接相關的當屬智慧財產權，其所涵蓋的範圍廣泛，而與軟體工程關係較為密切的有著作權法、專利法和營業秘密法。

一、選擇題

(　　) 1. 在傳統的軟體開發過程中，哪個階段的工作重點是定義問題？

        A. 分析　　　　　　　　　　B. 設計

        C. 建置　　　　　　　　　　D. 測試

(　　) 2. 在傳統的軟體開發過程中，哪個階段的工作重點是完成新軟體的程式設計？

        A. 分析　　　　　　　　　　B. 設計

        C. 建置　　　　　　　　　　D. 測試

(　　) 3. 若要針對正在進行的專案提出排程，可以使用下列哪種圖表？

        A. 文氏圖　　　　　　　　　B. 資料流程圖

        C. 實體關係圖　　　　　　　D. 甘特圖

(　　) 4. 下列哪種法律可以令發明者的產品與技術被更廣泛的使用？

        A. 專利法　　　　　　　　　B. 營業秘密法

        C. 著作權法　　　　　　　　D. 商標法

(　　) 5. 下列何者通常不屬於系統文件？

        A. 流程圖　　　　　　　　　B. 使用說明

        C. 虛擬碼　　　　　　　　　D. 測試數據

(　　) 6. 下列哪種工具可以用來表示軟體中的資料流向？

        A. 資料流程圖　　　　　　　B. 資料字典

        C. 實體關係圖　　　　　　　D. 結構圖

(　　) 7. 下列哪種軟體轉換方式是讓現有的軟體和新的軟體同時運作，確定沒問題後，再停用現有的軟體？

        A. 直接轉換　　　　　　　　B. 平行轉換

        C. 階段式轉換　　　　　　　D. 導入式轉換

(　　) 8. 下列哪種方法是設計一組測試資料，讓軟體的每個敘述都會被執行到？

        A. 帕雷托法則　　　　　　　B. 基本路徑測試

        C. 邊界值分析　　　　　　　D. Beta 測試

(　　) 9. 下列關於瀑布模式的敘述何者錯誤？

        A. 開發過程嚴謹

        B. 開發過程不會經常變動的大型軟體適合採取瀑布模式

        C. 時間較長且缺乏彈性

        D. 通常會先開發一個初始版本給使用者試用

(   ) 10. 下列關於拋棄式雛形的敘述何者錯誤？

         A. 適合用來開發使用者無法明確描述其需求的軟體

         B. 最好不要將雛形直接當作正式上線的軟體交給使用者

         C. 屬於元件式開發的一種

         D. 比瀑布模式更能貼近使用者的需求

(   ) 11. 下列何者是利用現有的軟體元件，來整合成所需的軟體？

         A. 瀑布模式

         B. 增量式開發

         C. 元件式開發

         D. 拋棄式雛形

(   ) 12. Linux 的開發模式屬於下列何者？

         A. 元件式開發

         B. 開放原始碼發展模式

         C. 增量式開發

         D. 瀑布模式

二、簡答題

1. 簡單說明傳統的軟體開發過程包含哪四個階段？以及其目的為何？

2. 簡單說明何謂 CASE 工具？

3. 簡單說明何謂白箱測試與黑箱測試？

4. 簡單說明常見的軟體轉換方式有哪些？

5. 簡單說明在軟體開發模式中，瀑布模式和演進式開發有哪些優缺點？

6. 簡單說明何謂拋棄式雛形？將雛形當作正式上線的軟體可能會有哪些問題？

7. 簡單說明何謂開放原始碼發展模式並舉出一個實例。

8. 舉例說明何謂元件式軟體工程 (CBSE)？

9. 簡單說明何謂專利法？數學公式可以申請專利嗎？

10. 簡單說明受雇人於職務上完成之著作，其著作權是歸受雇人或雇用人？

最新計算機概論(第十一版)

作　　者：陳惠貞
企劃編輯：石辰蓁
文字編輯：王雅雯
設計裝幀：張寶莉
發 行 人：廖文良

發 行 所：碁峰資訊股份有限公司
地　　址：台北市南港區三重路 66 號 7 樓之 6
電　　話：(02)2788-2408
傳　　真：(02)8192-4433
網　　站：www.gotop.com.tw
書　　號：AEB004500
版　　次：2024 年 05 月十一版
建議售價：NT$620

國家圖書館出版品預行編目資料

最新計算機概論 / 陳惠貞著. -- 十一版. -- 臺北市：碁峰資訊,
　2024.05
　　面；　公分
　ISBN 978-626-324-804-5(平裝)
　1.CST：電腦
312　　　　　　　　　　　　　　　　　　　113004504